糖鎖化学の基礎と実用化

Base and Practical Use of Glycochemistry

監修：小林一清
正田晋一郎

シーエムシー出版

はじめに

タンパク質や脂質に結合した糖鎖が，細胞の発生や，ガン化，免疫，接着，受精などの生命現象において重要な役割を果たしていることが次々と実証されて，糖鎖の研究は大きな展開を遂げている。ポストゲノム時代を迎えて，生体内での糖鎖情報の応答制御などに関連して，遺伝子レベルやタンパク質レベルでの分子機構の解明が精力的に推進されている。タンパク質や核酸とは異なる新しい生命の調節の仕組みが，糖鎖研究の進展により明らかにされてきた。

糖鎖生物学の展開には，生体内の極々微量な糖鎖を検出・分析する手段が進展するとともに，貴重な糖鎖を精密合成化学の手法で入手できるようになったことなど化学の発展が大きく寄与している。また化学の分野でも，生物科学研究の情報を受けつつ，生物認識信号としての糖鎖を機能素子とする新しい物質群が創成され，糖鎖生物学にフィードバックされるとともに，機能物質および機能材料として独自の領域を開いてきている。

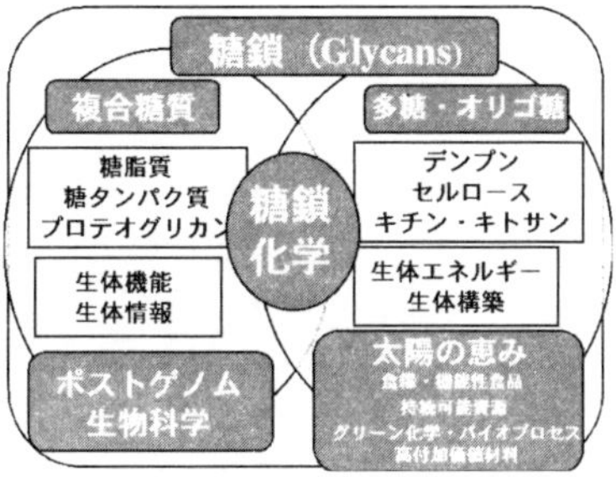

糖鎖の重要性は，生体内の複合糖質の成分として，重要な生体機能および生体情報の役割を担っているだけにとどまらない。図に示すように，太陽の恵みを受けて，植物・動物・微生物の体内で大量に生産される多糖やオリゴ糖などの糖鎖の重要性も忘れることはできない。糖鎖は，食糧として人類の生存の根幹に関わっている。機能物質として見た場合にも，水になじみやすく，適当な地球環境あるいは生体内で分解されやすいなど，21世紀の人類の生存にとって必要不可欠な特質を備えている。グリーンケミストリーの担い手であり，またバイオプロセスに適用するのにふさわしい素材でもある。糖鎖のこれらの特質をさらに向上させて，持続可能資源として人類の生存と福祉に役立つようにいかに活用していくかは，重要かつ緊急の課題である。

ポストゲノム生物科学としての糖鎖科学と，太陽の恵みの担い手である糖鎖科学の両輪に関わっているのが，糖鎖化学である。生体内の複合糖質の糖鎖のみならず，単純な多糖，オリゴ糖，および単糖も含めて，「糖鎖」を幅広く捉えて，両輪が手を相携えて進むことが，人類にとって必須であり，糖鎖化学の戦略として重要である。このような考えに立って本書が企画された。本書は，糖鎖ライブラリーを構築するための基礎研究，多糖および糖クラスターの設計と機能化，およびこれらの実用化技術の3編から成立している。糖鎖化学の重要性の認識をもっともっと広めて，糖鎖科学を大いに展開をさせることが執筆者一同の願いである。

2005年4月

名古屋大学大学院　工学研究科　小林一清

普及版の刊行にあたって

本書は2005年に『糖鎖化学の最先端技術』として刊行されました。普及版の刊行にあたり，内容は当時のままであり加筆・訂正などの手は加えておりませんので，ご了承ください。

2010年7月

シーエムシー出版　編集部

執筆者一覧（執筆順）

比能　　洋	（現）北海道大学　大学院先端生命科学研究院　助教
西村紳一郎	（現）北海道大学　大学院先端生命科学研究院　教授
佐藤智典	（現）慶應義塾大学　理工学部　教授
村田健臣	静岡大学　農学部　応用生物化学科　助教授
碓氷泰市	（現）静岡大学　農学部　教授
山本憲二	（現）京都大学　大学院生命科学研究科　教授
高垣啓一	弘前大学　医学部　医学科　生化学第一講座　教授
正田晋一郎	（現）東北大学　大学院工学研究科　バイオ工学専攻　教授
小林厚志	（現）東北大学　大学院工学研究科　バイオ工学専攻　助教
北岡本光	（現）㈱農業・食品産業技術総合研究機構　食品総合研究所　食品バイオテクノロジー研究領域　酵素研究ユニット長
松尾一郎	㈱理化学研究所　中央研究所　細胞制御化学研究室　先任研究員 （現）群馬大学　大学院工学研究科　応用化学生物化学専攻　教授
伊藤幸成	（現）㈱理化学研究所　基幹研究所　細胞制御化学研究室　主任研究員；㈱科学技術振興機構　ERATO　伊藤グライコトリロジープロジェクト　研究総括（兼務）
稲津敏行	（現）東海大学　工学部　応用化学科　教授；東海大学　糖鎖科学研究所
後藤浩太朗	（現）㈶野口研究所　研究部　糖鎖有機化学研究室　研究員
深瀬浩一	大阪大学　大学院理学研究科　化学専攻　教授
蟹江　　治	㈱三菱化学生命科学研究所　糖鎖多様性研究チーム　主任研究員
石田秀治	（現）岐阜大学　応用生物科学部　教授
安藤弘宗	岐阜大学　生命科学総合研究支援センター　助手 （現）岐阜大学　応用生物科学部　応用生命科学講座　准教授
木曽　　真	（現）岐阜大学　応用生物科学部　教授
柴田　　徹	ダイセル化学工業㈱　セルロースカンパニー　企画開発室 （現）ダイセル化学工業㈱　CPIカンパニー　ライフサイエンス開発センター　担当リーダー
西尾嘉之	（現）京都大学　大学院農学研究科　森林科学専攻　教授
寺本好邦	京都大学　大学院農学研究科　森林科学専攻　生物材料機能学講座　複合材料化学分野　教務補佐員 （現）京都大学　大学院農学研究科　森林科学専攻　助教

（つづく）

森本展行	(現) 東北大学　大学院工学研究科　材料システム工学専攻 准教授
秋吉一成	東京医科歯科大学　生体材料工学研究所　教授
山本智代	名古屋大学　大学院工学研究科　化学・生物工学専攻　講師
櫻井和朗	(現) 北九州市立大学　国際環境工学部　教授
小林一清	(現) 名古屋大学名誉教授；㈶名古屋産業科学研究所 上席研究員
畑中研一	(現) 東京大学　生産技術研究所　教授
木田敏之	(現) 大阪大学　大学院工学研究科　准教授
明石　満	(現) 大阪大学　大学院工学研究科　教授
隅田泰生	鹿児島大学　大学院理工学研究科　ナノ構造先端材料工学専攻 教授；科学技術振興機構 (JST) プレベンチャー事業「シュガーチップの実用化」R&Dチームリーダー (現) 鹿児島大学　大学院理工学研究科　化学生命・化学工学専攻　教授；㈱スディックスバイオテック　代表取締役
松岡浩司	(現) 埼玉大学　大学院理工学研究科　准教授
幡野　健	(現) 埼玉大学　大学院理工学研究科　講師
照沼大陽	(現) 埼玉大学　大学院理工学研究科　教授
林田　修	(現) 福岡大学　理学部　教授
浜地　格	(現) 京都大学　大学院工学研究科　合成生物化学専攻　教授
高田洋樹	江崎グリコ㈱　生物化学研究所　主任研究員
栗木　隆	(現) 江崎グリコ㈱　取締役常務執行役員　研究部門統括 研究本部長；健康科学研究所　所長
朝井洋明	(現) 大塚化学㈱　糖鎖工学研究所　所長
又平芳春	(現) 焼津水産化学工業㈱　機能食品開発部　取締役部長
野口利忠	ヤマサ醤油㈱　医薬・化成品事業部　バイオプロダクツ研究室 室長
福田恵温	(現) ㈱林原生物化学研究所　常務取締役　研究センター担当
中久喜輝夫	日本食品化工㈱　研究所　取締役研究所長 (現) 静岡大学　イノベーション共同研究センター　客員教授
何森　健	(現) 香川大学　客員教授

執筆者の所属表記は，注記以外は2005年当時のものを使用しております。

目　　次

第1編　糖鎖ライブラリー構築のための基礎研究

第1章　生体触媒による糖鎖の構築

第2章　有機合成による糖鎖の構築

第2編　多糖および糖クラスターの設計と機能化

第1章　多糖の設計と機能化

第2章　糖クラスターの設計と機能化

第3編 糖鎖工学における実用化技術

第1章 酵素反応による新規なグルコースポリマーの工業生産 **高田洋樹，栗木 隆**

第2章　N-結合型糖鎖ライブラリーの構築　朝井洋明

第3章　N-アセチルグルコサミンの工業生産と応用　又平芳春

第4章　実用的なエネルギー生成・再生系の開発　野口利忠

第5章　トレハロースの開発とその応用　福田恵温

第6章　バイオリアクターによるオリゴ糖の生産　中久喜輝夫

第7章　希少糖生産戦略「イズモリング」と希少糖D-プシコースの生産　何森　健

第１編　糖鎖ライブラリー構築のための基礎研究

第1章　生体触媒による糖鎖の構築

1　糖鎖自動合成装置の開発

比能　洋*1，西村紳一郎*2

1.1　はじめに

糖鎖機能を正確に解析しその応用へと結びつけるためには，構造の明確な糖鎖とその誘導体が多くの場面で不可欠である。そのため，これまで化学法や酵素法などにより様々な糖鎖サンプルの精密合成法が開発され，糖鎖機能の研究を支えてきた[1]。しかし，その操作の複雑さから糖鎖合成の自動化は遅れており，標準サンプルの供給能力の点で自動合成装置を有する蛋白質（ペプチド）・核酸の領域に大きく水を開けられ，実際に糖鎖機能研究における律速領域のひとつとなっている。そのため，糖鎖自動合成装置の開発は糖鎖機能の研究・応用の促進のためにきわめて重要な課題である。さらに，ほとんどの糖鎖は蛋白質や脂質と結合した'複合糖質'として機能していることから，糖鎖自動合成装置は複合糖質の合成にも柔軟に対応できることが鍵となる。

化学合成による糖鎖合成技術に関しては第2章を参照していただくとして，生体触媒による糖鎖の構築法としては

①　糖転移酵素（グリコシルトランスフェラーゼ）を用いる方法

②　糖加水分解酵素（グリコシダーゼ）を用いる方法

に大別され，さらに，これらの酵素の利用状態から

(a) 酵素を*in vitro*で使用する方法

(b) 生きた細胞や微生物をそのまま利用する*in vivo*法

に分類される。このうち①-(b)および②に関しては後述されるため，ここでは我々のチームで展開している*in vitro*で糖転移酵素を活用する合成法について説明する。

糖転移酵素は一つ一つ単糖をつなげてオリゴ糖，多糖，あるいは糖蛋白質や糖脂質の糖鎖部分を構築する機能を有する酵素の総称で，その数は数百とも言われている。生体内で利用されている糖残基の種類に比べ非常に多くの酵素が必要な理由は，この糖鎖伸長反応が糖鎖構造に対する

＊1　Hiroshi Hinou　(独)産業技術総合研究所　糖鎖工学研究センター　糖鎖自動合成チーム　研究員

＊2　Shin-Ichiro Nishimura　北海道大学　大学院　理学研究科　生物科学専攻　教授

(独)産業技術総合研究所　糖鎖工学研究センター　糖鎖自動合成チーム

チーム長

基質特異性が高く，細胞の種類・環境・年齢などにより様々な糖鎖構造を作り分けるために多くの酵素を必要とするためであると考えられている。近年，日本の糖鎖生物学者を中心とする網羅的な遺伝子解析によりクローニングされ，その遺伝子の塩基配列が明らかになった糖転移酵素の種類・数は大幅に増えており，これらを基に分離が容易な組み換え型糖転移酵素も調製できるようになってきた。それに伴い，これらの酵素を合成の道具として高次利用するための研究が進められている。特に，我々のチームでは連続した糖転移反応と生成物の分離を自動化・迅速化するための技術を中心として研究開発を進めている。

1.2　糖鎖自動合成装置"Golgi"の開発

自動合成技術の開発では反応性と分離技術を両立させることが鍵となる。糖転移酵素による糖鎖伸長反応でこの条件をクリアする方法として，我々は，図1に示した生体内における糖鎖生合成プロセスを参考とした方法を考案した。すなわち，①糖鎖はまずランダムコイル型の蛋白質に導入されること，②糖転移酵素は細胞内のゴルジ膜表面に高密度に分布していることに着目し，この生合成反応機構を生体外で再現するために，(a)糖転移酵素の大量発現と固定化技術，(b)選択的に切り出し可能な糖残基を集積した水溶性高分子担体（プライマー）の開発を続けている。

これらの技術を駆使することにより，糖転移反応に必要な3成分（酵素，受容体基質，供与体基質）を，それぞれ不溶性担体支持成分，可溶性高分子成分，低分子成分に分けて扱うことが可能となり，それぞれの成分の分離を容易にすると共に受容体基質の集積効果（クラスター効果）による高い反応性が実現可能である。後述のように，この考えに基づいた研究によりそれぞれの技術が一通り揃った[2~6,10~13]ため，2001年7月，このような生合成をまねた方法論（バイオミメティック法）の実用化への足がかりとして図1右下に示した自動合成装置（Golgi™1号機：日立ハイテクノロジーズと東洋紡績の協力による）を試作し，実際に糖鎖合成の完全自動化が可能であることを確認した。この試作機の運転から得られたデータを参考にあらゆる角度から改良を重ねており，現在のGolgi™3号機では流路を単純化すると共に，必要に応じて遊離酵素も使用可能とした。さらに，低分子試薬との分離には限外濾過法を採用し，プライマーの濃縮機能を兼ね備えることにより反応性を維持する仕組みとなっている。

また，装置の改良と同時に実用的な固定化酵素およびプライマーの開発も引き続き行い，自動化装置開発と連動しながら実用的な糖鎖合成システムの構築を続けている。これ以降は糖鎖自動合成装置の鍵技術である固定化酵素とプライマーの開発について，それぞれ解説する。

1.3　固定化酵素の調製

まず，糖転移酵素の大量発現と固定化の新技術開発から取り組んだ[2,3]。すなわち，合成ツール

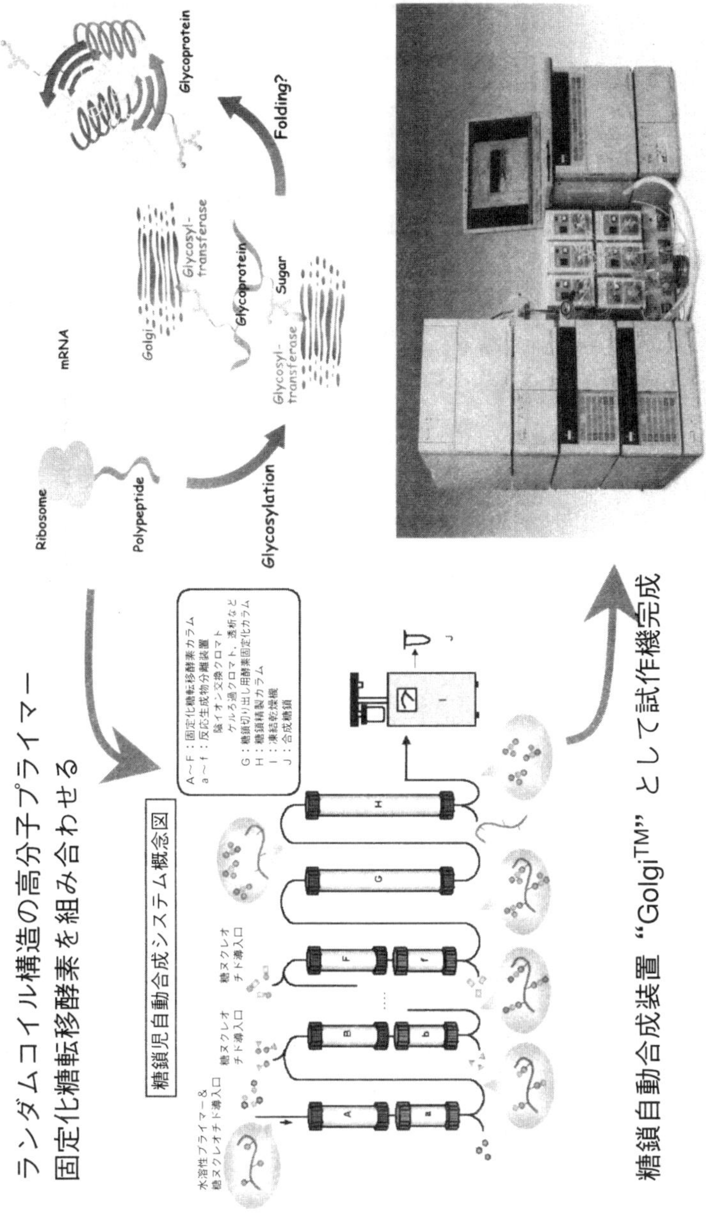

図１　生合成の仕組みを模倣した糖鎖合成法

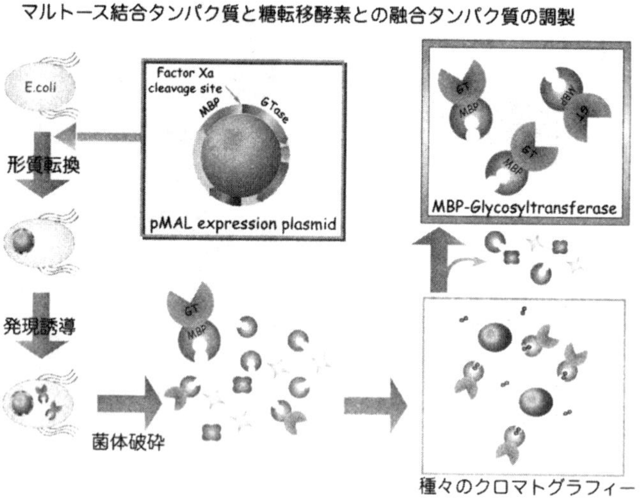

図２　ＭＢＰ融合糖転移酵素の調製

として糖転移酵素を用いるためにはその酵素を大量かつ容易に発現できること，ならびに迅速に分離し固定化できることなどが新たな課題となった。そこでこれらの糖転移酵素を新たに融合蛋白質として発現することとし，これを固定化酵素として利用する試みについて検討した。まず，図２に示したように，いろいろな糖転移酵素をマルトース結合蛋白質（MBP）との融合蛋白質として調製した。

このようにして作成された融合糖転移酵素を穏和な条件で特異的に高分子に固定化するために，新規な重合性マルトオリゴ糖誘導体が合成された。これに共重合して融合型糖転移酵素のマルトース結合蛋白質ドメインに対して高いアフィニティーを示す新しい高分子担体を調製したが，この高分子担体は糖転移酵素を効率的に吸着するが，手間がかかり担体あたりの活性も安定しなかった。一般的なタンパク質固定化法である活性アガロース上への糖転移酵素担持法は，担体一定量あたりの活性が比較的良好な固定化酵素を得ることができた[1)]が，糖転移酵素を精製してから固定化する必要があったため，煩雑な操作を必要とし，スケールアップが困難であった。そこで，さらなる実用的な固定化糖転移酵素を模索していたところ，共同研究を行っている東洋紡より磁性ビーズ型蛋白質精製キット（MagExtractor® -MBP-）が発売され，これとＭＢＰ融合蛋白質を組み合わせることにより，図３に示すように，カラムや凍結乾燥の操作を一切行うことなく固定化酵素を迅速に得ることが可能となった。

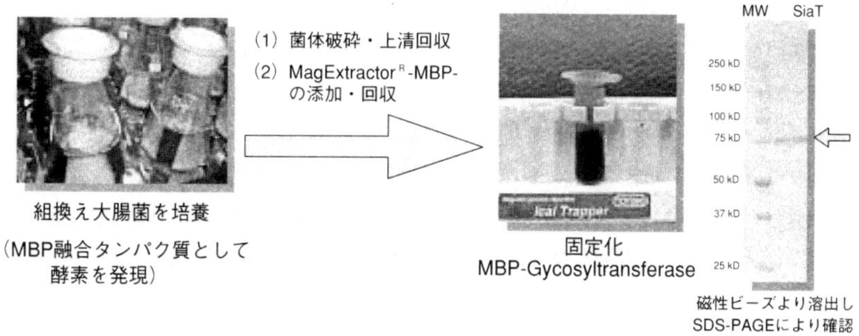

図3　磁性ビーズを応用した固定化糖転移酵素調整法

1.4　糖鎖調製技術

糖転移酵素を用いる糖鎖合成の最大の利点は糖鎖単独に限らず，複合糖質にも柔軟に応用できることである。すなわち，水溶性高分子プライマーの開発では，これらに合わせた担体のデザインが重要である。ここでは，合成対象をオリゴ糖鎖，糖脂質（スフィンゴ糖脂質），糖ペプチドに区別し，それぞれのプライマー開発について述べる。

1.4.1　オリゴ糖鎖の調製[5,6]

まず，糖鎖を単独で合成するためのプライマーとして，水素添加反応によりアノマー位が遊離の状態で糖鎖を切り出す方法，および，遊離のアミノ基をアグリコン末端に有する状態で酵素的に切断する方法を考案し，実証した。特に後者は糖鎖の蛍光標識やマイクロアレイ等への固定を即座に行うことが可能であり，さらに，トランスグルタミニダーゼを用いることにより，この糖鎖を蛋白質やペプチドに直接導入することも可能である[7~9]など，即座に応用研究に利用できる極めて汎用性に富む構造を有している。

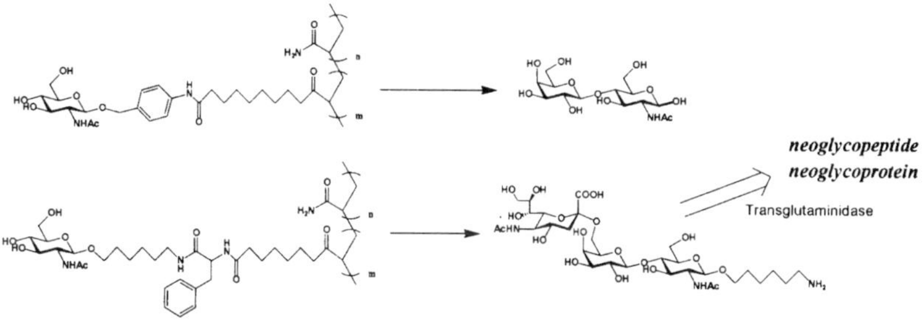

図4　糖鎖合成用プライマー

1.4.2 糖脂質（スフィンゴ糖脂質）合成システムの開発[10~13]

糖脂質の合成ではプライマーの調製において実際に生体膜に使用されている脂質を用いると，その疎水性のためにポリマーが凝集してしまう恐れがあった。そこで，セリン残基をセラミドの分岐骨格とみなし，そのカルボン酸とアミン部位にそれぞれ短いメチレン鎖とアクリルアミド構造を末端に有する短い脂肪酸を導入した擬似糖脂質をデザインし調製した。これをアクリルアミドと共重合することにより糖脂質合成用プライマーとし，糖転移酵素による糖鎖伸長反応およびセラミドグリカナーゼを用いたセラミドへの糖転移反応を行ったところ，構造の均一な天然ガングリオシドを得ることが出来た。さらに，この糖脂質合成用プライマーは糖転移酵素の組み合わせの変更やセラミドの蛍光標識誘導体への糖転移も可能であり，非天然型の糖脂質とその誘導体も調製できることを確認した（図5）。

天然物から糖脂質を調製する際に，糖鎖の不均一性と共に脂質の不均一性も問題となることがあるが，本法では糖鎖合成後に均一な脂質にその糖鎖を転移することによりこの問題も解消できる。さらに，蛍光基などを修飾した脂質誘導体にも糖鎖を転移可能であるため，蛍光応答性を有するLB膜やリポソーム，光重合性糖脂質等の作成も可能であるなど，極めて汎用性に富む糖脂質合成システムとして活用可能である。

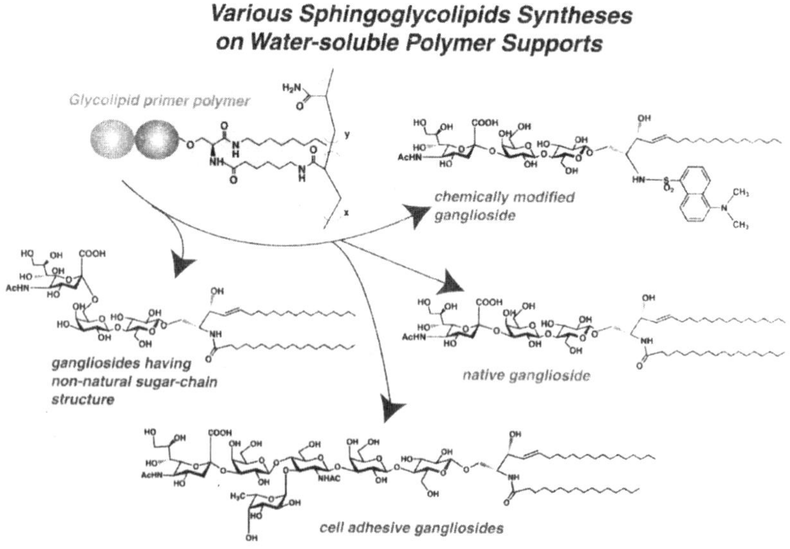

図5　糖脂質合成用プライマー

1.4.3　糖ペプチド合成システムの開発

糖ペプチドを合成する場合，糖鎖配列とペプチド配列の双方がそれぞれ生体内においてシグナル機能に関与するライブラリ構築点となりうるため，双方の配列を柔軟に設計可能かつハイスループット化に対応した合成システムの構築が必須である。この合成システムの実現にあたり，糖鎖伸長の起点となる短い糖残基を有する糖ペプチドの効率的な調製法，およびカラム等の煩雑な操作を経ずにこの糖ペプチド純度の高いプライマーを調製する方法をそれぞれ開発する必要があった。これに対し，貴重かつ反応性に乏しい糖アミノ酸のカップリング反応をマイクロ波照射により加速する方法[11]，およびペプチド合成においてケト酸誘導体を終末反応として導入し，オキシルアミノ基を側鎖に有する新規水溶性高分子への化学選択的捕捉反応を行うことにより，完全長のペプチド骨格のみを迅速にプライマー化する方法[15]をそれぞれ開発した。これらの技術により化学法であるペプチド自動合成技術と酵素法である糖鎖自動合成技術を迅速かつ効果的に連結した図6の糖ペプチド合成システムを開発し，糖ペプチドライブラリ（図7）を作成した。

実際の操作手順は以下の通りである。

① 糖鎖導入部位に1～3糖程度の短い糖残基を有する糖アミノ酸を導入しながらマイクロ波照射下でペプチド固相合成を行い，そのN末端に糖転移反応後の切断部位とケトン基を順次または同時に導入する。

② 固相からの切り出し，糖水酸基の脱保護，溶媒の留去を順次行う。

③ バッファー溶液中で完全長のペプチドにオキシルアミノ基を側鎖に有する水溶性高分子を添加することにより化学選択的に捕捉し，その他の共雑物を限外濾過により分離する。

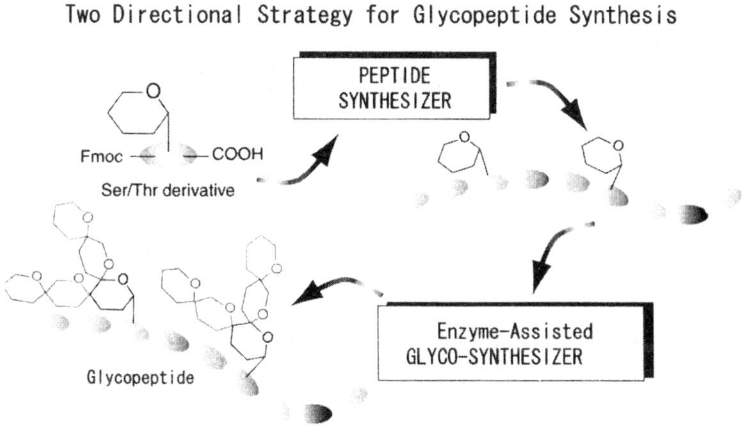

図6　糖ペプチド合成戦略

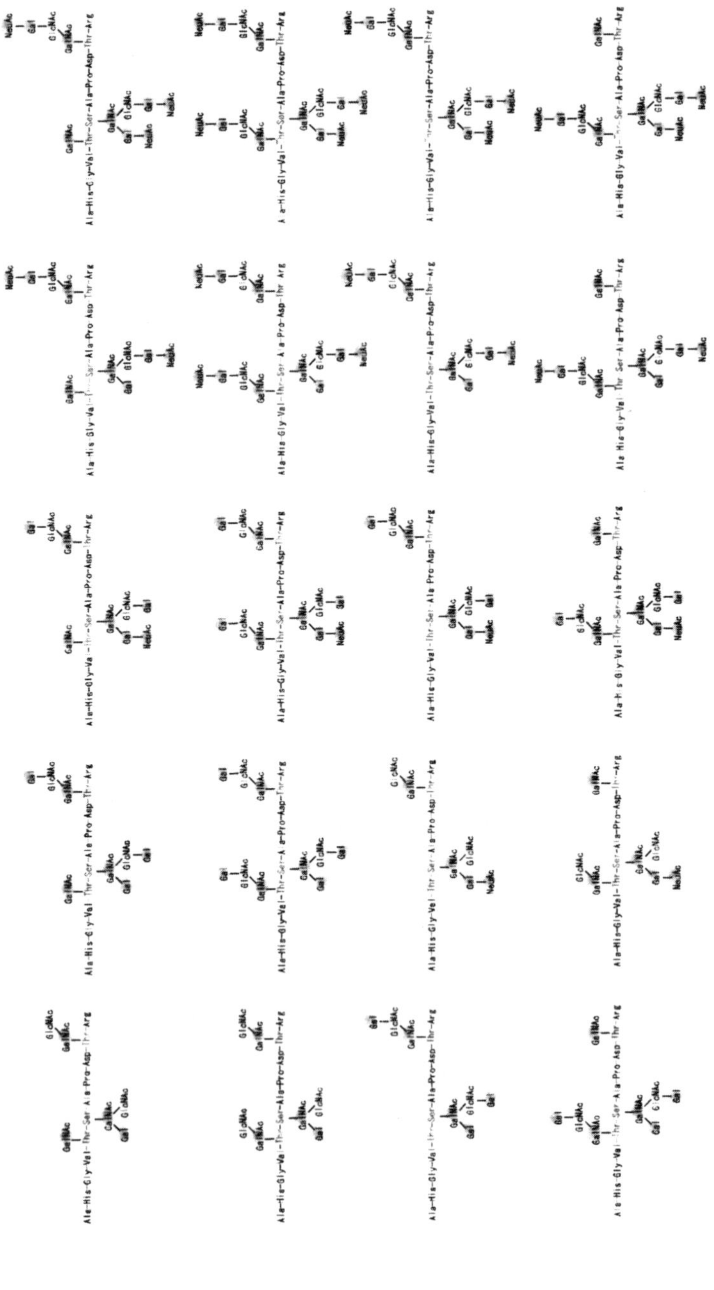

図7　実際に調製した糖ペプチドライブラリの一部

④　糖転移反応を行い，限外濾過により供与体基質を分離する。

⑤　光切断またはプロテアーゼ処理により目的とする糖ペプチドをプライマーから切り出し，限外濾過により生成した糖ペプチドを回収する。

以上の一連の操作により，全工程を通じて一度もカラム操作を行うことなく複雑な糖ペプチドを50%以上の純度かつ一週間程度で得ることに成功した。この純度は一般的なペプチドの受注合成におけるImmunological Purityと呼ばれるグレードに相当する。なお，ほとんどのサンプルは一回のHPLC操作により90%以上の純度に精製することが出来た。

タンパク質に糖鎖が結合することによりその構造多様性やそれに伴う機能の多様性が与えられることと同様に，この方法で合成された糖ペプチドライブラリが，生化学研究や創薬などに向けた有用なプローブとなることが期待される。

1.5　おわりに

このような糖鎖自動合成技術により得られる糖鎖ライブラリは糖鎖機能を探るための強力なツールになりうる。近年のナノバイオ技術および分析技術の発展に伴い，ごく微量のサンプルでもその構造および機能解析技術が可能となってきている[16)]。特に，質量分析技術の発達により，調製した糖鎖や複合糖質ライブラリの網羅的な構造確認および品質管理が可能となってきている[17)]。複合糖質の糖鎖構造解析は現在世界中で開発競争が行われており，糖鎖自動合成技術と相補的に発展することにより，より多くの糖鎖機能が解明・応用されることが期待される。

さらに糖鎖機能を網羅的に探る有力な方法として，ＤＮＡアレイを中心として目覚ましい発展を遂げているマイクロアレイ化とその分析技術が挙げられる。この技術は糖鎖に応用可能なものも多く開発されているが，肝心の糖鎖及び複合糖質サンプルの網羅的調製技術が律速となっていると思われる[18~20)]。従って，我々の手法のようにコンビナトリアル合成が可能であり，糖鎖に限らず糖脂質や糖蛋白質などの複合糖質へも柔軟に対応できる技術は極めて重要である。また，利用できる糖転移酵素や糖ヌクレオチドの種類がまだ少なく，その価格が高いことが問題点としてあげられるが，自動合成技術の普及により，その開発の促進・スケールメリットによる価格低下などに結びつくことを期待している。

ここで紹介した研究のうち基礎技術となる部分は平成11年から14年までNEDO大学連携型産業科学技術研究開発プロジェクト「グリコクラスター制御生体分子合成技術の開発」として北海道大学と(財)バイオインダストリー協会の共同研究により行われた。また，糖鎖自動合成装置の実用化に向けた研究開発と糖ペプチド合成システムの開発は経済産業省によるフォーカス21（経済活性化）の創設に伴いNEDOより委託を受けた「糖鎖エンジニアリングプロジェクト」（平成15年度から平成17年度まで）の一環として産業技術総合研究所，北海道大学，東海大学，東京工業大学およびバイオテクノロジー開発技術研究組合の共同研究により行われた。

文　　献

1) Nishimura, S.-I. *Curr. Opin. Chem. Biol.*, **5**, 325–334 (2001)
2) Fujiyama, K., Ido, Y., Misaki, R., Mogan, G. D., Yanagihara, I., Honda, T., Nishimura, S.-I., Yoshida, T., Seki, T. *J. Biosci. Bioeng.*, **92**, 569–574 (2001)
3) Toda, A., Yamada, K., Nishimura, S.-I. *Adv. Synthe. Catal.*, **344**, 61–69 (2002)
4) Nishiguchi, S., Yamada, K., Fuji, Y., Shibatani S., Toda, A., Nishimura, S.-I. *Chem. Commun.*, 1944–1945 (2001)
5) Nishimura, S.-I., Matsuoka, K., Lee Y. C. *Tetrahedron Lett.*, **35**, 5657–5660 (1994)
6) Yamada, K., Nishimura, S.-I. *Tetrahedron Lett.*, **36**, 9493–9496 (1995)
7) Ramos, D., Rollin, P., Klaffke, W. *J. Org. Chem.*, **66**, 2948–2956 (2001)
8) Ohta T, Miura N, Fujitani N, Nakajima, F., Niikura, K., Sadamoto, R., Guo, C.-T., Suzuki, T., Nishimura, S.-I. *Angew. Chem. Int. Ed.*, **42**, 5186-5189 (2003)
9) Sato M, Sadamoto R, Niikura K, Monde, K., Kondo, H., Nishimura, S.-I. *Angew. Chem. Int. Ed.*, **43**, 1516–1520 (2004)
10) Nishimura, S.-I., Yamada, K. *J. Am. Chem. Soc.*, **119**, 10555–10556 (1997)
11) Yamada, K., Fujita, E., Nishimura, S.-I. *Carbohydr. Res.*, **305**, 443–461 (1998)
12) Nishimura, S.-I., Nomura, S., Yamada, K. *Chem. Commun.*, 617–618 (1998)
13) Yamada, K., Matsumoto, S., Nishimura, S.-I. *Chem. Commun.*, 507–508 (1999)
14) Matsushita, T., Hinou, H., Kurogochi, M., Shimizu, H., Nishimura, S.-I. *Org. Lett.*, in press (2005)
15) Fumoto, M., Hinou, H., Matsushita, T., Kurogochi, M., Ohta, T., Ito, T., Yamada, K., Takimoto, A., Kondo, H., Inazu, T., Nishimura, S.-I, *Angew. Chem. Int. Ed.*, in press (2005)
16) Nishimura, S.-I., Niikura, K., Kurogochi, M., Matsushita, T., Fumoto, M., Hinou, H., Kamitani, R., Nakagawa, H., Deguchi, K., Miura, N., Monde, K., Kondo, H., *Angew. Chem. Int. Ed.*, **44**, 91–96 (2005)
17) Kurogochi, M., Matsushita, T., Nishimura, S.-I. *Angew. Chem. Int. Ed.*, **43**, 4071–4075 (2004)
18) Flitsch, S. L., Ulijn, R. V. *Nature*, **421**, 219–220 (2003)
19) Nagahori, N., Niikura, K., Sadamoto, R., Monde, K., Nishimura, S.-I. *Aust. J. Chem.*, **56**, 567–576 (2003)
20) Nagahori, N., Niikura, K., Sadamoto, R., Taniguchi, M., Yamagishi, A., Monde, K., Nishimura, S.-I. *Adv. Synth. Cat.*, **345**, 729–734 (2003)

2　動物細胞を利用した糖鎖合成

佐藤智典*

2.1　はじめに

糖鎖ライブラリーを構築するために，天然資源からの抽出，有機合成，あるいは酵素合成が行われている。これに対して筆者らは糖鎖プライマーを用いて細胞に糖鎖を合成させる手法を開発した。動物細胞は糖鎖の合成能力を有しており，糖鎖を作る工場として見なすことが出来る。このような細胞の能力を利用することにより，天然型のオリゴ糖鎖を作ることが可能である。ここでは，糖鎖プライマー法の原理およびバイオコンビナトリアル法による糖鎖ライブラリーの構築について述べる。

2.2　糖鎖プライマーの原理

細胞で発現している糖脂質や糖タンパク質のオリゴ糖鎖を人間の手で作るには技術的には難しい場合も多い。しかしながら，細胞はそれらを簡単に合成している。遺伝子には糖鎖合成のための酵素の情報が保存されており，翻訳された糖転移酵素は小胞体やゴルジに局在して糖鎖の生合成に使われる。図1に示すように，一般的な糖脂質の糖鎖生合成経路では，セラミドにグルコー

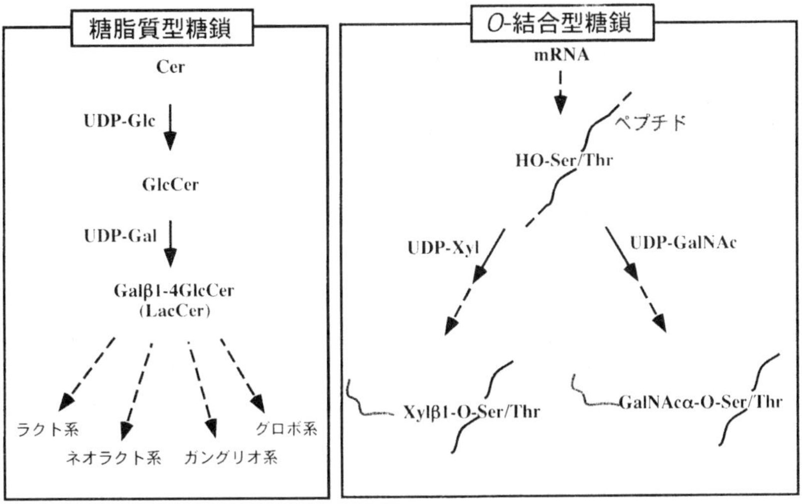

図1　糖脂質およびO-結合型糖鎖の生合成経路

*　Toshinori Sato　慶應義塾大学　理工学部　教授

スが結合し，続いてガラクトースが結合する。この脂質をラクトシルセラミドと呼び，ガングリオ系列，グロボ系列，ラクト系列およびネオラクト系列など多くの糖脂質の生合成経路の共通の前駆体となっている。また*O*-グリカンではセリンやスレオニンに*N*-アセチルガラクトサミンが結合してムチン型の糖鎖が，キシロースが結合してプロテオグリカンの糖鎖が伸長する。

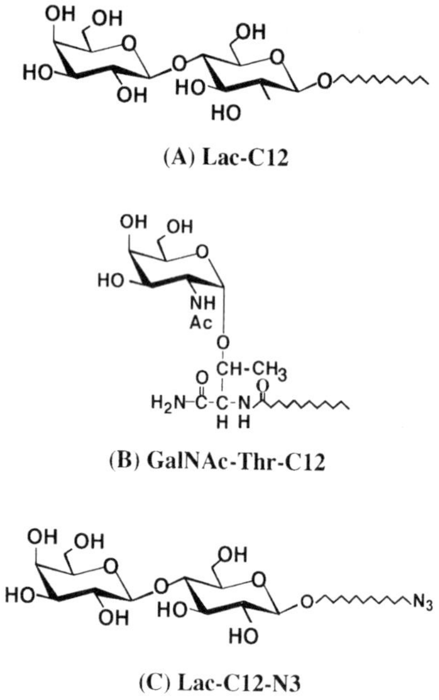

図2　糖鎖プライマーの構造の例

このような細胞の糖鎖生合成能力を利用して人工的にオリゴ糖鎖を作るために，糖脂質の合成経路の前駆体となる糖脂質の疑似構造を有する「糖鎖プライマー（saccharide primer)」を用いる。多くの糖脂質の生合成ではラクトシルセラミドが前駆体であることから，ラクトースが糖鎖生合成経路におけるプライマー領域であると考えることができる。よって，ラクトースを有する擬似糖脂質は糖鎖プライマーとして機能すると予想された。このような糖鎖プライマーは構造が簡単であり，高収率で合成できることが望まれる。山形らは，セラミドの代わりにアグリコン部分に炭素鎖数12のドデシル基を用いたドデシルラクトシドを細胞に投与すると糖鎖が伸長することから，糖鎖プライマーとして利用できることを見出した[1~3]。ドデシルラクトシドの構造は図2（A）に示す。アルキルグルコシドは糖転移酵素の受容体であることに加えて細胞膜を出入りするための両親媒性も必要になる。アグリコン部分の炭素鎖長が長すぎると細胞膜との親和性が高すぎ，糖鎖伸長生成物は細胞外に分泌されない。一方，炭素鎖長が短いと糖転移酵素の基質としては優れているが，細胞内に侵入する効率が悪くなるために，細胞内での糖鎖伸長反応には適していない。

糖鎖プライマー法の実験方法は図3に示した。糖鎖プライマーは，培地中に添加すると細胞内に取り込まれたのち，ゴルジへ運ばれて糖鎖伸長を受ける。糖鎖伸長反応効率は2日程度で飽和になり短時間で生成物を得ることが出来る。生成物の大部分は細胞外に分泌されるので，内在性の糖脂質との分離が容易である。また，内在性の糖脂質と異なりアグリコン部分が均一な構造で

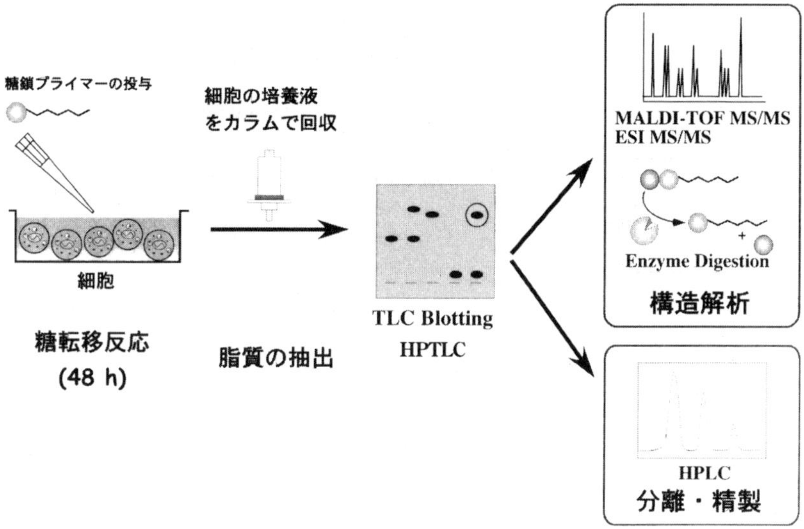

図3　糖鎖プライマー法を用いた実験の概要

あるので，構造解析も非常に簡単である。得られたオリゴ糖鎖の分子配列は質量分析装置（MALDI-TOF-MS/MSやESI-MS/MS）を用いて解析する。さらに，加水分解酵素による基質特異性，糖認識タンパク質との結合特異性，アフィニティクロマトグラフィーへの吸着，あるいはNMR分析により糖鎖構造の裏付けを行う。結果の一例として，サルの腎臓細胞COS 7 細胞に糖鎖プライマーであるドデシルラクトシド（Lac-C12）を投与した時に見られる糖鎖伸長生成物を図4に示した。COS7ではラクトース型糖鎖プライマーに糖鎖が1分子ずつ段階的に伸長した生成物が得られており，ガングリオa系列の糖鎖構造を有していることが示された。このように糖鎖プライマーを投与して得られるオリゴ糖鎖は，細胞が有している糖鎖の生合成経路に依存している。

本方法では，生成物が培養液中に分泌されるので，一度増殖した細胞を繰り返して糖鎖の生産に利用することができる。糖鎖合成の際には無血清培地で培養しているので，コストの高い血清を用いる必要が無い。また，細胞は糖転移酵素だけではなく糖ドナーも自前で作っており，細胞を生きたまま利用することで，糖鎖プライマーのみを準備すれば，高価な糖転移酵素や糖ドナーを準備する必要がないことも大きな利点である。

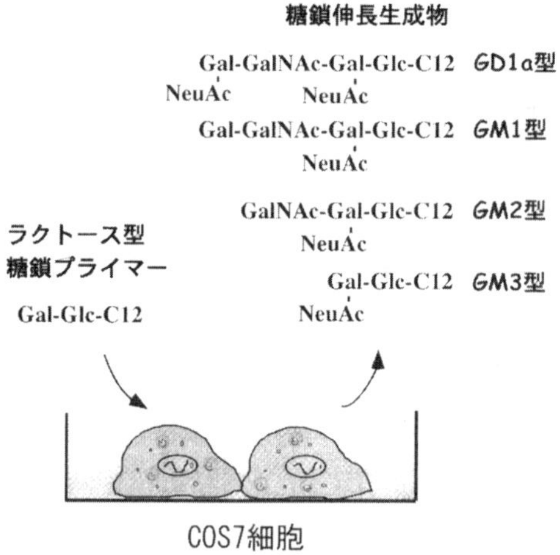

図4　ラクトース型糖鎖プライマーによる糖鎖合成の例

2.3　バイオコンビナトリアル合成法とは

有機合成による糖鎖ライブラリーの開発でもコンビナトリアルケミストリーの手法は大変有効である。このような組合せの方法によるライブラリーの作製原理は，細胞を利用して糖鎖を合成する研究にも適用できる。糖鎖プライマーの構造としては糖鎖合成経路により複数種類の設計を行っている。また，継代できる培養細胞の種類は膨大であり，それぞれに特徴的な糖鎖生合成経路を発現している。筆者らの実験ではこれまでに15種類以上の細胞を用いて糖鎖伸長反応の実験を行っている。例えば前述のCOS7細胞以外には，マウスのB16メラノーマ細胞はGM3を，またヒト白血病細胞HL60細胞は血液型抗原や細胞の接着因子として知られるシアリルルイスXが含まれるネオラクト系列の糖鎖を発現している。これらの細胞に糖鎖プライマーを導入すると，内在性の糖脂質と同じ配列のオリゴ糖鎖が伸長される。樹立された株化細胞だけでもほとんどの糖鎖合成経路を網羅することが出来る。このような種々の糖鎖プライマーと

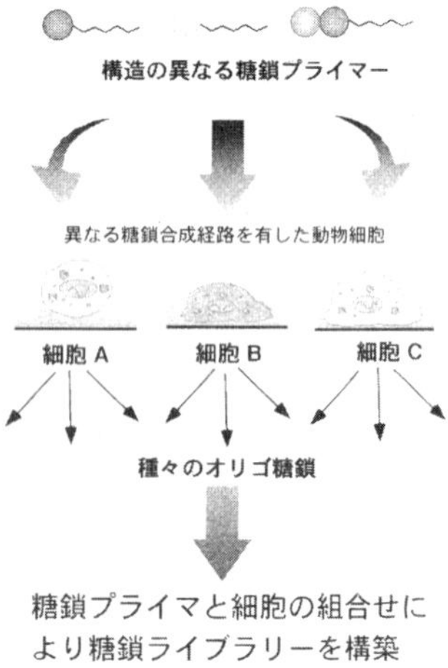

図5　バイオコンビナトリアル合成法の概念

細胞を掛け合わせることで，多種類のオリゴ糖鎖を作り出すことができる（図５）。これが筆者らの提唱している「バイオコンビナトリアル合成法」の原理である[4,5]。ひとつの細胞から得られる糖鎖伸長生成物は１～15種類程度であり，単糖もしくは二糖の糖鎖プライマーに伸長する糖鎖の数は最大10個程度である。また多くの場合，糖鎖プライマーに糖鎖が段階的に結合した生成物が得られるので，糖鎖ライブラリーの構築や細胞の糖転移酵素の存在を確認する実験にも適している。糖転移効率は最大で20%程度であるが，マイナーな成分では収率は低下するので，必要な構造の糖鎖生成物の収率を向上することが今後の課題のひとつである。

2.4　細胞での糖鎖の生産

細胞にオリゴ糖鎖を作る原理について述べてきたが，工業的に利用するには大量培養する技術が必要である。通常の研究室での細胞培養は単層培養である。単層培養では，培養する面積を増やすためには培養フラスコをたくさん重ねることになり，多大な労力を要する。それを解決するのがマイクロキャリア法である。これは市販のマイクロキャリアに細胞を接着させ，培養液中に懸濁させてスピナーボトルを用いて培養する方法である。図６にマイクロキャリアに接着させた細胞の様子を観察した顕微鏡写真を示している。DEAEデキストランやコラーゲンで被覆したビーズが市販されており，細胞の種類に応じて使い分けることが出来る。このようなマイクロキャリアーをスピナーボトルに入れて培養する。糖鎖プライマー法では，生成したオリゴ糖鎖は培養液中に存在するために，培養液を入れ替えることで細胞は何度も繰り返して使うことが可能である。細胞内に生成物が留まっていると，反応後に細胞をホモジナイズして生成物を回収しなくてはならないが，細胞外に分泌されるとその必要がない。筆者の用いている糖鎖プライマーの最大

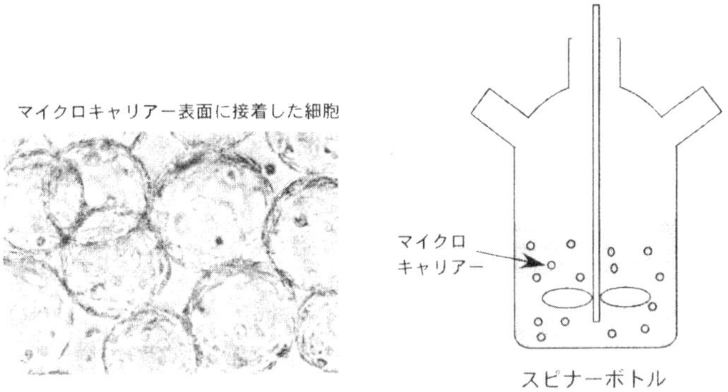

図６　マイクロキャリア法を用いた大量培養

の特徴はここにある。さらにプライマーの種類，細胞の種類，あるいは細胞の培養方法を検討することで，オリゴ糖鎖の生産効率を向上させることができる。生成物の分離や精製には，カラムクロマトグラフィーや液体クロマトグラフィーを用いることで，10種類以上の混合生成物から目的のオリゴ糖鎖を分離することも可能である。

現在の細胞工学の技術では動物細胞の大量培養による物質生産は不可能ではない。しかし，細胞でのオリゴ糖鎖の生産効率を向上するには，細胞の性質や機能をもっと知ることで，糖鎖生産にふさわしい培養方法を確立しなくてはならない。また，ゲノムプロジェクトの成果を利用して，ある特定の糖鎖合成経路を過発現するために糖転移酵素を補充したり，あるいは不要な糖鎖の合成を抑制する技術の開発を行うことも重要であろう。

2.5　種々の糖鎖プライマー

ラクトース以外にも単糖および二糖の糖鎖をドデシル基と結合することで糖鎖プライマーとして利用できる。これまでに20種類程度の単糖および二糖の糖鎖プライマーが合成されているが，ラクトース，ラクトサミン，ガラクトース，あるいは*N*-アセチルグルコサミンなどの糖鎖プライマーは特に有用であった。非天然型の糖鎖も利用できる。細胞内に複数の糖鎖合成経路が存在していても，糖鎖プライマーの選択により特定の糖鎖合成経路を利用した糖鎖の合成も可能である。アルキルグルコシドを用いることで，セラミドに結合している根元の糖鎖から非還元末端糖鎖までのオリゴ糖配列，および糖タンパク質の非還元末端を含むオリゴ糖鎖が得られる。

さて，糖タンパク質のムチン型の*O*-グリカンはセリンやスレオニンに*N*-アセチルグルコサミン（GalNAc）が結合しており，その先に伸長する基本構造としてCore 1～8までが知られている。糖とアミノ酸を結合した糖鎖プライマーを利用することで*O*-グリカン型の糖鎖が得られた。GalNAcとスレオニンを結合した糖鎖プライマーGalNAc-Thr-C12（図2（B））をある細胞に投与することでCore1とCore2などに分類されるオリゴ糖鎖を得ることにも成功している。細胞を変えることで他のCore構造を得ることも可能である。このような新たな糖鎖プライマーにより，ムチン型の糖鎖のタンパク質に結合している根元のGalNAcから非還元末端までのオリゴ糖鎖が得られる。

筆者以外の研究としては，benzyl α-GalNAcを細胞に投与して，ムチン型の糖鎖の伸長反応が確認されている[6]。また，naphthyl基をアグリコン部分に持つアセチル糖を糖鎖プライマーとして用いている例もある[7]。しかしながら，ベンジル基やナフチル基を有した糖鎖プライマーでは疎水性が高いために生成物は細胞内にとどまり，生成物の回収には細胞を壊す必要がある。オリゴ糖鎖を生産する立場においては細胞外に分泌されることは重要である。

このように，糖鎖プライマーは合成したいオリゴ糖鎖の生合成経路に応じて設計でき，多くの糖鎖合成に利用することが可能である。これまでの結果では，ゴルジで行われている糖鎖伸長反応には，筆者らが提唱している糖鎖プライマーが利用できることが示されている。すでに，ガングリオ系列，グロボ系列，ネオラクト系列，ラクト系列，ポリラクトサミン，硫酸化オリゴ糖，およびムチン型の糖鎖などを約100種類近く合成している。

細胞に作らせたオリゴ糖鎖を利用するには，共有結合の可能な官能基をアグリコン部分に導入した糖鎖プライマーを用いることが出来る。そのひとつが糖鎖プライマーの片末端にアジド基を結合したアジド化糖鎖プライマーである[8]。このアジド化糖鎖プライマーは細胞の生育に影響がなく，アジド基は細胞内に導入されても反応に関与しない。図2（C）に示したようなアジド化Lac-C12を，GM3を過発現しているマウスB16メラノーマに投与すると，Lac-C12と同様の糖鎖伸長生成物（シアル酸がα2,3で結合したシアリルラクトース）が得られた。プライマーを細胞に与えて24時間後では，糖鎖の伸長生成物はアジド化Lac-C12よりもLac-C12の方が多かったが，48時間後には同程度であった。培地に残った未反応の糖鎖プライマーを調べると，Lac-C12よりもアジド化Lac-C12の方が顕著に多く残っており，アジド化Lac-C12の細胞内での加水分解が抑制されることが示唆されている。

2.6　おわりに

DNAやたんぱく質のマイクロアレイの開発は診断や医薬品の分野での利用が見込めることで，大きな注目を浴びている。一方，生体における糖鎖の役割に対する理解は十分ではない。そこで，糖鎖ライブラリーが構築されて糖鎖マイクロアレイを開発できれば，その利用価値は計り知れない。分子生物学や生物化学の基礎的な研究分野だけではなく，医薬品開発にとっても糖鎖マイクロアレイは重要な技術になると期待される。糖鎖マイクロアレイの開発には糖鎖ライブラリーの固定化法の確立が不可欠である。筆者らは，アジド化した糖鎖プライマーをセンサーやELISAの基板に共有結合する手法を開発している（図7）。アジド基を還元してアミノ基にすることにより縮合反応で基板に固定化することができ，またSchtaudinger反応によりアジド基を変換すること無く基板に固定化することができた[9]。細胞に作らせたアジド化糖鎖伸長物も同様の方法で固体基板に固定化して抗体の結合を定量的に測定することにも成功している。これにより細胞に作らせたオリゴ糖鎖を化学的に変換することなく糖鎖チップを作製することが可能である。また，アジド化糖鎖は糖鎖高分子の作製にも利用できることから，ドラッグデリバリーシステム（DDS）に利用する研究も開始している。さらには医薬品においても低分子や生物製剤の配糖体が注目されている。水溶性を高めるだけではなく，生体内での挙動や細胞との親和性などを制御した医薬品の創製には単糖ではなくオリゴ糖鎖の供給は重要な課題である。医薬品中間体として利用可能な糖鎖ライブラリーを作製することの意義は大きく，よって新規な糖鎖の生産技術により，新た

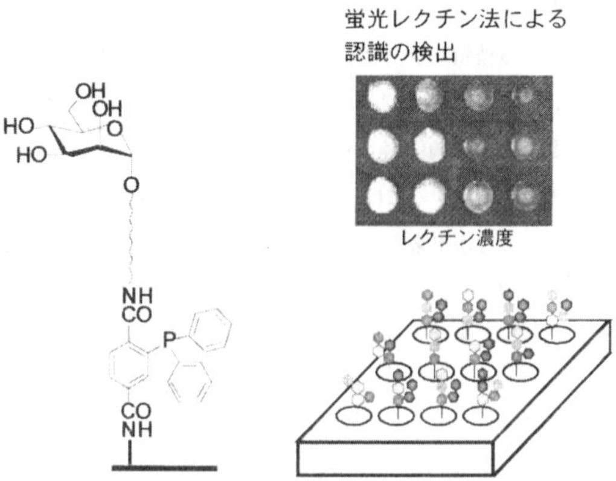

図7　アジド化糖鎖の基板への固定化とマイクロアレイとしての利用

な研究開発を生み出すことが期待される。

文　献

1) Y. Miura and T. Yamagata, *Biochem. Biophys. Res. Commun.*, **241**, 698-703 (1997)
2) H. Nakajima *et.al., J. Biochem.*, **124**, 148-156 (1998)
3) Y. Miura *et. al., Glycobiol.*, **9**, 957-960 (1999)
4) 佐藤智典，化学フロンティア 4「生命化学のニューセントラルドグマ」―テーラーメイドバイオケミストリーのめざすもの，化学同人，pp171-179 (2002)
5) 佐藤智典，山形達也，蛋白質核酸酵素増刊，共立出版，vol. 48, pp 1213-1219 (2003)
6) J.-P. Zanetta, *et.al., Glycobiol.*, **10**, 565-575 (2000)
7) A.K Sarkar *et al., Carbohydr. Res.*, **329**, 287-30 (2000)
8) M. C. Z .Kasuya *et. al., Carbohyd. Res.*, **329**, 755-763 (2000)
9) T. Sato *et al., Chem Lett.*, **33**, 580-581 (2004)

3　グリコシダーゼを中心とした重要オリゴ糖鎖単位の酵素合成

村田健臣[*1]，碓氷泰市[*2]

3.1　はじめに

通常，グリコシダーゼはグリコシド結合を加水分解するばかりでなく，転移や縮合反応により新しいグリコシド結合形成反応を触媒する。この作用を利用し複合糖質に関係したオリゴ糖鎖の様々な実践的合成が報告されて来たが，一般的にこの種のグリコシル化反応は，位置選択性が低いために低重合度のオリゴ糖合成に限られている。一方，グリコシルトランスフェラーゼ（転移酵素）を利用した方法は，充分量の酵素や核酸系の供与体基質が供給できれば，反応特異性や収率も高く合成法としての利点は多い。最近になって，その供給も可能となり，この種の酵素反応の実践的合成が報告されるようになった。ここではグリコシダーゼを中心に場合によっては転移酵素を組み合わせることで，汎用性の高いと思われる複合糖質に関わる重要なオリゴ二～四糖および誘導体の酵素合成法を紹介する。

3.2　グリコシダーゼによる位置選択的合成

エキソグリコシダーゼを触媒素子とした高位置選択的転移・縮合反応によるガラクトシル化，フコシル化，マンノシル化およびラクトシル化を活用したワンポットでの高位置選択的な合成例を取り上げる。

3.2.1　*N*-アセチルラクトサミンおよび関連化合物

市販酵素標品である*Bacillus circulans*由来β-D-ガラクトシダーゼを用い，供与糖ラクトースから受容糖*N*-アセチルグルコサミン（GlcNAc）の*O*-4位への高位置選択的ガラクトシル基転移反応を利用して一段階のクロマト操作により極めて簡便にグラムスケール（ラクトース当たり25.3%の収率）で*N*-アセチルラクトサミン（LacNAc，Galβ1-4GlcNAc）が合成できた[1]。本反応の受容糖をGlcNAcからGalNAcに変えても*O*-4位の水酸基の配向に関係なく優先的にこの位置に転移した。同様な反応を，受容糖を*p*-ニトロフェニルβ-*N*-アセチルグルコサミニド（GlcNAcβ-*p*NP）や*p*-ニトロフェニルβ-*N*-アセチルガラクトサミニド（GalNAcβ-*p*NP）に適用した。しかしこれら基質の水溶媒に対する溶解度が低いので反応系に50～60%親水性有機溶媒（Me_2SO，CH_3CN）を添加した。その結果，著しく溶解度が増大し高基質濃度での反応が可能となり，それぞれ対応するGalβ1-4GlcNAcβ-*p*NPとGalβ1-4GalNAcβ-*p*NPを高効率で合成できた[2]。実はこの酵素は，牛乳を飲んだ時にお腹をこわす人（乳糖不耐症）のために，予め牛乳中

＊1　Takeomi Murata　静岡大学　農学部　応用生物化学科　助教授

＊2　Taichi Usui　静岡大学　農学部　応用生物化学科　教授

のラクトースを加水分解して加工するために役立っているありふれた酵素である。

酵母*Kluyveromyces lactis*や*Escherichia coli*由来β-D-ガラクトシダーゼのGal転移は，GlcNAcやGalNAc残基の*O*-6位に高位置選択的でGalβ1-6GlcNAcやGalβ1-6GalNAcを生成し，これら配糖体の合成に有用であった[1]。β-(1-3)結合糖であるGalβ1-3GlcNAcやGalβ1-3GalNAcおよびこれら配糖体の合成に関して当初は，ウシ精巣，ブタ精巣，*Xanthomonas manihotis*由来のβ-D-ガラクトシダーゼが利用された。さらなる高効率的合成法が組換え体*B. circulans* ATCC31382由来β-D-ガラクトシダーゼを用いて達成された[3]。本酵素はラクトースを供与糖として利用できないのでその代わりにGalβ-*o*NPを用い反応を行ったところ，受容糖がα配糖体（GlcNAcα-*p*NP，GalNAcα-*p*NP）でもβ配糖体（GlcNAcβ-*p*NP，GalNAcβ-*p*NP）であっても*O*-3位に高位置選択的で，対応するGalβ1-3GlcNAcとGalβ1-3GalNAcおよびこれら二糖配糖体を生成した。その収率はα配糖体で著しく供与体当たり75～79%の高収率であった。一方，受容糖をGalNAcβ-*p*NPからGalβ-*p*NPに置き換えるとガラクトシル化の位置選択性は一変し，Galβ1-6Galβ-*p*NPを主生成物とし副生成物として一連のβ-(1-6)結合オリゴ糖（重合度三～六糖）が生成した。この様に本反応の位置選択性と転移効率は，受容体の構造に著しく依存していることが判った。以上のように起源の異なるβ-D-ガラクトシダーゼを活用して組み合わせ可能なβ-(1-3)，β-(1-4)，β-(1-6) 結合Gal-GlcNAcおよびGal-GalNAc二糖およびこれら配糖体の合成が可能となった[1]。

3.2.2　フコシルオリゴ糖

ブタ肝臓由来α-L-フコシダーゼを用い，*p*-ニトロフェニルα-L-フコシド（Fucα-*p*NP）を供与糖そしてLacNAcを受容糖とすると，2型血液型H抗原の構成単位であるFucα1-2Galβ1-4GlcNAc（1）が生成してくる[5]。この際，構造異性体であるFucα1-3Galβ1-4GlcNAc（2）とFucα1-6Galβ1-4GlcNAc（3）とが同時に生成した。本反応での位置選択性は低く1，2，3の生成比は40：37：23で，全転移収率は14%であった。同様な反応で，受容糖を*p*-ニトロフェニルβ-ラクトシドとした場合，Fucα1-2Galβ1-4Glcβ-*p*NPの生成を触媒したが，ラクトースは受容糖と作用しなかった。Ajisakaらは，*A. niger*由来のα-L-フコシダーゼを用い，Fucα-*p*NPからグルコースやGlcNAcへのフコシル転移反応を行い，60%という高収率で高位置選択的にFucα1-3GlcとFucα1-3GlcNAcを得ている[6]。筆者らは，*Alcaligenes* sp.由来α-L-フコシダーゼを用い，Fucα-*p*NPから大過剰のLacNAcおよびラクトースへの転移反応を行うと，それぞれ高位置選択的にフコシル残基が（1-3）結合した化合物2とFucα1-3Galβ1-4Glcが，31%と54%の高収率で得られた（図1）。この三糖構造のFucα1-3Gal単位は，複合糖質中にその存在は知られていないが，ヒトミルクオリゴ糖同族体の一部として報告されている[7]。さらにMiyauchiらは，3'-*O*-α-L-フコシルラクトース-*p*-イソチオシアネートフェネチルアミン-BSAに対する抗血

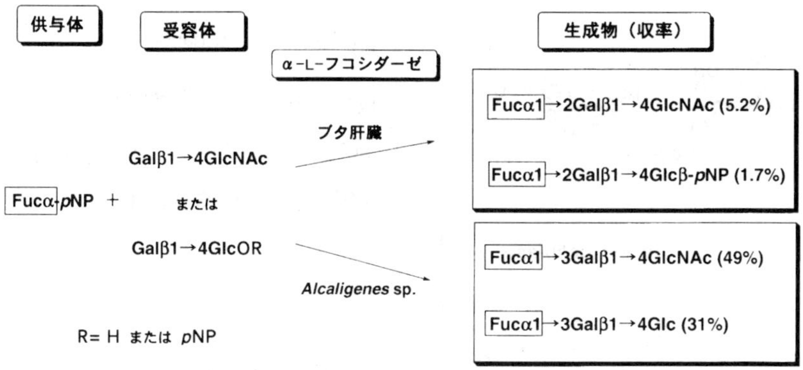

図１　α-L-フコシダーゼによるフコシル三糖の酵素合成

清に悪性腫瘍や初期腫瘍細胞と優先的に反応することを報告している[8]。このことは通常見られない化合物２のようなオリゴ糖が生物的機能を解析するプローブとして有用であることを示唆している。

3.2.3　マンノシルオリゴ糖

N-型糖鎖のコア三糖であるManβ1-4GlcNAcβ1-4GlcNAc（４）合成のためのβ-マンノシル基導入法を目的として*A. niger*由来β-マンナナーゼを介して供与糖マンノトリオース（Manβ1-4Manβ1-4Man）と受容糖ジ-*N*-アセチルキトビオース（GlcNAcβ1-4GlcNAc）とを反応した。すると転移効率は低いものの高位置選択的に転移反応が進行し，目的化合物４が生成した[9]。従来，化学合成法ではβ-マンノシル基の立体選択性を保持してこの種のグリコシル化反応を効率的に行うことは大きな課題となっている。本酵素のような多糖分解酵素は，一般的に，アミラーゼ，セルラーゼ，リゾチームと同様に受容糖の特定の水酸基に対し高位置選択性を示し，その選択性はグリコシダーゼよりも極めて高い。

一方，α-マンノシル基転移反応においては高マンノース型結合型糖鎖の重要な構成単位となっているα-（1-2）結合マンノオリゴ二～三糖の酵素合成法が確立されている。Nillsonは，ジャック豆のα-D-マンノシダーゼを用い，*p*-ニトロフェニルα-D-マンノシド（Manα-*p*NP）を基質とすると，それ自体を供与糖そして受容糖として反応し，高位置選択的にマンノシル基転移反応が進行して主生成物Manα1-2Manα-*p*NPを，そしてそれに付随してManα1-2Manα1-2Manα-*p*NPが生成する[10]。Ajisakaらは*A. niger*由来のα-D-マンノシダーゼの高基質濃度下で発現する縮合反応を利用し，マンノースを単独基質としてManα1-2ManとManα1-2Manα1-2Manの実践的合成法を示している[11]。

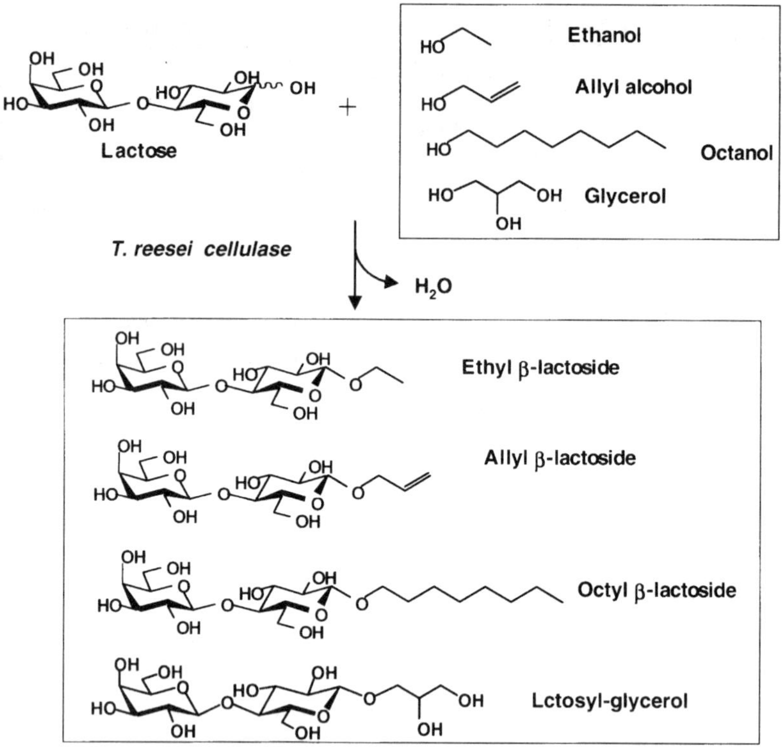

図2　セルラーゼの縮合反応を用いたアルキルラクトシドの合成

3.2.4　ラクトシド配糖体

スフィンゴ糖脂質の基本構造であるラクトシルセラミドのラクトースは脂質部分と直接結合した配糖体として存在している。筆者らは糖脂質ミミックの機能設計の観点から，糖脂質合成前駆体の合成を行った。手始めにラクトース二糖単位を直接配糖化するための触媒素子として微生物由来*Trichoderma reesei*の生産する市販酵素製剤セルラーゼをそのまま反応に供した。本反応において，*p*-ニトロフェニル*β*-ラクトシド供与体基質から1-アルカノール（C_2～C_{12}）受容体基質へのラクトシル二糖単位での転移反応が進行し，一連のアルキル*β*-ラクトシドを生成することを見出した[12]。この場合にオクチルアルコールやドデシルアルコールを受容体基質とした場合は，水に対する溶解度が低く反応が進みにくいという問題が生じた。この問題は反応系にコール酸ナトリウムを添加することで解消し，合成効率は10倍位以上に向上した。因みに，ドデシル*β*-ラクトシドは動物細胞を使っての糖脂質合成の糖鎖プライマーとして利用できる[13]。しかしながら本法によるラクトシド配糖体の合成は，供与体基質が高価であることから実践的合成法とは言い難い。そこで本酵素による縮合反応を検討した。上記酵素製剤を用い，ラクトースをグリコン基質，一連のアルコール類をアグリコン基質として高基質濃度の下で縮合反応を行うと，実に簡単に一連のアルキルβ-ラクトシド二配糖体が生成してくることを見出した（図2）[14]。例えば，ラクトースとグリセロールから1-*O*-β-ラクトシル-（*R,S*）-グリセロールと2-*O*-β-ラクトシルグリセロールとが7：3の割合で得られ，その収率はラクトース当たり20%であった。ラクトースと1,3-プロパンジオールからは*O*-β-ラクトシルプロパンジオールが15%の収率で，またラクトースと1,6-ヘキサンジオールからは6-*O*-ヒドロキシヘキシルβ-ラクトシド（Lacβ-HD）が5%の収率で得られた。同様に，各種1-アルカノール（n=2～8）とアリルアルコールからは，反応効率が下がるものの対応するアルキルβ-ラクトシドとアリルβ-ラクトシドが0.9～3.8%で合成できた。同様に，グリコン基質をラクトースの代わりにLacNAcを用いた場合でも，反応効率は低下するものの各種アルコールとの縮合反応が可能であった。グリセロールとの反応では単一生成物として1-*O*-β-*N*-アセチルラクトサミニル-（*R,S*）-グリセロールが5%の収率で得られた[15]。1-アルカノール（n=2～4）との反応では，対応するLacNAc配糖体が0.3～1.1%の収率で得られた。さらに，これら一連の縮合反応の効率は，侠雑するβ-D-ガラクトシダーゼをアフィニティークロマトグラフィーにより特異的に除去することで改善され，β-D-ガラクトシダーゼを除去した部分精製酵素標品を用いることでその収率を2倍以上に向上させることが出来た。この収率の向上は，標品中のβ-D-ガラクトシダーゼを除去することでグリコン基質であるラクトースやLacNAcの分解を抑えることに起因している。本合成法は，安価な基質同士を修飾することなく直接反応させるだけで目的化合物がワンポットで得られ，相対的に収率は低いものの1～2段階のクロマト操作でグラムスケールでの調製が可能であり，実践的な方法と言える。

3.3　オリゴ糖鎖の逐次合成法

上述したオリゴ糖を出発基材としてグリコシダーゼやグリコシルトランスフェラーゼ（糖転移酵素）を触媒素子として，順次糖鎖付加し，エピトープ（抗原決定基）として知られている受容体糖鎖構造単位を持つ重要オリゴ糖鎖の逐次合成例を取り上げる。

3.3.1　*O*結合型糖鎖の糖鎖コア

血清や膜糖タンパク質の多くのムチン型糖鎖は，コア1であるGalβ1-3GalNAcα-Ser Thr及びこれにGlcNAc付加したコア2であるGalβ1-3（GlcNAcβ1-6）GalNAcα-Ser Thr構造を有している。そこでこれらムチン型糖鎖ミミックの合成が行われた。初めに組換え体*B. circulans* ATCC31382由来β-D-ガラクトシダーゼを用い，Galβ-*o*NPからGalNAcα-*p*NPの*O*-3位への高

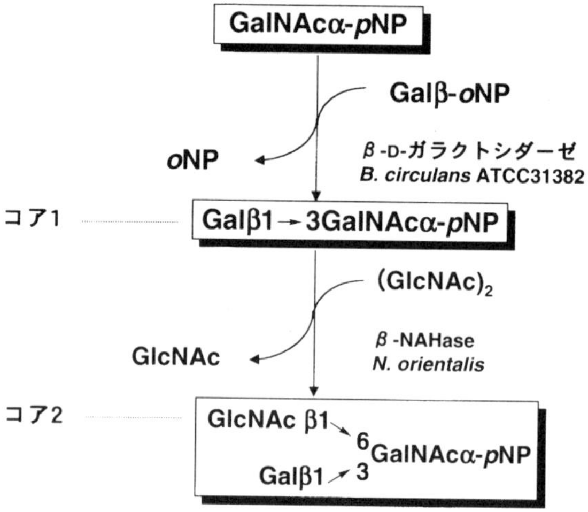

図3　ムチン型糖鎖コア1および2のミミック単位の逐次合成

位置選択的β-D-ガラクトシル基転移反応によって，コア1型糖鎖を有するGalβ1-3GalNAcα-*p*NP（5）が得られた[3]。本反応は高価な受容糖に対し供与糖を大過剰（モル比1：27）として行い，受容糖当たり76%の高収率で目的化合物5を得た。次に，*Nocardia orientalis*由来β-*N*-アセチルヘキソサミニダーゼ（β-NAHase）を用い，供与糖ジ-*N*-アセチルキトビオースから受容糖5へのGlcNAc転移によってコア2糖鎖を持つ分岐三糖配糖体Galβ1-3（GlcNAcβ1-6）GalNAcα-*p*NP（6）を得た。本反応の位置選択性は低く，主生成物として目的化合物6が得られるもののその他に構造異性体GlcNAcβ1-6Galβ1-3GalNAcα-*p*NP（7）とGlcNAcβ1-3Galβ1-3GalNAcα-*p*NP（8）の生成を伴い，その生成比は44：32：24で，供与糖当たり全収量14%であった[16]。本転移反応はユニークで，受容糖の末端残基*O*-6'よりもむしろ*O*-6位に優先的で，*O*-3'位には最も低率であった。このように出発基質GalNAcα-*p*NPからGalとGlcNAc残基を順次付加させることで，ムチン型コア2のミミック単位の逐次合成法を確立している（図3）。

3.3.2　ラクト-*N*-テトラオースとラクト-*N*-ネオテトラオース

一般に，ラクト-*N*-テトラオース（LNT，Galβ1-3GlcNAcβ1-3Galβ1-4Glc）とラクト-*N*-ネオテトラオース（LNnT，Galβ1-4GlcNAcβ1-3Galβ1-4Glc）は，糖脂質のラクトおよびネオラクト系列コア領域に，そして淋菌*Neisseria meningitidiis*のリポオリゴ糖の末端部に位置する特徴的な共通のコア構造として，さらにはヒトミルクオリゴ糖として人乳中から遊離の形でも存在している。そこで，LNTとLNnTの酵素合成法の確立を目指し，これら四糖の共通単位であるラク

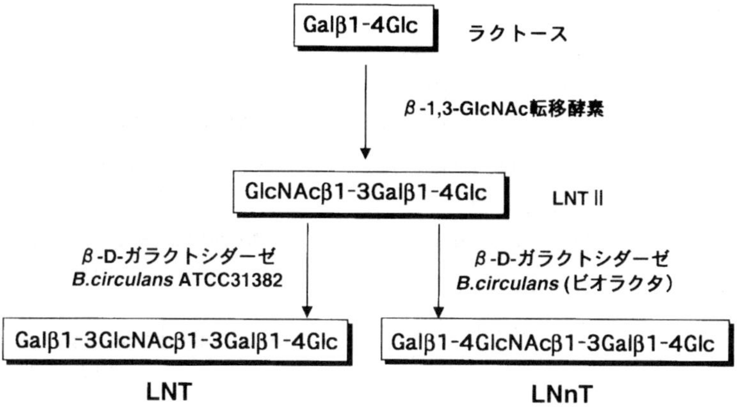

図4　ラクトースからのLNTおよびLNnTの逐次合成

トースを原料にした逐次合成法を考案した（図4）[17]。まず初段階としては，ラクトースの*O*-3'位へのGlcNAc付加によるラクト-*N*-トリオース（LNT II，GlcNAcβ1-3Galβ1-4Glc）の合成法を確立することにある。当初，ラクトースへのGlcNAc付加反応を微生物起源β-*N*-アセチルヘキソサミニダーゼのGlcNAc転移をしたLNT II誘導体の合成法を報告したが，その位置選択性と収率がともに低く，反応を操作することで幾分効率するものの実践的とは言い難い方法であった[18]。そこで，酵素源としてウシ血清中のβ-1,3-*N*-アセチルグルコサミン転移酵素（β3GnT）を用いて，UDP-GlcNAc（供与体基質）からラクトースへの反応を行ったところ，位置特異的に目的のLNT IIが生成され，収率の向上を見た。最近になってヒト由来β3GnTの組換え体酵素の大量発現に成功したことで[19]，充分量の酵素の供給も可能となりLNT IIの実践的合成も可能となった。次に，このLNT IIを受容糖とし，これに起源の異なるβ-D-ガラクトシダーゼのガラクトシル転移により，構造異性体LNTとLNnTとに相互変換するルートを確立した。即ち，LNT合成には組換え体*B. circulans* ATCC31382由来β-D-ガラクトシダーゼを用い，供与糖Galβ-*o*NPからLNT IIへ，LNnT合成には，*B. circulans*由来β-D-ガラクトシダーゼ（ビオラクタ）を用い，供与糖ラクトースからLNT IIへの，高位置選択的Gal転移が進行した。その結果，LNTは受容糖当たり20%，LNnTは19%という収率で得られた。本逐次合成法は，合成プロセスが簡単でかつ転移収率も高く量産化に適している。さらに，反応時に大過剰の受容糖として使われる貴重な未反応LNT IIは，直接クロマト操作で回収，再利用が可能で酵素法の利点とも言える。

3.3.3　ポリ-*N*-アセチルラクトサミン

エンド-β-ガラクトシダーゼは，複合糖質に存在するポリ-*N*-アセチルラクトサミンやケラタン硫酸のβ（1-4）ガラクトシル結合をエンド的に分解する酵素である。これまで天然基質等を用いて本酵素の基質特異性などが研究され，糖鎖の構造解析や機能解析などに広く用いられてきた[20, 21]。しかしながら，糖転移活性についてはこれまで報告されていなかった。そこで，エンド-β-ガラクトシダーゼの糖転移能を検討するために，本酵素の良好な基質であることが明らかとなっているGlcNAcβ1-3Galβ1-4GlcNAcβ-*p*NP（9）[22]に対して*Escherichia freundii*の産生するエンド-β-ガラクトシダーゼを作用させた。その結果，GlcNAcを末端にもつポリ-*N*-アセチルラクトサミンGlcNAcβ1,3(Galβ1,4GlcNAcβ1,3)$_n$Galβ1,4GlcNAcβ-*p*NP（10，n=1；11，n=2；12，n=3；13，n=4）を9当たり約11%の収率で得ることに成功した。図5に示すように，本酵素の反応スキームは，9それ自体に対し供与体基質としても受容体基質としても働き，はじめにエンド的に作用してGlcNAcβ1-3Gal残基の転移により10を生成し，さらに順次二糖単位での付加反応が進行して11から13が生成してくるものと考えた。本糖転移反応の位置選択性は高く，GlcNAcβ1-3Gal二糖単位を受容体基質の非還元末端GlcNAc残基のOH-4位に転移し，順次転移を繰り返すことで直鎖状分子であるポリ-*N*-アセチルラクトサミンを生成してくることが明らかとなった。さらに，この糖転移反応は，ウシ血清アルブミンの添加，および低温（1℃）での反応により著しく転移効率が増加することを見出した[23]。近年，糖タンパク質や糖脂質に含まれるポリ-*N*-アセチルラクトサミンが，ガンの転移などの様々な生命現象に寄与していることが報告されている[24]。エンド-β-ガラクトシダーゼの糖転移反応によって合成された構造の明確なポリ-*N*-アセチルラクトサミンは，今後，糖鎖の生理機能解明のためのツールとして有効になると思われる。

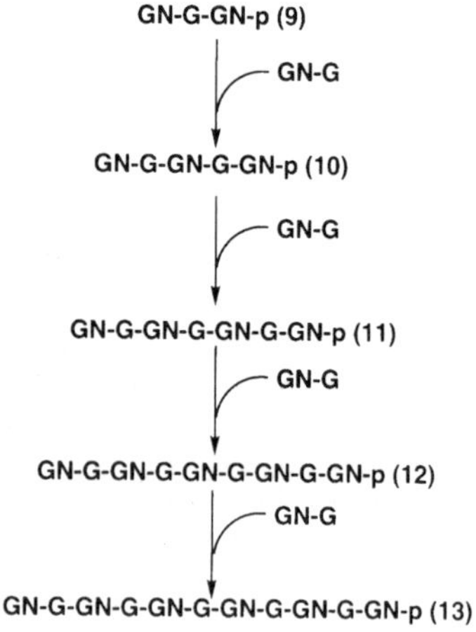

図5　エンド-β-ガラクトシダーゼによるポリ-*N*-アセチルラクトサミンの合成
GN, GlcNAc; G, Gal; p, pNP

3.4　合成オリゴ糖鎖の分子認識チップとしての活用

生物活性をもたらす糖鎖の認識は短い糖鎖であっても，それに応じた特徴的な認識信号として活用できることが判ってきた。従って，細胞表層に存在し生物シグナルとして機能しているオリゴ糖鎖を分子認識のチップと見なしポリペプチドや脂質に組み込むことが出来れば人工的な複合糖質の機能設計が可能となる。そこで量産可能となった上述のオリゴ糖鎖を活用して糖タンパク質の形態をミミックした人工ムチンの作製を行った。ムチンは高度にグリコシル化した糖タンパク質の総称で細胞表層粘膜として各種器官に存在し，生体バリア高分子としてその生理的役割を担っている。そこでできるだけ単純化したモデルとして先に合成したオリゴ糖鎖を α-ポリ-L-グルタミン酸に側鎖として高密度に配列したアシアロ型（Galβ1-4GlcNAcβ-）およびシアロ型（Neu5Acα2-3/6Galβ1-4GlcNAcβ-）の人工ムチンを作製した[25]。後者は，インフルエンザウイルスの接着に関わる受容体糖鎖構造を有しており，特に α2-6シアロ型ポリペプチドはヒトから分離されているA型ウイルスに対し，予想したように強力なウイルス接着阻止能を示した[26]。一方，糖脂質についていえばガングリオシドのラクトースは脂質と糖鎖を結ぶコア二糖である。そこでラクトシルセラミドのミミックを構築すべくホスホリパーゼDを用い，ホスファチジルコリン供与体から上述のLacβ-HD受容体への転移反応を行ったところ，受容体アグリコン部一級水酸基にホスファチジル基が導入されたグリセロ型の人工糖脂質の合成に成功した[27]。人工糖脂質は，親油性物質に糖鎖が結合しているので水中で自己組織化することによって糖分子鎖集合体を形成し，ナノオーダーのベシクル（リポソーム）やジャンボリポソーム（GUV）を自在に創り出せることができ，細胞表層のモデルとしても利用できることが判ってきた。このように特定のオリゴ糖鎖を分子認識のチップと見なし，異分子との結合技術を開発することによって“細胞の顔”となっている複合糖質の糖鎖形態を限りなくミミックした人工複合糖質を創り出すことが出来る。これらは，天然物と異なり高純度で化学的安定性に優れ，量産が容易であるという特徴を有しているので，生物機能性材料として生命科学の分野への様々な展開が期待できる。

文　献

1) K. Sakai *et al.*, *J. Carbohydr. Chem.*, **11**, 553 (1992)
2) T. Usui *et al.*, *Carbohydr. Res.*, **244**, 315 (1993)
3) X. Zeng *et al.*, *Carbohydr. Res.*, **325**, 120 (2000)
4) T. Murata & T. Usui., *Trends Glycosci. Glycotechnol.*, **12**, 161 (2000)
5) T. Murata, *et al.*, *Carbohydr. Res.*, **320**, 192 (1999)
6) K. Ajisaka *et al.*, *Carbohydr. Res.*, **224**, 291 (1992)
7) K. Yamashita *et al.*, *Arch. Biochem. Biophys.*, **174**, 582 (1976)
8) T. Miyauchi *et al.*, *Nature*, **299**, 198 (1982)
9) T. Usui *et al.*, *Glycoconjugate J.*, **11**, 105 (1994)
10) K.G.I. Nilsson, *Carbohydr. Res.*, **167**, 95 (1987)
11) K. Ajisaka *et al.*, *Carbohydr. Res.*, **270**, 123 (1995)

12) K. Totani *et al., Arch. Biochem. Biophys.*, **383**, 28 (2001)
13) H. Nakajima *et al., J. Biochem.*, **124**, 148 (1998)
14) N. Yasutake *et al., Biochim. Biophys. Acta*, **1620**, 252 (2003)
15) N. Yasutake *et al., Biosci. Biotechnol. Biochem.*, **67**, 1530 (2003)
16) T. Murata *et al., Glycoconjugate J.*, **15**, 575 (1998)
17) T. Murata *et al., Glycoconjugate J.*, **16**, 189 (1999)
18) T. Murata *et al., Biochim. Biophys. Acta*, **1335**, 326 (1997)
19) T. Kato *et al., Protein Expr. Purif.* **35**, 54 (2004)
20) M. Fukuda and G. Matsumura, *Biochem. Biophys. Res. Commun.* **64**, 465 (1975)
21) M. N. Fukuda and G. Matsumura, *J. Biol. Chem.*, **251**, 6218 (1976)
22) T. Murata *et al., Eur. J. Biochem.*, **270**, 3709 (2003)
23) T. Murata *et al., Biochim. Biophys. Acta*, **1722**, 60 (2005)
24) X. Zeng *et al., Arch. Biochem. Biophys.*, **383**, 28 (2000)
25) D. Zhou, *Curr. Protein Pept. Sci.* **4**, 1 (2003)
26) K. Totani *et al., Glycobiology*, **13**, 315 (2003)
27) Y. Harada *et al., Biosci. Biotechnol. Biochem.*, **69**, 166 (2005)

4　エンド型グリコシダーゼを用いた糖ペプチドの化学–酵素合成

山本憲二*

4.1　はじめに

糖鎖を人為的に，ある物質に付加する技術を得ることは「糖鎖工学」の重要な課題の一つである。ペプチドに糖鎖を付加した糖ペプチドを合成することはその課題を実現するための目標である。従来，糖ペプチドの合成は有機合成法によって試みられて来たが，わずかな収率でしか目的物を得ることができない。また，さまざまな糖転移酵素（glycosyltransferase）を用いた酵素合成による方法も試みられているが，糖転移酵素は入手が困難であり，しかも糖ヌクレオチドを糖供与体として一残基の糖のみが受容体に付加できるために複雑な糖組成を持つ糖鎖を合成することは難しい。筆者らは微生物のエンドグリコシダーゼの糖転移活性を用いることによって，「糖鎖を他の化合物に付加する」ことに成功した。ここでは微生物のエンドグリコシダーゼの糖転移活性を用いた生理活性糖ペプチドの合成について紹介したい。

4.2　微生物由来のエンド-β-*N*-アセチルグルコサミニダーゼ

オリゴ糖や複合糖質の糖鎖の非還元末端から単糖を加水分解して遊離するエキソ型グリコシダーゼとは異なり，エンド型グリコシダーゼは糖鎖の内部の構造を認識して糖鎖を遊離する酵素である。糖鎖とタンパク質（あるいは脂質）の両方を傷つけることなく遊離することができるためにさまざまな糖鎖の構造解析や機能解析に有用な手段として用いられている。

複合糖質に作用するエンドグリコシダーゼは1971年に村松によって肺炎双球菌の培養液中にマウスの免疫グロブリンの糖鎖を外す酵素として初めて見出された[1]。この酵素はタンパク質のアスパラギン残基に結合する*N*-グリコシド結合糖鎖（アスパラギン結合糖鎖）に作用し，糖鎖とタンパク質との結合部にあるジアセチルキトビオース（*N*-acetylglucosaminyl β-1,4*N*-acetylglucosaminide；GlcNAc β1-4GlcNAc）部分を切断して糖鎖を遊離する酵素で，アスパラギン残基との結合部から糖鎖を遊離するペプチド*N*-グリカナーゼとは異なり，タンパク質側に*N*-アセチルグルコサミン（GlcNAc）一残基を残すと言う特徴的な作用をする。本酵素は微生物のみならず動物や植物の組織など，広い起源に見出されている。微生物のEndo-β-GlcNAc-aseは，高マンノース型，混成型，複合型の三種類に分類されるアスパラギン結合糖鎖の中でもマンノース（Man）のオリゴマーからなる高マンノース型糖鎖と混成型糖鎖（高マンノース型と複合型が混成したような構造の糖鎖）に作用する。放線菌*Streptomyces plicatus*由来の酵素であるEndo-H[2]は糖鎖生物学や細胞生物学の分野において糖タンパク質糖鎖の解析に一般的に用いられるエンド

＊　Kenji Yamamoto　京都大学　大学院　生命科学研究科　教授

グリコシダーゼであるが，高マンノース型糖鎖に良く作用する一方，動物のほとんどの糖タンパク質に見られる複合型糖鎖には全く作用しない。複合型糖鎖はシアル酸やガラクトース，GlcNAc，Manなど，多様な糖から構成される糖鎖である。

1982年，ElderとAlexanderは病原性細菌である*Flavobacterium meningosepticum*の培養液中に複合型糖鎖に作用する新奇なEndo-β-GlcNAc-ase（Endo-F）を見出した[3]。筆者らも土壌より単離同定した糸状菌*Mucor hiemalis*の培養液中に複合型糖鎖に作用するEndo-β-GlcNAc-aseを見出し，その起源に因んで Endo-Mと名づけた[4]。本酵素は高マンノース型，混成型，複合型のいずれの糖鎖に対しても作用する広い基質特異性を持つ酵素で，非還元末端にシアル酸を有するシアロ複合型糖鎖にも作用するという従来の微生物起原の酵素とは異なった特異性を持っている[5,6]。

4.3　エンドグリコシダーゼの糖転移活性

多くのグリコシダーゼはグリコシド結合を分解して糖を遊離する加水分解活性とともに，遊離した糖を水酸基を持つ化合物に転移する糖転移活性を併せ持っている。糖転移反応は糖の加水分解反応の特別な反応であると考えられる。すなわち，グリコシダーゼの加水分解反応は基質から遊離した糖が水に転移する反応であると考えられ，一方，糖転移反応は基質から遊離した糖が水の代わりに水酸基を持つ化合物へ転移する反応であると考えられる[7]。実際にエキソグリコシダーゼの糖転移活性はさまざまなオリゴ糖の酵素合成などに利用されているが，エンドグリコシダーゼの糖転移活性については良く知られていない。しかし，エンドグリコシダーゼが糖転移活性を有していれば，糖ペプチドや糖タンパク質あるいは糖脂質の糖鎖を遊離して水酸基を持つ化合物に転移付加することが可能である。すなわち，糖鎖をさまざまな化合物に付加することが可能であり，グリコシレーションの手段としてエンドグリコシダーゼの糖転移活性を活用することができる。

エンドグリコシダーゼの加水分解反応：

糖鎖-ペプチド/タンパク質（糖ペプチド/糖タンパク質）+ HOH → 糖鎖-OH + ペプチド/タンパク質

エンドグリコシダーゼの糖転移反応：

糖鎖-ペプチド/タンパク質（糖ペプチド/糖タンパク質）+ R-OH → 糖鎖-O-R + ペプチド/タンパク質

エンドグリコシダーゼの糖転移活性は，1986年にTrimbleらによってEndo-Fで初めて見出された[8]。すなわち，ニワトリ卵白より得られる$Man_5GlcNAc_2Asn$の構造を有するアスパラギン結合高マンノース型糖鎖（GP-V）にEndo-Fを作用すると糖鎖が遊離するとともに，遊離した糖鎖がEndo-F酵素標品の安定化剤として混入されていたグリセロールに転移付加することを見出し

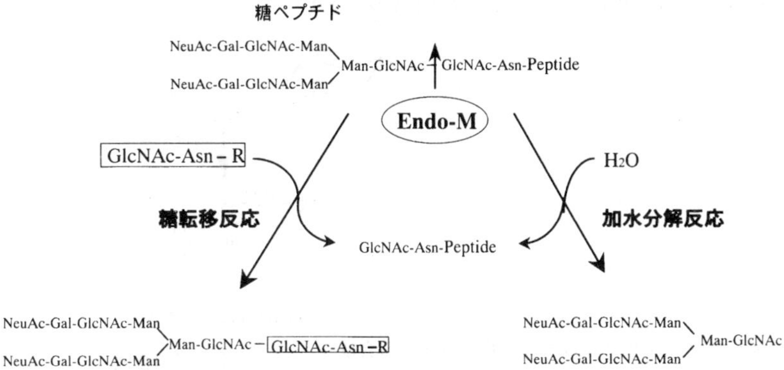

図１　Endo-Mによる加水分解反応と糖転移反応
NeuAc：*N*-アセチルノイラミン酸（シアル酸），Gal：ガラクトース，
GlcNAc：*N*-アセチルグルコサミン，Man：マンノース

た。その後，竹川らによって*Arthrobacter protophormiae*のEndo-β-GlcNAc-ase（Endo-A）も糖転移活性を有することが見出された[9]。Endo-Aは高マンノース型糖鎖にのみ作用する酵素であるが，GlcNAcやグルコースの存在下で糖ペプチドを加水分解すると，加水分解反応によって遊離した糖鎖が単糖に転移付加して，Endo-Aの見かけの加水分解活性が上昇するという結果から糖転移活性が見出された。

筆者らもEndo-Mが糖転移活性を有することを見出した[10]。すなわち，複合型二本鎖糖鎖を有するヒト血清トランスフェリンの糖ペプチドに本酵素を作用させると糖鎖が遊離される一方，GlcNAcあるいはGlcNAcを含む適当な受容体が存在すると，遊離した糖鎖がその受容体のGlcNAc部分に転移付加することを見出した（図１）。

4.4　生理活性糖ペプチドの化学-酵素合成

Endo-MはGlcNAcのみならず，GlcNAcにAsnが付いた４-L-アスパルチルグリコシラミンやその誘導体に糖鎖を転移することができる。すなわち，ペプチドやタンパク質のAsn残基に GlcNAcを付けてやればEndo-Mによる糖転移反応によって糖鎖が付加され，糖ペプチドや糖タンパク質を合成することができる。そこで，筆者らは生理活性を持つペプチドにEndo-Mを用いて糖鎖を付加することにより生理活性糖ペプチドを合成することを試みた。その化学-酵素合成法（Chemo-enzymatic method）を図２に示した[11]。ストラテジーの第一段階はペプチドのAsn残基にGlcNAcを付けた*N*-Acetylglucosaminyl peptideを合成するための材料であるGlycosylasparagineの化学合成である。すなわち，GlcNAcのアジドとFmoc（9-fluorenylmethyloxycarbonyl）-アスパラギン酸

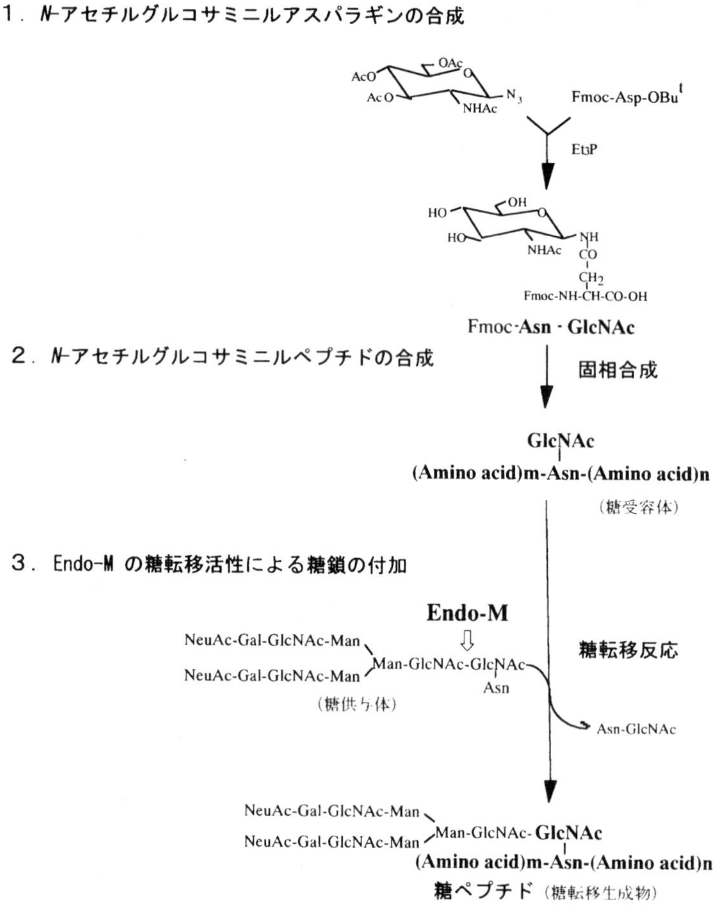

図2　Endo-Mの糖転移活性を利用した糖ペプチドの化学-酵素合成法
Fmoc-Asp-OBu^t：Fmoc-アスパラギン酸α-t-ブチルエステル，
Et$_3$P：トリエチルフォスフィン

のブチルエステルを材料としてFmoc-Asn-GlcNAcを合成する[12]。第二段階は，これをFmoc-Asnに代わる原料として用いてFmoc法によるペプチド固相合成を展開し，*N*-Acetylglucosaminyl peptideを合成する。第三段階は，この*N*-Acetylglucosaminyl peptideにEndo-Mの糖転移活性によって糖鎖供与体から糖鎖を転移付加する。このような方法によってさまざまな糖ペプチドを合成した。

ペプチド-Tは8つのアミノ酸からなるペプチド（ASTTTNYT）で，HIVが細胞のレセプターへ結合するのを阻害することからエイズの治療薬と考えられている[13]。そこで，上記のストラテジーに従って，ペプチド-Tに糖鎖を付加した糖ペプチドを合成した。先ず，ペプチド-TのAsn残基にGlcNAcを付けた*N*-アセチルグルコサミニルペプチド-Tを合成し，これを受容体として，Endo-Mによる糖転移反応により糖鎖供与体であるヒト血清トランスフェリン糖ペプチドからシアロ複合型糖鎖を導入した[14]。従来，ペプチダーゼなどの分解酵素による壊変を防ぐために，ペプチド-TのSerやThr残基にグルコースやラクトースを付加した化合物が合成されている[15]。シアロ複合型糖鎖を導入したペプチド-Tについてプロテアーゼによる分解を調べたところ，nativeのペプチド-Tや単糖のGlcNAcのみを付加した*N*-アセチルグルコサミニルペプチド-Tに比べて著しく安定であった[14]。

カルシトニンはカルシウム調節ホルモンとして，骨からのカルシウムの溶出を抑制する機能を持つ生理活性ペプチドで，骨粗鬆症に効果があることが知られている。32個のアミノ酸からなるこのペプチドはN-末端から3番目にAsn残基を有する。そこで，このAsn残基にGlcNAcを導入したペプチドを合成した後，Endo-Mの糖転移活性を用いてシアロ複合型糖鎖を付加して，カルシトニンの糖ペプチドを得た[16]。その化学-酵素合成法の概要を図3に示した。先ず，Fmoc-Asn-GlcNAcを合成し，これを用いて，GlcNAcを付けたAsn残基を含むN-末端から10残基のアミノ酸からなるFmoc-ペプチド（CSNLSTCVLG）にチオエステルセグメントを付けた化合物を合成した。次にN-末端の11番目から32番目までのアミノ酸からなるBoc（*tert*-butoxycarbonyl）-ペプチド（KLSQELHKLQTYPRTDVGAGTP）のアミド化合物を固相合成し，これらを別々に合成した2つのペプチドをチオエステル法によって縮合して，*N*-アセチルグルコサミニルカルシトニンを得た。これにEndo-Mの糖転移活性によってヒト血清トランスフェリン糖ペプチドのシアロ複合型糖鎖を付加した。得られた糖ペプチドを破骨細胞のアクチンリングの形成の阻害を指標として，*in vitro*による生理活性を調べたところ，nativeのカルシトニンに比べて生理活性はやや低下するものの，充分な活性が保持されていた[17]。さらに，NMRの測定結果から得たカルシトニンの立体構造モデルに糖鎖を重ね合わせたモデルを調べてみるとグリコシレーションによるペプチド部分の大きな構造変化は見られないことがわかった。

4.5　グルタミン結合糖鎖を持つ生理活性糖ペプチドの化学-酵素合成

真核生物が有する糖タンパク質や糖ペプチドの*N*-グリコシド結合糖鎖は-Asn-X-Thr/Ser-というトリペプチド配列のAsn残基に結合することが知られている。しかし，Endo-Mの糖転移活性を利用する化学-酵素合成法を用いれば，Asn残基さえあれば，どのようなアミノ酸配列を持ったペプチドにも糖鎖を付けることが可能である。この点が化学-酵素合成法による糖ペプチド

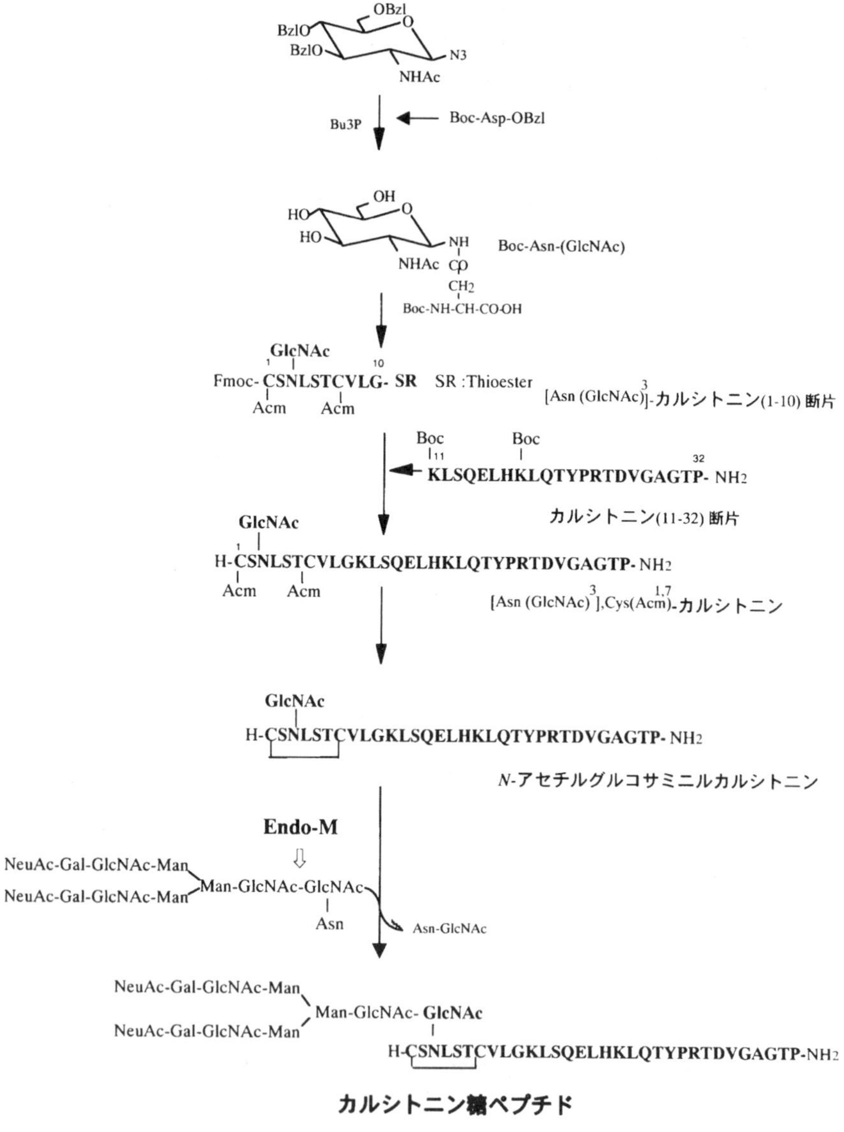

図 3　カルシトニン糖ペプチドの化学-酵素合成法
Bzl：ベンジル，Boc-Asp-OBzl：Boc-アスパラギン酸ベンジルエステル，
Bu_3P：トリ-*n*-ブチルフォスフィン，Acm：アセタミドメチル

合成の最大の利点と考えられる。しかし，Asnを構成アミノ酸に持たないペプチドも存在する。

サブスタンスPは知覚ニューロン伝達物質で，血圧を降下させるなどの生理作用を持つ生理活性ペプチドである。11のアミノ酸からなるこのペプチド（RPKPQQFFGLM）はAsnを構成アミノ酸として持たない。このようなペプチドに*N*-グリコシド結合糖鎖が付加することは天然界においてはありえず，従って，サブスタンスPの糖ペプチドを生合成することは遺伝子操作によっても不可能である。一方，Endo-MはGlcNAc-Asnと同様にGlcNAc-Glnにも糖鎖を付加することができる。そこで，筆者らはサブスタンスPの構成アミノ酸としてGlnが存在することに着目し，Gln残基にGlcNAcを付けたペプチドを合成して，これにニワトリ卵黄より得られる糖ペプチドのシアロ複合型糖鎖をEndo-Mの糖転移活性を利用して転移付加し，「グルタミン結合糖鎖」を持つ非天然型の新奇な糖ペプチドを得ることを試みた。すなわち，*N*-末端から5番目と6番目に存在するGln残基のそれぞれに糖鎖を付加したサブスタンスP糖ペプチドの化学-酵素合成を試み

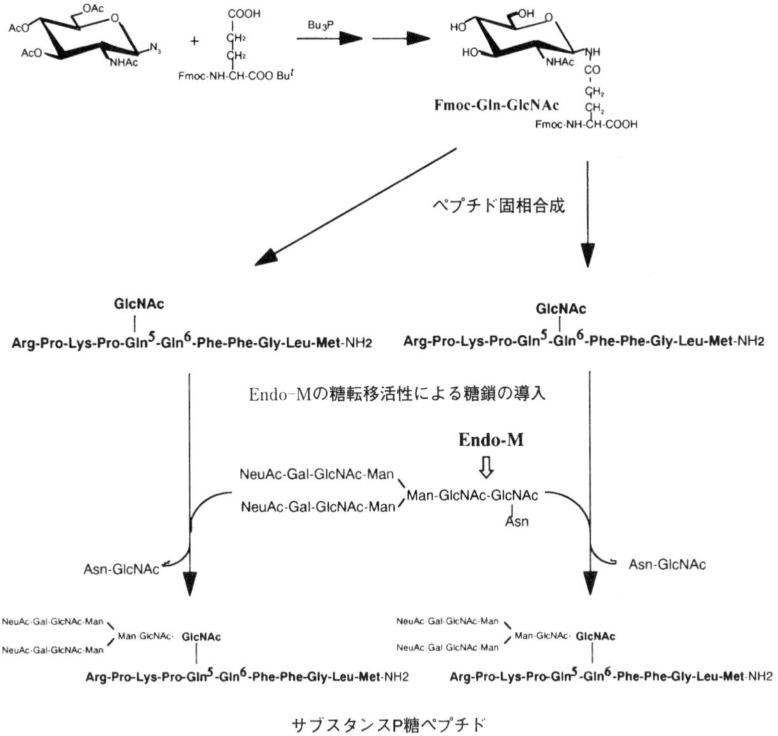

図 4　グルタミン結合糖鎖を持つサブスタンスP糖ペプチドの化学-酵素合成法

た[18]（図4）。この方法は，上記のFmoc-Asn-GlcNAcの合成と同様にGlcNAcのアジドとFmoc-グルタミン酸のブチルエステルを材料としてFmoc-Gln-GlcNAcを合成した後，これを原料としてN-末端から5番目あるいは6番目のGln残基にGlcNAcを導入した*N*-アセチルグルコサミニルサブスタンスPを合成した。次いで，Endo-Mの糖転移活性を用いて複合型糖鎖を付加したサブスタンスPの糖ペプチドを得た。これらの糖ペプチドについてモルモット回腸の縦走筋の収縮活性を測定することにより生理活性を調べたところ，N-末端から5番目のGln残基に糖鎖を導入したサブスタンスP糖ペプチドはnativeのサブスタンスPとほぼ同じ程度の生理活性を有していた。一方，*N*-末端から6番目のGln残基に糖鎖を導入したサブスタンスP糖ペプチドの生理活性は著しく低下した。サブスタンスPの生理活性に関与する部位はC-末端側にあるとされているので，C-末端側に近い6番目のGln残基に糖鎖が導入されることにより，サブスタンスPの受容体に対する立体障害が起こって活性が低下すると考えられる。また，サブスタンスPはジペプチジルカルボキシペプチダーゼであるアンジオテンシン変換酵素（ACE）によって分解されるが，サブスタンスPの糖ペプチドはこの酵素によって全く分解されなかった[18]。

また，酵母（*Saccharomyces cerevisiae*）が分泌するペプチド系ホルモン様物質である接合因子（α-mating factor，WHWLQLKPGQPMY）についてもグルタミン結合糖鎖を有する糖ペプチドを化学-酵素合成した。この接合因子は酵母が分泌するプロテアーゼによって分解されて不活性化される。そこで，*N*-末端より5番目にあるGln残基にGlcNAcを導入した*N*-アセチルグルコサミニルα-mating factorを化学合成した後，Endo-Mの糖転移活性を用いてシアロ複合型糖鎖を付加した糖ペプチドを酵素合成した。この糖ペプチドについて，a-接合型酵母のprotease-less変異株を用いたgrowth arrest assayにより活性を調べた結果，シアロ複合型糖鎖を付加したα-mating factorは native のα-mating factor に比べて活性が低下したが，この糖鎖の末端のシアル酸をシアリダーゼによって除いたアシアロ糖鎖を持つα-mating factorについては活性の低下は見られず，シアル酸の存在が接合因子と酵母の結合を阻害していることが示唆された。一方，α-mating factor糖ペプチドは酵母が分泌するプロテアーゼに対して強い抵抗性を示した。また，Gln残基にGlcNAcを導入した*N*-アセチルグルコサミニルα-mating factorはプロテアーゼ消化に対して強い抵抗性を示さなかったが，nativeのα-mating factorに比較して著しく高い活性を示した[19]。

4.6 おわりに

エンドグリコシダーゼは糖鎖の構造や機能の解析用手段として広く使われているが，酵素の持つ特異的な活性を活用して，物質生産の手段として利用しようとすることはこれまでには考えられないことであった。しかし，ここに紹介したように，多くの応用が考えられ，物質の大量生産に利用されるようになるのも近いと考えられる。Endo-Mは*N*-グリコシド結合糖鎖をタンパク質やペプチドに付けることができるほとんど唯一の酵素である。その遺伝子のクローニングも既に行われており，酵母による組み換え酵素の生産も行われるようになった[20]。糖鎖工学の技術として，この化学-酵素合成法が広く利用され確立されることが望まれる。

文　　献

1）T.Muramatsu, *J. Biol.Chem.*, **246**, 5535（1971）
2）A.L.Tarentino, & F.Maley, *J. Biol. Chem.*, **249**, 811（1974）
3）J.H.Elder, & S.Alexander, *Proc. Natl. Acad. Sci. USA*, **79**, 4540（1982）
4）S.Kadowaki, *et al.*, *Agric. Biol. Chem.*, **54**, 97（1990）
5）K.Yamamoto, *et al.*, *Biosci. Biotech. Biochem.*, **58**, 72（1994）
6）K.Yamamoto, *J. Biochem.*, **116**, 229（1994）
7）J.Edelman, *Adv. Enzymol.*, **17**, 189（1956）
8）R.B.Trimble, *et al.*, *J. Biol. Chem.*, **261**, 12000（1986）
9）K.Takegawa, *et al.*, *Biochem. Int.*, **24**, 849（1991）
10）K.Yamamoto, *et al.*, *Biochem. Biophys. Res. Commun.*, **203**, 244（1994）
11）K.Yamamoto, *J. Biosci. Bioeng.*, **92**, 493（2001）
12）T.Inazu, & K.Kobayashi, *Synlett.*, 869（1993）
13）C.B.Pert, *et al.*, *Proc. Natl. Acad. Sci. USA*, **83**, 9254（1986）
14）K.Yamamoto, *et al.*, *Carbohyd. Res.*, **305**, 415（1998）
15）M.Marastoni, *et al.*, *Arzneim. Forch. /Drug Res.*, **44**, 984（1994）
16）M.Mizuno, *et al.*, *J. Am. Chem. Soc.*, **121**, 284（1999）
17）K.Haneda, *et al.*, *Bioorg. Med. Chem. Lett.*, **8**, 1303（1998）
18）K.Haneda, *et al.*, *Biochim. Biophys. Acta*, **1526**, 242（2001）
19）I.Saskiawan, *et al.*, *Arch. Biochem. Biophys.*, **406**, 127（2002）
20）K.Fujita, *et al.*, *Arch. Biochem. Biophys.*, **432**, 41（2004）

5　プロテオグリカン糖鎖の機能改変

高垣啓一*

5.1　プロテオグリカン

プロテオグリカンは，1本のコアタンパク質（分子量4.5～30万）のセリン残基に，一本から百数十本の高分子糖鎖，グリコサミノグリカンが共有結合している複合糖質である（図1）。この巨大分子は，細胞表面や細胞外マトリックスに存在し，タンパク質部分由来の機能ばかりでなく，この糖鎖構造に由来した様々な生物活性を有している[1]。

グリコサミノグリカンは，ウロン酸，又は，ガラクトース（Gal）が，アミノ糖（ヘキソサミン）と結合した二糖単位が，直鎖状に繰り返した多糖である。二糖単位を構成するウロン酸とヘキソサミンの種類および組み合わせにより，コンドロイチン硫酸，デルマタン硫酸，ヘパラン硫酸，ヘパリン，ヒアルロン酸，ケラタン硫酸などに分類される（表1）。コンドロイチン硫酸は，グルクロン酸（GlcA）と*N*–アセチルガラクトサミン（GalNAc）が二糖単位を形成し，*N*–アセチルガラクトサミンのC–4位またはC–6位への*O*–硫酸化により，コンドロイチン4–硫酸とコンドロイチン6–硫酸に分類される。ヒアルロン酸とコンドロイチンは，*N*–アセチルグルコサミン（GlcNAc）あるいは*N*–アセチルガラクトサミンがそれぞれGlcAにβ1–3結合した構造である。デルマタン硫酸は，コンドロイチン4–硫酸のグルクロン酸のC–5位のエピメリ化によってイズロン

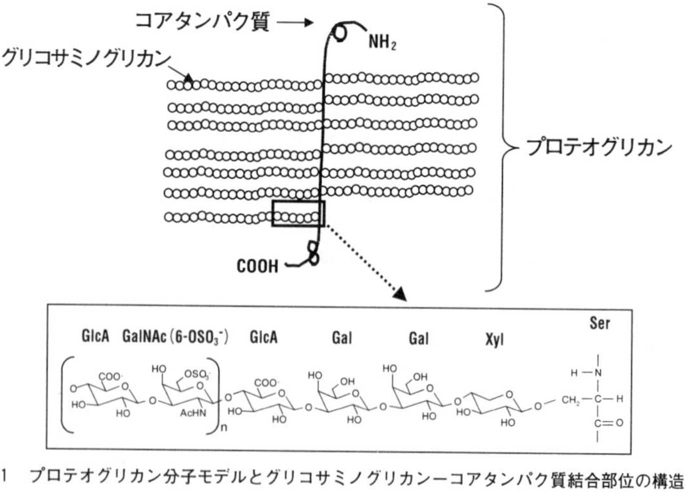

図1　プロテオグリカン分子モデルとグリコサミノグリカン―コアタンパク質結合部位の構造

* Keiichi Takagaki　弘前大学　医学部　医学科　生化学第一講座　教授

酸（IdoA）へ転換し，イズロン酸含量の多くなったものである。ヘパラン硫酸は，ヘキソサミンとして*N*–アセチルグルコサミンを含有し，ウロン酸の成分としてはグルクロン酸とイズロン酸の両方を有する。また，*N*–アセチルグルコサミンの脱*N*–アセチル化，*N*–，C–3，C–5位の硫酸化やグルクロン酸のC–2位の硫酸化がみられる。ヘパリンはヘパラン硫酸に比べ，硫酸基の数やイズロン酸含量が多い点で区別されている。ケラタン硫酸，ヘパラン硫酸，ヘパリンを構成するウロン酸とヘキソサミンの間の結合はβ1–4結合である。ケラタン硫酸の*N*–アセチルグルコサミンは，C–6位が硫酸化されている。ただ一つの例外であるヒアルロン酸を除いて，天然に存在するグリコサミノグリカンは，プロテオグリカンの糖鎖成分としてコアタンパク質に結合しており，硫酸基を持つ。そのグリコサミノグリカンの分子量は，数万から数十万に及ぶ。ヒアルロン酸以外のこれらのグリコサミノグリカンは，その種類に関係なく，GlcA–Gal–Gal–Xylから成る共通の結合領域を介してコアタンパク質のセリン（Ser）残基に結合している[2]。

表1　グリコサミノグリカンの構造

グリコサミノグリカン	構 造
ヒアルロン酸	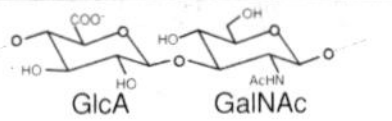 GlcA　GalNAc
コンドロイチン	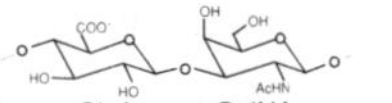 GlcA　GalNAc
コンドロイチン 4-硫酸	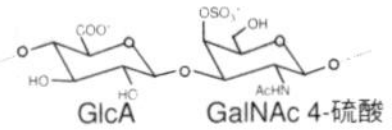 GlcA　GalNAc 4-硫酸
コンドロイチン 6-硫酸	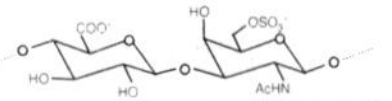 GlcA　GalNAc 6-硫酸
デルマタン硫酸	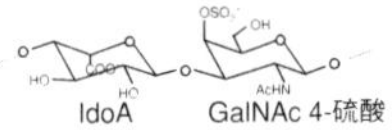 IdoA　GalNAc 4-硫酸
ケラタン硫酸	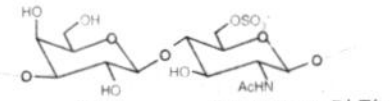 Gal　GlcNAc 6-硫酸
ヘパラン硫酸　ヘパリン	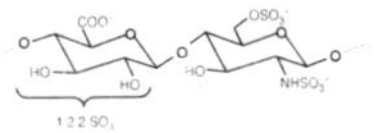 GlcA (IdoA)　GlcNAc

グリコサミノグリカンの微細構造は，エピメリ化や硫酸化などの修飾が，同一糖鎖上でも部位により異なり，実際にはかなりの多様性を持っている。従って，生物学的機能を有する糖鎖の構造解析は容易ではない。これまでに構造決定されたものは，血液凝固阻止活性を示すヘパリンやデルマタン硫酸由来のオリゴ糖など，ごく数種類に限られている[3,4]。しかし，近年の分析法の開発により，さらに多くのオリゴ糖レベルでの構造と機能の関係も解明されるものと期待される。

現在，グリコサミノグリカンの化学合成法は，長足の進歩を遂げている。しかし，生物活性を有する長鎖のグリコサミノグリカンの合成はいまだ困難である。遺伝子工学的に産生されるリコンビナントタンパク質には，糖鎖が欠落したり不完全であったりする。たとえ，天然の糖鎖と同じ糖鎖を化学合成できたとしても，それをリコンビナントタンパク質に導入する化学的技術はない。近年，ようやく糖鎖をタンパク質に酵素的に導入する技術が拓かれつつある。また，上記のドメイン構造と機能との関係を明らかにするためには，検索用ライブラリーとしての沢山の種類の，グリコサミノグリカンオリゴ糖を調製することが重要である。

5.2 糖転移に利用されるグリコシダーゼ

グリコシダーゼは，その加水分解反応の逆反応として糖転移活性を有することが知られており，糖鎖の合成に利用され始めている。グリコシダーゼには，非還元末端より単糖のグリコシド結合を加水分解するエキソ型グリコシダーゼと，糖鎖内部のグリコシド結合を加水分解して，オリゴ糖を遊離させるエンド型グリコシダーゼがある。エンド型グリコシダーゼは，加水分解反応の結果，オリゴ糖を遊離するので，その逆反応としてのオリゴ糖の転移が起こることになる。この場合，エンド型グリコシダーゼは，糖鎖中の特定の結合部位を認識して分解する制限酵素的反応と，特定の結合を形成する合成酵素的反応を同時に行う。これを利用すると糖鎖の組み換えが可能となる。現在，プロテオグリカンに作用するエンド型グリコシダーゼとしては，糖鎖に作用するヒアルロニダーゼ[5)]，ヘパリナーゼ[6)]，ヘパリチナーゼ[7)]，ケラタナーゼ[8)]と，糖鎖とペプチドの橋渡し構造に作用するエンド-β-キシロシダーゼ，エンド-β-ガラクトシダーゼ，エンド-β-グルクロニダーゼなど[9)]が知られている。これらの酵素はいずれも，将来グリコサミノグリカンの酵素的構築に利用されることが期待される。ここでは，エンド-β-*N*-アセチルヘキソサミニダーゼである精巣性ヒアルロニダーゼの糖転移活性を利用したグリコサミノグリカンオリゴ糖の合成法と，エンド-β-キシロシダーゼを利用したコアタンパク質へのグリコサミノグリカン糖鎖の導入法について概説する。

5.3 精巣性ヒアルロニダーゼを用いたグリコサミノグリカンの合成

現在，グリコサミノグリカンの構築に利用されている代表的な酵素は精巣性ヒアルロニダーゼである。この酵素は，ヒアルロン酸糖鎖中の，*N*-アセチルグルコサミン（GlcNAc）がグルクロン酸（GlcA）とβ1-4結合で結合している部位を加水分解する。この反応は長鎖のヒアルロン酸では糖鎖の内部がランダムに加水分解され低分子化しつつオリゴ糖になる。ヒアルロン酸オリゴ糖に作用する場合，その非還元末端側から順次，二糖（GlcAβ1-3GlcNAc）を遊離する。しかし，反応液中では遊離したはずの二糖はほとんど観察されず，その大部分は糖転移反応の供与体として利用される[10)]。すなわち，遊離された二糖は直ちに，受容体である別のヒアルロン酸オリゴ糖の非還元末端のグルクロン酸にβ1-4結合で転移する（図2）。したがって，この原理を用いてヒアルロニダーゼによりほかの糖鎖の非還元末端位に順次二糖ずつ転移させることによって，糖鎖を伸長（合成）することができる[11)]。この反応を利用して実際に，ヒアルロン酸六糖を五十糖まで伸長させることができている。また，精巣性ヒアルロニダーゼはヒアルロン酸と同様，コンドロイチン，コンドロイチン4-硫酸，コンドロイチン6-硫酸など，コンドロイチン硫酸のシリーズ

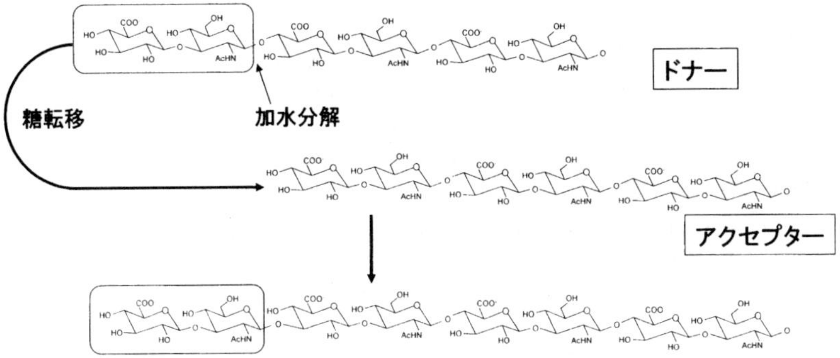

図 2　ヒアルロニダーゼによる糖転移反応

表 2　糖移転反応により各種六糖から伸張した糖鎖長

グリコサミノグリカンの種類	糖鎖長
ヒアルロン酸	50糖
コンドロイチン	33糖
コンドロイチン 4-硫酸	21糖
コンドロイチン 6-硫酸	16糖

にも作用し，加水分解活性により二糖単位を遊離する。したがって，ヒアルロン酸の場合と同様に，この糖転移活性を利用したコンドロイチン硫酸の伸長も可能である。表 2 にそれぞれの糖鎖の伸長結果をまとめて示す。

最近，小林，大前らのグループは，化学合成により活性化されたヒアルロン酸-二糖を出発物質に用いた酵素触媒重合法を開発し，人工ヒアルロン酸ポリマーの合成に成功した[12,13]。すなわち，糖加水分解酵素が多糖を分解する際の機構として，遷移状態のオキサゾリニウムイオン中間体を経ると想定されることに着目し，その構造類似体としてオキサゾリン環を還元末端に有するヒアルロン酸-2糖を化学的に合成して，ヒアルロニダーゼの糖転移反応により重合し，ホモポリマーを得るという方法である（図 3）。また，上述のようにヒアルロニダーゼはヒアルロン酸ばかりではなくコンドロイチン硫酸にも作用することから，同様の方法で人工コンドロイチンポリマーの合成にも成功している[11]。

このように化学合成だけでは成し得なかった長鎖のホモポリマーの合成が有機化学的手法と天然の酵素の触媒作用とを併用して工夫することにより可能となった。今後，上述の 2 つの方法を組み合わせたり，反応条件等をさらに検討することにより，より長く純度の高いグリコサミノグ

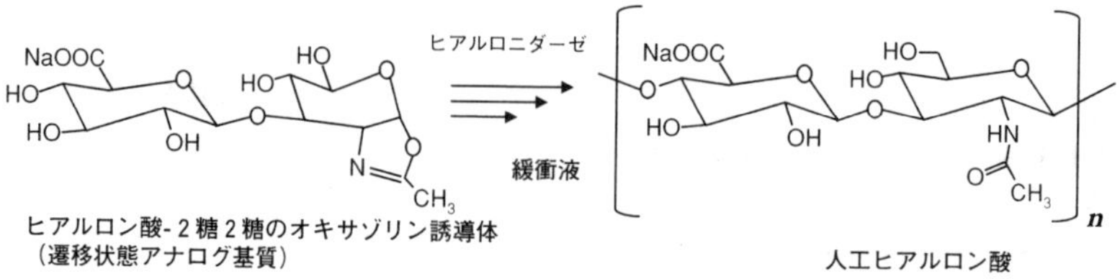

図3　ヒアルロン酸ー二糖のオキサゾリン誘導体を出発物質に用いたヒアルロニダーゼによる人工ヒアルロン酸ーポリマーの合成

(ⒸKobayashi, S., *et al. J.Am. Chem.* **123**, 11825-11826 (2001))

リカンの人工合成が可能となるであろう。

5.4　糖転移反応の特徴

精巣性ヒアルロニダーゼの糖転移反応において，アクセプターとしてのオリゴ糖の最低糖鎖長は四糖である。しかし，2-アミノピリジン（PA）などによって還元末端を蛍光標識した場合，アクセプターの最低糖鎖長は六糖になる。また，アクセプター糖鎖の非還元末端糖はグルクロン酸でなくてはならない。ただし，非還元末端側の二糖単位が完全に脱硫酸化されていると，非還元末端のイズロン酸をもまた，アクセプターとなりうる。このことは，デルマタン硫酸系の糖鎖も酵素的組み換えの対象になりうることを示している。

グリコサミノグリカン中の硫酸基の結合位置は，生物活性発現に重要なので，糖鎖再構築上アクセプターとしての糖鎖の硫酸基の位置はきわめて重要である。さまざまなグリコサミノグリカンをアクセプターやドナーに用いたときの糖転移の難易度[15]を表3に示した。また，ドナーはアクセプターよりも長いことが必要であり，アクセプターより長ければ長いほど良い。このとき，ドナーの非還元末端側の二糖単位は，構造が確定している必要がある。*N*-アセチルヘキソサミンに硫酸基が結合していないヒアルロン酸やコンドロイチンをドナーとして使用した糖転移反応は容易である。ドナーとしてコンドロイチン4-硫酸を使用した場合の糖転移の効率は比較的良好であるが，コンドロイチン6-硫酸の場合は効率が低い。ドナーの非還元末端側の二糖の硫酸基の結合状態が，糖転移の効率を決定する（糖転移の効率は，ドナーの非還元末端側の二糖の硫酸基の結合状態に依存する）。2個の硫酸基が結合した二糖をドナーとして糖転移を行うことはできない。

5.5　グリコサミノグリカンのオーダーメイド

上述のように，ヒアルロニダーゼは，基質としてヒアルロン酸以外のグリコサミノグリカンに

表3　ヒアルロニダーゼ糖転移反応におけるグリコサミノグリカン糖鎖のアクセプターおよびドナーとしての難易度

アクセプターおよびドナーとしての非還元末端位の構造	アクセプター a) としての難易度	ドナー b) としての難易度
ヒアルロン酸		
GlcA β 1 → 3 GlcNAc	100 c)	100
コンドロイチン硫酸系		
GlcA β 1 → 3 GlcNAc （コンドロイチン）	72.2	68.1
GlcA β 1 → 3 GlcNAc（4-硫酸）－（コンドロイチン4-硫酸）	51.4	48.4
GlcA β 1 → 3 GlcNAc（6-硫酸）－（コンドロイチン6-硫酸）	47.6	18.4
GlcA β 1 → 3 GlcNAc（4,6-硫酸）－（コンドロイチン硫酸E）	34.1	—
デルマタン硫酸系		
IdoA α 1 → 3 GalNAc（4-硫酸）－（デルマタン硫酸）	0	0
IdoA α 1 → 3 GalNAc－ （脱硫酸化デルマタン硫酸）	—	10.9

a）アクセプターとしてPAヒアルロン酸六糖　b）ドナーとしてヒアルロン酸を用いた
c）転移度はPA化ヒアルロン酸六糖にヒアルロン酸が転移されるときを100とする

も作用できる。言い換えると，種類の異なるグリコサミノグリカン間での糖転移反応，すなわち，グリコサミノグリカン糖鎖の組み換えが可能である。ドナーとアクセプターのGAGの組み合わせを変えることにより，様々な新規の構造のグリコサミノグリカンを自在に合成することができる。種々組み合わせを変えて糖転移反応を行った結果，いずれの組み合わせにおいても糖転移が生じており，これらコンドロイチン，コンドロイチン4-硫酸，そしてコンドロイチン6-硫酸間での組み換えが可能である。なお，供与体，受容体，いずれの場合もコンドロイチン＞コンドロイチン4-硫酸＞コンドロイチン6-硫酸の順に糖転移効率がよい。

実際に，硫酸基に関して異なる配列，すなわち，GlcA β 1-3GalNAc β 1-4GlcA β 1-3GalNAc（4S）β 1-4GlcA β 1-3GalNAc（6S）配列を非還元末端側に持つ十糖を例として，その合成過程を図4に述べる。先ず，第一段階として6位に硫酸基を持った*N*-アセチルガラクトサミン（GalNAc（6S））を構成糖とするコンドロイチン6-硫酸六糖を受容体とし，これにコンドロイチン4-硫酸を供与体として糖転移反応を行い，4-硫酸と6-硫酸配列の糖鎖を合成する。続いて第二段階として，その合成された八糖を次なる受容体とし，硫酸基を持っていないGalNAcを構成糖とするコンドロイチンを供与体として糖転移させ，最終的に3種類の二糖ユニットが配列され，目的とする十糖を合成することができる[16]。非還元末端側の六糖における硫酸基の結合状態に関して糖鎖配列の異なる，その他5種類のオリゴ糖（糖鎖長十糖）においても，コンドロイチン，コンドロイチン4-硫酸，そしてコンドロイチン6-硫酸の組み合わせを変えて，順次糖転移反応を行うことにより，配列通りのコンドロイチン硫酸の合成ができる。したがって，少なくとも非硫酸化二糖ユニットと二硫酸化二糖ユニットから成るコンドロイチン硫酸オリゴ糖に関しては，本法により合成が可能である。

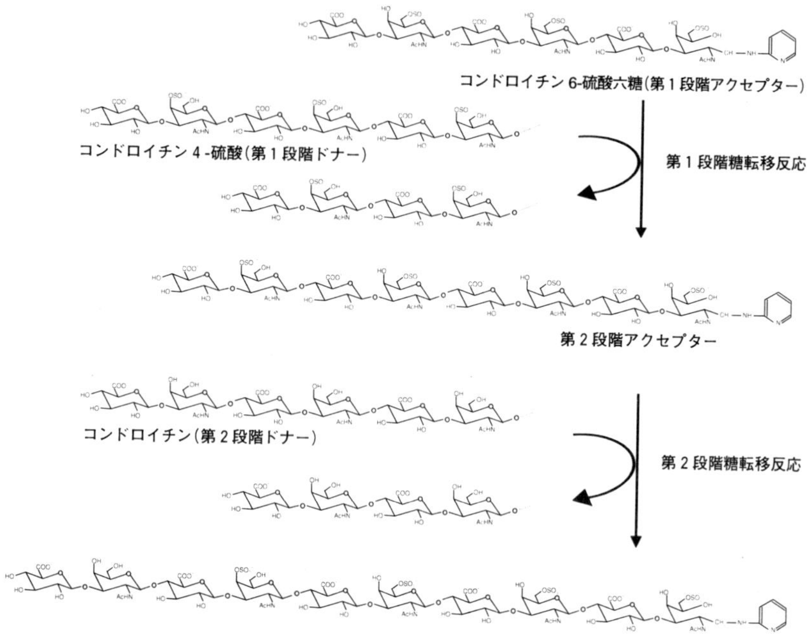

図4　ヒアルロニダーゼの糖移転反応を利用したコンドロイチン硫酸ハイブリッド糖鎖の合成
第1段階は，アクセプターとしてのPA化コンドロイチン6-硫酸六糖に，ドナーとしてのコンドロイチン4-硫酸の非還元末端から二糖を移し，PA化八糖を回収する。次いでこのPA化八糖を第2段階のアクセプターとし，これにコンドロイチンから二糖を移す。この手順によりデザイン通りのハイブリッド糖鎖が合成された。

コンドロイチン硫酸糖鎖中には，まれではあるが多硫酸化された二糖ユニット（二硫酸化二糖ユニット）が存在する。これらの大部分は，他の物質（タンパク質など）と相互作用する特別な部位と予想されるが，その詳細は不明である。サメやイカから発見された多硫酸化コンドロイチン硫酸は，二硫酸化二糖ユニットとしてGlcA（2S）β1-3GalNAc（6S）とGlcAβ1-3GalNAc（4S,6S）をそれぞれ部分的に有している。これら二硫酸化二糖ユニットは，糖転移反応の供与体とはなり得ないが，GlcA（2S）β1-3GalNAc（6S）とGlcAβ1-3GalNAc（4S,6S）をそれぞれ非還元末端に持つオリゴ糖への他の糖鎖の転移は可能であり[17]，二硫酸化二糖（多硫酸化）部分をコンドロイチン硫酸内部に持つオリゴ糖の合成も不可能ではない。

デルマタン硫酸の構造上の特徴としては，多くの生物活性を持つヘパラン硫酸，ヘパリンと同じように，その二糖ユニットのひとつであるウロン酸として，IdoAを持っていることである。このIdoA自身は，その立体的な構造上の特徴により，グリコサミノグリカンに柔軟性を与え，結果的にいくつかのタンパク質との結合に寄与していることが知られている。したがって，グリコサミノグリカン中のIdoAの存在は糖鎖の機能に重要である。しかし，糖鎖組み換え用素材として，デルマタン硫酸由来の二糖ユニット，IdoAβ1-3GalNAc（4S）は，現時点では不可能であるが，脱硫酸化されたデルマタン硫酸由来の二糖ユニット，IdoAβ1-3GalNAcを，非還元末端にGlcAを持つ他のオリゴ糖へ転移すること，また，それとは逆に非還元末端にIdoAを持つオリゴ糖への転移も可能である[18]。したがって，構成糖としてGalNAc，GlcA，IdoAの持つGAGの合成，すなわちデルマタン硫酸の人工合成は，このシステムを利用することにより可能である。しかし，最終的なデルマタン硫酸のデザイン化のためにはこのように合成された糖鎖のIdoA-GalNAc部分への硫酸基の導入（回復）が今後の重要な課題である。

その他に，二糖ユニットのもう一つの糖であるGalNAcとGlcNAcとの組み合わせも可能である。構成二糖ユニット（GlcAβ1-3GlcNAc）を糖鎖組み換え用素材にすることにより，コンドロイチン硫酸糖鎖への導入は比較的容易である。更に，コンドロイチン硫酸糖鎖とコアタンパク質との結合領域と呼ばれる共通の四糖構造（GlcAβ1-3Gaβ1-3Galβ1-4Xyl）を有する六糖を受容体として糖転移反応を行うことにより，結合領域を持った種々のコンドロイチン硫酸オリゴ糖が合成される[19]。

現在までに，ヒアルロン酸，コンドロイチン，コンドロイチン硫酸，脱硫酸化デルマタン硫酸，その他の糖鎖をそれぞれ組み換えることによって，約100種の合成糖鎖のライブラリーが調製されている（図５）[20]。エンド型グリコシダーゼの糖転移反応を利用して，オリゴ糖単位での糖鎖の組み換え，再構築ができる。この方法により，いままでに化学合成されたことのない非天然型の糖鎖も登場させることが可能となった。

5.6　プロテオグリカン糖鎖の酵素的導入

プロテオグリカンの糖鎖であるグリコサミノグリカンは，プロテオグリカンのコアタンパク質とGlcAβ1-3Galβ1-3Galβ1-4Xylβ1-Serineという共通の橋渡し構造により結合している。エンド-β-キシロシダーゼは，このXyl-Serの結合に作用する（図１）。すなわち，長鎖のグリコサミノグリカンをコアタンパク質の根元から切り出す酵素である[9]。この酵素も加水分解反応の逆反応として糖転移活性を持つので，グリコサミノグリカン糖鎖をペプチド中に導入するのに有用である[21]。

実際に，ホタテ貝中腸腺由来のエンド-β-キシロシダーゼの糖転移活性を利用して，ウシ気管軟骨由来のペプチドコンドロイチン硫酸を合成ペプチドであるbutyloxycarbonyl-leucyl-seryl-threonyl-arginine-（4-methylcoumaryl-7-amide）(Boc-Leu-Ser-Thr-Arg-MCA）に導入されている（図６）。このとき，糖鎖を導入するために必要な構造は，共通の橋渡し構造（GlcAβ1-

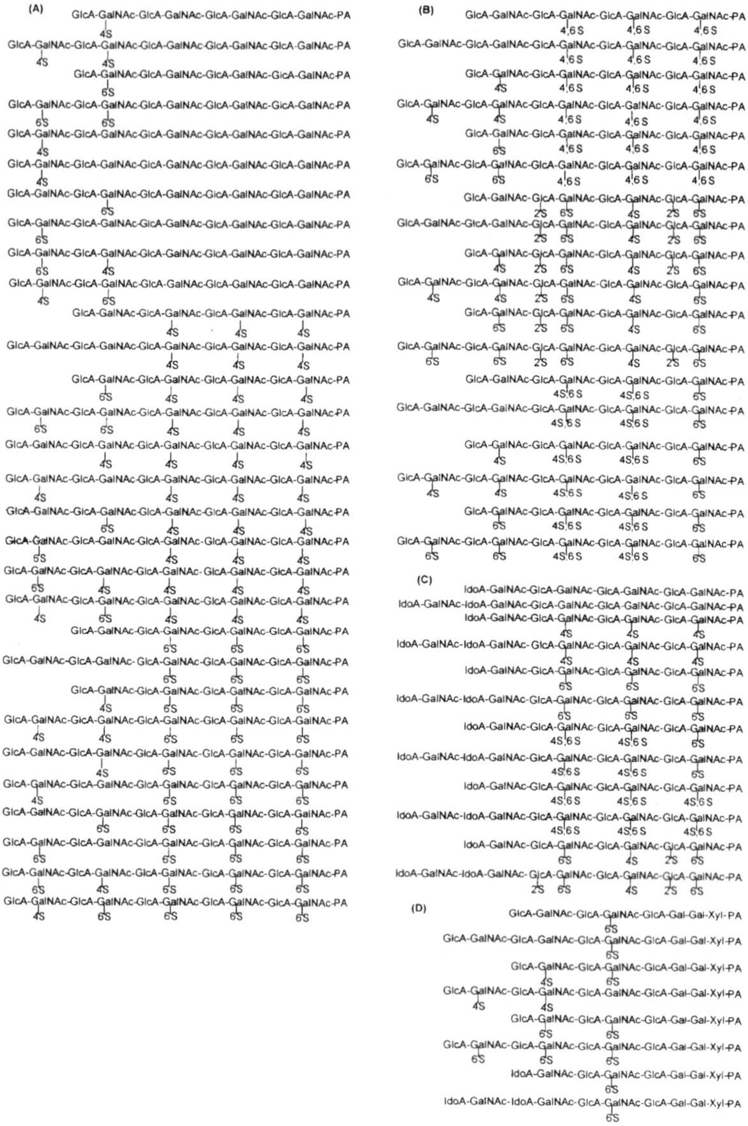

図5　コンドロイチン硫酸オリゴ糖ライブラリー

(A) 非硫酸化二糖ユニットと一硫酸化二糖ユニット；(B) 多硫酸化二糖ユニット；(C) イズロン酸を含む二糖ユニット；(D) 結合領域を含む二糖ユニット

S：硫酸基

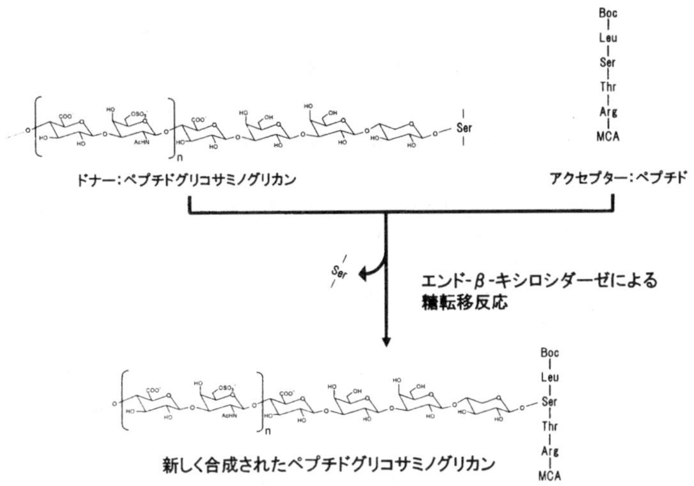

図6　エンド-β-キシロシダーゼの糖転移反応

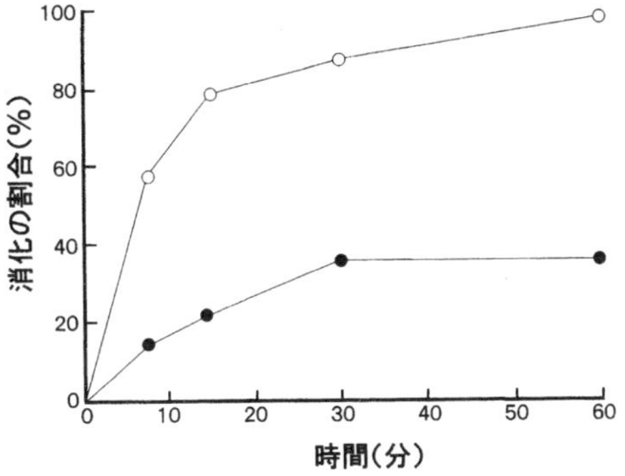

図7　プロテアーゼ消化に対するグリコサミノグリカンの影響

—●—：グリコサミノグリカンの結合しているペプチド
—○—：グリコサミノグリカンの結合していないペプチド

3Galβ1-3Galβ1-4Xylβ1-Serine）を含む，すなわち，ペプチドに結合したグリコサミノグリカンであれば，その種類には関係なくコンドロイチン硫酸，デルマタン硫酸，ヘパラン硫酸，いずれの糖鎖も転移可能である。ただし，ヒアルロン酸は共通の橋渡し構造を有していないので，転移はされない。また，このようにして合成されたものは，天然には存在しないまったく新しい人工プロテオグリカンであり，グリコサミノグリカン糖鎖を導入することによりこのタンパク質部分の機能を変化させることも可能である。例えば，アクセプターとして用いた合成ペプチドのプロテアーゼ（activated Protein C）に対する感受性は，グリコサミノグリカン糖鎖を導入することにより低下するため，生体内でのタンパク質の安定性を維持することにも有用となる（図7）。さらに，遺伝子工学的に作製された糖鎖欠落のリコンビナントタンパク質に，糖鎖を導入することにもこの合成法が有効であろう。

文　　献

1） Lindahl, U., and Roden, L. in *Glycoproteins*, B. B. A. Library 5, Part A, Gottschalk, A., Ed. Elsevier, Amsterdam, 491（1972）
2） Hassell, J. R., Kimura, J. H., and Hascall, V. C. *Annu. Rev. Biochem.* **55**, 539–567（1986）
3） Cosu, B., Oreste, P., Torri, G., Zoppotti, G.,Choay, J., Lormeau, J.-C., Petitou, M., and Sinay, P. *Biochem. J.* **197**, 559–609（1981）
4） Maimone, M. M., and Tollefsen, D. M. *J. Biol. Chem.* **265**, 18263–18271（1990）
5） Meyer, K. in *The Enzyme*（Boyer, P. D., eds.）pp. 307–320, Academic Press, New York（1971）
6） Ogren, S., and Lindahl, U. *J. Biol. Chem.* **250**, 2690–2697（1975）
7） Oldberg, A., Heldin, C.-H., Wasteson, Å., Busch, C., and Höök, M. *Biochemistry* **19**, 5755–5762（1980）
8） Nakazawa, K., and Suzuki, S. *J. Biol. Chem.* **250**, 912–917（1975）
9） Endo, M., Takagaki, K., and Nakamura, T. in *Handbook of endoglycosidases and Glycoamidases*（Takahashi, N., and Muramatsu, T., eds.）pp. 105–132, CRC press, Boca Raton（1992）
10） Takagaki, K., Nakamura, T., Izumi, J., Saitoh, H., and Endo, M. *Biochemistry*, **33**, 6503–6507（1994）
11） Saitoh, H., Takagaki, K., Majima, M., Nakamura, T., Matsuki, A., Kasai, M., Narita, H., and Endo, M. *J. Biol. Chem.* **270**, 3741–3747（1995）
12） 小林四郎，大前仁，藤川俊一，ファインケミカル，**32**，No.13，6–21（2003）
13） Kobayashi, S., Morii, H., Itoh, R., Kimura, S., and Ohmae, M. *J. Am. Chem. Soc.* **123**, 11825–11826（2001）
14） 小林四郎，大前仁，三好照三，バイオインダストリー，**19**，No. 8,5–15（2002）
15） 遠藤正彦，高垣啓一，柿崎育子，石戸圭之輔，季刊化学総説，**48**，24–32（2001）
16） Takagaki, K., Munakata, H., Majima, M., Endo, M. *Biochem. Biophys. Res. Commun.* **258**, 741–744（1999）
17） Takagaki, K., Munakata, H., Kakizaki, I., Iwafune, M., Itabashi, T., Endo, M. *J. Biol. Chem.* **277**, 8882–8889（2002）
18） Takagaki, K., Munakata, H., Kakizaki, I., Majima, M., Endo, M. *Biochem. Biophys. Res. Commun.* **270**, 588–593（2000）
19） Takagaki, K., Ishido, K., Kakizaki, I., Iwafune, M., and Endo, M. *Biochem. Biophys. Res. Commun.* **293**, 220–224（2002）
20） Takagaki, K., and Ishido, K. *TIGG*, **12**, 295–306（2000）
21） Ishido, K., Takagaki, K., Iwafune, M., Yoshihara, Sasaki, M., Endo, M. *J. Biol. Chem* **277**, 11889–11895（2002）

6　活性化基質を用いる酵素的グリコシル化

正田晋一郎[*1]，小林厚志[*2]

6.1　はじめに

生体触媒を使ってオリゴ糖をつくる際に，有機合成とバイオ技術を組み合わせた“化学－酵素法”は大変有用な手法の一つである。オリゴ糖合成においては，糖鎖を与える糖供与体と，糖鎖を受け取る糖受容体を，いかにうまく結合させるかがポイントとなる。本節では，糖の還元末端1位に有機化学的に脱離基を導入し（活性化基質の合成），これに糖加水分解酵素を作用させて選択的にグリコシド結合を生成する技術（酵素的グリコシル化）を紹介する。はじめに図1で，化学－酵素法において活性化基質の構造がどのように変化するのかを見てみよう。

まず，糖の1位に脱離基Xが導入され糖供与体**1**が調製される（A）。次に，糖供与体**1**と酵素（Enz-H）から，脱離基Xの遊離を伴い酵素－基質複合体**2**およびHXが生成する（B）。最後に，複合体**2**が糖受容体**3**に存在するヒドロキシ基の求核攻撃を受け，目的グリコシド**4**が得られると同時にEnz-Hが再生される（C）。この基本的モードを理解することができれば，活性化基質と糖加水分解酵素を自在に組み合わせることによって新しいグリコシル化反応がデザインできる。

糖供与体としてグリコシド（X=糖誘導体）を用いるグリコシル化に関しては，3～5節で詳細に述べられているので，本節では，最近開発されたフッ化グリコシル（X=F）および糖オキサゾリン（X=-O-CH_3C=N-）を活性化基質として利用するグリコシル化反応に焦点を絞り解説す

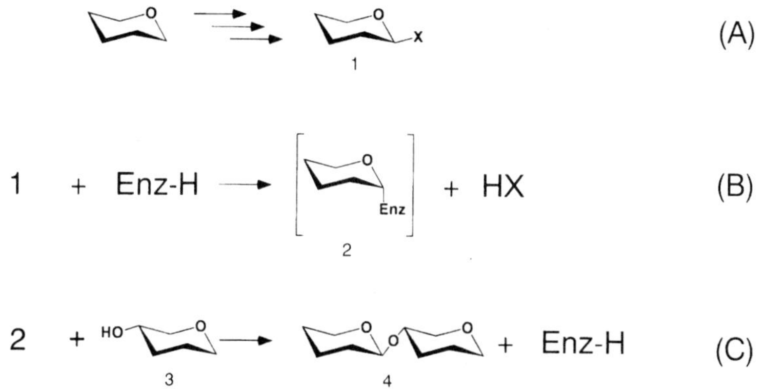

図1　活性化基質を用いる酵素的グリコシル化の一般式

＊1　Shin-ichiro Shoda　東北大学　大学院　工学研究科　バイオ工学専攻　教授

＊2　Atsushi Kobayashi　東北大学　大学院　工学研究科　バイオ工学専攻　助手

る。なお，従来より汎用されている*p*–ニトロフェニルグリコシド（X=–O–*p*–$NO_2C_6H_4$）を活性化基質とする手法に関しては他の総説[1]を参照していただきたい。

6.2　フッ化グリコシルを活性化基質として用いるグリコシル化

6.2.1　フッ化糖の性質とグリコシル化の原理

1967年Barnettらは，フッ化グリコシルが酵素により認識されることを初めて見い出した[2]。この発見を契機に，フッ化グリコシルの酵素加水分解に関する数多くの研究がなされた[3]。フッ化グリコシルは，フッ素原子の大きな電気陰性度（反応性が高い），小さな原子半径（酵素に取り込まれやすい），大きなC–F結合エネルギー（安定である）などの特色を有し，酵素を使う水系でのグリコシル化反応に適した化合物である。一般に，フッ化グリコシルは，1–*O*–アセチル化糖にフッ化水素を作用させるか，塩化グリコシルあるいは臭化グリコシルのハロゲンをフッ化物イオンで置換することにより簡単に合成することができる[1]。フッ化物イオン源としては，フッ化銀や二フッ化水素カリウムが用いられる。酵素反応に際しては，アセチル基をナトリウムメトキシド等で脱保護してから使用する。フッ化グリコシルは取り扱いも容易で，冷蔵庫で長期保存が可能である。また，フッ化グリコシルを基質とする簡便な酵素アッセイ法も開発されている[5]。

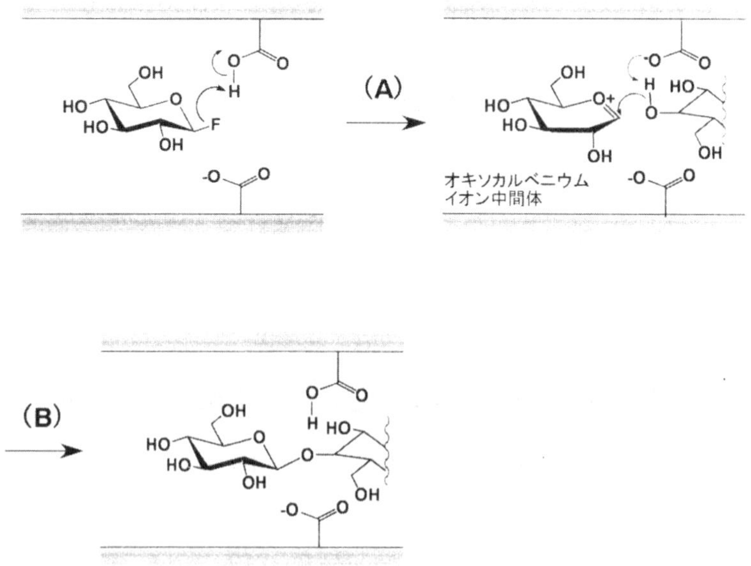

図２　立体保持型加水分解酵素による糖転移移機構

フッ化グリコシルを糖供与体とする糖加水分解酵素によるグリコシル化反応の原理を図2に示した。第一段階で，β配向しているフッ素原子上の非共有電子対が，酵素の活性中心に存在する酸性アミノ酸側鎖のカルボン酸からプロトンを受け取り，HFが脱離する（A)。生成したオキソカルベニウムイオン中間体は，酵素活性中心に存在するカルボン酸アニオンにより安定化される。第二段階において，このオキソカルベニウムイオンに向けて，糖受容体のヒドロキシ基が求核攻撃（図2の場合はβ側から）することによりβグリコシド結合が立体選択的に生成する（B)。このように，糖加水分解酵素によるグリコシル化は，活性化基質の1位に関して，立体保持型機構（β配向のフッ化グリコシルからβ配向のグリコシドが生成）で進行するのが特徴である。

上記の機構によれば，オキソカルベニウムイオン中間体は，糖受容体のヒドロキシ基だけでなく，溶媒である水分子の攻撃も受けると予想される。実際，糖加水分解酵素を用いてグリコシル化反応を行うと，多くの場合，加水分解生成物が副生してくる。この副反応を抑えるための解決策として，反応系への有機溶媒の添加が検討されている。アセトニトリル，アセトン，ジメチルスルホキシド，*N,N*-ジメチルホルムアミドなどの極性溶媒がよく用いられるが，酵素を失活させてしまう場合もあるので，溶媒の選択には注意が必要である。

6.2.2　フッ化グリコシルを用いるオリゴ糖合成

フッ化α-マルトシルはこれまで最もよく研究されてきたフッ化糖の一つであり，加水分解酵素を使った糖転移反応が数多く報告されている。例えば，プルラナーゼ触媒存在下，フッ化α-マルトシルからシクロデキストリンのヒドロキシ基へマルトースユニットが転移し，修飾シクロ

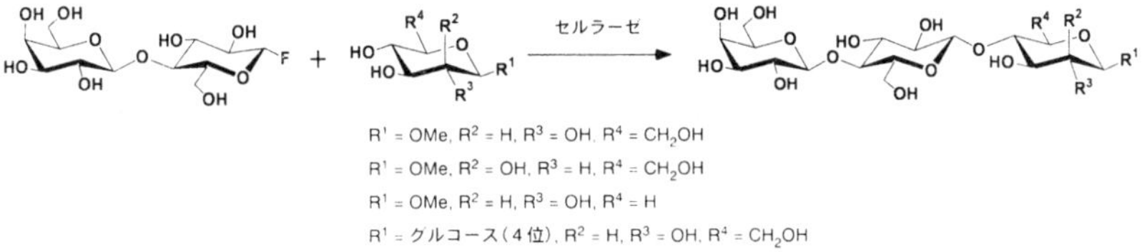

図3　セルラーゼによるフッ化β-ラクトシルを活性化基質とするグリコシル化反応

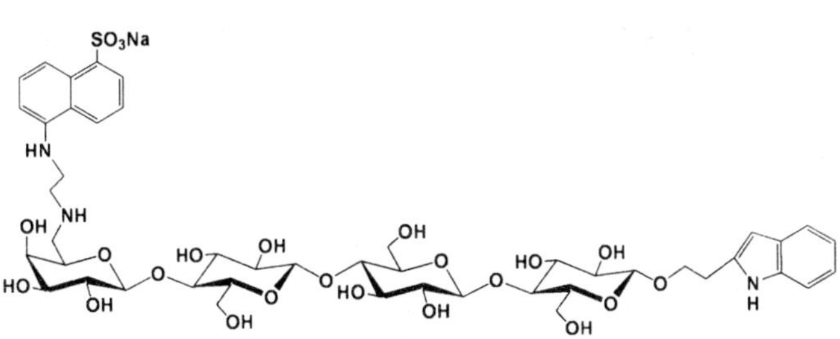

図4　セルラーゼ活性測定のための二官能性四糖

デキストリンが得られている[6]。フッ化β-ラクトシルを糖供与体として用いたセルラーゼ触媒による糖転移反応の基質特異性が詳細に調べられており，天然型オリゴ糖だけでなく非天然型オリゴ糖の合成にも適用できることが示された[7]。また，このラクトシル化反応を利用して，セルラーゼ活性評価のための有用基質である二官能性四糖誘導体が合成されている[8]。

6.2.3　フッ化グリコシルの酵素的重縮合反応

有機溶媒－緩衝液混合溶媒中，フッ化α-マルトシルをα-アミラーゼで処理するとマルトオリゴ糖が得られる[9]。これはマルトースユニットがアミラーゼの触媒中心を隔てて，糖供与体サイトと糖受容体サイトに同時に認識され，HFの脱離を伴って重縮合が進行したためである。同様に，セルラーゼを用いて重縮合反応を行った例を紹介しよう。一般に，*Trichoderma*種のセルラーゼは，高い糖転移能を示すことが知られている。事実，フッ化β-セロビオシルがセルラーゼ酵素により重縮合してセロオリゴ糖が生成する[10]。しかし，緩衝液中では生成物がセルラーゼ本来の働きにより加水分解されてしまう。上記の反応系にアセトニトリルを添加すると，加水分解が抑えられ，セロオリゴ糖の収率が格段に向上することが報告された[11]。また，反応条件を選ぶことにより，生成セロオリゴ糖の高次構造の制御も試みられている[12]。

二糖骨格を有するフッ化糖基質の重合性は置換基の種類および位置に大きく依存することが示された。例えば，フッ化6-*O*-メチルβ-セロビオシルはセルラーゼ触媒で重縮合するのに対し，フッ化6'-*O*-メチルβ-セロビオシルは重縮合しない。この反応性の違いは，メチル基と活性中心アミノ酸側鎖間の立体反発の差によって説明されている[13]。フッ化グリコシル基質として，フッ化4-チオ-β-セロビオシルやフッ化β-ラミナリビオシルを用いた重縮合反応も検討されており，チオグリコシド結合[14]やβ1,3結合[15]を含む非天然型オリゴ糖の合成が達成されている。

フッ化グリコシルを糖供与体とする糖転移反応には，①酵素の選択の幅が広いこと，②基質特異性に幅があること，③糖供与体および糖受容体が入手容易なこと，④酵素が安価であること，

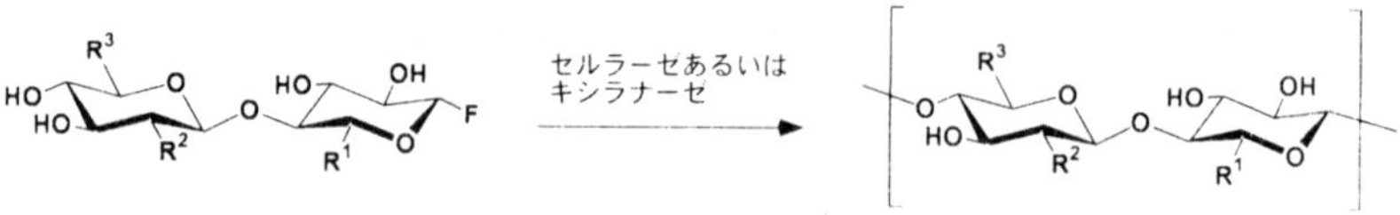

R^1 = CH_2OH, R^2 = OH, R^3 = CH_2OH

R^1 = CH_2OCH_3, R^2 = OH, R^3 = CH_2OH

R^1 = CH_2OH, R^2 = OCH_3, R^3 = CH_2OH

R^1 = CH_2OH, R^2 = NHAc, R^3 = CH_2OH

R^1 = H, R^2 = OH, R^3 = H

R^1 = H, R^2 = OH, R^3 = CH_2OH

図5　フッ化二糖の酵素的重縮合反応

図６　グリコシンターゼ（活性残基の欠損体）によるグリコシル化反応

などの利点がある。

6.2.4　グリコシンターゼによるオリゴ糖合成

前述したように，糖加水分解酵素を用いる転移反応の問題点は，一旦生成したグリコシド結合が触媒酵素により加水分解を受け，反応収率が低下することである。Withersらは，立体保持型糖加水分解酵素の求核性触媒残基を除去した酵素（グリコシンターゼ）を用いて，上記の問題を見事に解決している。すなわち，求核性グルタミン酸残基やアスパラギン酸残基をアラニンなどの疎水性残基に置換した変異体に，フッ化 α-グルコシルを作用させると，フッ素原子が活性サイトの α 部位にちょうど取り込まれ，糖転移反応が効率よく進行する[16]。グリコシンターゼは，活性サイトの構造を維持しているが，糖－酵素中間体を形成せず，一度生成したオリゴ糖は再び酵素（活性残基の欠損体）によって加水分解されないため，糖転移反応は不可逆的に進む。また，置換するアミノ酸をヒドロキシ基をもつセリンに変えると収率はさらに向上する[17]。この実験結果は，糖基質のフッ素原子とセリンのヒドロキシ基との相互作用が増すことで，中間体の反応性が高まったことを示している。また，β-マンノシダーゼ（*Cellulomonas fimi*由来）の変異体を触媒とし，フッ化 α-マンノシルを糖供与体として用いることで，高収率で糖転移生成物が得られている。この変異体は幅広い基質特異性を示し，グルコースやキシロースといった糖受容体の β マンノシル化にも利用できる[18]。

6.3　遷移状態アナログ誘導体を活性化基質とするグリコシル化

N-アセチルグルコサミンの重合体であるキチンを加水分解する酵素としてキチナーゼが知られている。この酵素は，アミノ酸配列の違いから大きく二種類のファミリーに分けられる。ファミリー19キチナーゼはそのほとんどが植物由来であるのに対し，ファミリー18キチナーゼは，バクテリア，菌類，植物，昆虫等由来は様々である。最近，ファミリー18キチナーゼの加水分解反応に関して，新しい機構が提唱された。これによれば，*N*-アセチルグルコサミンユニットのアセトアミド基が隣接基関与し，中間にオキサゾリニウムイオンが生成する（Substrate-assisted

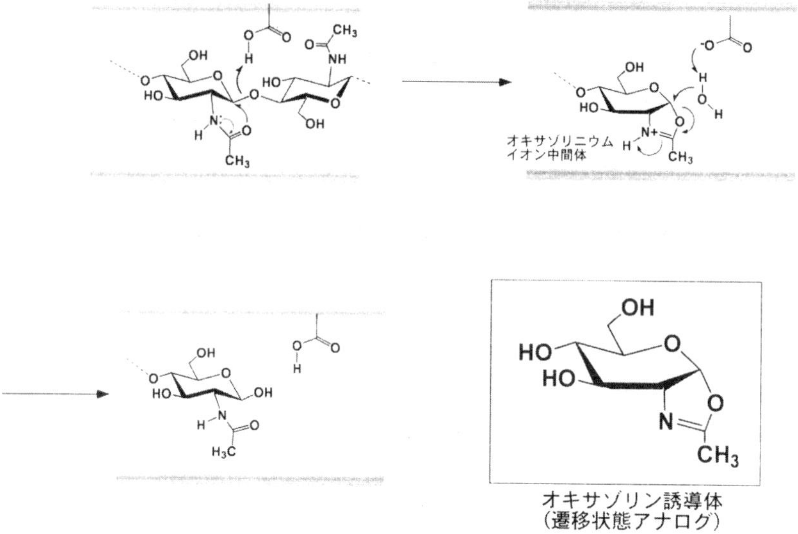

図7　ファミリー18キチナーゼの加水分解機構におけるオキサゾリニウムイオンの生成及び遷移状態アナログとしてのオキサゾリン誘導体の構造

Catalysis)[19]。糖オキサゾリン誘導体は，このオキサゾリニウムイオンと構造が大変よく似ており，ファミリー18キチナーゼの加水分解反応の遷移状態アナログと見なすことができる。ここでは，糖オキサゾリンを活性化基質として用いた酵素的グリコシル化反応を紹介する[20]。

6.3.1　糖オキサゾリンの化学合成

糖オキサゾリンは，アセチル保護した塩化α-グリコシルに塩化テトラエチルアンモニウム存在下，炭酸水素ナトリウムを作用させて合成する。しかし，この方法には，二種類の試薬が必要であること，収率が低いこと，アンモニウム塩の除去が困難であること，などの欠点がある。他に糖オキサゾリンの合成法としては，アセチル誘導体にルイス酸を作用させる方法が知られているが，オリゴ糖に適用するとグリコシド結合の開裂が起こるという問題点がある。最近，アセチル保護した塩化α-グリコシルにフッ化カリウムを作用させるだけでオキサゾリン誘導体を得る簡便な方法が報告された[21]。フッ化カリウムは求核剤と酸補足剤両方の役目を担うため，従来法に比べ格段に簡便な操作で糖オキサゾリンが合成できるようになった。酵素反応に用いるときは，アセチル基を塩基により脱保護してから使用する。糖オキサゾリンは湿気による加水分解を受けやすいため，アルゴン雰囲気下，低温で保存することが肝要である。

6.3.2　糖オキサゾリンへの酵素的付加によるグリコシル化反応

キチナーゼ存在下，*N*-アセチルラクトサミンから誘導されるオキサゾリン誘導体に，アルカリ性条件下で種々の糖受容体を反応させると，対応するグリコシドが位置および立体選択的に生成する[22]。このグリコシル化反応では，触媒酵素による生成オリゴ糖の加水分解は起こらない。一般に，糖加水分解酵素を用いてグリコシル化反応を行う場合，生成物は，触媒酵素の作用により加水分解された副生成物に変化してしまう。これは，加水分解酵素は，基質および生成物の両方を認識するため，目的とするグリコシル化反応の活性化エネルギーだけでなく，加水分解反応の活性化エネルギーも下げてしまうからである。糖オキサゾリン誘導体は，活性化基質であるため，グリコシル化の活性化エネルギーは，通常の基質を用いたときに比べはるかに小さくなる。したがって，系をアルカリ性にして酵素活性を意図的に低下させることにより，加水分解反応を伴うことなくグリコシル化反応のみを進行させることが可能になる。

このように糖オキサゾリンを活性化基質とするグリコシル化反応では，酵素を変性させることなく，酵素活性をいかに低下させるかがポイントとなる。上記の例では，酵素活性を低下させるために，アルカリ条件下で反応を行った。一方，低活性の変異型キチナーゼを用いて，中性領域でのグリコシル化も検討されている[23]。すなわち，キチナーゼの三次元構造に関する情報から，活性中心付近のアスパラギン酸残基をアスパラギンに置換した変異型キチナーゼが調製され，これを用いたグリコシル化反応が効率よく進行することが報告された。

糖オキサゾリンを糖供与体として用いるグリコシル化反応は，キチナーゼ以外の酵素によっても促進される。*Mucor hiemalis*および*Arthrobacter protophormiae*由来のエンド-β-*N*-アセチルグルコサミダーゼ（EndoMおよびEndoA）は，N結合型糖タンパク質オリゴ糖鎖のコア部分のキトビオースユニットを切断し，オリゴ糖鎖をタンパクから切り出す活性を持つ酵素である。これらの酵素を触媒とし，マンノースユニットを含む二糖オキサゾリン誘導体を活性化基質として用いることにより，N結合型糖タンパク質オリゴ糖鎖のコア三糖部分が合成されている[24]。

6.3.3　糖質マクロモノマーの合成

一般に，オリゴ糖鎖に化学的に官能基を導入することは極めて困難である。糖鎖が長くなるほど低溶解性となり，官能基導入が効率よく進行しなかったり，グリコシド結合の開裂が起こりやすくなるためである。このような問題を解決した例として，酵素的糖鎖伸長反応による糖質マクロモノマーの合成が報告されている[25]。すなわち，α,β-不飽和カルボニル基を有する*N*-アセチルグルコサミン誘導体を糖受容体として，キチナーゼを用いる酵素的付加反応が収率よく進行する。生成物は，非還元末端にガラクトースを有しており，βガラクトシダーゼによる脱ガラクトシル化反応により，キトオリゴ糖マクロモノマーへと変換される。この化合物は通常の有機合成化学的手法では合成困難であり，無保護のまま糖鎖伸長が可能な酵素反応の特色がよく生かされている。

6.3.4 二糖オキサゾリン誘導体の酵素的重付加反応

キトビオースから合成された糖オキサゾリンに*Bacillus*由来のキチナーゼを作用させると重合体であるキチンが高収率で得られる[25]。これは，二糖基質が酵素触媒中心の供与体サイトと受容体サイトの両方に取り込まれ，重付加反応が起きたためである。この反応は，種々の二糖オキサゾリンの酵素的重付加反応に応用されており，構造明確なグリコサミノグリカンが位置および立体選択的に合成されている[26]。

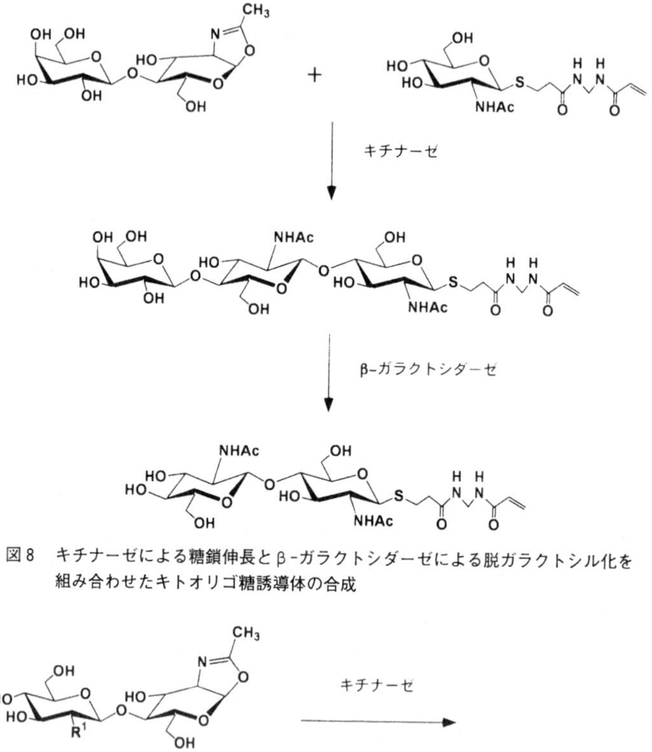

図8　キチナーゼによる糖鎖伸長とβ-ガラクトシダーゼによる脱ガラクトシル化を組み合わせたキトオリゴ糖誘導体の合成

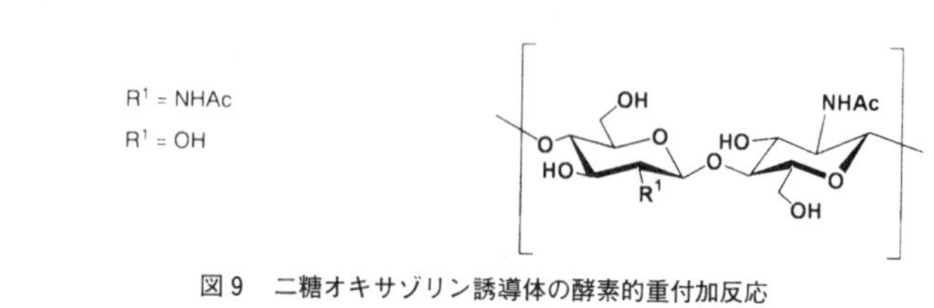

図9　二糖オキサゾリン誘導体の酵素的重付加反応

6.4 おわりに

糖加水分解酵素を利用するオリゴ糖合成は，グリコシル化反応の段階において保護基の導入や除去を必要とせず，温和な条件下，完全な立体選択性で目的物が得られることから，魅力ある糖鎖構築法である。ここでは，活性化基質としてフッ化グリコシルおよび糖オキサゾリンを用いる方法を紹介した。糖加水分解酵素は，バクテリアから哺乳類にいたるまで幅広く分布し，その多くが比較的安定で，かつ大量に調製できるタンパク質である。今後の課題として，活性化基質のより簡便な合成法の確立，より広範な基質に適応できる触媒酵素の調製が望まれる。

文　　献

1) S. Shoda, "Glycoscience", Vol. II, eds. by B. O. Fraser-Reid, K. Tatsuta, J. Thiem, Springer, Heidelberg, 2001, p.1465
2) E. G. Barnett, W. T. S. Jarvis, K. A. Munday, *Biochem. J.*, **105**, 669 (1967)
3) 例えば、E. J. Hehre, H. Matsui, C. F. Brewer, *Carbohydr. Res.*, **198**, 123 (1990)
4) T. Tsuchiya, *Adv. Carbohydr. Chem. Biochem.*, **48**, 91 (1990)
5) 宮下啓子，正田晋一郎，日本農芸化学会2002年度大会要旨集, p.126
6) a) S. Kitahata, Y. Yoshimura, S. Okada, *Carbohydr. Res.*, **159**, 303 (1987) b) Y. Yoshimura, S. Kitahata, S. Okada, *Carbohydr. Res.*, **168**, 285 (1987)
7) a) S. Shoda, K. Obata, O. Karthaus, S. Kobayashi, *J. Chem. Soc., Chem. Commun.*, 1402 (1993) b) O. Karthaus, S. Shoda, H. Takano, K. Obata, S. Kobayashi, *J. Chem. Soc., Perkin 1*, 1851 (1994) c) S. Kobayashi, T. Kawasaki, K. Obata, S. Shoda, *Chem. Lett.*, 685 (1993) d) S. Shoda, T. Kawasaki, K. Obata, S. Kobayashi, *Carbohydr. Res.*, **249**, 127 (1993)
8) S. Armand, S. Drouillard, M. Schuelein, B. Henrissat, H. Driguez, *J. Biol. Chem.*, **272**, 2709 (1997)
9) S. Kobayashi, J. Shimada, K. Kashiwa, S. Shoda, *Macromolecules*, **25**, 3237 (1992)
10) K. Kubo, K. Nishizawa, *Bull. Coll. Agric. Vet. Med. Nihon Univ.*, **41**, 9 (1984)
11) S. Kobayashi, K. Kashiwa, T. Kawasaki, S. Shoda, *J. Am. Chem. Soc.*, **113**, 3079 (1991)
12) J. H. Lee, R. M. Brown, Jr., S. Kuga, S. Shoda, S. Kobayashi, *Proc. Natl. Acad. Sci. USA*, **91**, 7425 (1994)
13) E. Okamoto, T. Kiyosada, S. Shoda, S. Kobayashi, *Cellulose*, **4**, 161 (1997)
14) V. Moreau, H. Driguez, *J. Chem. Soc., Perkin 1*, 525 (1996)
15) J. L. Viladot, V. Moreau, A. Planas, H. Driguez, *J. Chem. Soc., Perkin 1*, 2387 (1997)
16) F. L. Mackenzie, Q. Wang, R. A. J. Warren, S. G. Withers, *J. Am. Chem. Soc.*, **120**, 5583

（1998）
17） C. Mayer, D. L. Zechel, P. S. Reid, R. A. J. Warren, S. G. Withers, *FEBS Lett.*, **466**, 40（2000）
18） O. Nashiru, D. L. Zechel, D. Stoll, T. Mohammadzadeh, R. A. J. Warren, S. G. Withers, *Angew. Chem., Int Ed.*, **40**, 417（2001）
19） I. Tews, A. C. Terwisscha van Scheltinga, A. Perrakis, K. S. Wilson, B. W. Dijkstra, *J. Am. Chem. Soc.*, **119**, 7954（1997）
20） 正田晋一郎，藤田雅也，"糖鎖分子の設計と生理機能"，日本化学会編，学会出版センター，2001, p.10
21） S. Shoda, R. Izumi, M. Suenaga, K. Saito, M. Fujita, *Chem. Lett.*, 150（2002）
22） S. Shoda, T. Kiyosada, H. Mori, S. Kobayashi, *Heterocycles*, **52**, 599（2000）
23） S. Shoda, M. Fujita, C. Lohavisavapanichi, Y. Misawa, K. Ushizaki, Y. Tawata, M. Kuriyama, M. Kohri, H. Kuwata, T. Watanabe, *Helv. Chim. Acta*, **85**, 3919（2003）
24） M. Fujita, S. Shoda, K. Haneda, T. Inazu, K. Takegawa, K. Yamamoto, *Biochim. Biophys. Acta*, **1528**, 9（2001）
25） S. Kobayashi, T. Kiyosada, S. Shoda, *J. Am. Chem. Soc.*, **118**, 13113（1996）
26） S. Kobayashi, H. Morii, R. Itoh, S. Kimura, M. Ohmae, *J. Am. Chem. Soc.*, **123**, 11825（2001）

7　加リン酸分解酵素を用いる糖鎖合成

北岡本光*

7.1　ホスホリラーゼとは

天然界において，グリコシド結合の合成および分解はもっぱら酵素反応により行われている。グリコシド結合の消長に関与する酵素として，主に加水分解酵素，合成酵素（糖核酸エステル転移酵素），加リン酸分解酵素の3種類が知られている[1]（図1）。

加水分解酵素は基礎，応用の両面から最も研究されている酵素群である。アミラーゼ，セルラーゼなどに代表される加水分解酵素は多糖やオリゴ糖を分解するのに用いられており，デンプン利用の分野などで工業的に大量に利用されている。加水分解酵素の反応は反応系に存在する大量の水により，実際上分解方向の不可逆反応になる。そのため，加水分解酵素はその糖転移活性を糖鎖合成に用いることはあるが，逆反応による糖鎖合成を行うことは難しい。また糖転移活性の反応選択性は一般にそれほど厳密ではなく特定の糖鎖を合成する目的では使用しにくい。

生体内での糖鎖合成に関与する合成酵素（糖核酸エステル転移酵素）は，その生物化学的意義に興味が持たれ，基礎的な研究例が多く報告されている。合成酵素は一般に厳密な基質特異性を示すため，目的の糖鎖を選択的に合成するのに適している。合成酵素の反応は基質である糖核酸エステルの高エネルギー結合（リン酸ジエステル結合）により事実上合成方向の不可逆反応となる。しかしながら多くの合成酵素は膜タンパクであり不安定なものが多い。さらに，基質である糖核酸エステルも高価である。そのため酵素法による実用的な糖鎖合成を行うには克服すべき点が多い。

	位置特異性	安定性
1. 加水分解酵素 Gly-OR + H_2O (55 mol/L!!) —不可逆（分解）→ Gly-OH + HOR	?	○
2. 合成酵素 Gly-OR + NDP ←不可逆（合成）— Gly-ONDP + HOR (リン酸ジエステル結合)	○	?
3. 加リン酸分解酵素 Gly-OR + H_3PO_4 ⇄(可逆) Gly-OPO_3H_2 + HOR	○	○

図1　グリコシド結合の消長に関与する酵素

加水分解酵素による反応は大量に存在する水のため事実上分解方向の不可逆反応となり，合成酵素はリン酸ジエステル結合による高エネルギーのため事実上合成方向への不可逆反応となる。

＊　Motomitsu Kitaoka　㈱食品総合研究所　酵素機能研究室　室長

加リン酸分解酵素は，加水分解酵素と合成酵素の中間的な特性を示す。基質である糖リン酸エステルの結合の持つエネルギーは，リン酸ジエステル結合ほど高くはないために反応は可逆的になる。この反応の可逆性を利用すれば，加リン酸分解酵素を実用的な糖鎖合成に用いることも可能である。基質特異性は厳密であり，かつ基質である糖リン酸エステルは，糖核酸エステルと比較するとそれほど高価でない。しかしながら，これらの加リン酸分解酵素は現在まで基礎，応用ともに研究例は必ずしも多くなかった。

現在までに報告されている加リン酸分解酵素を表1に示した。加リン酸分解酵素は，基質＋ホスホリラーゼ（phosphorylase）と命名されている。すべての既知の加リン酸分解酵素はエキソ型であり，非還元末端単糖のグリコシド結合を加リン酸分解する。そのほとんどがグルコシド結合に関する酵素であるが，ガラクトシル結合及び*N*-アセチルグルコサミニル結合に関与するものも報告されている。すべての知られている加リン酸分解酵素は，反応の位置選択性において極めて特異性が高く，特定の位置に結合したグリコシド結合のみに作用する。この特異性の高さは，逆反応を用いて特定の結合を持つグリコシドを選択的に合成することを可能にする。加リン酸分解酵素は，加水分解酵素と同様に反応前後でアノマー型の保持されるもの及び反転されるものが存在する。

これらの加リン酸分解酵素はすべて菌体内あるいは，細胞内酵素であり，分泌型の加リン酸分解酵素は知られていない。そのためこれらの加リン酸分解酵素は一般に培養あたりの生産性が低い。加リン酸分解酵素を実用的に反応に用いるためには，異種宿主による大量発現が必要である。現在までに遺伝子が報告された加リン酸分解酵素は，14種類中10種類である。これらの酵素は，アミノ酸配列の相同性に基づく分類から糖転移酵素グループに入るものと，糖加水分解酵素グル

表1　現在までに報告されている加リン酸分解酵素

EC 2.4.1.	酵素名称	反応機構	生成物	ファミリー
1	(glycogen) phosphorylase	保持	α-Glc-1P	GT35
7	sucrose phosphorylase	保持	α-Glc-1P	GH13
8	maltose phosphorylase	反転	β-Glc-1P	GH65
20	cellobiose phosphorylase	反転	α-Glc-1P	GH94
30	1,3-β-oligoglucan phosphorylase	反転	α-Glc-1P	
31	laminaribiose phosphorylase	反転	α-Glc-1P	
49	cellodextrin phosphorylase	反転	α-Glc-1P	GH94
64	trehalose phosphorylase	反転	β-Glc-1P	GH65
97	β-1,3-glucan phosphorylase	反転	α-Glc-1P	
211	lacto-N-biose phosphorylase	反転	α-Gal-1P	
216	trehalose 6-phosphate phosphorylase	反転	β-Glc-1P	GH65
230	kojibiose phosphorylase	反転	β-Glc-1P	GH65
231	trehalose phosphorylase	保持	α-Glc-1P	GT4
nd	chitobiose phosphorylase	反転	α-GlcNAc-1P	GH94

ファミリー分類はCAZy（http://afmb.cnrs-mrs.fr/CAZY/）による。

ープに入るものがある。この事実は，加リン酸分解酵素が加水分解酵素と合成酵素の中間的な性質を持つことと合わせると酵素の起源を考察する上で興味深い知見である。遺伝子が単離されている酵素は，大腸菌などの異種宿主で容易に調製可能である。

7.2　セロビオースホスホリラーゼを用いたオリゴ糖合成

セロビオースホスホリラーゼを逆反応に用いる場合は，基質の位置特異性は高く，必ずβ1,4結合のみを生成する。また，この酵素は三糖以上のセロオリゴ糖に全く作用しないため，選択的に二糖を合成することができる。しかしながら基質特異性は必ずしも厳密ではない部分があり，種々のセロビオース誘導体の合成を行うことが可能である。*Cellvibrio gilvus*由来セロビオースホスホリラーゼはアクセプター分子の2位および6位の認識が甘いため，種々の単糖をアクセプターとして認識することができる（図2）。アクセプターとしてキシロース，マンノースなどのグルコース以外の単糖を用いれば，β1,4-グルコシルヘテロ二糖を合成することができる。また，6位の認識性の甘さからゲンチオビオース，イソマルトースなどの1,6結合二糖をアクセプターとした場合は還元末端のグルコース単位の4位にグルコースが付加し，セロビオースの還元末端側グルコースの6位に糖が結合した構造の分岐三糖が生成する。ドナー基質も例えばグルコース-1-リン酸以外にもグルコサミン-1-リン酸やグルカールを用いることが可能であり，セロビオースの非還元末端側の糖を，グルコサミンや2-デオキシグルコースにした誘導体を合成することも可能である。筆者らが本酵素を用いて現在までに合成したセロビオース誘導体を図3に示した[2~6]。

7.3　β1,4-グルコ／キシロオリゴ糖ライブラリーの調製

セルロース，キシラン，キチン，キトサンはすべて単糖がβ1,4結合でつながった構造を持つ多

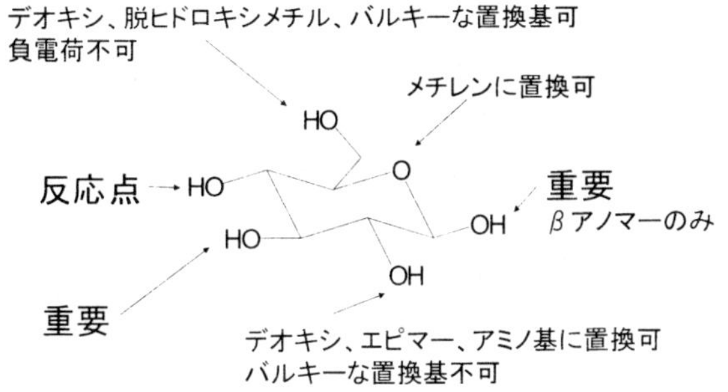

図2　*Cellvibrio gilvus*由来セロビオースホスホリラーゼのアクセプター基質認識

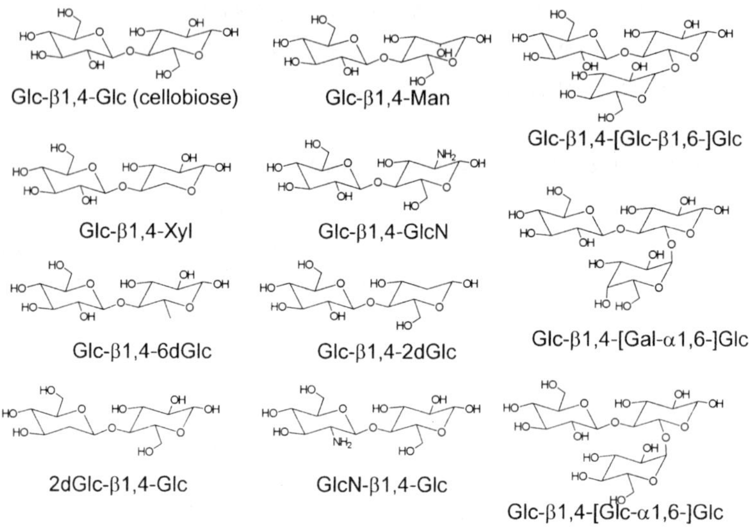

図3　セロビオースホスホリラーゼを用いて合成したセロビオース誘導体

糖であり，構成単糖の一部が違うのみである。これらは，それぞれセルラーゼ・キシラナーゼ，キチナーゼ・キトサナーゼと異なる酵素により加水分解を受ける。酵素が基質のわずかな違いをどのようにして認識しているか興味が持たれるところである。そこで，種々の単糖が混ざり合ったオリゴ糖をライブラリーとして供給できれば，酵素の認識について有用な情報を得ることが期待できる。

筆者らは，グルコースとキシロースを構成単糖としたβ1,4結合のヘテロオリゴ糖ライブラリー（図4）の作成を試みた。セロデキストリンホスホリラーゼは，三糖以上のセロオリゴ糖を加リン酸分解する酵素であり，この逆反応を用いればβ1,4結合でグルコシド糖鎖の伸長を行うことができる。その際グルコース-1-リン酸の代わりにキシロース-1-リン酸を用いれば，糖鎖にキシロシドの導入が可能であると考えた。

まずアクセプター基質となる二糖4種類の調製を行った。セロビオースおよびキシロビオースは市販されている。Glc-Xylはセロビオースホスホリラーゼを用いて調製した[2]。Xyl-Glcは，セロビオースホスホリラーゼによる酵素合成も可能であるとは考えられたが，出発物質としてある程度の量を確保する必要がある点と，キシロース-1-リン酸が高価である点を勘案して有機合成的に調製した[7]。

それぞれのアクセプター基質に対して，ドナー基質を作用させることにより糖鎖伸長を行った

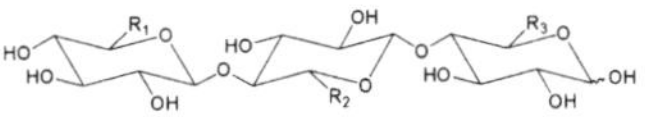

三糖	R_1	R_2	R_3
GGX	CH_2OH	CH_2OH	H
GXG	CH_2OH	H	CH_2OH
XGG	H	CH_2OH	CH_2OH
GXX	CH_2OH	H	H
XGX	H	CH_2OH	H
XXG	H	H	CH_2OH

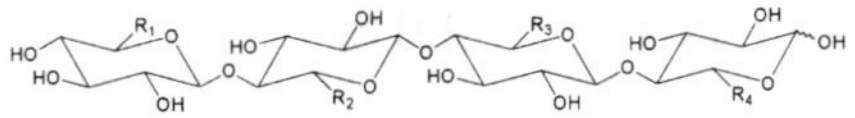

四糖	R_1	R_2	R_3	R_4
GGGX	CH_2OH	CH_2OH	CH_2OH	H
GGXG	CH_2OH	CH_2OH	H	CH_2OH
GXGG	CH_2OH	H	CH_2OH	CH_2OH
XGGG	H	CH_2OH	CH_2OH	CH_2OH
GGXX	CH_2OH	CH_2OH	H	H
GXGX	CH_2OH	H	CH_2OH	H
GXXG	CH_2OH	H	H	CH_2OH
XGGX	H	CH_2OH	CH_2OH	H
XGXG	H	CH_2OH	H	CH_2OH
XXGG	H	H	CH_2OH	CH_2OH
GXXX	CH_2OH	H	H	H
XGXX	H	CH_2OH	H	H
XXGX	H	H	CH_2OH	H
XXXG	H	H	H	CH_2OH

図４　β1,4-グルコ／キシロオリゴ糖ライブラリー

(図５)。得られたオリゴ糖混合物は，ゲル濾過カラムにより分離を行い，三糖及び四糖を得た。さらに得られた三糖に対して異なるドナー基質により糖鎖伸長を行うことにより，非還元末端側の二つの糖が異なるヘテロ四糖の合成を試みた。その結果，６種類すべてのヘテロ三糖及び14種類中10種類のヘテロ四糖の合成に成功した。非還元末端にXyl-Glcの配列を持つ四糖のみ，酵素の特性上合成できなかった[8]。

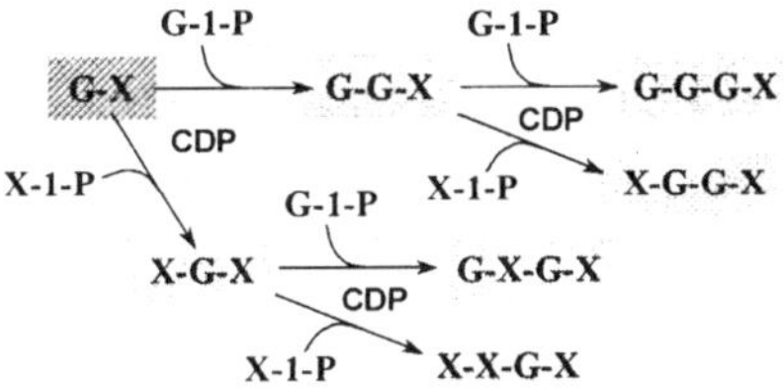

図５　ヘテロオリゴ糖合成スキーム
CDP，セロデキストリンホスホリラーゼ

これで得られたヘテロ三糖を用いて，新規なキシラナーゼの反応解析を行った。この酵素はキシロオリゴ糖からキシロースを遊離する活性が確認されたが，*p*-ニトロフェニルキシロビオシドに対しては全く切断活性を見いだせなかった。そこで，ヘテロ三糖の切断パターンを分析すると，本酵素はキシロオリゴ糖の還元末端の単糖を遊離する非常にユニークな活性を示すことが明らかになった[9]（図６）。このようにヘテロオリゴ糖ライブラリーは，酵素の特性解明に非常に重要なツールである。

7.4　高重合度ラミナリオリゴ糖の調製

ラミナリビオースホスホリラーゼと β-1,3-オリゴグルカンホスホリラーゼを含んだ*E. gracilis*

基質	生成物
G-G-G	作用せず
G-G-X	作用せず
G-X-G	G-X + G
X-G-G	作用せず
G-X-X	G-X + X
X-G-X	作用せず
X-X-G	X-X + G
X-X-X	X-X + X

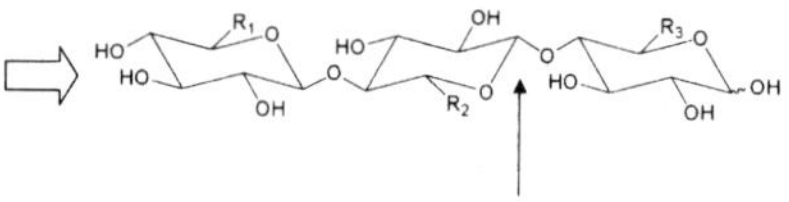

図6　ヘテロオリゴ糖の切断パターン分析による新規キシラナーゼの作用位置の決定

Z菌体抽出液を触媒として，グルコース-1-リン酸とグルコースから，種々の平均重合度を持ったラミナリオリゴ糖混合物を調製した。その結果，グルコース-1-リン酸とグルコースの初濃度比を変化させることにより合成されるラミナリオリゴ糖の平均重合度を変化させることができた[10]。グルコース-1-リン酸／グルコースが1の場合，検出されたラミナリオリゴ糖の組成は重合度1～9であり平均重合度は1.8であったが，比が20の場合は重合度2～14であり平均重合度は8.4であった。この方法を用いると，従来法であるカードランなどのβ-1,3グルカンの酸あるいは酵素による限定分解では得ることの難しい10糖以上のラミナリオリゴ糖を調製することも可能であった。

7.5　砂糖のセロビオースへの直接変換

セルロースの最低構造単位であるセロビオースは，グルコース二分子がβ-1,4結合した構造の二糖である。セロビオースは低甘味の難消化性オリゴ糖であることから，ビフィズス因子としての新規食品素材としての応用が期待されている。試薬としてのセロビオースは，現在セルロースのアセトリシスより好収率で得られるセロビオースオクタアセテートを脱酢酸することにより調製されている。また，セルロースをセルラーゼで処理することにより，セロビオースを得る方法も報告されている。しかしながらセルロースを原料として用いる方法は，原料セルロースのハンドリングの難しさ（ほとんどの溶媒に不溶）から，食品素材としてのセロビオースを生産することはコスト的に困難である。

セロビオースホスホリラーゼを用いれば，その逆反応によりセロビオースを合成することができる。本酵素の特異性は高く，セロトリオース以上のオリゴ糖およびβ1,4結合以外の二糖を生成しないため，セロビオースの選択的合成には有利である。しかしながら，このままでは逆反応の基質であるグルコース-1-リン酸は高価であるため，実用的なセロビオース製造法として用いることはできない。

スクロース（砂糖）はグルコースとフラクトースが結合したヘキソ二糖であり，同じくヘキソ二糖であるセロビオースと化学式は同一（$C_{12}H_{22}O_{11}$）である。また，スクロースは安価かつ水溶性にも優れ酵素反応の原料として取り扱いが容易である。そこでスクロースをセロビオースに直接酵素的に異性化できればセロビオースを安価に製造できるようになる。しかしながら，スクロースとセロビオースは①構成単糖，②結合種類，③結合位置が異なっているために，これらをすべて一度に異性化できるような酵素が存在することは考えにくい。

筆者らは三種類の酵素を同時に作用させることにより，この異性化反応を一段階で達成できることを見いだした。まず，スクロースホスホリラーゼにより，スクロースをグルコース-1-リン酸とフラクトースに加リン酸分解する。次にキシロースイソメラーゼにより，フラクトースをグルコースに変換する。キシロースイソメラーゼは工業的にはグルコースイソメラーゼと呼ばれ，グルコースをフラクトースに異性化することにより，甘味料である異性化糖の製造の工業的に大量に用いられている酵素であるが，この場合は通常と逆方向の反応を行う。これら二酵素による反応で生じたグルコース-1-リン酸と，グルコースからセロビオースホスホリラーゼによりセロビオースに変換する。この反応系においてリン酸はリサイクルされるため，結果的には三酵素を触媒量のリン酸の存在下にスクロースに作用させると，一段階でセロビオースに変換される（図7）。

100mM（34 g/L）のスクロースと10mMリン酸を含む反応液に三酵素を加えた反応液から，直接セロビオースが生成することを確認した。この一段階の反応により，約76%の収率でセロビオースが生成した[11]。この好収率の原因は，スクロースのβ-フラクトフラノシル結合のもつ高エネルギーに起因するものと考えられる。またこの方法は，セロビオースホスホリラーゼをラミナ

スクロース ＋ リン酸 ⇔ G-1-P ＋ **フラクトース** (SP)
フラクトース ⇔ **グルコース** (XI)
G-1-P ＋ **グルコース** ⇔ **セロビオース ＋ リン酸** (CBP)

スクロース ⇔ **セロビオース**
（二種類の加リン酸分解酵素＋キシロースイソメラーゼ，触媒量リン酸）

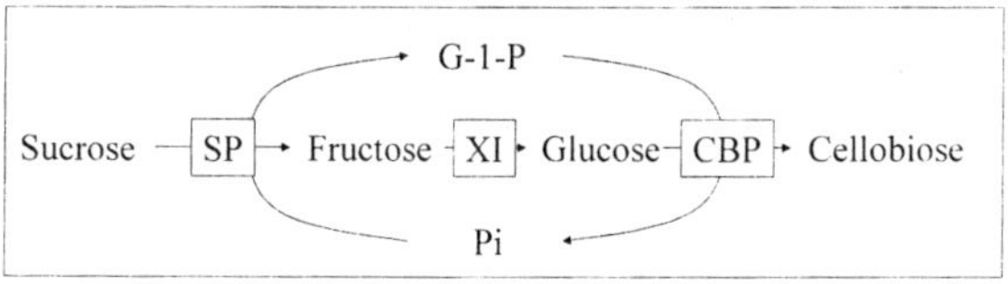

図7　三酵素の同時作用によるスクロースのセロビオースへの一段階変換
SP，スクロースホスホリラーゼ；XI，キシロースイソメラーゼ；CBP，セロビオースホスホリラーゼ

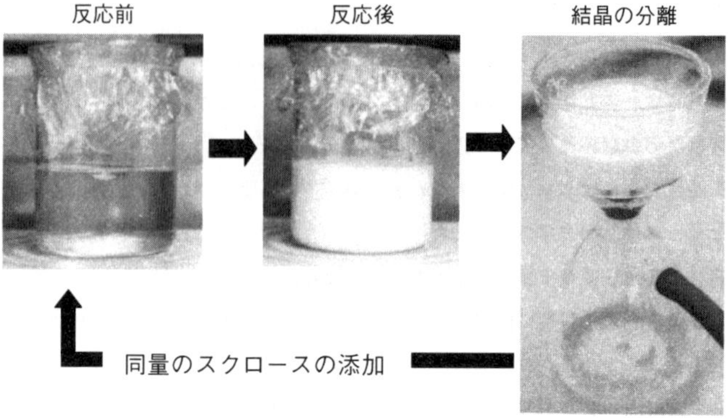

図8　高濃度スクロースを原料としたセロビオースの半連続的生産

リビオースホスホリラーゼに変えるだけでラミナリビオース（グルコース二分子がβ1,3結合した二糖）の合成法に変えることができる[12]。

さらに，高濃度スクロース（500g/L）を出発原料として反応を行うと，反応液中に生成したセロビオースが結晶化して析出する現象が見られた。この現象はスクロースとセロビオースの溶解度の差に起因するものと考えられる。この現象を利用して反応の半連続化を試みた。すなわち反応液に析出したセロビオースを，濾過により分離し得られたセロビオースと同量のスクロースを反応液に再添加することによりさらに反応を行った[13]（図8）。このサイクルを7回繰り返すことにより，スクロースから92%の単離収率でセロビオース結晶を得ることに成功した。得られたセロビオース結晶の純度は98%以上であった。この方法はクロマトグラフィーを全く用いることなく，スケールアップの容易なプロセスの組み合わせで高純度のセロビオースを高収率で安価な原料から調製するものである。

7.6　加リン酸分解酵素利用の今後の展望

このように加リン酸分解酵素は，糖鎖合成に有用な触媒となりうる。特に，セロビオースの例でもわかるように安価な糖質資源（デンプン，スクロース，マルトースなど）に対する加リン酸分解酵素と組み合わせることにより，予想外の糖鎖を安価に合成できる系を構築することが可能である。筆者らは，デンプンを出発原料としてもセロビオースを合成できることを明らかにしている[11]。

最近我々は糖脂質糖鎖やO結合糖タンパク糖鎖に重要な構造であるラクトNビオース（Gal-β1,3-GlcNAc）／ガラクトNビオース（Gal-β1,3-GalNAc）を，加リン酸分解する酵素であるラクトＮビオースホスホリラーゼの大腸菌での大量発現を報告した[15]。このように加リン酸分解酵素の利用は，生化学的に重要な構造の糖鎖を調製する有用な触媒として使える可能性が開かれた。

さらに加リン酸分解酵素の立体構造も徐々に明らかになってきており[16~18]，今後は合目的な変異導入による基質特異性の変換が可能になることが期待される。将来的には基質特異性の変換された加リン酸分解酵素により，種々の糖鎖を選択的かつ簡便に合成できるようになることが期待される。

文　　献

1) M. Kitaoka *et al., Trends Glycosci. Glycotechnol.* **14**, 35 (2002)
2) M. Kitaoka *et al., Appl. Microb. Biotechnol.*, **34**, 178 (1990)
3) M. Kitaoka *et al., Carbohydr. Res.*, **247**, 355 (1993)
4) M. A. Tariq *et al.., Carbohydr. Res.*, **275**, 67 (1995)
5) M. A. Tariq *et al., Biochem. Biophys. Res. Commun.*, **214**, 568 (1995)
6) A. Percy *et al., Carbohydr. Res.*, **308**, 423 (1998)
7) E. Petráková *et al., Collect. Czech. Chem. Commun.*, **56**, 1300 (1991)
8) K. Shintate *et al., Carbohydr. Res.*, **338**, 1981 (2003)
9) Y. Honda *et al., J. Biol Chem.*, **279**, 55097 (2004)
10) M. Kitaoka *et al., Agric. Biol. Chem.*, **55**, 1431 (1991)
11) M. Kitaoka *et al., Denpun Kagaku*, **39**, 281 (1992)
12) M. Kitaoka *et al., Denpun Kagaku*, **40**, 311 (1993)
13) 北岡本光，化学と生物，**40**, 498 (2002)
14) 鈴木雅之ほか，特開2004-222506
15) M. Kitaoka *et al., Appl. Environ. Microbiol.*, in press (2005)
16) M. P. Egloff *et al., Structure*, **9**, 689 (2001)
17) D. Sprogoe *et al., Biochemistry*, **43**, 1156 (2004)
18) M. Hidaka *et al., Structure*, **12**, 937 (2004)

第2章　有機合成による糖鎖の構築

1　小胞体関連アスパラギン結合型糖鎖の系統的合成
―糖タンパク質品質管理機構解明に向けて―

伊藤幸成[*1]，松尾一郎[*2]

1.1　はじめに

ヒトゲノムにコードされたタンパク質の半数以上は糖鎖付加を受けた糖タンパク質である。その糖鎖構造は修飾されるタンパク質・細胞・臓器生物間で異なるばかりでなく，細胞増殖やガン化，外的刺激などによって変化するため，糖鎖の持つ生物機能に興味が持たれてきた[1]。しかし，タンパク質上の糖鎖は多くの糖転移酵素や糖加水分解酵素による複雑な連携によって修飾されるために，微細な構造が異なる混合物として存在し，天然から純粋な単一化合物として得ることはきわめて困難である。この様な背景から，糖タンパク質糖鎖の機能解明を分子レベルで行うためには，有機合成化学的手法による単一構造糖鎖の合成が必要不可欠な課題である。

本稿では，近年注目を集めているアスパラギン結合型糖鎖を介した糖タンパク質品質管理機構[2]を分子レベルで解明することを目的とした，アスパラギン結合型糖鎖の系統的合成について紹介する。まず糖タンパク質の品質管理機構について概説した後に，収斂的経路によるアスパラギン結合型糖鎖の系統的合成法の開発について，特にこれら糖鎖の合成において従来困難であった*β*-マンノシル化反応を中心に述べる。さらに糖タンパク質品質管理機構で重要な役割をはたしている細胞内レクチン様タンパク質：カルレティキュリンの認識糖鎖構造要求性について，合成糖鎖を用いて行った相互作用解析の結果より考察する。

1.2　アスパラギン結合型糖鎖を介した細胞内レクチン/分子シャペロンによるタンパク質の品質管理機構

タンパク質上のアスパラギン結合型糖鎖は，粗面小胞体において翻訳途中の新生タンパク質中のAsn-X-Thr/Ser配列のAsn残基にオリゴ糖転移酵素（OST）[3]によってG3M9糖鎖（グルコース3分子，マンノース9分子，N-アセチルグルコサミン2分子からなる14糖）が，ドリコール-オリゴ糖結合体から一挙に転移されることで生成する。その後，小胞体に局在する糖加水分解酵素[1]

＊1　Yukishige Ito　(独)理化学研究所　中央研究所　細胞制御化学研究室　主任研究員
＊2　Ichiro Matsuo　(独)理化学研究所　中央研究所　細胞制御化学研究室　先任研究員

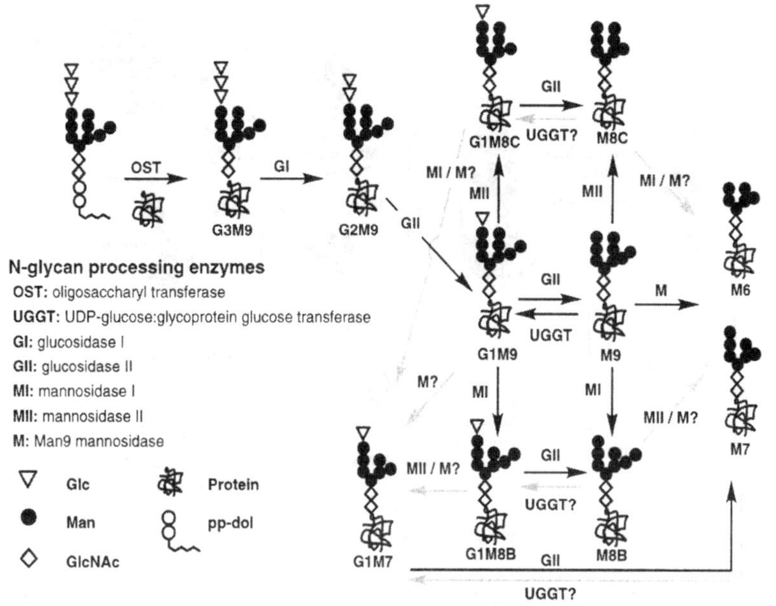

図1　小胞体内におけるアスパラギン結合型糖鎖の生合成経路

によってグルコース3分子，マンノース1～3分子が切断される。UDP-グルコース糖タンパク質グルコース転移酵素[5]（UGGT）によるグルコース残基の付加も行われるが，小胞体では大きな糖鎖が小さな糖鎖へと構造変換される（図1）。

アスパラギン結合型糖鎖の生合成過程は，多くの真核生物に保存された機構である。しかし，一度大きい糖鎖を結合させた後に，不要な糖残茎を切り出すといった，一見むだとも思える過程を経るのかは謎であった。近年，プロッセシングによって生じる糖鎖構造が，糖タンパク質の品質管理や分解，輸送に深く関わっていることが明らかとなり生体反応の合目的性が認識されている[6,7]。その概要を糖鎖構造を中心として図2に示した。ポリペプチド上に結合したG3M9型14糖の末端にあるグルコース残基が，グルコシダーゼI[8]およびII[9]の作用によって取り除かれる過程で生じるG1M9構造は，小胞体に局在するカルネキシン[10]（CNX）やカルレティキュリン[11]（CRT）によって認識される。その間にポリペプチド部分のフォールディングが行われる。グルコシダーゼIIによってグルコース残基が除去されてM9構造になることにより，CNX/CRTからポリペプチドは遊離する。その際，ポリペプチド部分のフォールディングが完成していないものはUGGTの基質となり，グルコシル化されてG1M9糖鎖へと戻される。結果として，タンパク質が正しい3次元構造を獲得するまで，トリミング—再グルコシル化のサイクルが繰り返される[12~14]。

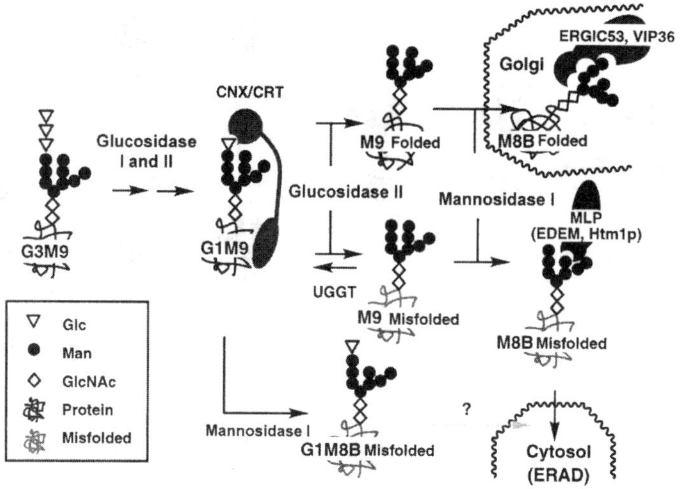

図2　糖鎖を介した糖タンパク質の品質管理機構

この様なサイクルの途中で，ポリペプチド上のM9糖鎖がマンノシダーゼI[15]によってM8B型糖鎖へと変換されると，この糖鎖構造とミスフォールドしたポリペプチド部分を特異的に認識するレクチンMLP[16]（EDEM/Htm1p）が，不要タンパク質として小胞体関連分解[17, 18]へと導くと考えられている。また，正しい3次元構造を獲得したタンパク質上のM8B型糖鎖は，カーゴレセプターと呼ばれるタンパク質（ERGIC53[19]，VIP36[20]）によって認識されて，ゴルジ体へとタンパク質を輸送する際のタグとして働く。

この様に，小胞体内ではグルコシダーゼ，グルコース転移酵素，CNX/CRT，マンノシダーゼやEDEM/Htm1p，VIP36，ERGIC53などの微細な糖鎖構造を厳密に認識するタンパク質の相互作用が絡み合って糖タンパク質の品質管理が行われていると考えられている。しかし，これらの研究の多くは酵素阻害剤などを用いた実験を基にしており，リガンド糖鎖と糖タンパク質品質管理に関わるタンパク質との直接的な相互作用解析実験や，糖加水分解酵素の基質特異性の解析などは，糖鎖サンプル入手の困難さからあまり行われておらず，糖鎖構造とその機能とを一義に結びつけることは難しい。また，小胞体内にはM8C型，G1M8C型，M7型，M6型糖鎖構造など，様々な糖鎖構造の存在も知られており，それらの糖鎖構造を作り出すマンノシダーゼII[21]や小胞体マンノシダーゼ[22]などの酵素群の役割なども含めて不明な点が多い。従って糖鎖を介した糖タンパク質品質管理機構を，より定量的に理解するためには，小胞体関連アスパラギン結合型糖鎖を系統的に合成し，これらを分子プローブとして，種々の細胞内レクチンや糖転移酵素，糖加水分解酵素の機能を探索する必要がある。

1.3　小胞体関連アスパラギン結合型糖鎖の系統的合成に向けた合成戦略

糖鎖の化学合成は，入手が容易な単糖を出発原料として，グリコシル化反応によって糖を順次繋ぎ合わせていくために，10糖を越えるアスパラギン結合型糖鎖を系統的に合成することは容易ではない。従って，目的の糖鎖を得るためには，ターゲットの構造を詳細に検討し，その構造上の特徴を明らかにした上で，化学的にグリコシド結合を構築する際の難易度[23, 24]や多数存在する水酸基への選択的保護基[25]の導入など，多くの化学的問題点を考慮した合成計画をたてる必要がある。小胞体型のアスパラギン結合型糖鎖は，還元末端側からN-アセチルグルコサミン２残基とマンノースがβ1－4結合で繋がったコア３糖構造，そしてこの３糖のβ-マンノース残基の６位から分岐構造を有するマンノオリゴ糖（３～５残基），３位からマンノース残基がα1－2結合で結合したマンノトリオース構造が繋がったハイマンノース型糖鎖を骨格としている。さらにマンノトリオース構造の非還元末端部分にグルコースが１～３残基α-結合で繋がった構造を有している（図３）。

これらの糖鎖を合成する戦略として，糖残基を一つずつ糖鎖伸長を行う段階的方法と，オリゴ糖ブロックをあらかじめ合成した後に繋ぎ合わせる収斂的な経路が考えられる。段階的なオリゴ糖合成は，グリコシル化反応によって得られたオリゴ糖を糖受容体へと導いた後に，さらに糖供与体とのグリコシル化反応に利用して糖鎖伸長を行う。そのため，目的の糖鎖を得るためには，グリコシル化―脱保護反応を繰り返す必要があり，大きな糖鎖の合成には向かない。一方，オリゴ糖ブロックを繋ぎ合わせる収斂的経路は，オリゴ糖同士を結合する際のグリコシド結合の立体制御が問題点としてあげられるものの，大きな糖鎖を効率よく構築できる方法である。さらに種々のオリゴ糖ブロックを用意しておくことにより，段階的ルートに比べて多様な構造を容易に合成できるメリットがある。従って，小胞体関連アスパラギン結合型糖鎖の系統的な合成には，10糖を越える大きな糖鎖であること，共通したコア構造と非還元末端側に構造多様性があることを考慮すると，収斂的経路での糖鎖構築が有効であると考えられる。また，それぞれのオリゴ糖ブロック同士の結合を，化学的なグリコシド構築において比較的容易な，α-マンノシド結合部分で行うように計画すれば，糖鎖構築における立体制御の問題は解決できると思われた。具体的には図３に示したように，直鎖型のマンノトリオース部分，コア３糖部分，分岐型マンノオリゴ糖部分，およびグルコースユニット部分に相当するオリゴ糖ブロックに分けて合成した後に，それぞれのブロックを繋ぎ合わせて糖鎖骨格の構築を行い，最後にグルコースユニットの導入を行うことにより，目的の糖鎖へと導くこととした。

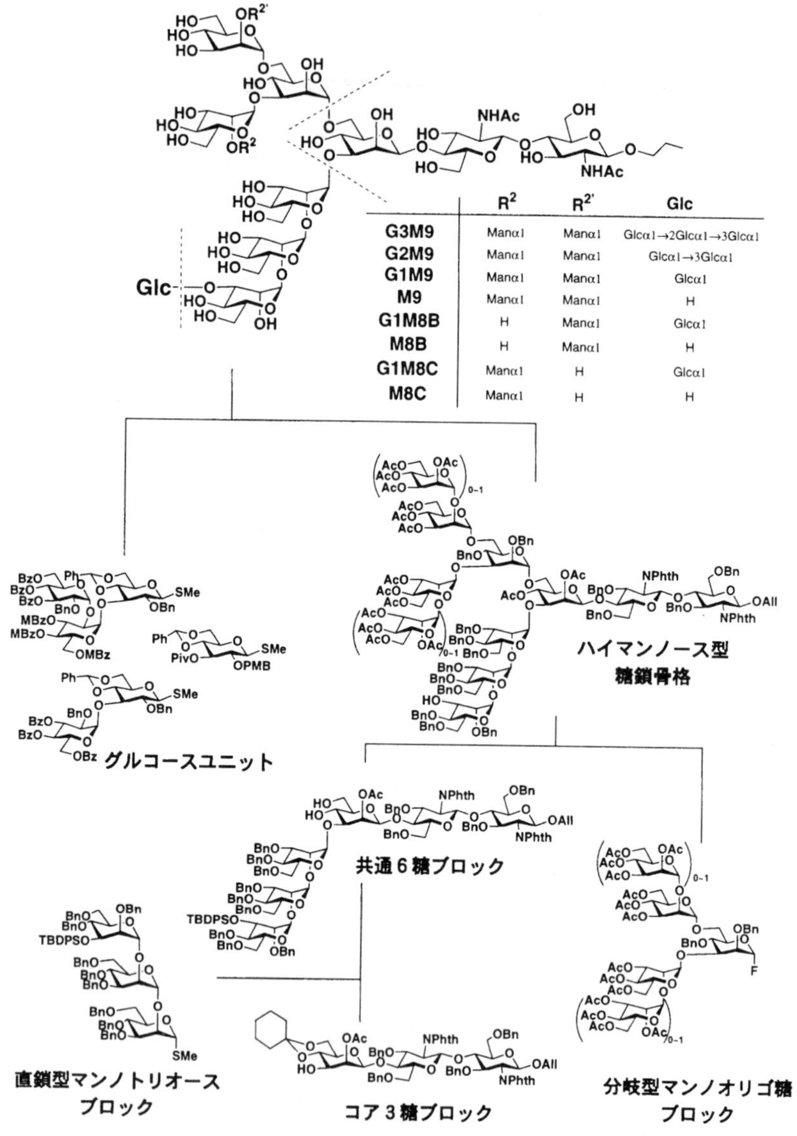

	R^2	$R^{2'}$	Glc
G3M9	Manα1	Manα1	Glcα1→2Glcα1→3Glcα1
G2M9	Manα1	Manα1	Glcα1→3Glcα1
G1M9	Manα1	Manα1	Glcα1
M9	Manα1	Manα1	H
G1M8B	H	Manα1	Glcα1
M8B	H	Manα1	H
G1M8C	Manα1	H	Glcα1
M8C	Manα1	H	H

図3　収斂的経路による小胞体関連アスパラギン結合型糖鎖の合成

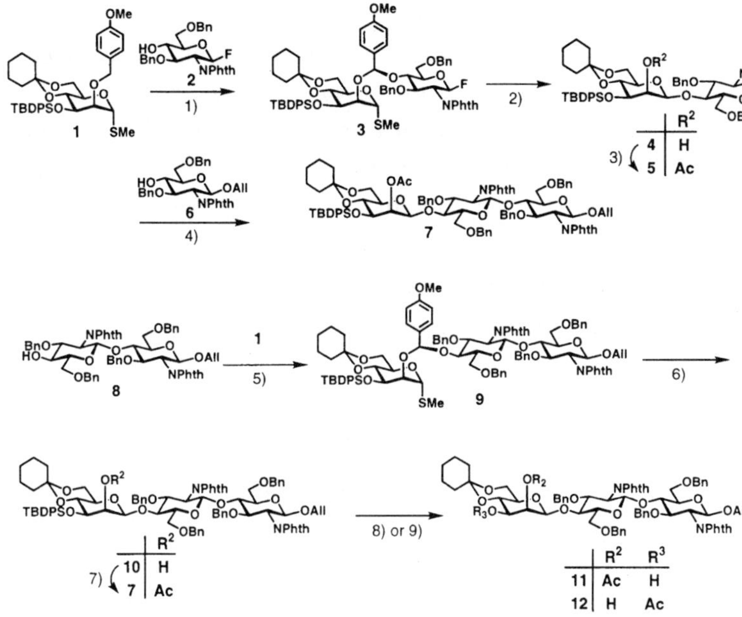

ᵃ**Reagents and yields:** 1) DDQ, MS 4A, CH_2Cl_2; 2) MeOTf, DTBMP, $ClCH_2CH_2Cl$, 83% (2 steps); 3) Ac_2O, pyridine, DMAP, 96%; 4) Cp_2HfCl_2, AgOTf, MS 4A, CH_2Cl_2, 85%; 5) DDQ, MS 4A, CH_2Cl_2; 6) MeOTf, DTBMP, $ClCH_2CH_2Cl$, 74% (2 steps); 7) Ac_2O, pyridine, DMAP, quant.; 8)HF/pyridine, DMF, 1GPa, r.t., 12 h, 88%; 9) TBAF/AcOH, DMF, **11**(50%), **12**(32%).

Scheme 1

1.4　分子内アグリコン転移反応によるβ-マンノシル化反応を鍵としたコア3糖の合成（Scheme 1）

コア3糖は，キトビオース構造に対してマンノース残基がβ1-4結合で繋がった構造を有しているが，β-マンノシド結合の立体選択的な構築は，化学的に最も困難である。この構造の難しさは，①1,2-cisの相対立体配置を持っていること，②立体電子的な要因によりα-グリコシド結合の形成が優先されやすいためである。これまでにも様々なβ-マンノシル化反応が開発されてきたが，マンノース供与体と糖受容体を直接結合させる方法で，立体選択的にβ-マンノシド結合を構築することはできなかった[26, 27]。一方，マンノースの代わりにグルコースを用いてβ-グルコシド結合を形成した後に，2位水酸基の立体を反転させる2段階アプローチにより，β-マンノシル化反応を避け，β-マンノシド結合を得る方法も開発されている[28, 29]。

近年，立体選択的なβ-マンノシル化法として，分子内アグリコン転移反応が開発された[30～32]。分子内アグリコン転移反応とは，マンノース供与体と糖受容体を架橋することにより，糖受容体をマンノースのβ側に固定化した後に，分子内でグリコシル化反応を行う方法で，目的とするβ-マンノシド結合のみを選択的に与え，異性体の混入の可能性が原理的に除外された方法である。しかし，反応効率や天然物への応用といった面で問題が残されていた。我々は，*p*-メトキシベンジル基を足がかりとする分子内アグリコン転移反応を新規に開発し，反応効率の向上と天然型糖鎖への応用に成功した[33, 34]。すなわち，マンノース供与体**1**とグルコサミン誘導体**2**をDDQの存在下，橋掛け中間体である混合アセタール誘導体**3**へと導いた後に，得られた混合アセタール**3**のSMe基を活性化することにより，アスパラギン結合型糖鎖のコア構造に対応するManβ1-4GlcNAc誘導体**4**を，80%を越える収率で合成することが可能となった[35]。本反応は，数十グラムスケールでも再現性良く反応が進行し，目的のオリゴ糖を得ることに成功しており，β-マンノシド結合構築の実用的な方法である。

以上のようにして得られた2糖誘導体**4**をアセチル体**5**とした後に，単糖受容体**6**と反応させることにより3糖**7**へと導いた。3糖構造をより効率的に構築するために，キトビオース誘導体**8**とマンノース供与体**1**との分子内アグリコン転移反応を検討した。その結果，2糖受容体を用いた場合でも定量的に混合アセタール**9**が得られ，続くグリコシル化反応によりβ-マンノシド結合を有する3糖を立体選択的に構築することができた[36]。得られた3糖**10**をアセチル体**7**へと変換した後にTBDPS基の除去を試みた。TBAF/AcOH条件下[25]，脱シリル化反応を試みたところ，目的物（**11**）と共に2位のアセチル基が3位へ転移位した化合物**12**との混合物が得られた。選択的TBDPS基の除去条件を種々検討した結果，超高圧条件下（1GPa），フッ化水素・ピリジンにて脱TBDPS化することにより，選択的にコア3糖受容体**11**へと導くことができた[37]。常圧下，フッ化水素・ピリジン[25]を用いた場合は，脱TBDPS化反応は全く進行せず原料回収に終わった。

1.5　α-1,2結合した直鎖型マンノトリオース構造3糖の合成（Scheme 2）

マンノース残基がα-1,2結合によって3残基結合した直鎖型マンノトリオース構造の構築は，還元末端側からマンノース残基を段階的に伸長することにより合成した。また，非還元末端側のマンノース残基には，グルコースユニットの導入を考慮して，選択的脱保護が可能なTBDPS基を導入した。チオマンノシド受容体**15**は，オルソエステル体**13**から得られるクロライド**14**[38]に対してMeSSMe/BuLiを反応させることにより合成した。得られたチオマンノシド**15**に対して**14**を反応させることにより，立体選択的にマンノビオース誘導体**15**を得た。**15**のアセチル基を除去して2糖受容体**16**へと導いた後に，3位にTBDPS基を有するマンノース供与体**17**とのグリコシル化反応を行った。その結果，グリコシル化反応は立体選択的に進行し，目的の3糖**18**を与えた[35]。

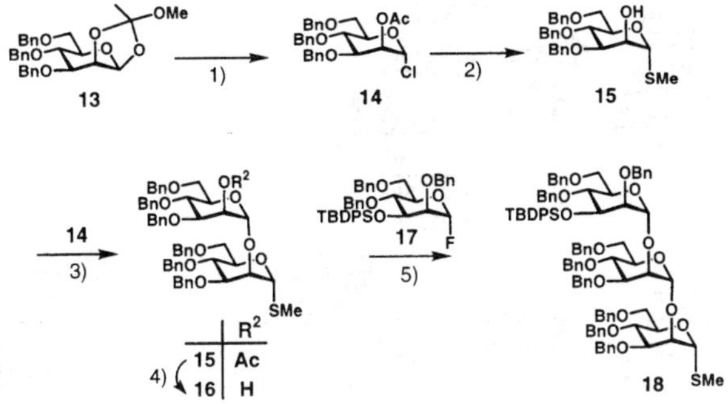

ªReagents and yields: 1) TMSCl, CH_2Cl_2, quant.; 2) MeSSMe, n-BuLi, THF, 93%; 3) AgOTf, MS4A, CH_2Cl_2, 81%; 4) NaOMe/MeOH, quant.; 5) Cp_2HfCl_2, AgOTf, MS4A, CH_2Cl_2, 91%.

Scheme 2

1.6　分岐型マンノオリゴ糖の合成（Scheme 3）

マンノース残基によって構成される分岐部分の合成は，分岐の中心に位置するマンノース誘導体と側鎖部分に対応するマンノビオース供与体，およびマンノース供与体を合成した後に，目的とする構造に対応したパーツを任意に選んで繋ぎ合わせることにより構築した。M5構造は，マンノース受容体**19**[39]と 2 分子のマンノビオース供与体**20**を結合することにより，一段階の反応で 5 糖誘導体**21**を合成した。得られた 5 糖**21**の還元末端部分をNBS/DAST[40]によりフルオリド**22**へと変換した[39]。

M8B型を構成する分岐型 4 糖の合成は，段階的に糖鎖伸長することにより構築した。すなわち，**19**の 6 位をクロロアセチル基によって選択的に保護することにより糖受容体**23**[11]へと変換した後に，3 位水酸基に対してマンノース残基を導入，2 糖**25**とした。得られた**25**のクロロアセチル基を選択的に脱保護することにより，糖受容体**26**へと誘導後，マンノビオース供与体**27**を結合することにより 4 糖**28**を得た[39]。**28**の還元末端をフッ素化することによりM4B型供与体**29**を合成した。

M8C型糖鎖を構成する 4 糖部分の合成は，糖受容体**23**と供与体**27**を結合して 3 糖**30**とした後に，糖受容体**31**へと変換，ついで単糖供与体**24**を導入することにより，目的の 4 糖**32**へと導いた。還元末端部分のフッ素化を行いM4C型供与体**33**を合成した。

1.7　グルコースユニットの合成（Scheme 4）

グルコースユニットは糖鎖の非還元末端部分のマンノース残基に α-結合で繋がっている。α-

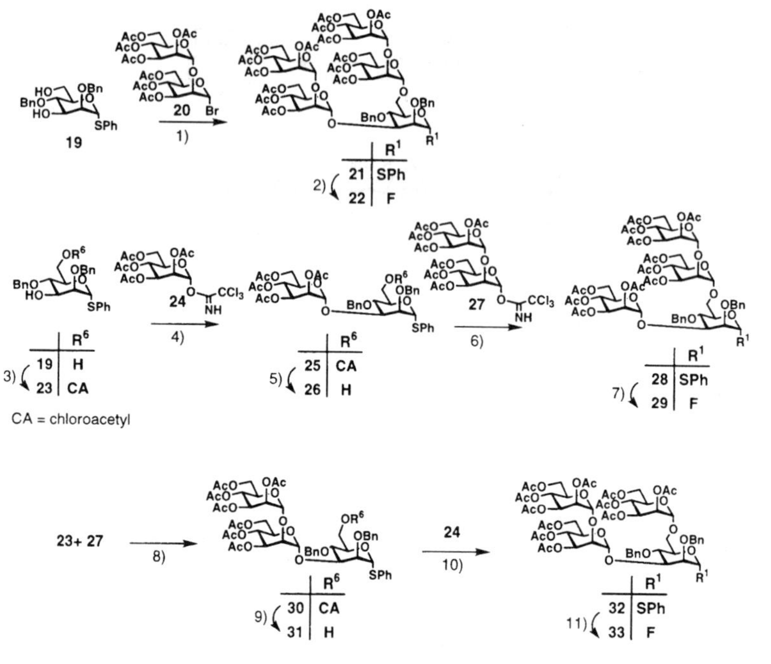

^{a}**Reagents and yields:** 1) AgOTf,MS4A, CH_2Cl_2, 72%; 2) NBS,DAST, 85%; 3) CA_2O, toluene/$ClCH_2CH_2Cl$, 82%, 4) TfOH,AW300, CH_2Cl_2, 93%; 5) thiourea, $NaHCO_3$, EtOH, 86%; 6) TfOH,AW300, CH_2Cl_2, 74%; 7) NBS,DAST, 75%; 8) TfOH,AW300, $ClCH_2CH_2Cl$, 84%; 9) DABCO, EtOH, 95%: 10) TfOH,AW300, CH_2Cl_2, 50%; 11) NBS,DAST, 87%.

Scheme 3

グルコシド結合は，β-マンノシド結合と同様に1,2-cisの相対配置であり，立体選択的構築は困難が予想された。そこで，2位に隣接基関与のないエーテル系の保護基を有する糖供与体を種々合成し，1,2,4,6-テトラ-*O*-ベンジルマンノースとのグリコシル化反応における立体選択性の比較を行ったところ，4,6-*O*-ベンジリデン誘導体が高いα選択性を与えることがわかった。さらに，3位の置換基および反応溶媒を検討した結果，3位の置換基としてアシル系の保護基を，反応溶媒としてシクロヘキサン・ジクロロエタン混合溶媒を用いることにより，α選択性が向上することが明らかとなった[35]。

以上の結果を基にベンジリデン基を有するグルコースユニットの合成を行った。グルコース誘導体**34**の3位をTIPS基で保護して**35**とした後に，2位水酸基に対してPMB基を導入して**36**を合成した。*p*-メトキシベンジル体**36**を脱TIPS化することにより**37**へとした後に，3位水酸基にPiv

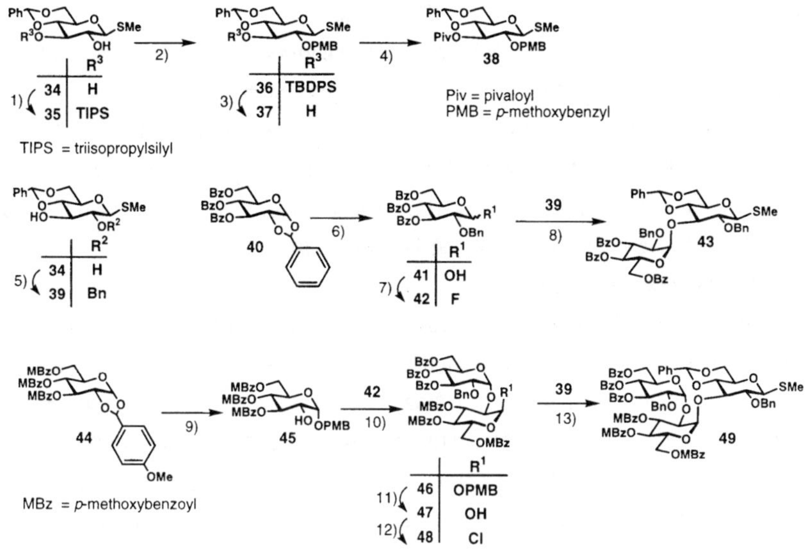

ᵃReagents and yields: 1)TIPSCl, imidazole, DMF, 70%; 2) PMBCl, NaH, DMF; 3) TBAF, DMF, 93% (2 steps); 4) PivCl, pyr., 69%; 5) BnBr, aq. NaOH, Bu_4NHSO_4, CH_2Cl_2, 28%; 6) $NaBH_3CN$, TMSCl, AW300, CH_3CN, 48%; 7) DAST, CH_2Cl_2, 92%; 8) Cp_2HfCl_2, AgOTf, MS 4A, CH_2Cl_2, 63%; 9) $NaBH_3CN$, TMSCl, AW300, CH_3CN, 79%; 10) Cp_2HfCl_2, AgOTf, MS 4A, CH_2Cl_2, 90%; 11) DDQ, CH_2Cl_2/H_2O, 73%; 12) $SOCl_2$, DMF, CH_2Cl_2, quant.; 13) AgOTf, MS4A, toluene/$ClCH_2CH_2Cl$, 57%.

Scheme 4

基を導入することにより，グルコース供与体**38**へと導いた。ベンジル体**39**は，**34**に対して相間移動触媒存在，ベンジル化することにより，低収率ながら一段階の反応で合成することができた[12]。２糖供与体**43**は，グルコース誘導体**40**[13]の1,2-*O*-ベンジリデン基を，還元的開裂反応によって開環することにより得られるヘミアセタール誘導体**41**[11]の１位をフッ素化，単糖供与体**42**とした後に，糖受容体**39**と結合することにより合成した。３糖供与体**49**の合成は，非還元末端側から糖鎖を段階的に伸長することにより合成した。すなわち，1,2-*O*-アニシリデン誘導体**44**[13]の還元的開裂反応によって得られる**46**[11]と糖供与体**42**を結合することにより，２糖**46**を合成した。得られた２糖の還元末端部分をヘミアセタール**47**を経由してクロロ体**48**へと変換，**39**とグリコシル化することにより合成した。いずれのグルコース糖供与体（**38**，**43**，**49**）も，マンノース誘導体とのグリコシル化反応において，高いα-立体選択性を示すことを確認した。

1.8　収斂的ルートによるハイマンノース型糖鎖の構築

先に合成したオリゴ糖ブロックを順次繋ぎ合わせて糖鎖の構築を行った。まず，全ての小胞体型糖鎖の共通構造である6糖誘導体を合成した後に，任意の分岐型オリゴ糖を用いてハイマンノース型糖鎖骨格を構築する。その後，グルコースユニットの導入を行い，目的糖鎖へと導くこととした。コア3糖ブロック**11**とマンノトリオース供与体**18**の反応は，MeOTfをプロモーターとして行うことにより立体選択的に進行し，目的の6糖**50**を与えた。**50**のシクロヘキシリデン基を除去して4,6位に遊離の水酸基を有する6糖受容体**51**へと導いた。

1.8.1　M9型糖鎖の系統的合成

M9型糖鎖は，分岐型5糖**22**と6糖受容体**51**を結合することにより合成した（Scheme 5）。すなわち，**22**と**51**をトルエン中，AgOTf/Cp_2HfCl_2をプロモーターとして反応を行うことにより，位置および立体選択的に反応は進行し，11糖**52**を収率良く与えた。得られた**52**の遊離水酸基をアセチル化，アセテート**53**とした後に，TBDPS基を除去し，11糖受容体**54**への変換を試みた。ところが，化合物**53**中のTBDPS基は2つのベンジル基に挟まれ，立体的に込み合っているためか，TBAF/AcOHでは全く反応せず原料回収に終わった。そこで，超高圧条件下（1GPa），フッ化水素・ピリジンにて反応を行ったところ，他の保護基を痛めることなく，TBDPS基を選択的に除去することができ，目的の11糖受容体**54**のみを収率良く得ることができた[37)]。なお，常圧下，同様の反応を行った場合は，1週間反応を行っても脱シリル化反応は全く進行せず，原料回収に終わった。また，TBAF/AcOHを脱シリル化剤として超高圧条件を試みたが，反応加速効果は観測されなかった。

以上のようにして合成した11糖受容体**54**に対して，グルコースユニットの導入を行った。グルコース供与体**38**と**54**を，シクロヘキサン・ジクロロエタン混合溶液中，MeOTfをプロモーターとして反応を行い目的の12糖誘導体**56**を，立体選択的に得ることができた。2糖供与体**43**，および3糖供与体**49**と，11糖受容体**54**との反応は，同様の条件で13糖誘導体**57**および14糖誘導体**58**を与えた。2位にPiv基を有する単糖供与体**55**を用いることにより，グルコース残基がβ-結合で繋がった非天然型12糖**59**の構築もあわせて行った。

以上のようにして構築した糖鎖のフタルイミド基をアセトアミド基へと変換，ベンジル基およびアセチル基を除去することによりG1M9，G2M9，G3M9型糖鎖および非天然型β-G1M9糖鎖へと導いた[35)]。

1.8.2　M8型糖鎖の系統的合成

10糖構造を糖鎖骨格とするM8B型糖鎖およびM8C型糖鎖は，6糖受容体**51**に対してM4B供与体**29**を反応させることによりM8B型糖鎖**60**[22)]を，M4C型供与体**33**を選択することによりM8C型糖鎖**63**を，M9型糖鎖の合成とほぼ同様の反応条件で構築することができた。得られたM8B型糖

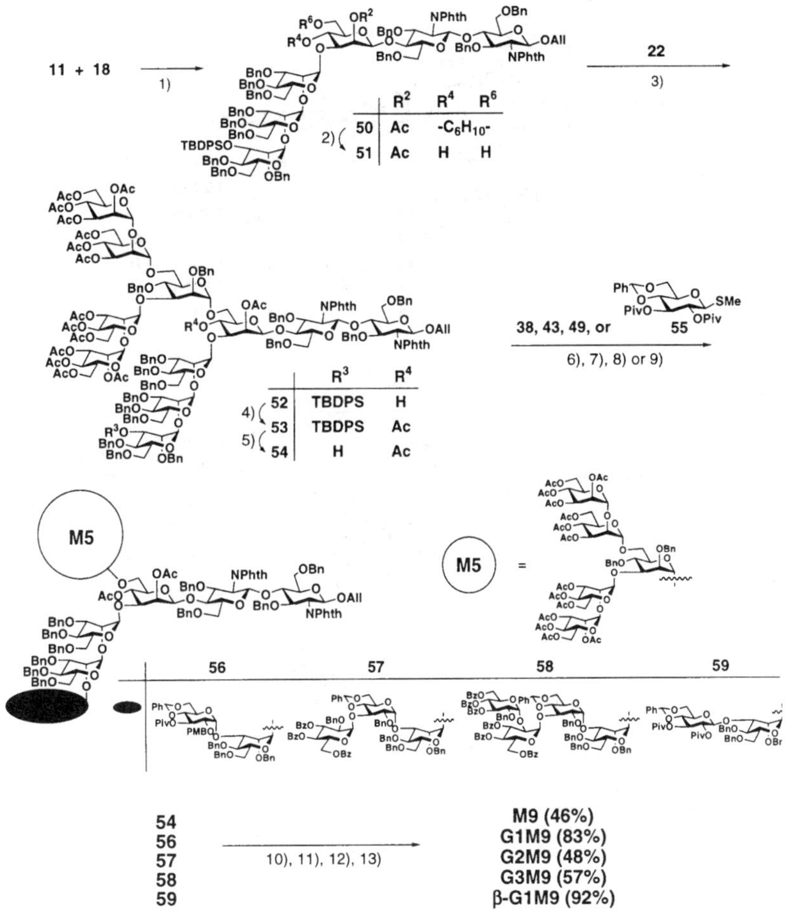

[a]**Reagents and yields:** 1) MeOTf, CH_2Cl_2, 77%; 2) p-TosOH, CH_3CN, 56% (2 steps); 3) Cp_2HfCl_2, AgOTf, MS 4A, toluene, 87%; 4) Ac_2O, pyr. DMAP, 98%; 5) HF/pyr. , DMF, 1GPa, 86%; 6) **38**, MeOTf, $ClCH_2CH_2Cl$/cyclohexane, 85%; 7) **43**, MeOTf, $ClCH_2CH_2Cl$/cyclohexane, 85%; 8) **49**, MeOTf, $ClCH_2CH_2Cl$/cyclohexane, 57%; 9) **55**, MeOTf, $ClCH_2CH_2Cl$, 81%; 10) ethylenediamine, *n*-BuOH; 11) Ac_2O, pyridine, DMAP; 12) $Pd(OH)_2$, H_2, 80% AcOH; 13) NaOMe/MeOH.

Scheme 5

鎖**60**をアセチル化することにより，アセテート**61**とした後に，TBDPS基を超高圧条件により除去，10糖受容体**62**へと導いた。M8C型糖鎖**63**も同様に，アセテート**64**へと変換後，TBDPS基を除去することにより，10糖受容体**65**へと変換した。得られた10糖受容体**62**および**65**に対して，

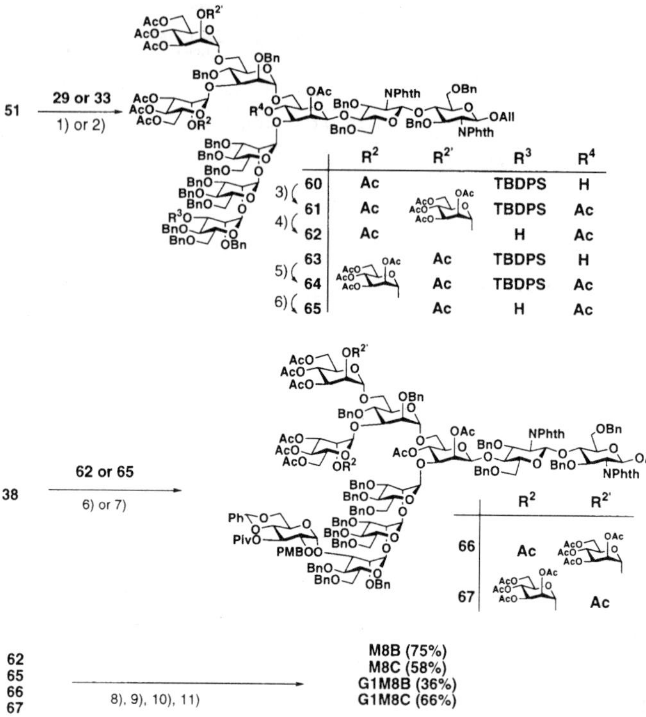

^{a}Reagents and yields: 1)**29**, Cp_2HfCl_2, AgOTf, MS 4A, toluene, 72%; 2) **33**, Cp_2HfCl_2, AgOTf, MS 4A, toluene, 77%; 3) Ac_2O, pyr. DMAP,82%; 4) HF/pyr. , DMF, 1GPa, 70%; 5) Ac_2O, pyr. DMAP; 6) HF/pyr. , DMF, 1GPa, 77% (2 steps) ; 6) **62**, MeOTf, $ClCH_2CH_2Cl$/cyclohexane,74%; 7) **65**, MeOTf, $ClCH_2CH_2Cl$/cyclohexane, 91%; 8) ethylenediamine, *n*-BuOH; 9) Ac_2O, piridine, DMAP; 10) $Pd(OH)_2$, H_2, 80% AcOH; 11) NaOMe/MeOH.

Scheme 6

グルコース残基の導入をおこない，11糖**66**および**67**をそれぞれ合成した。得られた糖鎖**62**，**65**，**66**および**67**の官能基変換および脱保護反応を行うことにより，目的としたM8B，M8C，G1M8B，G1M8C型糖鎖へと導いた（Scheme 6）[36]。

以上，全ての小胞体型糖鎖に共通の 6 糖構造を構築した後に，分岐部分のオリゴ糖を任意に選び結合することにより，種々のハイマンノース型糖鎖を構築することができた。そして非還元末端側にグルコースユニットの導入を行い，小胞体型アスパラギン結合型糖鎖の系統的合成に成功した。

1.9　合成糖鎖を用いたカルレティキュリン（CRT）との相互作用解析

カルレティキュリンは先述したように，タンパク質品質管理機構においてG1M9糖鎖を認識するレクチン様活性を有する分子シャペロンであると考えられているが，G1M9糖鎖との相互作用解析を定量的に行った例はない。そこで，Isothermal titration calorimetry（ITC）を用いて，一連の合成糖鎖とカルレティキュリンとの相互作用の定量的な解析を試みた[45, 46]。ITCは，タンパク質とリガンドとの相互作用によって生じる反応熱を測定する方法なので，リガンドやタンパク質にラベルなどを導入する必要がなく，より生体条件に近い形での相互作用解析が行える点が特徴である。図4にCRTに対してG2M9，G1M9およびM9糖鎖を逐次滴下したときの結果を示した。天然型12糖（G1M9）は相互作用が観測されたが，G2M9およびM9糖鎖はこの条件では相互作用を観測することができなかった。また，非天然型糖鎖（β-G1M9）も相互作用しなかったことより，α-結合したグルコース残基がCRTとの結合に必要であることが明らかとなった。

分岐部分の微細構造が異なるG1M8BおよびG1M8C型糖鎖とCRTとの相互作用解析を行ったところ，分岐部分の構造によって結合の強さが異なることが明らかとなった。今のところ分岐部分

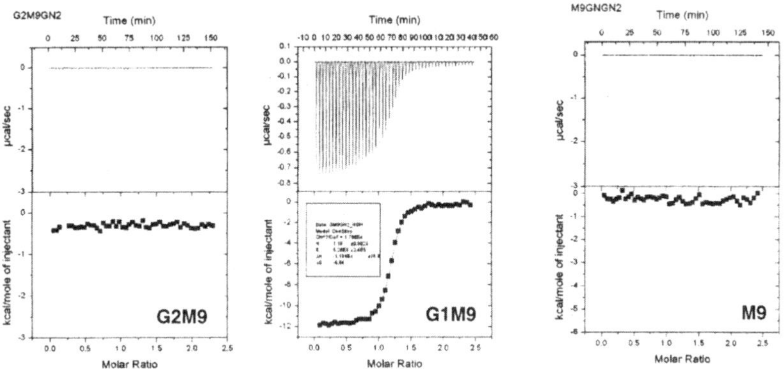

	Ka X 10^{-6} M^{-1}	ΔH (Kcal/mol)	ΔS (cal/mol/K)
G2M9	N.D	N.D	N.D
α–G1M9	5.26	-11.8	-9.64
β–G1M9	N.D	N.D	N.D
M9	N.D	N.D	N.D
G1M8B	2.53	-9.5	-3.19
G1M8C	4.46	-12.7	-12.9

図4　Isothermal titration calorimetryを用いたアスパラギン結合型糖鎖とカルレティキュリンとの相互作用解析

の構造の違いによる結合定数の差が何を意味しているかは不明である。しかし，UGGTやグルコシダーゼIIの酵素活性が，分岐部分の構造と関連しているとの報告もあることから，これら小胞体関連のタンパク質群に対して，合成糖鎖を分子プローブとして利用し，定量的な解析を積み重ねていくことにより，糖鎖の微細構造が持つ意味が明らかになると考えている。

1.10 おわりに

10糖を越える大きな糖鎖である小胞体関連アスパラギン結合型糖鎖を収斂的ルートにより合成した。収斂的ルートの特長を生かし，任意のオリゴ糖ブロックを繋ぎ合わせることにより，微細な構造が異なる糖鎖の系統的合成に成功した。現在，種々のアスパラギン結合型糖鎖を，10から100mg程度のスケールで，合成が可能なことを確認している。また，今回合成した糖鎖の還元末端部分はプロピルグリコシドを採用したが，アスパラギン残基やタグとなる置換基を還元末端に結合させた糖鎖の合成にも成功している[17]。糖鎖合成化学をベースとしたCNX/CRTに対する阻害剤の合成や，オリゴ糖の簡便合成法の開発研究を展開しており[16, 18, 49]，今後これらの糖鎖誘導体を用いて，品質管理機構に関わる種々のタンパク質の機能を，定量的に解析する予定である。さらに，糖鎖を固定化したハイマンノース型糖鎖結合ビーズや光アフィニティープローブにより，糖鎖を介したタンパク質の品質管理機構に関わる未知のタンパク質の取得をめざして研究を行っている。

近い将来，糖鎖合成化学を基盤としてのみ得られる，糖鎖分子プローブを用いた研究により，細胞内で営まれているタンパク質品質管理機構の理解が深まるものと確信している。

文　　献

1) R.A. Dwek, *Chem. Rev.*, **96**, 683 (1996)
2) A. Helenius, M. Aebi, *Ann. Rev. Biochem.*, **73**, 1019 (2004)
3) R. Knauer, L. Lehle, *Biochem. Biophys. Acta.*, **1426**, 259 (1999)
4) R.G. Spiro, *Cell Mol. life Sci.*, **61**, 1025 (2004)
5) A. J. Parodi, *Biochem. Biophys. Acta.*, **1426**, 287 (1999)
6) J. B. Schrag, *Trends Biochem. Sci.*, **28**, 49 (2003)
7) L. Ellgaard *et al., Science*, **286**, 1882 (1999)
8) B. Kalz-Fuller *et al., Eur. J. Biochem.*, **231**, 344 (1995)
9) K. Treml *et al., Glycobiology*, **10**, 493 (2000)
10) D. B. Williams, *Biochem. Cell Biol.*, **73**, 123 (1995)

11) M. J. Smith, G. L. E. Koch, *EMBO J.*, **8**, 3581 (1989)
12) A. Helenius, M. Aebi M, *Science*, **291**, 2364 (2001)
13) L. Ellgaard, A. Helenius, *Nature Rev. Mol. Cell Biol.*, **4**, 181 (2003)
14) E.S. Trombetta, *Glycobiology*, **13**, 77R (2003)
15) A. Herscovics, *Biochem. Biophys. Acta.*, **1473**, 96 (1999)
16) N. Hosokawa *et al., EMBO Rep.*, **2**, 415 (2001)
17) Y. Oda, *et al., Science*, **299**, 1394 (2003)
18) Y. Yoshida, *J. Biochem.*, **134**, 183 (2003)
19) H. Hauri *et al., FEBS Lett.*, **476**, 32 (2000)
20) C. Appenzeller, *Nat. Cell Biol.*, **1**, 330 (1999)
21) S. Weng, R. G. Spiro, *Glycobiology*, **6**, 861 (1996)
22) E. Bause *et al., Eur. J. Biochem.*, **217,** 535 (1993)
23) R. R. Schmidt, *Pure & Appl. Chem.*, **61**, 1257 (1989)
24) K. Toshima, *Chem. Rev.*, **93,** 1503 (1993)
25) T. H. Greene, P. G. M. Wuts, "Protective groups in organic synthesis" John Wiley & Sons, New York (1991)
26) G. J. Boons, *Tetrahedron*, **2**, 1095 (1996)
27) H. Paulsen, *Angew. Chem. Int. Ed. Engl.*, **29**, 823 (1990)
28) I. Matsuo, *et al., Tetrahedron Lett.*, **48**, 8795 (1996)
29) S. David, *et al., Carbohydr. Res.*, **188**, 193 (1989)
30) G. Stork, G. Kim, *J. Am. Chem. Soc.*, **114**, 1087 (1992)
31) F. Barresi, O. Hindsgaul, *Can. J. Chem.*, **72**, 1447 (1994)
32) A. J. Fairbanks, *Synlett*, 1945 (2003)
33) Y. Ito, *et al., Synlett*, 1102 (1998)
34) J. Seifert, *et al., Angew. Chem. Int. Ed. Engl.*, **39**, 531 (2000)
35) I. Matsuo, *et al., J. Am. Chem. Soc.*, **125**, 3402 (2003)
36) I. Matsuo, Y. Ito, *Carbohydr. Res.*, **338**, 2163 (2003)
37) I. Matsuo, *et al., Tetrahedron Lett.*, **43**, 3273 (2002)
38) T. Ogawa *et al., Carbohydr Res.*, **64**, C3 (1978)
39) I. Matsuo, *et al., Carbohydr Res.*, **305**, 401 (1998)
40) K. C. Nicolaou, *et al., J. Am. Chem. Soc.*, **112**, 3693 (1990)
41) I. Matsuo, *et al., J. Carbohydr. Chem.*, **17**, 1249 (1998)
42) H. H. Freedman, R. A. Dubois, *Tetrahedron Lett.*, 3251 (1975)
43) K. Suzuki, *et al., Tetrahedron Lett.*, **44**, 1975 (2003)
44) K. Suzuki *et al., J. Carbohydr. Chem.*, **22**, 143 (2003)
45) M. A. Arai *et al.*, unpublished data.
46) Y. Ito, *et al., Glycoconjugate J.*, **21**, 257 (2004)
47) K. Totani, *et al., Glycoconjugate J.*, **21**, 69 (2004)
48) S. Hagihara, *et al.*, unpublished data.
49) M. Takatani, *et al., Carbohydr Res.*, **338**, 1073 (2003)

2 フルオラス糖鎖合成法

稲津敏行[*1]，後藤浩太朗[*2]

2.1 はじめに

近年，細胞表層に分布する複合糖質の糖鎖部分が細胞間の認識や分化などの生物学的に重要な機能に関与していることが次々と明らかにされ，ポストゲノム時代を担う中心的課題として期待されている[1～3]。こうした糖鎖の機能を分子レベルで明らかにするためには，十分な量の糖鎖標品の供給が必須である。しかし，自動合成装置が市販されているペプチドや核酸の合成と比較すると糖鎖の化学合成は著しく困難であり，今なお効率的な糖鎖合成法を確立するために様々なフィールドにおいて研究が行われているのが現状である。我々は，その新しいアプローチの手法として近年注目を集めているフルオラス化学という分野に着目した。本稿ではフルオラス合成法による効率的な糖鎖合成の例をいくつか紹介したい。

2.2 フルオラス化学とは

図1に示すようにペルフルオロヘキサンを主成分とするFluorinert™ FC-72（以下FC-72と略）やペルフルオロメチルシクロヘキサン（c-$C_6F_{11}CF_3$）に代表されるフルオラス（親フルオロカーボン性の）溶媒は水およびほとんどの有機溶媒とは混和せず，3層を形成する。さらにフッ素含量の高い化合物に対して高い分配能を有することから，通常の有機化合物からフルオラス化合物を分配操作のみで選択的に分離できる。1994年にHorváthらがこの性質を利用したFluorous Biphase System（FBS）を提唱した[1]。すなわち図2に示すように，トルエンとc-$C_6F_{11}CF_3$は室温で二層を形成し，ペルフルオロ鎖で修飾された触媒はフルオラス（c-$C_6F_{11}CF_3$）層に，基質のオレフィンはトルエン層に溶け込む。水

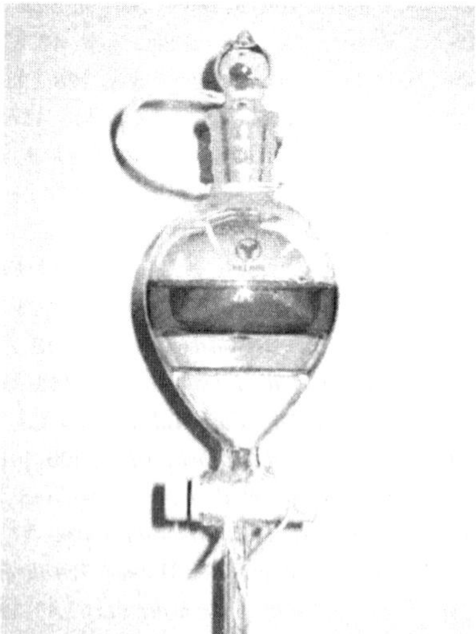

図1　三層形成（上から，有機層，水層，フルオラス層）

＊1　Toshiyuki Inazu　東海大学　工学部　応用化学科　教授，東海大学　糖鎖工学研

＊2　Kohtaro Goto　㈶野口研究所　研究部　糖鎖有機化学研究室　研究員

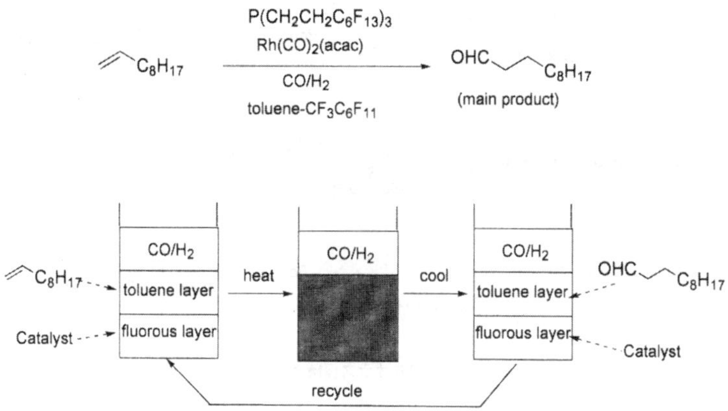

図2　FBSによる合成

素と一酸化炭素の雰囲気下で加熱すると，トルエンとc-$C_6F_{11}CF_3$は混ざり合って均一層となり，反応が進行する。反応液を室温に戻すと再び二層を形成し，トルエン層からは生成物のアルデヒドが得られる。一方c-$C_6F_{11}CF_3$層からは触媒が回収，再利用される。以上のように，FBSは高価な触媒と生成物を容易に分離精製することができる優れた方法論である。

さらにこの方法論を有機合成に発展させたものがフルオラス合成法（フルオラス・タグ法）であり，1997年にCurranらによって固相合成法に匹敵する効率的な合成手法として報告された[5]。図3にその概念を示した。まず，基質にフルオラス・タグを導入し，分子全体のフッ素含量を向上させる。その後通常の液相反応を行い，反応終了後の精製はフルオラス溶媒と有機溶媒の分配

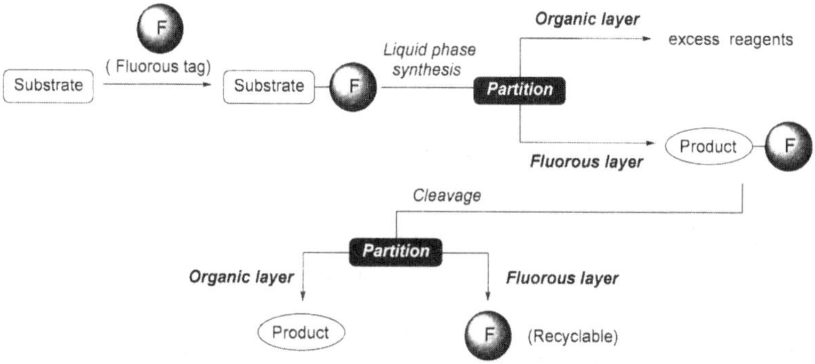

図3　フルオラス合成の概念

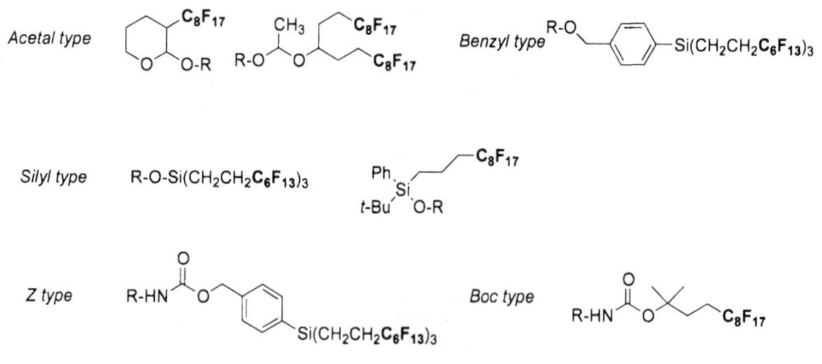

図4　フルオラス保護基の例

操作のみで行う。その結果，フルオラス層からはフルオラス・タグの結合した化合物のみが分配され，一方，有機層には過剰に用いた試薬などが分配される。この操作を繰り返し，目的の構造を構築する。各反応中間体はTLC，NMR，MSなど通常の液相法の際に用いる分析方法を用いることができる。最終的にフルオラス・タグの切り出しを行い，フルオラス溶媒と有機溶媒との分配操作により，目的物が有機層から分配される。この段階でカラムクロマトグラフィーなどの精製を行う。一方，フルオラス層からフルオラス・タグが回収される。このようにフルオラス合成法は通常の有機合成において最も時間と労力を要するカラムクロマトグラフィーなどによる精製工程を大幅に簡略化できる優れた合成手法である。それに伴って様々なフルオラス・タグの開発も行われている。例えば図4に示すように水酸基の保護基としてはアセタール型，ベンジル型，シリル型などが報告されている[6,7]。またアミノ基の保護基についてはCbz型やBoc型などの報告例がある[8]。これらフルオラス保護基に要求される性質は，(a)調製が簡便である，(b)導入収率が良い，(c)反応系内で安定に存在する，(d)容易にかつ選択的に除去できる，などが挙げられる。しかし，すべての条件を満たすフルオラス・タグは見当たらず，より実用的なフルオラス・タグの開発が望まれている。

また，フルオラス合成法を利用した糖鎖合成についてもすでに若干の報告例がある。図5に示すようにCurranらは前述のベンジル型フルオラス保護基を用いて二糖合成を行っている。すなわち，糖供与体であるグリカールの水酸基に**Bnf**基を導入し，次いで 酸触媒の存在下，糖受容体と反応させて二糖誘導体の合成を行っている[7]。しかし，フルオラス・タグの導入を始めとする各工程の収率が悪く，さらにグリコシル化の方法としてグリカール法を用いているためその応用範囲が二糖合成に限定されるといった問題点が残された。

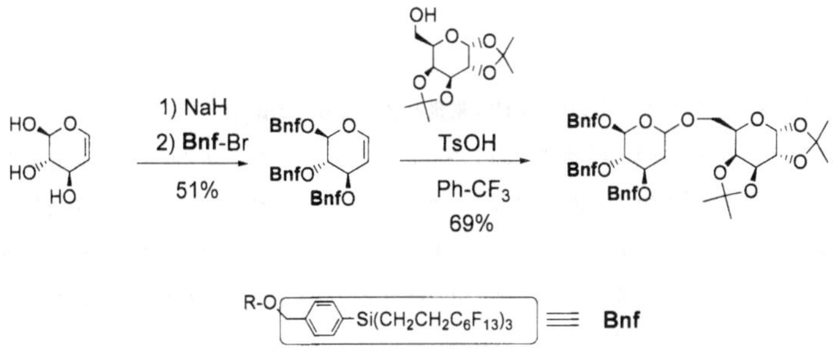

図5　グリカール法を用いたフルオラス二糖合成

2.3　アシル型フルオラス保護基（Bfp基）を用いたフルオラス糖鎖合成

筆者らはこれまでに報告例の無かったアシル型のフルオラス保護基として**Bfp**基を開発し，効率的な糖鎖合成へ応用することに成功した[9]。その導入試薬である**Bfp**-OH(**1**)は調製が容易であり，さらに通常のアシル系の保護基と同様に収率良く糖水酸基に導入・除去することができる。この**Bfp**基を用いて植物の分化，成長因子と考えられているアラビノガラクタン-プロテインの構成糖鎖であるβ-(1→6)-ガラクトペンタオース(**5**)を効率的に合成することに成功した。すなわち，図6に示すようにガラクトース誘導体**2**の遊離の水酸基に**Bfp**基を導入したのち，トリチル基を除去して糖受容体**3**へと導いた。ついでSchmidt法によるグリコシル化およびTBDPS基の選択的除去を繰り返して五糖誘導体**4**を収率29%（9工程）で得ることに成功した。フルオラス保護基**Bfp**基が結合した各合成中間体は有機溶媒とFC-72との分配操作だけで容易に精製できた。その後すべての保護基を除去し，目的のβ-(1→6)-ガラクトペンタオース**5**を効率的に合成すること

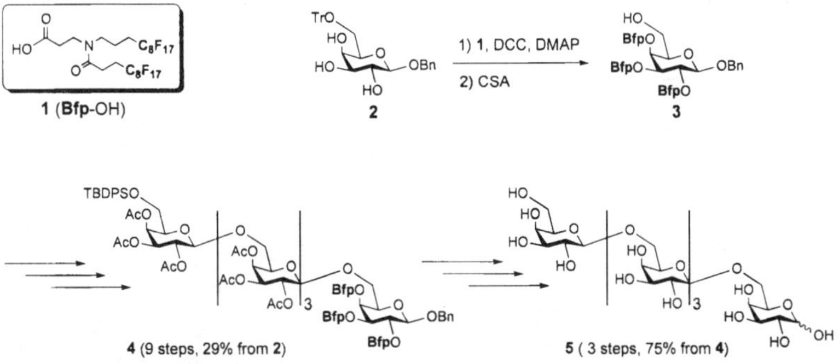

図6　Bfp-OHと五糖合成への応用

に成功した。

2.4 アシル型フルオラス担体Hfb-OHの開発と糖鎖合成への応用

フルオラス溶媒への分配効率をより向上させた6本のペルフルオロアルキル鎖を有する新規フルオラス担体導入試薬**Hfb**-OH(**6**)を開発し，糖鎖の効率的な合成に成功した[10]。**Bfp**基を用いて糖鎖合成を行う場合には分配効率の観点から複数の糖水酸基にフルオラス保護基である**Bfp**基を導入する必要があった。しかし例えば分岐型の糖鎖を合成することを考慮に入れると，複数の水酸基に導入できない場合も十分に考えられる。その点を改善するために**Bfp**基を改良し，固相合成における固相担体に匹敵するアシル型のフルオラス担体**Hfb**基を開発した。**Hfb**基は非常に高いフッ素含量を持つために糖のアノマー水酸基一箇所のみに導入するだけで効率的にフルオラス合成に応用することができる。図7に示すようにこのフルオラス担体**Hfb**を用いて三糖レベルの合成に成功した。まず，グルコース誘導体**7**の遊離のアノマー水酸基に**Hfb**基を導入した。ついでTBDPS基の除去およびSchmidt法によるグリコシル化を繰り返すことで三糖誘導体**8**へと導いた。この際，**Hfb**基の結合した各合成中間体はFC-72と有機溶媒との分配操作だけで容易に精製できた。化合物**8**の**Hfb**基はNaOMe処理により容易に除去でき，反応後のメタノールとFC-72による分配操作により，メチルエステル（**Hfb**-OMe）としてFC-72層より回収できた。一方，メタノール層からは三糖誘導体**9**の粗生成物が得られ，この最終段階のみシリカゲルカラムクロマトグラフィーによって精製することにより，化合物**9**を全収率（6工程）42%で得ることに成功した。

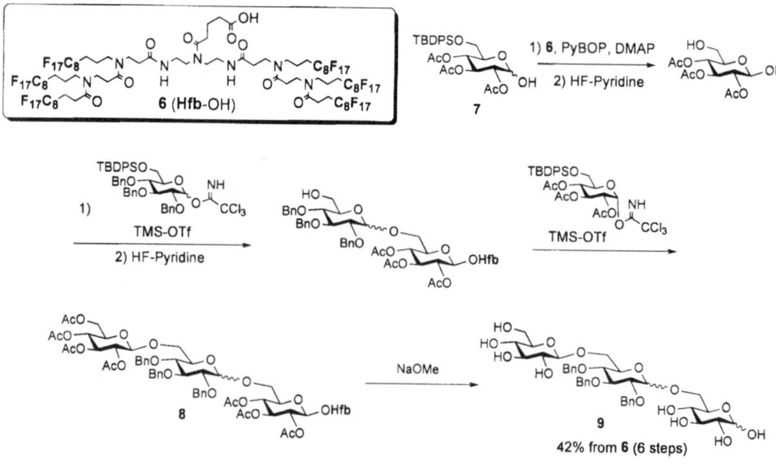

図7　Hfb-OHと三糖合成への応用

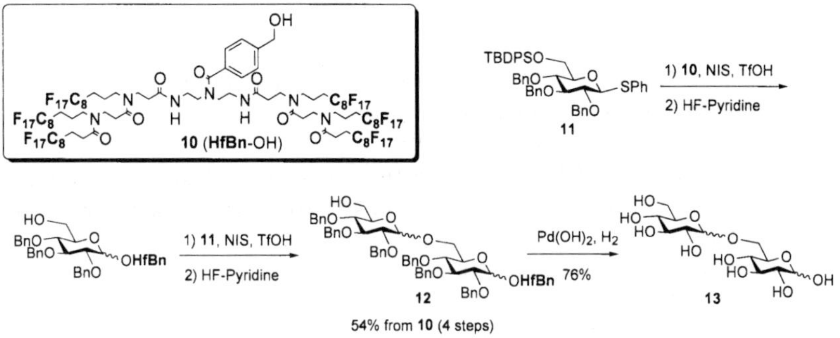

図8　HnBn–OHと二糖合成への応用

2.5　ベンジル型フルオラス担体HfBn–OHの開発と糖鎖合成への応用

より複雑な構造を持つ糖鎖合成への対応を可能にするために，糖鎖合成に汎用される保護基であるベンジル型フルオラス担体導入試薬**HfBn**–OH(**10**)を開発し，図8に示したように二糖レベルの合成に成功した[11]。**HfBn**–OHは**Hfb**–OHの前駆体から高収率で調製することができた。この**HfBn**–OHに対してグリコシル化とTBDPS基の除去を繰り返して全収率（4工程）54%で二糖誘導体**12**を得ることに成功した。この場合もフルオラス担体の結合した各合成中間体はFC–72と有機溶媒との分配操作だけで容易に精製できた。さらに化合物**12**の**HfBn**基は$Pd(OH)_2$を用いた接触還元により除去でき，二糖**13**を収率76%で得ることに成功した。

2.6　おわりに

以上のように，本稿ではフルオラス・タグ法が効率的な糖鎖の合成手法として有用であることを紹介した。この方法はフルオラス・タグの結合した反応中間体をFC–72と有機溶媒を用いる分配操作のみにより容易に精製できるため，通常の有機合成において時間と労力を要するシリカゲルカラムクロマトグラフィーなどの精製工程を大幅に省略できる迅速かつ効率的な方法である。さらに各反応中間体はTLC，NMR，MSなど通常の液相法に用いる分析方法を用いることができるため，反応条件の最適化を容易に行うことができる利点を有している。折しも，2005年に第1回のフルオラス化学国際会議が開催される。フルオラス合成法は糖鎖合成だけではなく，その他の有機化合物の合成にも応用が可能であり，様々な分野の合成プロセスの改良に貢献できる方法として，その飛躍が期待される。

文　　献

1) (a) A. Varki, *Glycobiology*, **3**, 97 (1993). (b) R. A. Dwek, *Chem. Rev.*, **96**, 683 (1996). (c) D. L. Blithe, *Trends Glycosci. Glycotech.*, **5**, 81 (1993).
2) A. Yoshida *et al*, *Develop. Cell* , **1**, 717 (2001).
3) (a) D. J. Moloney *et al*, *J. Biol. Chem.*, **275**, 9604 (2000). (b) D. J. Moloney *et al*, *Nature*, **406**, 369 (2000). (c) K. Brucker *et al*, *Nature*, **406**, 411 (2000). (d) R. S. Haltiwanger, *Trends Glycosci. Glycotech.*, **13**, 157 (2001).
4) I. T. Horváth and J. Rábai, *Science*, **266**, 72 (1994).
5) A. Studer *et al*, *Science*, **275**, 823 (1997).
6) (a) L. Manzoni, *Chem. Commun.*, **2003**, 2930. (b) P. Wipf *et al*, *J. Am. Chem. Soc.*, **122**, 9391 (2000). (c) S. Röver and P. Wipf, *Tetrahedron Lett.*, **40**, 5667 (1999). (d) P. Wipf and J. T. Reeves, *Tetrahedron Lett.*, **40**, 5139 (1999). (e). P. Wipf and J. T. Reeves, *Tetrahedron Lett.*, **40**, 4649 (1999). (f) A. Studer and D. P. Curran, *Tetrahedron*, **53**, 6681 (1997).
7) D. P. Curran *et al*, *Tetrahedron Lett.*, **39**, 4937 (1998).
8) (a) D. P. Curran *et al*, *J. Org. Chem.*, **68**, 4643 (2003) . (b) D. Schwinn and W. Bannwarth, *Helv. Chim. Acta*, **85**, 255 (2002). (c) D. V. Filippov *et al*, *Tetrahedron Lett.*, **43**, 7809(2002). (d) J. Pardo *et al*, *Org. Lett.*, **3**, 3711 (2001). (e) Z. Luo *et al*, *J. Org. Chem.*, **66**, 4261 (2001).
9) (a) T. Miura *et al*, *Org. Lett.*, **3**, 3974 (2001). (b) T. Miura *et al*, *J. Org. Chem.*, **69**, 5348-5353 (2004).
10) (a) T. Miura *et al*, *Angew. Chem. Int. Ed.*, **42**, 2047-2051 (2003). (b) K. Goto *et al*, *Tetrahedron*, **60**, 8845-8854 (2004).
11) K. Goto *et al*, *Synlett*, **2004**, 2221.

3　固相と液相のハイブリッド法による糖鎖合成

深瀬浩一*

3.1　はじめに

糖鎖合成は，均一な糖鎖を供給することにより糖鎖の機能解明に大きな役割を果たしてきた。糖鎖合成の効率の向上を目指して1970年代初頭から糖鎖の固相合成法が検討されていたが，近年Danishefsky，Schmidt，Kahne，伊藤，蟹江，Nicolaou，高橋，Seebergerなど，我々を含めた多くの有機合成化学者が糖鎖の固相合成に取り組み大きな成果が得られている[1~3]。

しかし一般に固相合成においては液相合成に比べて反応速度が遅く，グリコシル化を定量的に進行させることは容易ではない。また固相合成においてはTLCやHPLCなどの簡便な方法で反応がモニターできないことから，各段階の反応の最適化に時間がかかる。そこで液相で反応を行い，固相合成と同様に目的化合物を迅速に単離するという固相−液相ハイブリッド法が開発されてきた。本節ではこの方法についてわれわれの研究を中心に概説したい。

3.2　固相−液相ハイブリッド法による糖鎖合成

固相合成の利点は，①ろ過によって過剰の反応剤や副生成物を速やかに除去できる，②合成経路が決まれば迅速に多種類を合成できる，③自動合成が容易である等である。欠点としては，上記の他にも使える反応が液相に比べて少ない，固相合成に適用できる反応条件が限られているなどがある。そこで分離が容易であるという固相法の利点と，均一系で反応を行うことができるという液相法の利点をかね合わせた固相−液相ハイブリッド法として，phase tagを用いる方法が考案された。Phase tagとしては可溶性ポリマー，デンドリマー，フルオラスtagなど様々なものが考案されている[1~7]。

Jandaらは分子量5000程度のポリエチレングリコール（PEG）をtag に用いるポリマー担持液相合成を開発した。この方法では液体から固体へのphase の変換を利用して分離を行う。PEGは塩化メチレンには溶解するが，エーテルを加えると沈殿するので，濾過によってPEGの結合した化合物を分離できる。NMRを用いて反応の追跡や生成物の構造確認が可能である。Krepinsky，伊藤，van Boomらは，この方法を用いて糖鎖合成を行った。

低分子量のPEG（平均分子量550）をtagに用いることにより，MALDI MSによる観測が可能になる。伊藤らは低分子量PEGをtagに用いた糖鎖合成を発表した[8]。低分子量PEGはエーテルによって沈澱しないので，その極性の高さを利用して，シリカゲルを用いた固相抽出で精製を行う。

HorváthやCurranはフルオロアルカンをtagとして化合物に導入し，フルオロ溶媒への親和性

＊ Koichi Fukase　大阪大学　大学院　理学研究科　化学専攻　教授

を利用して分離する方法（フルオラス合成）を開発した。フルオラスtagの結合した化合物をフルオラス溶媒に抽出するか，フルオラス逆相クロマトグラフィーを用いて分離する。稲津らはフルオラス合成のための実用的なtagを開発し，糖鎖合成に適用した[9]。

われわれは固相合成と液相合成のハイブリッド法として，特異的な分子認識によるアフィニティー分離を利用した合成法（synthesis based on affinity separation）を開発した。この手法においては，まず特定のtagを特異的に認識する分子を担持したカラムを用意する。Tagを結合させた基質を用いて液相で反応を行った後，反応溶液をこのカラムに通すとtagの結合した目的物はカラム担体に特異的に吸着され，過剰の反応剤や反応剤由来の副生成物は除去される。次いでtagの相互作用を弱める溶媒系に変えることで目的物を溶出させ，迅速な精製を達成するというものである。

Hamiltonは多点間水素結合によりバルビツール酸を特異的に認識する人工受容体を報告していた。そこでこの人工受容体を固相に担持させ，バルビツール酸の誘導体を化合物に結合させて，アフィニティー分離を行う方法を開発した[10]。塩化メチレンやトルエンなどの非極性溶媒を溶出溶媒に用いると，tagの結合した目的物はカラムに特異的に保持され，tagの結合していない不要物は洗い流される。溶出溶媒を塩化メチレン–メタノール（1：1）に変えると目的物が溶出される（図1）。この方法は，糖鎖合成，ペプチド合成，複素環化合物など様々な化合物の合成に適用可能であった。

糖鎖合成への応用例を図2，3に示す。化合物**3**，**4**の収率をみてもわかるように，アフィニ

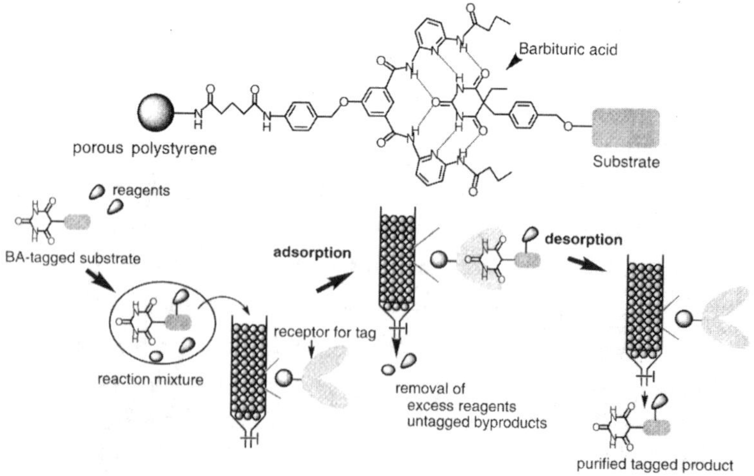

図1　バルビツール酸と人工受容体との相互作用を利用したSAS

ティー精製の回収率はほぼ定量的である。単糖**4**のグリコシル化においては，４位にも糖が導入された三糖も生成するが，この手法では二糖**6**と分離することはできない。そこでそのまま合成を進め，三糖**8**に導いた。固相合成では樹脂から切り出すまでは精製は不可能であるが，SAS法ではアフィニティー分離に他の精製法を併用することも可能であり，ここではシリカゲルカラムで精製して純粋な**8**を得た。

またSAS法では液相で反応を行えるので，従来のグリコシル化反応の立体制御法がそのまま適

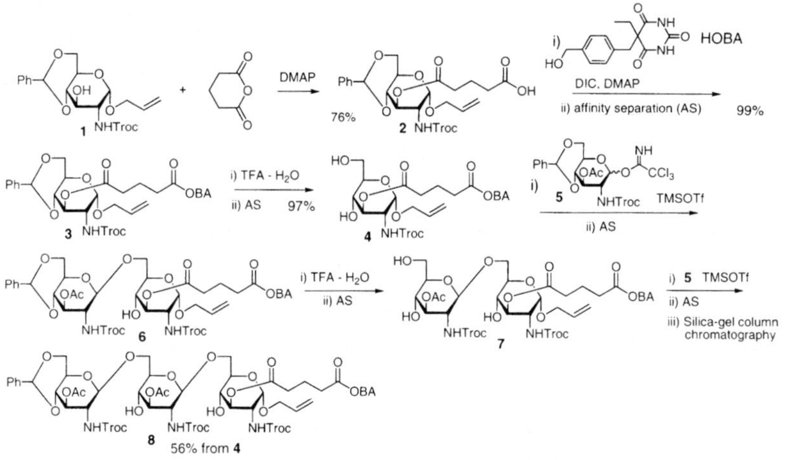

図２　SASを利用したβ（1→6）結合した三糖の合成

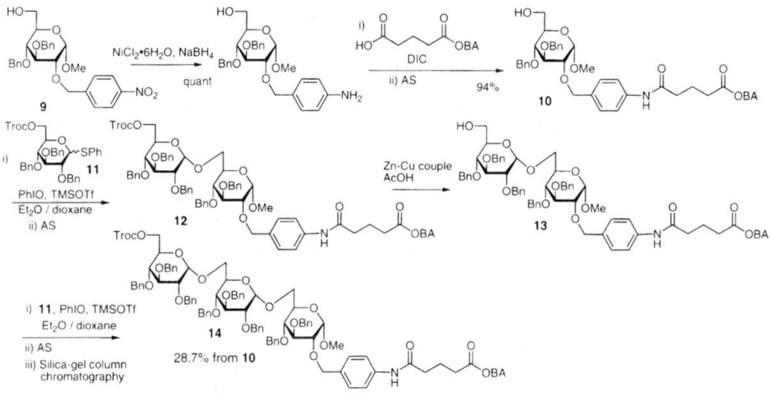

図３　SASを利用したα（1→6）結合した三糖の合成

用可能である。*p*-アシルアミノベンジルリンカーを介してバルビツール酸部を糖受容体に導入し，エーテルとジオキサンの溶媒効果を利用したα選択的グリコシル化を繰り返してα（1→6）結合した三糖の合成に成功した（図3）。グリコシル化反応の際に，ルイス酸の影響で*p*-アシルアミノベンジル基が一部切断されたが，切断を受けた糖鎖部はアフィニティー精製の段階で除去され，切断をされたtag部分は最後の段階でシリカゲルカラムで除去した。

SAS法を用いることにより，固相合成では実現が困難な多段階の複合糖質の合成も可能である。実際に免疫増強活性複合糖質リピドAのSAS法による合成に成功した（図4）[11]。ここでも*p*-アシルアミノベンジルリンカーを介してバルビツール酸部を糖受容体に結合させ，グリコシル化と，アシル化を順次行い，リンカーの切断，一位リン酸化，最終脱保護を経て目的の大腸菌型リピドAへと導いた。従来の通常の液相合成では数ヶ月を要していた合成が，固相-液相ハイブリッド法を適用することで2週間に短縮された。この方法を用いて様々なリピドA類縁体の合成にも成功している[12]。

一方，大環状クラウンエーテルによるアンモニウムイオンの認識を利用したSAS法を報告した[13]。この方法ではホストであるクラウンエーテルをtagとして用い，ゲストのアンモニウムイオンを固相に担持する。クラウンエーテルtagは数段階で合成可能であり，アンモニウムイオン担持カラムはアミノメチル化ポリスチレンをトリフルオロ酢酸（TFA）で処理することにより調製した。

この方法においても塩化メチレンやトルエンなどの非極性溶媒を溶出溶媒に用いると，クラウンエーテルtagの結合した目的物はアンモニウムイオン担持カラム（アミノメチル化ポリスチレン，TFA form）に特異的に保持され，tagの結合していない不要物は洗い流される。溶出溶媒を

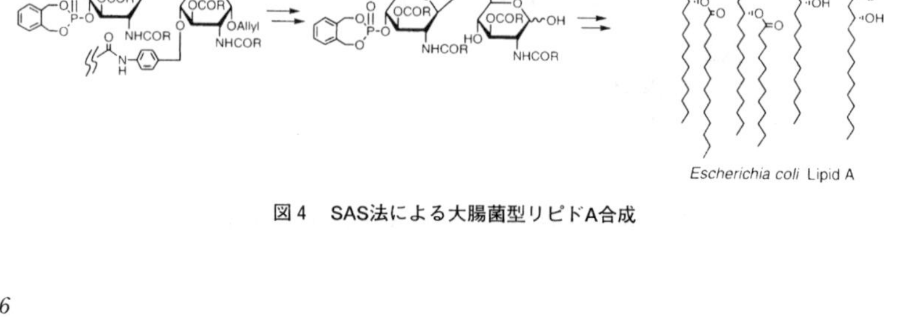

図4　SAS法による大腸菌型リピドA合成

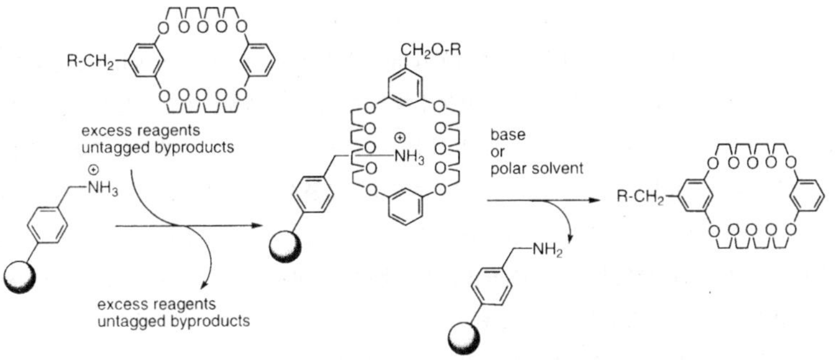

図5　クラウンエーテルとアンモニウムイオンの相互作用を利用したSAS

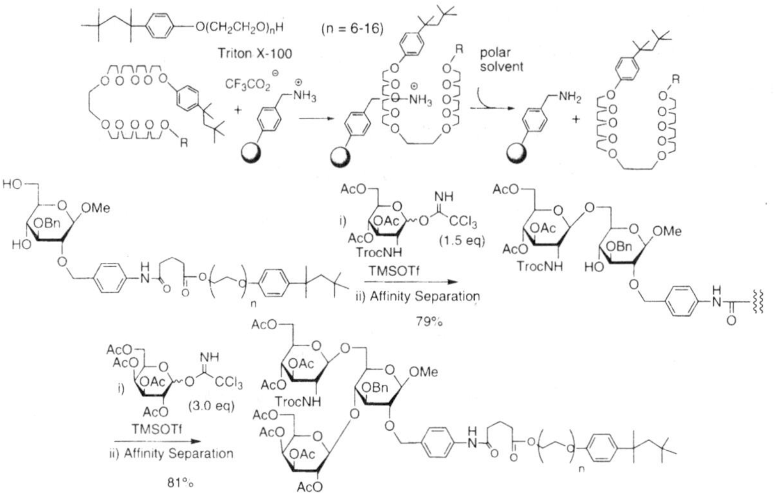

図6　Triton X-100をtagに用いたSAS法による糖鎖合成

塩化メチレン-メタノール（1：1）に変えると目的物が溶出される（図5）。この方法を適用してトリペプチドならびに複素環状化合物の迅速合成に成功した。

より簡便な方法を目指し，クラウンエーテルと同様の効果が得られるものとして界面活性剤であるTriton X-100に着目した。Triton X-100をtagとして結合した化合物もアンモニウムイオン担持カラムに保持され，同様の方法で分離精製することができた（図6）[12]。しかしながら市販のTriton X-100はPEG鎖の鎖長が不均一であるため，鎖長が短いものはカラムに吸着されずに溶出される欠点があった。またTriton X-100が結合した化合物はTLCで展開できるものの，いくつかのスポットに分離され，明瞭な反応モニタリングが困難なこともあった。

そこでクラウンエーテルよりも合成が容易なtagとしてポダンド型エーテルtag を考案した。ポダンド型エーテルtagをエステルとして直接水酸基に結合させるか，われわれが以前に糖の保護基として報告したアシルアミノベンジル基およびアシルアミノフェニル基として糖受容体に導入した。グリコシル化反応を行った後，アフィニティー精製を行うことで，二糖および三糖を迅速に得ることができた（図7）。リンカー部であるアシルアミノベンジル基，アシルアミノフェニル基はそれぞれDDQ酸化またはCAN酸化により選択的に切断された。このようにtag部分を一時的な保護基として用いることも可能である。

tagを用いた分離法には様々な相互作用，官能基特異的な化学反応の利用が考えられる。伊藤らは，クロロアセチル（ClAc）基をtagとして用い，混合物の中からClAc基を有する糖鎖のみを樹脂に釣り上げる手法を報告した[14, 15]。Fmocシステインを担持した樹脂と反応させるとClAc基を有する目的糖鎖のみが樹脂に釣り上げられる。続いてFmoc基を除去すると環化と同時に生成物が樹脂より切り出される。

われわれは未反応の受容体を含む混合物から目的の糖鎖のみを効率的に単離する方法として，PPh_3を担持した固相樹脂を用いてアジド基を持つ化合物のみを釣り出す方法（Chemical Fishing法）を開発した[16]。4-アジド-3-クロロベンジル（ClAzb）基はルイス酸やDDQ酸化に安定であ

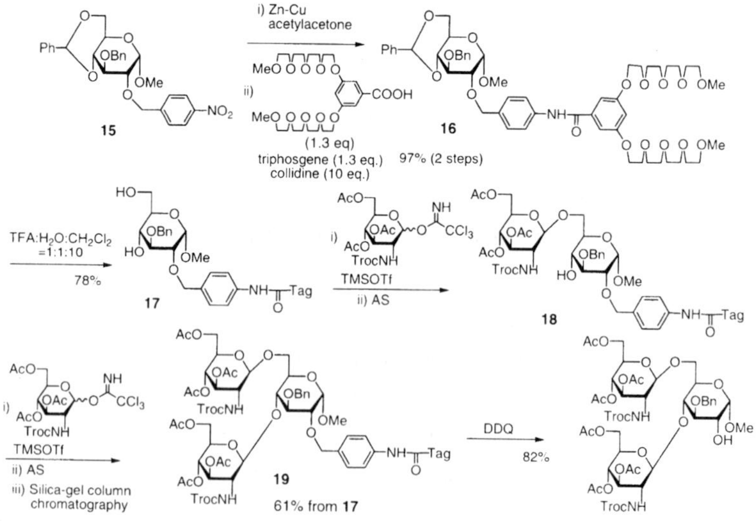

図7　ポダンド型エーテルをtagに用いたSAS法による糖鎖合成

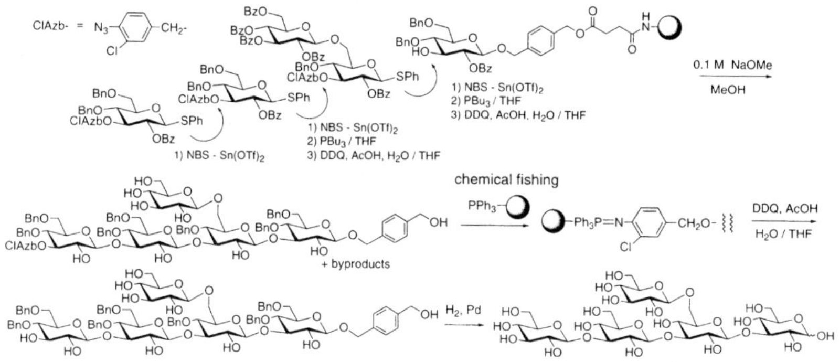

図8　4-アジド-3-クロロベンジル基を用いたエリシター糖鎖固相合成

るが，ホスフィンを作用させてイミノホスホラン中間体に変換した後にDDQ酸化することで，速やかにかつ定量的に除去される。ClAzb基を精製用のtagとして用いることにより，固相担持ホスフィン樹脂にイミノホスホランを介して目的化合物を釣り上げ，続いてDDQ酸化によって目的物を切り出すことができる。オリゴ糖エリシターの固相合成にこの方法を適用した[17]。リンカーは還元末端側糖鎖のグリコシド位に導入し，アルカリで切断可能なものを用いた。β-グリコシド化には2-*O*-ベンゾイル化チオグリコシドを糖供与体に用い，活性化剤としてNBS-Sn（OTf)$_2$を用いた。糖鎖を伸長させる部位の3位水酸基の保護にはClAzb基を用い，グリコシル化，脱保護を繰り返し行って五糖とした。最後に固相からエステル交換によって糖鎖を切り出し，ついでChemical Fishingを行って，五糖を得た（図8）。

3.3　おわりに

以上のように，バルビツール酸と人工受容体との相互作用ならびにポダンド型エーテルとアンモニウムイオンの相互作用を利用したアフィニティー合成法（SAS）を中心に固相-液相ハイブリッド法を解説した。

固相合成法は反応の条件の最適化に時間はかかるが，条件が決まると多数の化合物を容易に合成できる。固相合成に適したグリコシル化や保護基の検討を続けていくことで，それほど遠くない時期に一般的な糖鎖固相合成法が確立されるものと期待される。一方で固相-液相ハイブリッド法においては反応条件の検討が容易であるので，様々な糖鎖や複雑構造の複合糖質の合成にも柔軟に対応できる。それぞれの方法の特徴を生かして，今後様々な糖鎖の効率的かつ迅速な合成を達成したいと考えている。

文　　献

1) K. Fukase, in *Glycoscience*, vol. II, ed by B. Fraser-Reid, K. Tatsuta, J. Thiem, Springer Verlag, Berlin_Heidelberg_New York, p. 1621 (2001)
2) P. H. Seeberger, W.-C. Haase, *Chem. Rev.*, **100**, 4349 (2000)
3) P. H. Seeberger, *J. Carbohydrate Chem.*, **21**, 613 (2002)
4) 深瀬浩一，有機合成化学協会誌，**60**, 442 (2002)
5) 深瀬浩一，先端化学シリーズV，日本化学会編，丸善，p175 (2003)
6) 深瀬浩一，化学フロンティア14, ロボット・マイクロ合成最前線-有機合成の新戦略，化学同人，p146 (2004)
7) J. Yoshida, K. Itami, *Chem. Rev.*, **102**, 3963 (2002)
8) H. Ando, S. Manabe, Y. Nakahara, Y. Ito, *J. Am. Chem. Soc.*, **123**, 3848 (2001)
9) K. Goto, T. Miura, M. Mizuno, H. Takaki, N. Imai, Y. Murakami, T. Inazu, *Synlett*, **2004**, 2221
10) S.-Q. Zhang, K. Fukase, M. Izumi, Y. Fukase, and S. Kusumoto, *Synlett*, **2001**, 590
11) Y. Fukase, S.-Q. Zhang, K. Iseki, M. Oikawa, K. Fukase, and S. Kusumoto, *Synlett*, **2001**, 1693
12) K. Fukase, ACS Symposium Series No. 892, New Discoveries in Agrochemicals, Ed. by J. M. Clark and H. Ohkawa, Oxford University Press (2004)
13) S.-Q. Zhang, K. Fukase, and S. Kusumoto, *Tetrahedron Lett.*, **40**, 7479 (1999)
14) H. Ando, S. Manabe, Y. Nakahara, Y. Ito, *Angew. Chem., Int. Ed.*, **40**, 4725 (2001)
15) S. Hanashima, S. Manabe, Y. Ito, *Synlett*, **2003**, 979
16) K. Egusa, S. Kusumoto, K. Fukase, *Synlett*, **2001**, 777
17) K. Egusa, S. Kusumoto, K. Fukase, *Eur. J. Org. Chem.*, **2003**, 3435

4　アザ糖化合物とグライコミクス

蟹江　治*

4.1　はじめに

多細胞生物の細胞表面は，糖脂質，糖タンパク質の一部として存在する多様な糖鎖により覆われている。それら糖鎖の構造や特定糖鎖の比率は，発生段階，分化，がん化等により変化することも良く知られている[1]。このようなことから私たち多細胞生物の細胞社会の営みにおいて糖鎖が大変重要な役割を果たしていることが示唆されている。また，細胞表面および細胞外に放出されるタンパク質のほとんどは糖鎖によって修飾されており，ポストプロテオミクスとしてのグライコミクス，あるいは，グライコプロテオミクス，また，言葉としては定着していないがグライコリピドミクスが脚光を浴びつつある。

糖鎖は数多くの糖加水分解酵素や糖転移酵素の連続的な反応によって合成される。それら糖鎖の機能を詳細に研究するためには，糖転移酵素遺伝子のノックアウトを作成する方法が主流だが，複数遺伝子のノックアウトは非常に困難である等の問題点もある。これに代わる方法として特異的な酵素阻害剤を利用してタンパク質レベルでの機能阻害を行い，糖鎖の合成を人為的に制御する方法も考えることができる。糖鎖関連酵素阻害剤としては，多く天然由来のアルカロイドが有効であることが知られている[2]が，糖鎖機能研究においてはさらに多くの機能的にオルトゴナルな（阻害能が交差しない）阻害物質群が必要である。さらに，このような厳密な選択性を有する阻害剤は，医薬のシードとしても極めて重要な意味を持つ。

一方で，これまでの研究では，合成研究者や生化学者が容易に入手可能な一部の酵素に関する阻害剤の研究を通じて酵素反応の反応メカニズムに関する研究を行うことが研究の主体であったということができる。今後，多くのヒトをはじめとする様々な生物由来の酵素の発現，入手が可能になるといよいよ新時代に突入すると考えられる。

本稿では，天然物としての阻害剤の合成や候補化合物の合成に対するアプローチ，さらには，評価結果に基づく研究の取り組み方の例を通し，糖鎖関連酵素阻害剤の研究に関する理解を深めて頂くことを目的としている。前述のように天然物として多くのアルカロイドが単離され，構造が決められ，さらに，一部について糖鎖関連酵素阻害能についての研究もされている[3,4]。したがって，極めて多くの研究展開の可能性が既に揃っているということができる。

4.2　五員環アザ糖への選択性の付与

糖鎖の生合成に関与する糖加水分解酵素及び糖転移酵素は，共に環の酸素に正の電荷が片寄っ

＊　Osamu Kanie　㈱三菱化学生命科学研究所　糖鎖多様性研究チーム　主任研究員

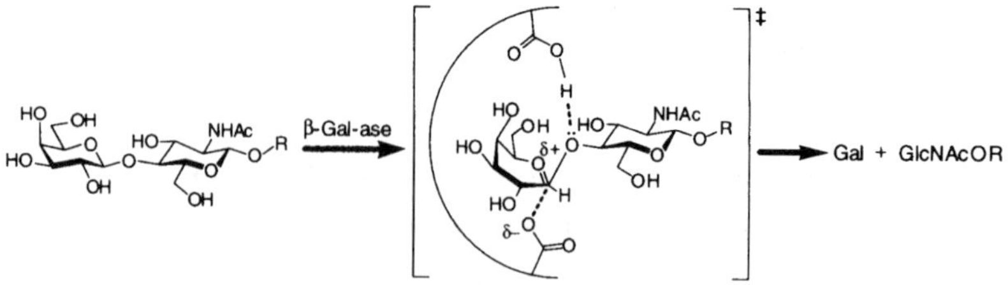

図1　糖加水分解酵素反応

β-ガラクトシダーゼの反応機構において予想される遷移状態。脱離していくプロトネートしたアグリコン残基と塩基に挟まれてアノメリック位炭素がsp^2様の五価となっている。この時環酸素の非共有電子対が非局在化し炭素陽イオンの安定化に寄与する。

た半イス型のオキソカルベニウムイオンを経由して反応が進行すると考えられている(図1)[5~8]。環酸素を窒素に置換した五員環アザ糖類は，この反応中間体オキソカルベニウムイオンの擬似化合物と考えられ，糖関連酵素阻害剤研究において重要な位置を占めている。このような化合物は糖加水分解酵素の阻害剤となるが，一般的には酵素特異性が低いことが知られている。その理由は，①五員環化合物が多くの配座異性体を取りうること，②ターゲットとなる酵素の基質である糖が一般に六員環であるのに対し五員環の水酸基の対応関係が曖昧となることにあると考えられる。

この点に関して詳細に検討するため，側鎖の立体配置や導入する官能基等の効果の解釈が比較的容易と考えられる一連のグルコ型の五員環アザ糖**1**～**7**（図2）のα-グルコシダーゼ，β-グルコシダーゼ，および，β-グルコサミニダーゼに対する阻害能の比較をしてみよう。

化合物**2**，**3**は様々な方法により合成が可能である[9~11]。化学合成と酵素法の両者を用いる方法（スキーム1，スキーム2）と化学合成のみによる合成法（スキーム3，スキーム4）を示す。化合物**3**[12]は天然物である。

グルクロノ3,6ラクトン（**8**）から数工程で合成できるアジド化合物**9**および**11**のグルコースイソメラーゼによる異性化を鍵反応とし（**10**,**12**），その後接触還元により一気にアジド基の還元，分子内イミン化，イミンの還元をおこなって**2**，**3**を得る[10]（スキーム1）。

非天然型**2**は，FDPアルドラーゼを用いる化学－酵素法によっても合成された。基質となる**14**は，2-アジドスレイトール（**13**）の過ヨウ素酸酸化により得られる[11]（スキーム2）。

化合物**3**の完全な化学合成の例をスキーム3に示す。ジアセトングルコースのベンジル保護体**16**から保護基の変換とC-2位における置換反応による立体の反転反応をへてアジド体**17**とする。最終的にアジド基の窒素原子によるC-5位への攻撃によりアザ糖骨格を形成する。このためにC-5位に脱離基を導入し（**18**），C-6位のアシル基の脱保護と共に，生じる隣接するアルコキシドに

C—2　光学異性・官能基

C—2　置換基鎖長

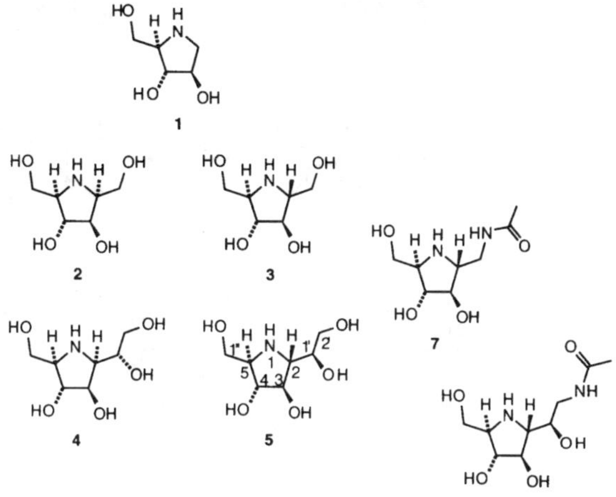

図2　一連の五員環アザ糖

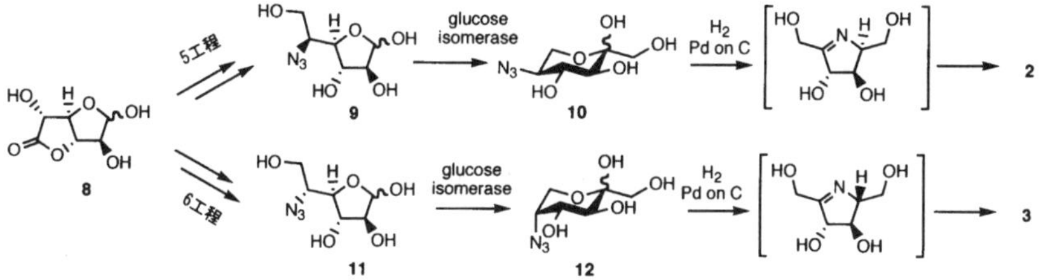

スキーム1

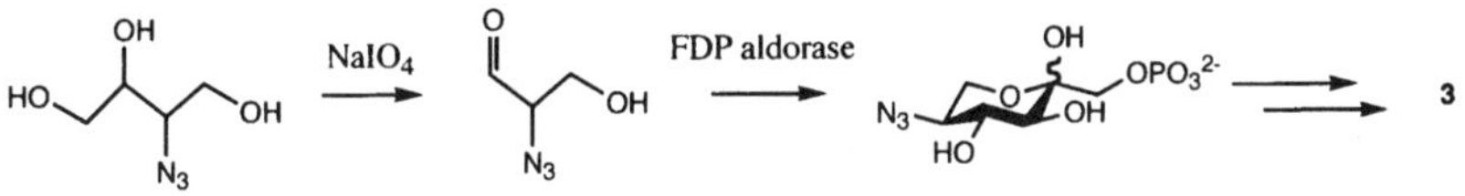

スキーム2

よる攻撃によりエポキシ化合物**19**へと導く。アジド基を還元するとアミンとエポキシドが反応し2環性化合物**20**を与える。さらに加水分解（**21**）後，接触還元すると**3**が合成される。

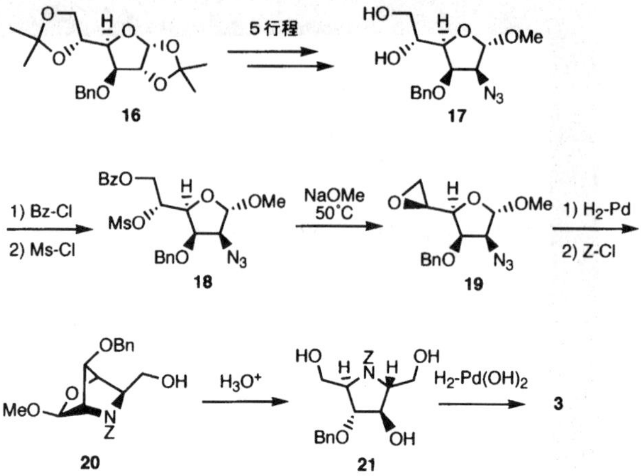

スキーム3

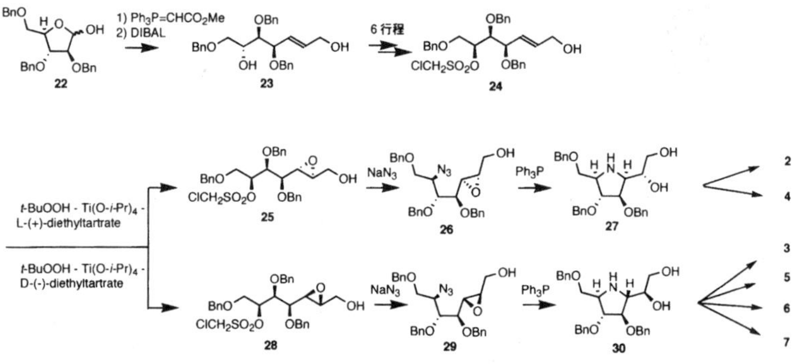

スキーム4

さらに，スキーム4に従えば化合物2～7の合成が可能である。鍵中間体27，30におけるキラル源としては，アラビノフラノース（22）を利用し，増炭反応，カルボン酸エステルの還元後（23）にSharplessの不斉エポキシド化を鍵反応（25,28）として，アラビノースのC-4位相当位の反転反応によるアジド基の導入（26,29）とその還元条件下におけるエポキシドとの選択的な五員環形成反応による[13]。

このようにして合成された物質の各々の酵素に対する阻害能の検討から，側鎖の立体配置や導入する官能基等により特異性と阻害能の増強が可能であることが示された（図3）。例えば，対応する側鎖部分の立体配置の異なる化合物2と3あるいは4と5のα及びβグルコシダーゼに対

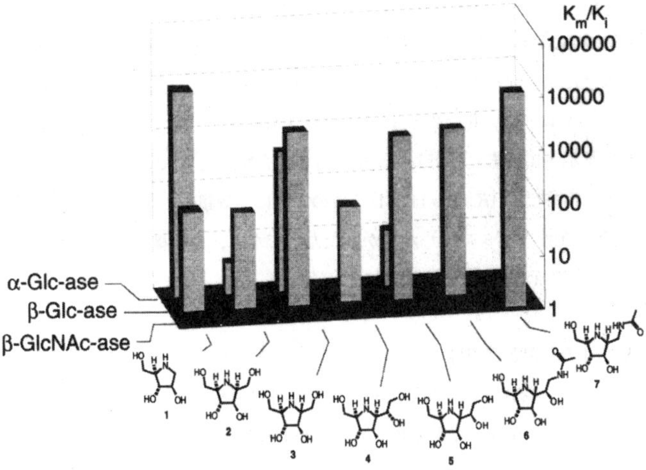

図3　グルコ型アザ糖の阻害作用
アノメリック位に相当する位置の立体，側鎖長，および，官能基の位置により
グルコ型アザ糖の様々な酵素に対する選択性が変化する。

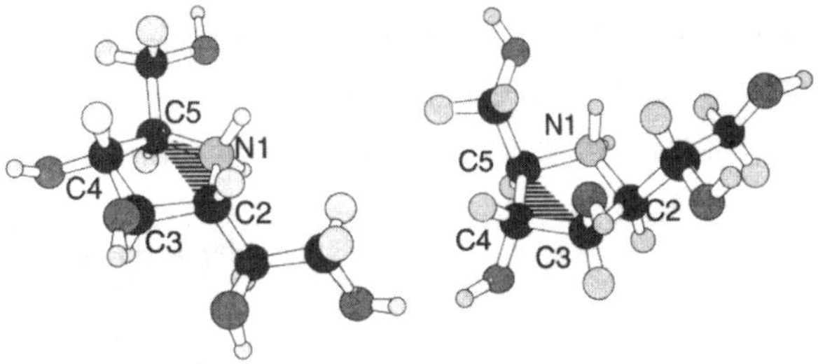

図4　2R-（5）と2S-（4）配置の五員環アザ糖の予測される配座
2R-配置の五員環アザ糖（5）においてC-3，C-4の水酸基が
グルコースのそれらの配置をよくミミックしている。

する阻害活性を比較すると，**3**，**5**において両酵素に対する阻害能の増強（10〜100倍）が見られた。この理由は，C-2位側鎖の立体が五員環の立体配座に及ぼす影響によると考えることができる（図4）。すなわち，化合物**3**，**5**において「グルコ型」配座が優先していると考えられる。さらに，炭素鎖長に注目すると，化合物**2**，**3**に比べ**4**，**5**ではα-グルコシダーゼに対する阻害能のみが減弱していた。このことは，アグリコン部分に嵩高い置換基を導入すればβ-グルコシダーゼに対して選択性の高い酵素阻害剤を導くことができること，また，側鎖を短くしていく

と α-グルコシダーゼに対して選択性が増すことを示唆している。事実，側鎖が無い化合物**1**が α-グルコシダーゼに対する特異性と阻害能が増していることも分かる。また，側鎖末端にアセタミド基を導入した化合物**6**は，β-グルコシダーゼ（sweet almond）選択的な阻害剤となった（K_m/K_i=1,455）。さらに，この化合物は β-ヘキソサミニダーゼ（human placenta A）に対して極めて弱い阻害能を示すに留まったが，炭素鎖の短い化合物**7**は，この酵素に特異的かつ強力な阻害剤となることも判明した（K_m/K_i=11,364）。このように，側鎖をR-配置で導入することにより，「正しい」五員環の配座（グルコ型）が導かれただけでなく，その構造を変化させることによって酵素に対する選択性を導くことができることが分かる。

4.3　配座異性体の利用と選択性

五員環は様々な立体配座を取り得るため，アザ糖骨格水酸基の立体配置を適宜選択することによって，1つの骨格で複数の酵素をターゲットとすることができると考えられる。すなわち，2R,3R,4S,5R-配置のアザ糖（**31**）はガラクト型（**31a**）だけでなくマンノ型（**31b**）の擬似化合物ともなるような立体配座をもとる可能性がある（図5）。

このようなアザ糖の β-ガラクトシダーゼ，および，α-マンノシダーゼに対する阻害活性検討をおこなうと，実際両酵素に対する阻害能が確認された[14]。また，側鎖長，環窒素のメチル基が，選択性に影響を及ぼすことも示された。この結果は，異なる配座が酵素によって誘導されたことを示しており，創薬等の場で，限られた母核構造を用いつつも，より広いターゲットを視野に入れることが可能となることを示している。また，化合物**31**は興味深いことに β-1,4-ガラクトース転移酵素の良い阻害剤（K_i=61 μM，UDP-Galについて不拮抗型阻害；K_m/K_i=1.54）となることも判明した。

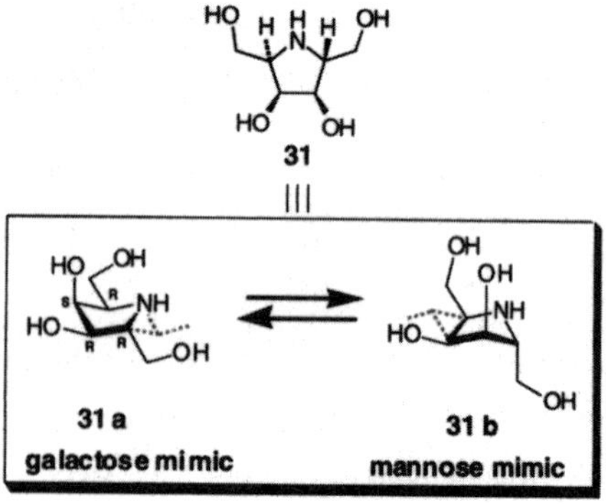

図5　2R,3R,4S,5R-配置の五員環アザ糖
2R,3R,4S,5R-配置の五員環アザ糖**31**はガラクトース（**31a**）およびマンノース（**31b**）のミミックとして期待できる。

4.4　五員環アザ糖ライブラリー

先に述べたように五員環立体配座異性体を利用することで，複数酵素に対する阻害剤を開発できる可能性と共に，このような化合物を母核とするコンビナトリアルライブラリーを合成することで，選択性も導く可能性がある。

この考えを検証するために次のようなライブラリーの設計と阻害試験が行

われた。すなわち，アザ糖の窒素に嵩高いアルキル基を導入すると阻害作用が減弱する傾向がある[13,15]が，アノマー対応位の修飾はグルコ型アザ糖等の結果から阻害作用の選択性に変化を与えるという知見[13]を基に，窒素の修飾は行わずアノマー対応位のみの修飾がなされた（スキーム5）。エクソ型の加水分解酵素の活性部位の大きさを考慮して，狭い範囲の誘導化について検討が行われた。母核となるアザ糖は，「ガラクト型／マンノ型」である。

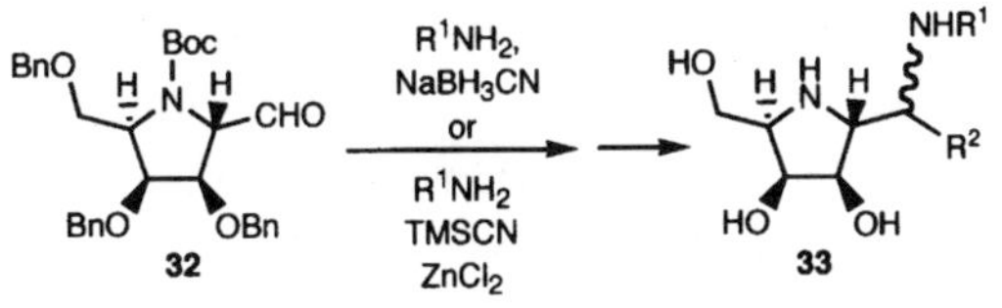

スキーム5

ライブラリーは液相パラレル合成によった。アルデヒド体**32**と9種のアミンとの還元的アミノ化反応，あるいは，ストレッカー反応を行った後，ニトリルのアミノメチル基及びアミド基への変換を行って，R^1に9種の，R^2に3種の置換基（H, CH_2NH_2, $CONH_2$）を導入した27種類のアザ糖ライブラリー（**33**）が合成された[16]。この小さなライブラリーは，配座異性体の存在を考慮すれば「27×n」化合物を含むと解釈できる。

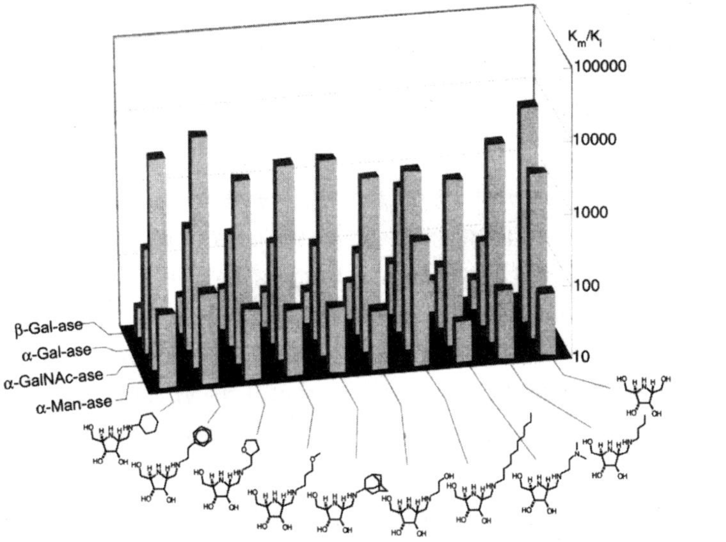

図6　「ガラクト型」アザ糖のライブラリーの評価

2R,3R,4S,5R-配置のアザ糖のライブラリーから，ガラクトースミミックとマンノースミミックを見出せる可能性がある。特に導入した官能基の影響で酵素に対する選択性の向上を期待する。

合成したライブラリーは5種の糖加水分解酵素について阻害作用およびその酵素選択性について検討がなされた結果（図6），置換基R^1により阻害の選択性に変化が起こることが判明した。特に，$R^1=C_{10}H_{21}$，R^2=Hの化合物がα-マンノシダーゼの良い阻害剤（$K_i=2\mu M$）で，$R^1=Ph(CH_2)_2$，R^2=Hの化合物がα-*N*-アセチルガラクトサミニダーゼの強い阻害剤（K_i=29nM）であることが判明し，同一の母核構造の特定配座が酵素により誘導されたことを物語る結果が得られた。R^2の置換基に関しては，アミノメチル基及びアミド基どちらの置換基も水素より阻害作用が減弱することも判明した。ここで，電子供与性，吸引性の官能基の導入に対して，両者に顕著な阻害能の差異が観察されていないことから，側鎖部分のアミノ基の塩基性は阻害能に無関係であると推察される。さらに，化合物**31**（K_m/K_i=9,437）と$R^1=Ph(CH_2)_2$，R^2=H（K_m/K_i=22,414）の化合物がα-ガラクトシダーゼ（green cofee bean），α-*N*-アセチルガラクトサミニダーゼ（chicken liver）に対してそれぞれ選択性，阻害能ともに大変良好であることが判明した。

4.5 結　論

糖鎖関連酵素阻害剤の開発の過程において，できる限りの構造活性相関の調査研究からさらに効果的な阻害物質の効率的探索が可能となる。立体配座を多様性領域の一因子として利用することで，同時に複数の酵素に対する阻害剤の候補となり得るライブラリー合成の可能性も示され，この概念を基礎とするさらなるライブラリー合成も考えられる。今後，このような概念を基に機能的にオルトゴナルな阻害剤の開発が進めばグライコミクス研究に役立つと期待している。

4.6 展　望

1966年の報告[17]に次ぐ合成の報告[18]がなされて以来，アザ糖類は現在も次々に発見されており，これらをもとにデザインし類縁体の合成をおこなう研究もある。合成された物質の中には後年天然物として発見された物質も存在する。 このように天然界からの探索研究と合成研究ともにグライコミクスには重要であるということができる[19]。ツニカマイシンなどは抗生物質としても重要な阻害剤だが，ヌクレオチド部，糖受容体部をミミックすることで転移酵素に対する阻害能を発揮する二基質型阻害剤である。このように転移酵素の阻害剤を視野に入れるには糖供与体，糖受容体，二基質型，また，遷移状態など様々なミミックによる方法が考えられる[20]。これら阻害剤は，Withersらの研究[21]にも見ることができるように酵素の反応機構解析にも極めて重要であり，酵素のX線結晶回折解析による構造解析，また，反応機構解析とともに今後のより良い阻害剤の開発のためにも構造化学的アプローチが必要である。

また，一般的に多様な分子についての活性評価を行うためには，微量における迅速検定法が必要である。この目的で，質量分析法[22]やキャピラリー電気泳動法[23]を用いる評価系の開発もおこなわれており，今後ますます研究開発が必要と考えられる。

文　　献

1) D.Solter and B.B.Knowles *Proc.Natl.Acad.Sci.USA* **75**, 5565 (1978)
2) P.Compain and O.R.Martin *Curr.Topics Med.Chem.* **3**, 541 (2003)
3) P.Compain and O.R.Martin *Bioorg.Med.Chem.* **9**, 3077 (2001)
4) 内田力，小川誠一郎，化学と生物，**34**, 161 (1996)
5) M.L.Sinnott *Chem.Rev.* **90**, 1171 (1990)
6) C.R.Rye and S.G.Withers *Curr.Opin.Chem.Biol.* **4**, 573 (2000)
7) A.Vasella *et al.* *Curr.Opin.Chem.Biol.*, **6**, 619 (2002)
8) U.M.Unligil and J.M.Rini *Curr.Opin.Struct.Biol.* **10**, 510 (2000)
9) G.W.J.Fleet and P.W.Smith *Tetrahedron Lett.* **26**, 1469 (1985)
10) G.Legler *et al.* *Carbohydr.Res.* **250**, 67 (1993)
11) K.K.C.Liu *et al.* *J.Org.Chem.* **56**, 6289 (1991)
12) A.Welter *et al.* *Phytochemistry* **25**, 747 (1976)
13) M. Takebayashi *et al.* *J.Org.Chem.* **64**, 5280 (1999)
14) C. Saotome *et al.* *Bioorg.Med.Chem.* **8**, 2249 (2000)
15) N.Asano *et al.* *J.Med.Chem.* **38**, 2349 (1995)
16) C.Saotome *et al.* *Chem.Biol.* **8**, 1061 (2001)
17) S.Inoue *et al.* *J.Antibiot.* **19**, 288 (1966)
18) H.Paulsen *et al.* *Chem.Ber.* **100**, 802 (1967)
19) H.Yuasa *et al.* *Trends Glycosci.Glycotech.* **14**, 231 (2002)
20) Chapter 10 Glycomimetics in Glycoscience: Chemistry and Chemical Biology, Vol. 3, pp2531-2752, Springer, Berlin (2001)
21) K.Persson *et al.* *Nature Struct.Biol.* **8**, 166 (2001)
22) J.Wu *et al.* *Chem.Biol.* **4**, 653 (1997)
23) Y.Kanie and O.Kanie *Electrophoresis* **24**, 1111 (2003)

5　生理活性シアロ糖鎖

石田秀治[*1]，安藤弘宗[*2]，木曽　真[*3]

5.1　はじめに

生体に存在する糖鎖の構造は多岐にわたっており，それらによって発現される機能や生理活性もまた多彩である。中でも糖脂質ガングリオシドやムチン型糖タンパク質糖鎖に代表されるシアロ糖鎖（シアル酸を含む糖鎖）は，様々なタンパク質分子との相互作用などを介して多彩な生体機能を発現する[1)]。本稿では，シアロ糖鎖（シアロ複合糖質）の化学合成に必要な合成計画の立て方（5.2項），最も基本的な反応であるシアル酸のα-グリコシド化（5.3項），ガングリオシドの合成における鍵反応である脂質の導入（5.4項），ムチン型シアロ糖タンパク質糖鎖の特徴的な構造である還元末端α-GalNAc構造の構築法（5.5項）について概説する。

5.2　合成計画[2)]

図1に複雑な構造を有する生理活性シアロ複合糖質の例として，Siglecファミリーに属するミエリン結合性糖タンパク質（MAG）のリガンドであるガングリオシドGT1aα[3)]，細胞接着分子L-セレクチンのリガンドであるGlyCAM-1[4)]，同じくP-セレクチンのリガンドであるPSGL-1[5)]の構造を示す。これらの構造から明らかなように，シアル酸はほとんどの場合糖鎖の非還元末端に存在する。5.3項で詳述するように，シアル酸のグリコシド化は収率及び立体選択性の点で未だ完璧ではなく，その効率は糖受容体の構造に大きく依存する。さらに，長鎖の糖受容体にシアル酸を導入した場合には，混合物として生成するα体とβ体の分離や，NMRによるアノマー位の立体化学の決定が困難になる。これらの問題を解決するためには合成計画の工夫が必要であり，図1において点線で示したようなビルディングブロック（シアリルα2-3ガラクトース，シアリルα2-6ガラクトース，シアリルα2-3'ラクトースなど）を高収率ならびに立体選択的に合成し，それらを順次結合させる方法が非常に有用となる。シアル酸の2量体や3量体を含むb系列・c系列ガングリオシドの合成も，シアル酸のホモポリマーであるコロミン酸の限定分解で得られるシアル酸2量体や3量体を用いることで，同様の方法で効率的に達成される[6)]。

5.3　シアル酸のα-グリコシドの合成[7)]

シアル酸の代表的な分子種（NeuAc, NeuGc, KDN）の構造を図2に示す。天然ではシアル酸

＊1　Hideharu Ishida　岐阜大学　応用生物科学部　教授

＊2　Hiromune Ando　岐阜大学　生命科学総合研究支援センター　助手

＊3　Makoto Kiso　岐阜大学　応用生物科学部　教授

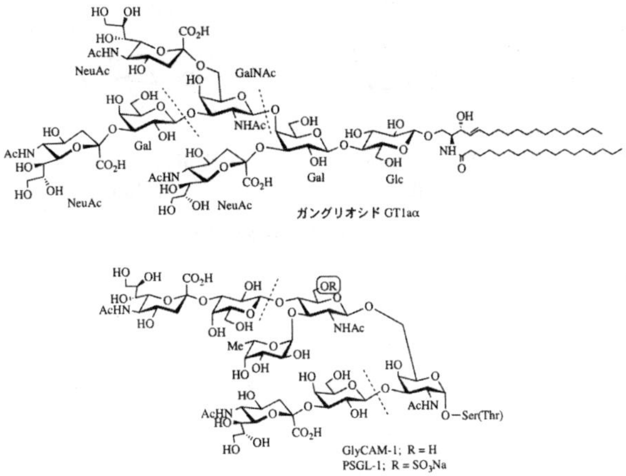

GlyCAM-1とPSGL-1の糖鎖構造

図1　複雑な生理活性シアロ複合糖質

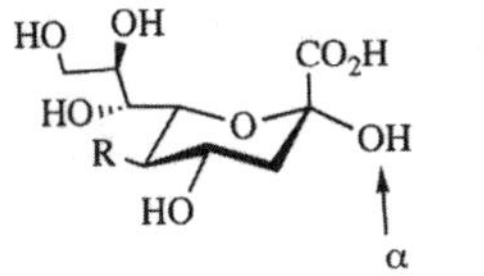

NeuAc: R = $NHC(O)CH_3$
NeuGc: R = $NHC(O)CH_2OH$
KDN:　R = OH

図2　α-シアル酸の構造

のグリコシドは熱力学的に不安定なα体（エクアトリアル配置）であり，また以下に示す構造的特徴がそれぞれの負の要因として働くことから，シアル酸のα-選択的グリコシド化は，糖化学における最も困難な課題の一つである。具体的には，C-1位がカルボキシル基であることにより，アノマー位（C-2位）に生じるオキソカルベニウムイオンが不安定化されると同時に，立体障害が求核攻撃を阻害する。またアノマー位に隣接するC-3位がデオキシ体であることから，アノマー位の立体化学の制御に有効な隣接基関与を用いることができず，更に，縮合反応の際に2,3-デヒドロ体が副生しやすいという問題もある。しかし，これらの問題点はシアル酸供与体や糖受容体の改良などによって克服されてきており，詳細は安藤らの総説[7]を参照いただくとして，ここではその概略を述べさせていただく。

5.3.1　シアル酸供与体の改良

シアル酸供与体は，本来のシアル酸の分子構造を有する標準型と，主にC-3位に補助基を導入した付加型に分類される。

標準型のシアル酸供与体において，まず脱離基の検討が行われた。β-クロリドを用いること

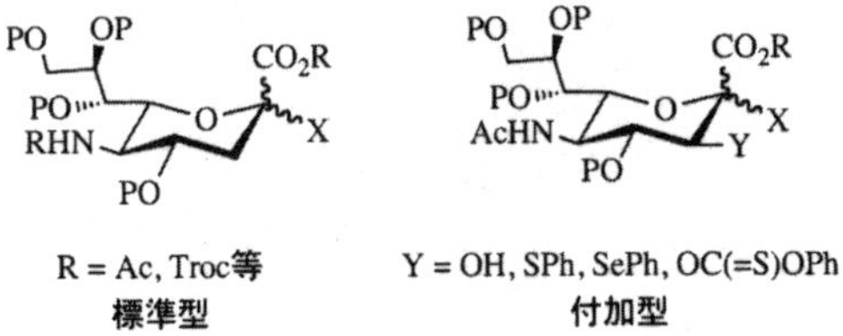

図3　シアル酸供与体

によりS_N2的にα-シアロシドを得ることができるが，この方法は供与体の安定性などに問題があり，汎用的な方法にはならなかった。その後，アセトニトリルなどのニトリル系溶媒を用いて，その溶媒効果（ニトリル効果）によりα-グリコシドを得る系が開発された。脱離基としてチオグリコシド，ホスフィット，キサンタートなどが用いられるが，これらの脱離基の間では収率や立体選択性などに大差はなく，調製の簡便性や保存性の良さなどからチオグリコシドが最も幅広く用いられている。

続いて，5位のアミノ基の置換基について検討が加えられた。従来，5位の置換基としては，天然型のアセトアミド体が用いられてきたが，収率や立体選択性の向上，さらには他の官能基への変換（アミノ化，グリコリルアミノ化，ラクタム化）の容易さを考慮して，種々の置換基が検討されるようになった。5位をアセトアミド（NHAc）体から*N,N*-ジアセチル（NAc_2）体，N-トリフルオロアセチル（NHTFAc）体に変換することで，反応性と立体選択性が大幅に向上することが報告された[8]。また，5位のアミノ基を2,2,2-トリクロロエトキシカルボニル（Troc）基で保護することでも，糖供与体としての反応性が飛躍的に向上することが見出された[9]。

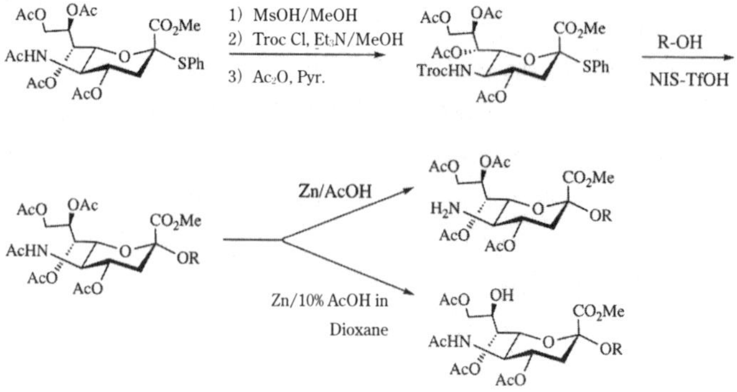

図4　N-Troc供与体の調製，反応，脱保護

NAc₂体，NHTFAc体，NHTroc体を用いた競合的グリコシル化の結果，NHTroc＞NAc₂＞NHTFAc＞NHAcという反応性の序列が得られている。Troc基は酢酸中で亜鉛を作用させることにより脱保護できるが，条件を最適化することで5-NH_2体にも，８位のOAcが分子内転移反応でアミノ基に転移した5-NHAc，8-OH体にも選択的に変換でき，NHTroc体が多様なシアル酸を効率的に合成するための非常に有用な中間体であることが示された。

一方，付加型の供与体は，主にC-３位に補助基（OH基，SPh基，SePh基，O(C=S)OPh基など）を導入して設計されたものである。その効果は，β側からの隣接基効果によるα-選択性の向上，2,3-デヒドロ体の副生の抑制による収率の向上として表れ，最も難度の高いシアリルα（2-8）シアル酸の合成においても，その有用性が発揮された[10]。このように付加型供与体は，標準型に比べて縮合収率や立体選択性において有利であるが，概してその調製に多段階を要することから，必ずしも一般的には用いられていない。

5.3.2　糖受容体の改良

糖鎖の合成においては，通常，結合に必要な水酸基のみを遊離とした糖受容体を用いる。しかしシアル酸の標準型供与体を用いる場合では，反応性の低い受容体との縮合反応において副生成物である2,3-デヒドロ体が生成されやすく，著しい収率の低下を招く。その解決策として，反応する水酸基だけでなく，その近傍の水酸基も遊離とした受容体が設計され，標準型供与体との縮合でも好結果を与えた。例えば，シアリルα(2-3）ガラクトースユニットを合成するための受容体としては1級の6位水酸基のみを保護した2,3,4位水酸基遊離の受容体が，またシアリルα（2-3'）ラクトースユニットには，2,6,6'位のみが保護された受容体などが設計されている。上述のようにシアル酸の結合位置はほぼ限定されており，図５に示す受容体ではほとんどの構造に対応することが出来る。得られるシアリルα（2-3/6）ガラクトースは，保護基の変換，アノメリック位への脱離基の導入などによって，有用なビルディングユニットに変換される。

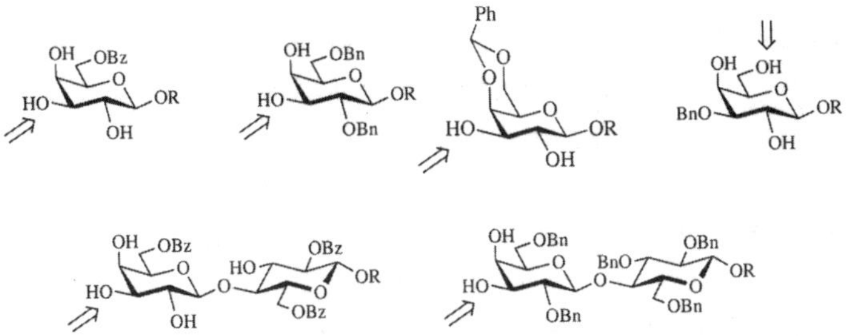

図５　シアリル化に用いられる糖受容体の例

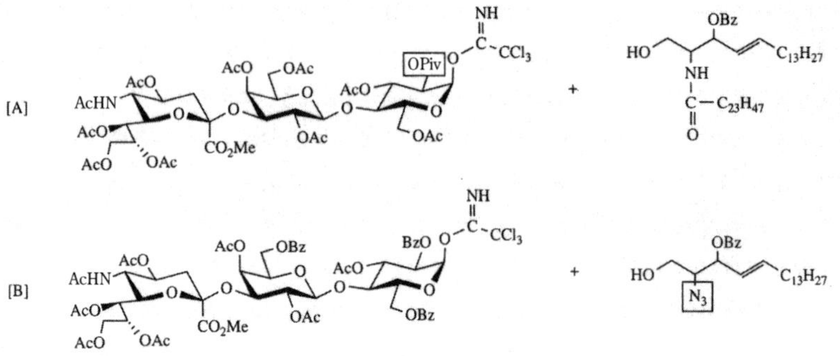

図６　糖鎖と脂質の縮合

5.4　ガングリオシドの合成

脂質の導入はガングリオシドの合成における最も重要な反応の１つであり，合成戦略としては２種類考えられる。１つは，還元末端のグルコースやラクトースに脂質を導入し，その後非還元末端方向に糖鎖を伸長する方法であり，もう１つは，糖鎖構築を完了した後に脂質を導入する方法である。前者の方法では脂質の立体障害により糖受容体の反応性が著しく低下してしまうため，実際のガングリオシドの合成においては，後者が一般的に用いられている。しかし，この方法にも問題点があり，セラミドの１級水酸基の反応性が2位アミド基の影響で低下しており，オルソエステルの副生による収率の低下を招きやすい。その解決策として２つの方法論が考案されている。１つは糖供与体側の改良で，還元末端グルコースの２位水酸基に立体的に嵩高く，オルソエステルを生成しにくい保護基（典型的にはピバロイル基）を導入する方法である（図６，A）[11]。もう１つは脂質受容体側の改良で，脂質としてセラミドの前駆体であるアジドスフィンゴシンを用いる方法である（図６，B）[12]。縮合収率という点では後者の方が優れているが，一方でその後に更なる合成ステップが必要であり，それぞれに一長一短がある。現在では，従来に比べてセラミドの入手が容易になっており[13]，その利点を活かした効率的な脂質の導入法の開発が期待される。グルコシルセラミド受容体に完成糖鎖を導入する方法も報告されているが[14]，収率や保護基の問題など改良の余地があり，決定的な方法論とはなり得ていない。

5.5　ムチン型糖鎖の還元末端に位置するα-GalNAc構造の効率的構築

ムチン型糖鎖の還元末端には必ずN-アセチルガラクトサミンが存在し，α-結合でセリンやスレオニンと結合している。ガラクトサミン供与体の設計において，通常，２位のアミノ基は隣接基関与を有する保護基（フタロイル基，Z基，Troc基など）で保護されることが多く，β-グリ

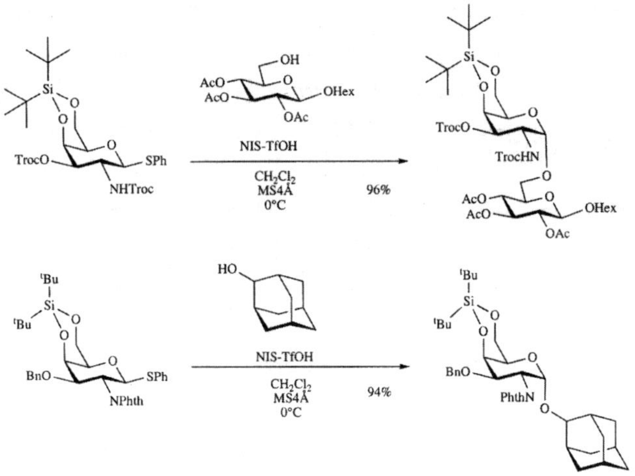

図７　DTBS基を用いたα-GalNAcの構築

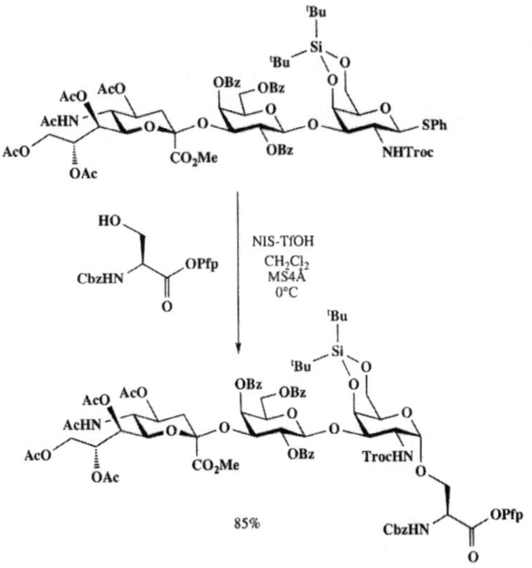

図８　ムチン型糖鎖とセリンのα-選択的縮合

コシドは，これらを用いて効率的に合成されている。それに対して，α-ガラクトサミニドの構築には，アミノ基の等価な前駆体と考えられるアジド基などC-2位に非関与性の置換基を導入する必要がある。しかし，アジド基の導入にはガラクタールへのラジカル付加や，TfN_3によるアミノ基の立体保持的アジド基への変換[15]など，多段階の調製過程が必要で，また収率の面でも問題がある。しかし，最近になってこの問題を解決する非常に有用な方法が開発された。即ち，ガラクトースやガラクトサミンの4,6位水酸基にジ-*tert*-ブチルシリルアセタール（DTBS基）を導入することで，2位に隣接基関与を有する置換基が存在しても，α-ガラクトシドやα-ガラクトサミニドが主成績体として得られると言う方法である[16]。図7に示すように，2位や3位に導入される置換基の種類を問わず高い選択性が得られている。図8に実際の合成例を示すが，85%という高収率でシアリルT抗原とセリンとのα-選択的縮合が達成されている。

5.6 まとめ

生理活性シアロ複合糖質の持つ生物学的機能の重要性が明らかになるにつれ，それらの化学的再構成が益々重要な意味を持つようになってきた。糖タンパク質のペプチド部分の合成は既に自動化が達成されており，また糖タンパク質や糖脂質の糖鎖部分の合成も，酵素反応の応用などにより効率化が進められている。しかしながらその一方で，糖脂質の合成においては脂質の導入反応に改良の余地が残されており，また脂質部分の微細な構造多様性に対応する必要もある。更に，今後，生理活性複合糖質をモチーフとした薬剤の創製を実現するためには，種々の類縁体や誘導体の開発が必要であり，生理活性シアロ複合糖質の化学的構築は，糖鎖科学の発展に必須な基盤技術として，今後さらなる発展が期待される。

文　献

1）木曽真，石田秀治：ガングリオシドプローブを用いて糖鎖の多彩な機能を探る，化学と生物，学会出版センター，**39**（7），454-463（2001）

2）Ishida, H. and Kiso, M. : Systematic syntheses of gangliosides. *TIGG*, **13**, 57-64（2001）

3）Ito, H., Ishida, H., Waki, H., Ando, S. and Kiso, M. : Total synthesis of a cholinergic neuron-specific ganglioside GT1aα, a high affinity ligand for myelin-associated glycoprotein（MAG）. *Glycoconjugate J.*, **16**, 585-598（1999）

4）Otsubo, N. Ishida, H. and Kiso, M.: Total synthesis of *O*-glycan on the L-selectin ligand GlyCAM-1. *Aust. J. Chem.*, **55**, 105-112（2002）

5）Otsubo, N., Ishida, H. and Kiso, M. : The first, highly efficient synthesis of spacer-armed *O*-glycans on GlyCAM-1 and PSGL-1: the counter-receptors for L- and P-selectin. *Tetrahedron Lett.*, **41**, 3879-3882（2000）

6）Ishida, H. and Kiso, M.: Synthetic study on neural siglecs ligands: systematic synthesis of α-series polysialogangliosides and their analogues. *J. Synth. Org. Chem., Jpn.*, **58**, 1108-

1113 (2000)

7) Ando, H. and Imamura, A.: Proceeding in synthetic chemistry of sialo-glycoside. *TIGG*, **16**, 293-303 (2004)

8) (a) Demchenko, A. V. and Boons, G.-J.: A novel and versatile glycosyl donor for the preparation of glycosides of N-acetylneuraminic acid. *Tetrahedron Lett.*, **39**, 3065-3068 (1998) ; (b) Meo, C. D., Demchenko, A. V. and Boons, G.-J.: A stereoselective approach for the synthesis of α-sialosides. *J. Org. Chem.*, **66**, 5490-5497 (2001)

9) Ando, H., Koike, Y., Ishida, H. and Kiso, M.: Extending of the possibility of *N*-Troc-protected sialic acid donor toward variant sialo-glycoside synthesis. *Tetrahedron Lett.*, **44**, 6883-6886 (2003)

10) Ito, Y., Numata, M., Sugimoto, M. and Ogawa, T.: Highly stereoselective synthesis of ganglioside GD3 *J. Am. Chem. Soc.*, **111**, 8508-8510 (1989)

11) Numata, M., Sugimoto, M., Koike, K. and Ogawa, T.: An efficient synthesis of ganglioside GM3: highly stereocontrolled glycosylations by use of auxiliarie. *Carbohydr. Res.*, **203**, 205-217 (1990)

12) Murase, T., Ishida, H., Kiso, M. and Hasegawa, A. : A facile, regio- and stereo-selective synthesis of ganglioside GM3. *Carbohydr. Res.*, **188**, 71-80 (1989)

13) Van den Berg, R. J. B. H. N., Korevaar, C. G. N., Overkleeft, H. S., Van der Marel, G. A. and Van Boom, J. H.: Effective, high-yielding and stereospecific total synthesis of D-erythro- (2R, 3S)-sphingosine from D-ribo- (2S,3S,4R)-phytosphingosine. *J. Org. Chem.*, **69**, 5699-5704 (2004)

14) Hashimoto, S.-I., Sakamoto, H., Honda, T., Abe, H., Nakamura, S.-I., Ikegami, S.: "Armed-disarmed" glycosidation strategy based on glycosyl donors and acceptors carrying phosphoroamidate as a leaving group: a convergent synthesis of globotriaosylceramide. *Tetrahedron Lett.*, **38**, 8969-8972 (1997)

15) Herzner, H., Reipen, T., Schlutz, M and Kunz, H.: Synthesis of glycopeptides containing carbohydrate and peptide recognition motifs. *Chem. Rev.*, **100**, 4495-4437 (2000)

16) Imamura, A., Ando, H., Korogi, S., Tanabe, G., Muraoka, O., Ishida, H. and Kiso, M.: Di-*tert*-butylsilylene (DTBS) group-directed α-selective galactosylation unaffected by C-2 participating functionalities. *Tetrahedron Lett.*, **44**, 6725-6728 (2003)

第２編　多糖および糖クラスターの設計と機能化

第1章　多糖の設計と機能化

1　糖鎖化学から見たセルロースとその応用

柴田　徹*

1.1　はじめに

セルロースは，様々の多糖の中でももっとも自然界での生産量が大きく，しかも古くから利用されているが，あまり糖鎖として見られなかったように思われる。その理由は様々考えられるが，セルロースのバルクマテリアルとしての有用性が先行し，ファインケミカルな側面が陰になった一面もあろう。しかし，今後，精密な誘導体化を含めた，より高度な応用が検討されるに従い，セルロース分子の本質に関するより深い理解が求められるようになってきた。筆者は，セルロースの糖鎖化学を語るにはあまりにも浅学であるが，平素から機能と糖鎖化学の関連という点で興味深いと思っていることを列挙したい。

1.2　セルロースの分子構造と機能

よく知られていることであるが，グリコシド結合のコンフィギュレーションと分子鎖のコンホメーション，ひいては機能との関連について，アミロースと比較することから始めたい。同じ1, 4-グルコシド結合ではあるが，アミロースのα-結合と，セルロースのβ-結合とは，それぞれに深くその化学的，物理的特性を支配している（アミロース及び関連物質については高田，栗木，本書第3編第1章を参照されたい)。

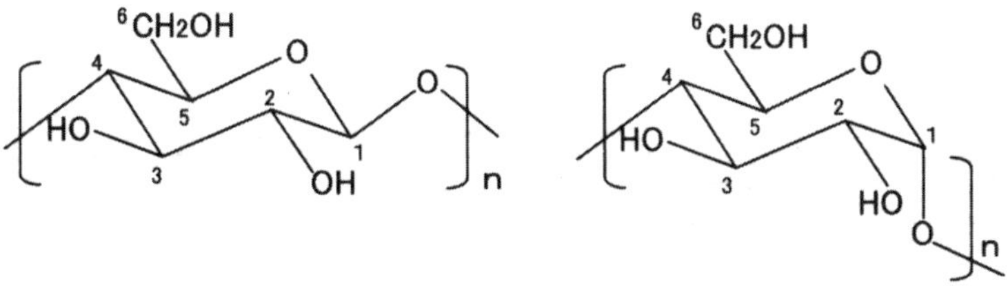

図1　β-1,4-グルカン（セルロース，左）とα-1,4-グルカン（アミロース，右）の構造単位

1位炭素と環外酸素原子の結合がピラノース環の上（図の$^4C_1$コンホメーションにおいてはエカトリアル）になっているものがβ，環の下（アキシアル）になっているものがα。

*　Toru Shibata　ダイセル化学工業㈱　セルロースカンパニー　企画開発室

分子力学計算や二糖のX線構造解析から，グリコシド結合のコンホメーションは，α-結合，β-結合を問わず，図2のϕ，ψとも，0°近傍（詳しくは，おそらくH（1）とH（4'）の重なりを避けるためにやや右あるいは左にねじれた構造）であることが推定される[1)]。このコンホメーションでは，図3のように，セルロースは一残基ごとに反転を繰り返し，リボン状と形容される直線的コンホメーションをとるが，α-1, 4-結合のアミロースでは一残基ごとに50°～60°弱の折れ曲がりを蓄積し，ラセン的な分子鎖となり，実験的な知見もこれと合致する。こうした構造の帰結（デンプンを比較対象とする場合には分岐構造の寄与も含めて）として，両者には表1のような挙動の相違がある。

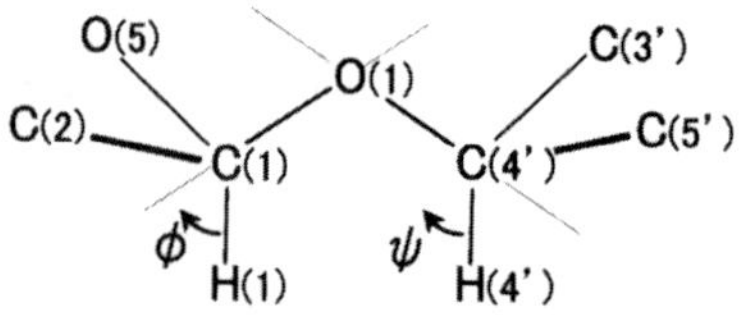

図2　グリコシド結合の二面体角
$\phi = \theta$ [H(1), C(1), O(1), C(4')]
$\psi = \theta$ [C(1), O(1), O(4'), H(4')]

分子の認識機能という観点から興味深いのは，他分子との相互作用である（表1）。一般にアミロースがα面に囲まれた分子内空洞に脂肪族アルコールやヨウ素を抱接し，セルロースは分子間にπ結合系分子（芳香族化合物）を受け入れることが知られている。しかし，最近は脂肪族ジアミンがセルロース分子間に取り込まれるなど，新しいタイプの抱接現象が見出されている。実用化はされていないが，セルロースもデンプンもキラル識別を行うことが古くから知られており，前者ではアミノ酸（特に芳香族アミノ酸）が，後者ではビフェニルアトロプ異性体などのキラル分離が知られている。しかし，体系的な研究はなされていないようであり，キラル分離対象の構造の違いなどは明らかではない。

グリコシド結合のコンフィギュレーションの違いは，化学的な挙動にも影響を及ぼす。一般にシクロヘキサン環上の置換基は，立体効果によりエカトリアル配座が安定である。しかし，グルコピラノースの1位においては，シクロヘキサン誘導体から推定されるより，アキシアル配座が

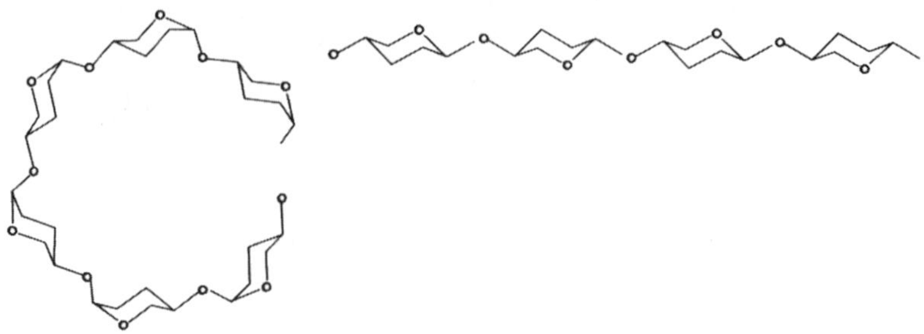

図3　セルロースとアミロースの典型的な分子鎖（水酸基を省略した）

表1　セルロースとアミロース

	セルロース	アミロース（デンプン）
分子鎖（図3）	比較的に直線状	らせん状（デンプンは分岐を含む）
中大員環の形成	未確認	シクロデキストリン，並びに中大員環を形成する[2)]
他分子との疎水的相互作用	平面的分子の固体分子間への挿入[3)]	ヨウ素，脂肪族鎖との包接的相互作用
他分子との極性相互作用	アルキレンジアミンの分子間への挿入[4)] アミノ酸のキラル分離[5)]	極性置換基をもつビフェニル誘導体のキラル分離[6)]
結晶格子	分子間水素結合，分子間疎水結合による強固な格子	分子内水素結合。水で膨潤し易い

安定化されており，アノマー効果と呼ばれてきた。この理由は，長らくピラノース酸素と，グルコシド酸素それぞれが誘起する双極子の相互作用により説明されてきたが，最近ではピラノース酸素のアキシアル孤立電子対が，これと平行なC-O（α）の反結合軌道によって安定化されるためと説明されている（図4）[7)]。

このモデルに基づけば，セルロースとアミロースが，熱力学的安定性に大きい差がなくとも，後者が酸に対して不安定であり，容易に糖化されることが理解される。誘導体化においても，セルロースの工業的なアセチル化が硫酸触媒下，酢酸中で行われるのに対し，デンプンの高度なアセチル化はホルムアミドなどの媒体中で可能になる（工業化はされていない）などの相違がある。また，セルロース誘導体とアミロース誘導体との旋光性の違いなども，こうした軌道相互作用に関連しているものと思われる。

なお，分子鎖としてのセルロースやその誘導体の挙動をコンピューターシミュレーションする試みは多く行われている[8)]。一方，実験的にも，中性子散乱などによって，固体セルロースの長周期構造を観察することが可能になっており[9)]，理論的と実験的なアプローチの対比に興味がもたれる。

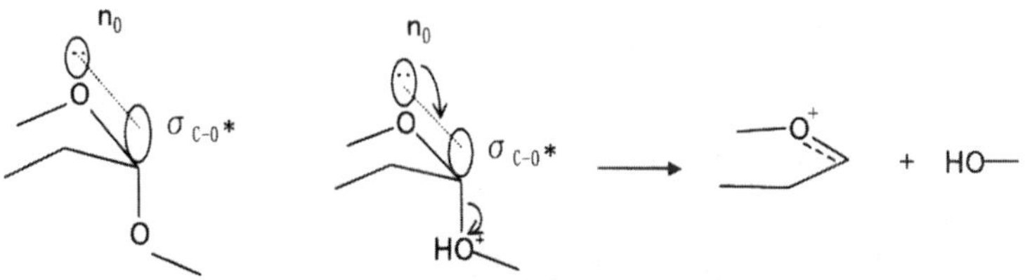

図4　α-グルコシドにおけるアノマー効果と，酸触媒加溶媒分解のモデル

1.3 セルロースの合成

セルロースは生物がもっとも豊富に作り出す物質である。したがって，これを人為的に合成することに差し迫った必要性はない。しかし，将来，①セルロースの骨格の構造を微妙に修飾する②位置選択的に修飾された誘導体を得る③低質資源を再生するなど，さまざまな局面でセルロース合成の技術が生かされる可能性がある。また，実用に至らないまでも，セルロースの各種誘導体の基礎研究などに，すでに一定の知見を与えつつある。

アンヒドログルコース誘導体の開環重合によるセルロース合成の試みは，1960年代から先駆的に行われてきた[10]。多くのトライアンドエラーの上，中坪らにより図5aのピバリン酸オルトエステルの開環重合をキーステップとする約20量体の合成が報告された[11]。ところで，約1.5の置換度を持つメチルセルロースは，工業的に重要な水溶性高分子である。同グループでは，セルロースのアルキル置換位置と水溶性の関係を明らかにするために，この方法をベースに位置選択的モノメチルおよびジメチルセルロースを合成した[12]。ところが，これらのいずれも水に溶けないという，予期しない結果が得られた。天然セルロースからシリル中間体を経る選択的メチル化（後述）でも同様の結果が得られていることから，これは水溶性となるために，置換位置の不規則性が重要であることを示すものと理解される。現在，数量体単位での重合による，このような効果の検証が試みられている。なお，このような開環重合のストラテジーにおいて，図5bのような1, 4-アンヒドログルコース骨格は先駆体として自然な構造であるように考えられるが，実際にはセルロース（グルコピラナン）ではなく，グルコフラナン（五員環）を与える。セルロース合成の試みは反応論の見地からも興味ある知見を与えている。

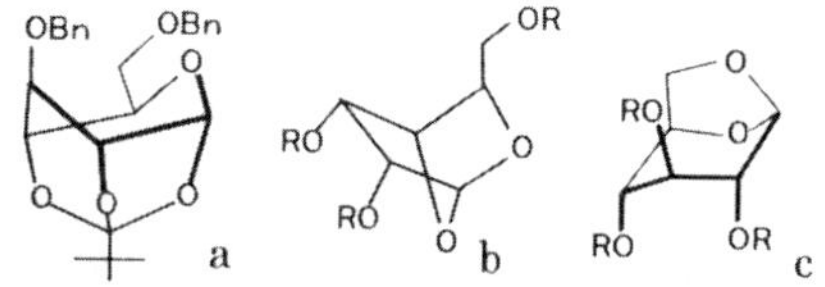

図5　アンヒドログルコース骨格を持つ開環重合先駆体

上記の化学合成に先んじて，糖からの酵素重合によるセルロース合成が，小林らによって報告された[13]。これは，生物によるセルロース合成，すなわち高エンタルピーのグルコシルドナーによる不可逆的な重合を模倣するという考えではなく，加水分解酵素による逆反応，すなわち非生合成的経路を狙ったものであり，具体的には，図のセロビオシル-β-フルオリドをセルラーゼ触媒により，水-アセトニトリル中で重合するというものである。本手法も，さまざまに展開されている。たとえば，正田らは，モノマーの還元末端側の6位水酸基をO-メチル化しても，重合は進行し，分子量>3.8×10^3Dの新規なメチルセルロースを与えるが，非還元末端側の6'位水酸基をメチル化すると，数量体しか与えないことを報告し，セルラーゼの反応場の立体構造を推定した[14]。また，フッ化ラクトシルをセルラーゼ反応における糖供与体とすることもでき，この場合に受容体側が満たすべき構造が考察された。同様な手法が，キチナーゼを用いてキトビオースのオキサゾリン誘導体に対しても適用できる。このように，本法はセルラーゼの酵素活性の特質に対してさまざまな知見を与えているが，さらに興味深いのは，この方法によれば天然には存在しないような特異な置換パターンを持つ，あるいは特異な骨格構造を持つ多糖が，比較的容易に合成できることである。最近，北岡卓也らは，セルロース溶媒である塩化リチウム/ジメチルアセタミド系において，セロビオースそのものから平均重合度100余りまで重合を進めることができることを報告した[15]。一方，北岡本光らは加リン酸分解酵素，セロビオースホスホリラーゼやセロデキストリンホスホリラーゼを用い，グルコースリン酸をグルコースドナーとして反応させることにより，セロオリゴ糖を比較的選択的に得ることに成功した。セロオリゴ糖の合成手法として，セルロースの化学的加水分解よりも優れる点が多いとされる[16]。このように，酵素応用の技術は刮目すべき展開を見せている。

1.4　セルロースの置換基分布

セルロースを部分的に誘導体化する際には，必ず置換基分布の問題が必ず生じる。上出らは，硫酸セルロースの抗凝結活性と毒性のバランスがその置換位置によって大きい影響を受けることを報告した[17]。われわれも，セルロースアセテートにおいて，置換基の分布とその特性に密接な関係があることを認識している。メチルセルロースにおいては，前節で述べたように，水溶性を支配する要因が置換基（メチル基）の位置そのものよりも，その分布の不規則性であることを示唆する結果があり，まだ明確な結論は出ていないが，その水溶性と置換基の位置に密接な関係があることは明らかである。これらは，グルコース残基内の化学的に異なる三種の水酸基間での分布に関するものであるが，カルボキシメチルセルロース（CMC）においては，分子間の分布がその流動挙動や生分解性に大きい影響を及ぼすことが知られている[18]。このように置換基の分布は，セルロース誘導体に対する機能要求が高度化するほどに，その重要性がクローズアップされ，最近のセルロース化学における主要な課題の一つとなっている。しかし，セルロースはもっとも置換基のコントロールが難しい分子のように思われる。

高分子の置換基分布の問題は，分子間，分子内領域間，そして残基内の分布に分けられる。この中で，残基内分布は，繰り返し単位内に複数の化学的に異質な水酸基を持つ多糖の特徴とも言え，以下，この点について述べたい。

エーテル化は，基本的にアルカリ条件下での不可逆反応であり，

$$ROH + OH^- \rightleftharpoons RO^- + H_2O$$

の，平衡と生成するアルコキシドの反応性を反映するものと考えられる。

一方，エステル化は，反応条件次第では平衡的となり，各位置のエステルの熱力学的安定性を

反映することになる。以下，セルロースアセテートを例にとれば，プロピオニル化後，C^{13}NMRを測定するアセチル基分布測定法を採用した筆者らの測定では，［CH_3CO_2H］/［H_2O］が約100：4（モル比）における各位のアセチル化度［ROAc］/［ROH］は，2位OHが1.6，3位OHが0.52，6位OHが16であった。１級水酸基がエステル化されやすい傾向は，単純アルコールの実測平衡定数と一致する。一方，同じ２級の２位と３位の違いは，分子軌道エネルギー計算から，３位水酸基が隣接残基のピラノース酸素と水素結合して安定化されることで説明できる。すなわち，モデル化合物として1-β-および４位をメチル化したグルコースを選ぶと，２位，３位水酸基の差は説明できないが，４位に，グルコピラノシル基のモデルとしてメトキシメチル化を結合したモデルでは，２位アセチル体が３位アセチル体より安定となることが予想された[19]。

溶液でのアミン触媒アセチル化の速度論は，６位>>２位>３位であることが知られている。一方，脱アセチル化の速度論はどうか？通常，１級と２級アルコールのエステルでは，前者の方が立的な理由で速いと考えられる。これは酸触媒加水分解では事実であるが，例えばアルコキシドや，アミン類による求核的脱アセチル化反応では，その速度がむしろ２位>３位>６位であることが明らかにされ[20]，条件次第ではほとんど２位のみの脱アセチル化も可能であることが報告された[21]。奥山らは，２級選択性の一つのメカニズムとして，遷移状態に対する分子軌道計算を行い，アセチル基カルボニル酸素上に生じる負電荷が，隣接アセチル基のメチル水素及びカルボニル炭素によって安定化される可能性を示した[22]。

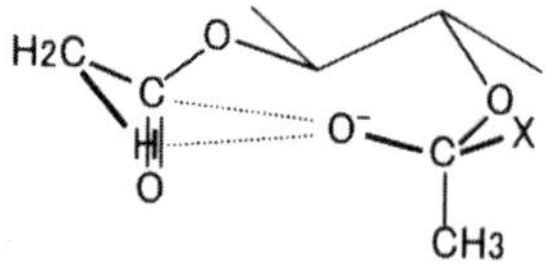

図６　求核的脱アセチルにおける遷移状態モデル
Xは酸素，窒素等の求核試剤。

結論に至るには，さらに注意深い検討が必要であると考えるが，筆者は，セルロースの反応に関する基礎的な整理の必要性と，高度化したエネルギー計算（力場計算による分子鎖コンホメーションの検討は一般的であるが，分子軌道計算はあまり行われない）の応用可能性について，期待をしている。

セルロースの位置選択的置換体の合成における有機合成的手法について若干触れたい。従来からトリフェニルメチル基による１級水酸基の保護が行われ，さらに脱保護条件を温和にするためのメトキシ基導入などの改良が行われている。最近の注目すべき進展はシリル基を利用した誘導体化である。立体的に嵩高いシリル化剤を用いると６位，次いで２位が選択的にシリル化されることを利用するアプローチであり，３位置換体を得るための方法として有力である[23]。その他，セルロースの誘導体化におけるさまざまな手法が，Klemmらの著書にまとめられている[24]。

1.5　セルロースの高次構造形成

セルロースの興味深い挙動のひとつは，多形である。糖鎖一般に当てはまることかもしれないが，水酸基を多数持つこと，一残基が立体的にも質量的にも大きいことなどのために，最安定コンホメーション/パッキングへの緩和が遅く，そのために多くのローカルミニマムな構造をとりうるものと想像される。

さて，セルロースの結晶構造は，長らく論争と精力的な研究の対象であったが，ひとつの結論に近づきつつある。天然セルロースを形成する結晶系として，これまで長らくセルロースⅠと呼ばれてきたものが，固体NMRなどによる観察結果から，実際にはⅠαとⅠβと呼ばれる2種の構造が区別され，起源によってそれらの割合が異なることが明らかにされた。また，多くの研究結果が，セルロースⅠにおいては，分子鎖が平行になっていることを示している。また，放射光X線や中性子線回折によって水素の位置も推定され，水素結合パターンがⅠβでは二タイプ混在することが明らかになっている。なお，この話題に関する文献は実に多く，筆者はそれらを的確にレビューすることができないため，いくつか，代表的なレビューを挙げさせていただく[25]。

ところで，セルロースの機能に関して非常に興味深い点は，その高次構造によって特性が大きく変わることである。ろ過膜の分野では，真鍋らが，セルロースの銅アンモニウム溶液を凝固する際に，凝固液に有機溶媒（アセトン）を混和することによって，一次粒子の疎水面が表面に配列するとした[26]。この技術は血漿からのウィルス除去膜製造に利用されている。山根らはこうした界面のコントロールによって，テフロン並みの疎水性表面を形成することも可能であることを計算によって示した。誘導体においても同様な現象が見られる。後述する誘導体によるキラル分離に関連して，同じセルローストリアセテートでも，天然セルロース（セルロースⅠ）の高次構造を保持したCTAⅠと，いったん溶解状態を経たCTAⅡでは，液体クロマトグラフィーでの保持挙動が著しく異なる。各種光学異性体に対する両者のエナンチオ選択性に共通性はなく（しばしば逆転する），また，前者は逆相系，後者は順相系であるかのような，著しい吸着挙動の違いが見られる[27]。また，同じく溶解状態から固体化したCTAⅡ系の間でも，光学異性体の識別を含む吸着挙動に，溶媒によるヒステリシスが見られた[28]。

このような例からも，セルロースの機能化を目的とした加工技術の展開において，*in vitro*での構造のコントロールは興味深い課題である。すでに述べたフッ化セロビオシルを酵素触媒重合してセルロースを得る系において，条件によってセルロースⅠミクロフィブリルが生成することが報告された[13]。熱力学支配ではなく，重合反応の空間における方向性に支配されると考えられるこのような系を，小林らは「空間選択性」と名づけた。一方，既に高分子化しているセルロースも，還元末端の化学修飾により平行な配置を促すと，セルロースⅠに自己組織化することが北岡らにより見出された[15]。

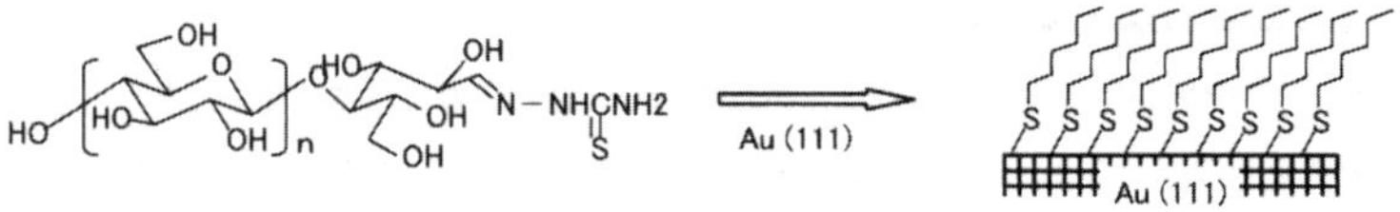

図7　還元末端にイオウ原子を導入したセルロースの金表面での自己組織

無置換のセルロース，誘導体の如何を問わず，液晶形成も構造のコントロールや，また新規機能発現の手法として興味深い。西尾らは，セルロースのヒドロキシプロピル誘導体のコレステリック液晶について，そのピッチを電気的な刺激によって変化させ，表示に応用する可能性を示した[29]。また，このようなコレステリック液晶の構造を固定化すると，円偏光散乱フィルムが得られる。機能的に興味深いが，どのような応用が可能かはこれからの課題である[30]。

1.6　キラリティーの応用

ほとんどの糖質やペプチドは，ホモキラル（光学活性）であることをひとつの特徴としている。この特性を利用しようとするとき，概念的には，①ホモキラルな合成原料として利用する（chiral pool），②ホモキラル触媒の骨格として，キラル選択的合成に用いる（chiral auxiliary），③ホモキラルな光学素子として利用する（1.5末尾で既に触れた），④吸着・透過におけるキラル選択性を利用した分離（chiral separation）などが考えられる[31]。これらの可能性の中で，現在までに明確に工業化されている唯一の技術は③にあたる，多糖誘導体を吸着剤とする固定相を用いた液体クロマトグラフィーによる光学異性体の分離である。本技術の飛躍的展開は，1980年代に遡る[32, 33]。現在では，セルロースおよびアミロースの誘導体を用いたクロマトグラフィー固定相が，キラル分離市場の過半を占めるに至っている。また材料の入手，調製が比較的容易であることも相まって，年間トンオーダーの分取も可能になっている。さて，このセルロース誘導体によるキラル分離のメカニズムについては，未だに分からないことが多くある[34]。しかし，この間，八島らによって，限られた固定相と分離対象の組み合わせとはいえ，理論計算と実験結果に裏付けられた具体的なメカニズ

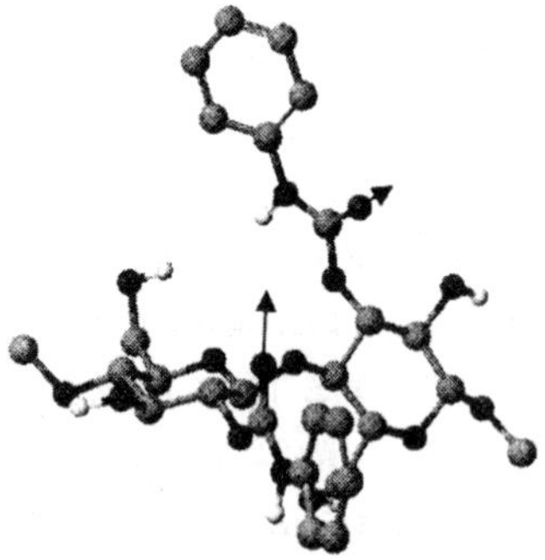

図8　セルロースフェニルカルバメートにおける相互作用のモデル
矢印の二つのカルボニル基が，ねじれながら向き合う。Yashima *et al.*[35] にもとづき，関連置換基のみ，フェニルカルバモイルで代用し，直接関連しない部分は水酸基として描いた。構造の最適化をしていない，スケッチというべきもの。

ムが提出されたことは，大きい成果であった[35]。原著には，セルローストリス（2–メチル–5–フルオロフェニルカルバメート）とビナフトールエナンチオマーとの相互作用に関する分子模型が描かれているが，基本的な相互作用にかかわる部分だけをモデル的に描くと，図8のようになる。すなわち，左巻き3回ラセン構造において，2位と，その還元末端側隣接残基の3位の二つのカルバモイル基のC=Oが，ねじれを伴って接近する方向に向き，それが（*S*）–ビナフトールの二つのOHとの水素結合に好都合になっている。セルロース骨格が本来的にとり易い2回ラセン構造を仮定すると，この二つのカルボニル基は比較的平行に近い空間配置をとる。セルロース上に，ある程度以上大きく，コンホメーションの自由度が少ない置換基を導入すると，おそらく残基間の2位，3位置換基の立体的な干渉を避けるために，3回ラセンなどの異なったラセン構造をとるものと考えられている。このことが，セルロースやアミロースの芳香族誘導体を有力なキラル分離剤にする一要因であると推論することは興味深い。もっとも，キラル分離には様々な相互作用が関わっているものと考えられるし，CTAⅠ系のトリアセテート（いわゆる微結晶セルローストリアセテート）などは，カラム効率こそあまり高くないが，多くの化合物に対して高い分離係数を示すので，この推論はあくまで可能性に過ぎない。本機能に絞った詳細なレビューは山本（本書Ⅱ，4章）を参照されたい。

コレステリック液晶の形成もホモキラルであることから導かれる一特性であるが，これについては既に述べた。

1.7　生分解材料

セルロースはいうまでもなく生分解材料であるが，誘導体化によって生分解性がどのような影響を受けるかは，生分解性プラスチックの開発と関係して，関心を惹いてきた課題である。ここではプラスチック材料であるセルロースアセテートについて，簡単に述べる。生分解性は，評価系，菌叢によって結果はしばしば大きく異なる。早期に確立された水系での好気的条件による評価（MITI法，JIS K6950）では，ばらつきはあるものの，置換度（DS）2.1付近を越えると分解性が低下する傾向が見られ，これに沿った材料設計が提案された[36]。しかし，さまざまな評価系が開発されるに従い，従来から幅広く利用されてきたセルロースジアセテート（ジとはいうが，実際のDSは約2.5）や，その主要製品であるシガレットフィルターも，好気的なコンポスト中で，きわめて良好な分解速度を示すことが明らかになってきた。図に，筆者らの評価の例を示す[37]。セルロースアセテートの生分解については，Pulsらによって体系的な研究が行われている[38]。彼らによれば，分解は①湿熱によるエステル結合の部分的加水分解，②アセチルエステラーゼによるエステル結合の分解，③エンドグルカナーゼによる主鎖の分解，というステップを経るものと推定されている。しかし，トリアセテートを分解する微生物が同定されていること[39]，30℃の嫌

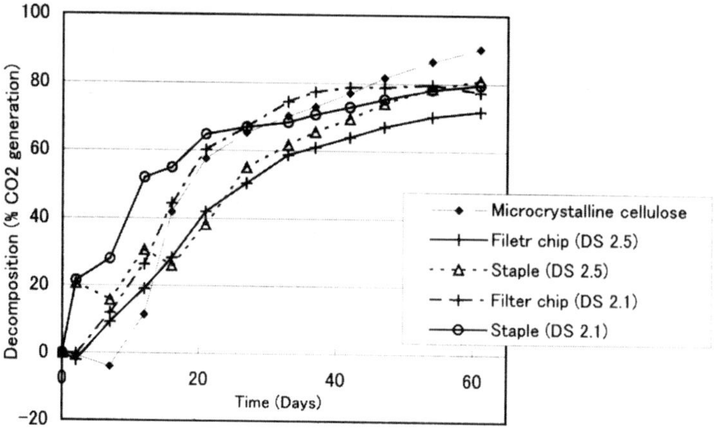

図9　DS　2.1および2.5のセルロースアセテートからなる短繊維と，フィルターのISO14855準拠コンポストでの生分解

気的な汚泥の中で，シガレットフィルターが上記コンポスト条件（58℃）と比べて，大きくは異ならない分解速度を示したこと[37] などから，化学的加水分解が先行しなくとも速やかに生分解が進む場合があることは疑いない。トリアセテートについては未検討であるが，ジアセテートに関して言えば「生分解性」の要件を満たすものと考えられる。なお，Pulsらは，アセチルエステラーゼの種類によって，2位選択性のもの，2位3位選択性のものがあり，位置選択的誘導体合成の方法ともなりうることを示唆している。

なお，西尾らは，セルロースアセテートに脂肪族ポリエステルをグラフト化することによる生分解性の「時空間制禦」について報告している（本書第2編第1章2節）。

1.8　まとめ

糖鎖という言葉は，細胞表面での高度な生物学的認識のイメージを伴うが，セルロースはむしろ生物学的不活性に特徴があるようである。むしろこうした不活性が，血液浄化や，医薬品添加物としての幅広い利用を可能にしている点で，β-1, 3-グルカンなどと対照的である。しかし，硫酸セルロースの抗凝血性や，グルコシルセルロースの抗腫瘍性[10] など，セルロースそのものが化学修飾によって生理活性を発現することが知られている。また，セルロース自体，植物体の中にあっては，キシロースなどの糖側鎖によって集合状態に制御を受けている。あるいはセルロースを，おそらくその不活性を利用して，糖鎖による分子認識の場として利用しようという試みもある[41)]。セルロースも糖鎖機能の一形態として自己組織化し，一つの究極的機能を発現していると考えれば，興味深いものがある。

なお，セルロースの結晶構造やセルロースの合成，分解にかかわる酵素に関する最近の進歩は顕著であるが，筆者のよく述べ得るところではないので，ほとんど触れなかったことにご了承いただきたい。

文　　献

1) 山中重宣，三村充，湯口宜明，梶原莞爾，「セルロースの事典」セルロース学会編，朝倉書店，p.241（2000）

2) （a）K. Fujii, H. Takata, M. Yanase, Y. Terada, K. Ohdan, T. Takaha, S. Okada, T. Kuriki, *Biocat. Biotrans.*, **21**, 167（2003）;（b）柳瀬美千代，高田洋樹，鷹羽武史，*Cellul. Commun.*, **11**, 7（2004）

3) 例えば，（a）甲斐，高分子論文集，**48**，449（1991）.（b）柴崎，秀樹，"バクテリアセルロースの構造および応用に関する研究"学位論文，甲11957，東京大学，p. 39（1996）

4) 和田昌久，機能材料，**258**, 60（2003）

5) S. Yuasa, A. Shimada, K. Kameyama, M. Yasui, K. Adzuma, *J. Chromatogr. Sci.*, **18**, 311（1980）

6) H. Krebs "Die Trennung von Racematen auf chromatographischem Wege" Köln und Opladen, 1956.

7) A. J. Kirby著，鈴木啓介訳，「立体電子効果」化学同人, p.21（1999）

8) 例えば，（a）木村悟隆，*Cellul. Commun.*, **11**, 16（2004）;（b）上田和義, *Cellul. Commun.*, **10**, 124（2003）

9) Y. Nishiyama, U.-J. Kim, D.-Y. Kim, S. Katsumata, R. May, P. Langan, *Biomacromolecules*, **4**, 1013（2003）

10) （a）E. R. Ruckel, C. Schuerch, *J. Amer. Chem. Soc.*, **88**, 2605（1966）;（b）T. Uryu, C. Yamaguchi, K. Morikawa, K. Terui, T. Kanai, K. Matsuzaki, *Macromolecules*, **18**, 599（1985）

11) （a）F. Nakatsubo, H. Kamitakahara, M. Hori, *J. Amer. Chem. Soc.*, **118**, 1677（1996）;（b）中坪文明，*Cellul. Commun.*, **3**, 32（2004）

12) M. Karakawa, Y. Mikawa, H. Kamitakahara, F. Nakatsubo, *J. Polym. Sci., Polym. Chem.*, **40**, 4167（2002）

13) （a）S. Kobayashi, K. Kashiwa, T. Kawasaki, S. Shoda, *J. Amer. Chem. Soc.*, **113**, 3079（1991）;（b）小林四郎, 坂本純二，*Cellul. Commun.*, **8**, 51（2001）

14) （a）E. Okamoto, T. Kiyosada, S. Shoda, S. Kobayashi, *Cellulose*, **4**, 161（1997）; 正田晋一郎, *Cellul. Commun.*, **4**, 123（1997）

15) 北岡卓也，セルロース学会第10回ミクロシンポジウム「セルロース研究の今昔」(2005年1

月21日京都大学化学研究所）講演予稿集，p.13
16）（a）北岡本光，*Cellul. Commun.*, **9**, 213（2002）；（b）M. Krishnareddy, Y.-K. Kim, M. Kitaoka, Y. Mori, K. Hayashi, *J. Appl. Glycosci.*, **49**, 1（2002）
17）（a）K. Kamide, K. Okajima, T. Matsui, M. Ohnishi, and H. Kobayashi, *Polymer J.*, **15**, 309（1983）.（b）K. Kowsaka, K. Okajima, and K. Kamide, *Polymer J.*, **23**, 823（1991）
18）田口 篤，大宮武夫，清水邦雄，*Cellul. Commun.*, **2**, 29（1995）
19）N. Okuyama, K. Hioki*, S. He, and T. Shibata, Paper presented in The 1st. Internet. Cellulose Conf. Nov. 8th, 2002, Kyoto Kaikan, Okazaki, Kyoto.
20）T. Miyamoto, Y. Sato, T. Shibata, M. Tanahashi, H. Inagaki, *J. Polym. Sci., Polym. Chem. Ed.*, **23**, 1373（1985）
21）W. Wagenknecht, *Das Papier*, **12**, 712（1996）
22）奥山，柴田，日置，セルロース学会　第10回年次大会　発表K2, 2003年7月17日，関西大学（吹田市）
23）K. Petzold, A. Koschella, D. Klemm, B. Heublein, *Cellulose*, **10**, 251（2003）
24）D. Klemm, B. Philipp, T. Heinze, U. Heinze, W. Wagenknecht, "Comprehensive Cellulose Chemistry, Volume 2, Fuctionalization of Cellulose" Wiley-VCH, Weinheim, Ger. 1998.
25）（a）P. Zugenmaier, *Prog. Polym. Sci.*, **26**, 1341（2001）；（b）Y. Nishiyama, J. Sugiyama, H. Chanzy, P. Langan, *J. Amer. Chem. Soc.*, **125**, 14300（2003）；（c）F. Suzuki, K. Tsujitani, A. Hirai, F. Horii, *Prepr. 11th Ann. Meet. Cellulose Soc. Jpn.*, **11**, 103（2004）
26）藤岡留美子，真鍋征一，繊維学会誌，**52**, 516（1996）
27）T. Shibata, I. Okamoto, and K. Ishii, *J. Liq. Chromatogr.*, **9**, 313（1986）
28）T. Shibata, T. Sei, and H. Nishimura, K. Deguchi, *Chromatographia*, **24**, 552（1987）
29）（a）西尾，千葉，液晶，**7**, 218（2003）；（b）R. Chiba, Y. Nishio, Y. Miyashita, *Macromolecules*, **36**, 1706（2003）
30）S. Shimamoto, D. G. Gray, *Chemistry of Materials*, **10**, 1720（1998）
31）大西，柴田，*Cellul. Commun.*, **4**, 2（1997）
32）T. Shibata, I. Okamoto, and K. Ishii, *J. Liq. Chromatogr.*, **9**, 313-340（1986）
33）Y. Okamoto, E. Yashima, *Angew. Chem. Int. Ed.* **37**：1020-1043（1998）
34）Y. Toga, K. Hioki, H. Namikoshi, T. Shibata, *Cellulose* **11**, 65（2004）
35）E. Yashima, C. Yamamoto, Y. Okamoto, *J. Amer. Chem. Soc.* **118**：4036-4048（1996）
36）伊藤，*Cellul. Commun.*, **3**, 84（1996）
37）T. Hibi, L. Zhenjian, H. Hamano, T. Shibata, K. Furuichi, H. Taniguchi, H. Karakane, Paper presented in CORESTA Congress, 2004（Kyoto International Conference Hall）, October **6**, 2004, Kyoto.
38）（a）J. Puls, C. Altaner, B. Saake, in "Cellulose Acetates: Properties and Applications" ed by P. Rustemeyer, Wiley-VCH, 2004；（b）J. Puls, C. Altaner, B. Saake, Paper presented in The 229th ACS National Meeting, March 14, 2005, San Diego.
39）K. Moriyoshi, T. Ohmoto, T. Ohe, K. Sakai, *Biosci. Biotechnol. Biochem.* **63**, 1708（1999）
40）（a）松崎啓，山本巌，公開特許広報，昭60-101101；（b）同，昭61-15836
41）小林一清，*Cellul. Commun.*, **9**, 144（2002）

2　多糖のエステルの合成と機能

西尾嘉之*1，寺本好邦*2

2.1　はじめに

生体中における多糖類の役割は，主に植物体に分布するセルロースや甲殻類などの外骨格を構成するキチンの構造支持体としての働きと，デンプンや類縁のプルランあるいはグリコーゲンなどの栄養貯蔵とに大別できる。それぞれに見合った用途で各種多糖誘導体の工業的な利用が図られているが，誘導体化の反応様式については糖鎖のアルコール性水酸基の反応性を活用するという点で共通する部分が多い。ただし，生体中で担う働きのわずかな違いによって，多糖類の分子鎖が形成する高次構造は異なるため，反応性に大きな差が生じる。

エステル化に限らず，セルロースやデンプン等の多糖類の化学反応を網羅的に取り扱った優れた総説[1]や成書[2～4]がある。本稿では多糖のエステル合成と機能について，セルロースを中心に古典的なものをレビューし，ラボレベルでエステル化を行うのに便利な最近の合成技術を概説する。学術・実用の両面から今後ますます重要になると思われる構造－物性の相関に注目した例については細部に及んで述べる。

2.2　古典的手法と技術革新

多糖類のアルコール性水酸基は，種々の試薬と反応してエステル，エーテル，デオキシハロゲン化物，あるいは酸化物をつくる。エステルは，無機酸と有機酸のエステルに大別される。無機酸エステルとしては，硝酸，硫酸，リン酸，キサントゲン酸のエステルが知られている。工業的に生産されている有機酸エステルには，セルロースアセテート（CA），セルロースアセテートプロピオネートおよびセルロースアセテートブチレートがある。硝酸セルロースやCAは19世紀に開発された人類最初のman-made plasticの素材である。

無機酸エステルは基本的には多糖と無機酸無水物との反応によって生成する。有機酸エステルは，次頁のスキームのように酸触媒下でカルボン酸無水物または塩基存在下で酸クロリドによって調製するのが一般的である。

水やジメチルスルホキシド（DMSO）により糊化されるデンプンの場合には，主鎖の切断を防ぐため，アルカリ条件で酢酸ビニルを用いた穏和なアセチル化も行われる。

多糖エステルの性質は置換度（DS）に依存して大きく変化する。セルロースやデンプンなどの場合，グルコピラノース残基1個当たり3つの水酸基を有しており，DSはこれらが置換され

＊1　Yoshiyuki Nishio　京都大学　大学院　農学研究科　森林科学専攻　教授

＊2　Yoshikuni Teramoto　京都大学　大学院　農学研究科　森林科学専攻　教務補佐員

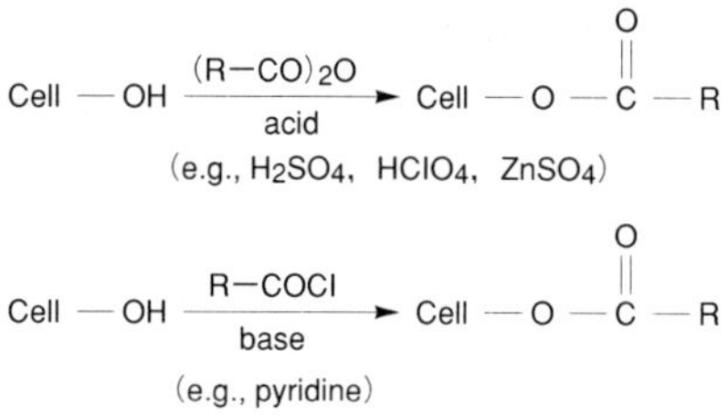

ている数として定義され，上限は3である。上限が3であるために，例えば2.0と2.5では一見して大きな違いとは認識しにくいが，置換されている水酸基の割合で表すと66%と83%とになる。この違いは溶解性や物性に大きく影響するので注意が必要である。CAの場合，高置換体ほど非極性溶剤への溶解性が向上し，ジアセテート（DS＝1.8–2.5）ではアセトンが，トリアセテート（DS≧2.8）ではジクロロメタンが良溶媒となる。アセチル化デンプンでも同様な傾向を示す。セルロースやデンプンはガラス転移点に至るまでに熱分解を起こし熱加工性に乏しいが，誘導体化によってDSに応じて改善される。

古典的なエステル化の手法は主に不均一系で行われるために，反応の不均一性が問題となる。反応初期には出発多糖のバルク表面からエステル化が進行しやすいほか，不均一性は置換基分布としてモノマーの水酸基間，分子鎖中の単糖モノマー間，および分子鎖間の3つのレベルで存在する。加えて，不均一反応は概して過酷な条件で行われるために，多糖鎖の分解（解重合）も問題となる。

工業的に最も重要なセルロースエステルであるセルロースジアセテートは，無水酢酸–酢酸–硫酸の不均一系で一度DS≈3のトリアセテートを得て酢酸に溶解した均一系とした後に，水を添加して脱アセチル化（熟成）して製造される。このようにして調製したジアセテートは，後述の均一系反応で直接調製されたものと溶剤溶解性が異なる。これは両者のモノマー内の置換基分布の差に起因している。

近年の工業では，未反応薬品や副生物の回収と再利用，省エネルギーなどの経済性とグリーンケミストリーにも配慮し，生産規模と目的製品の置換度，重合度に適した汎用エステル生成法が一応確立されている。特に，セルロースジアセテートについては減圧酢化–高温熟成–フラッシュエバポレーションによる，より高効率な生産法が90年代末に開発された[5]。

2.3 多糖エステルの用途

エステル化は，学術的にも多糖類の構造や物性を知るのに長年利用されてきた。ただし，多糖エステルから未修飾多糖の構造を議論するのは本質を見誤る場合があるので注意を要する。工業的に生産されている多糖類の主なエステルは，セルロースやデンプンの硝酸エステル，アセテート，混合エステル（アセテートプロピオネート・アセテートブチレート）である。デンプンの場合，軽度にアセチル置換することで耐老化性を発現し，食品工業で広く利用されている。また製紙工業ではサイジング剤としても用いられる。セルロースのエステルは，植物体の構造支持と保護を担う強度特性と収着特性を反映して，プラスチックス，包装用・写真用フィルム，繊維，コーティング，薬物包埋剤，分離膜などの材料用途で使用される[6]。一方，動物体の構造支持を担うキチンについては，誘導体製造の工業化はあまり進んでいない。セルロースの場合は綿花からコットンセルロースを，あるいは木材からパルプを大量に取り出す工業プロセスが確立しているのに対して，キチンには相当する工程が未開拓であることが大きな要因である。

近年では，液晶ディスプレイの偏光フィルムの保護膜としてセルローストリアセテート（CTA）が利用されている。アセチル基が分子軸と直交しているため，CTAフィルムの製造時に主鎖が配向しても大きな複屈折が生じにくいことが活かされているが，逆に複屈折の制御が難しい素材であるとも言える。今後，種々の光学材料の機能の精密化を図る上で，セルロースアセテートの光学特性のコントロールは重要であり，実際ごく最近，需要拡大の要請に向けて成形加工技術の改良と生産設備の増強が講じられている。

2.4　セルロースの均一系エステル化

均一な化合物と捉えうる多糖エステルを調製するためには，均一溶液系での反応が求められる。デンプンは水やDMSOで容易に糊化されるのに対して，生体構造形成多糖のセルロースとキチンは強固な結晶構造を有するために汎用の溶剤には溶解しない。1960年代から従来の再生セルロース製造用溶剤に代わる新しい溶剤が見出されている（図１）。化学修飾を行うためにはセルロー

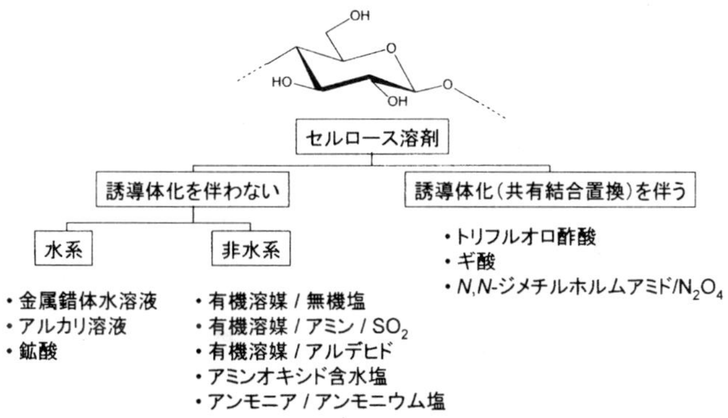

図１　主なセルロース溶剤の分類

スが溶解に際して誘導体化しない溶媒系が好まれ，中でも水を含まない非水系セルロース溶剤がエステル化のためには望ましい。ラボレベルで最もよく利用されるのは*N,N*–ジメチルアセトアミド（DMAc）／塩化リチウム（LiCl）系である。高温で不安定なDMAcの代わりに*N*–メチル–2–ピロリドンや1,3–ジメチル–2–イミダゾリジノンなども用いられることがある。これらの溶剤はセルロースの均一系での各種エステル化，エーテル化，デオキシハロゲン化等の反応用溶媒となるほか，各種ブレンドポリマー調製用の共溶媒，再生セルロース調製用媒体としても利用されている。溶解法には高温還流法と溶媒置換法があるが，前者では完溶しないことがあり，後者では完溶までに相応の時間が必要である。

DMAc／LiCl系でのエステル化は，不均一系と同様にカルボン酸の無水物やハロゲン化物を用いて達成できる。ただしこれらの攻撃試薬は低級脂肪酸のもの以外は市販されていないことが多いので，フリーのカルボン酸でアシル化するための方法が以下のように考案されている。

(1) 活性化剤による混合酸無水物法

林らは，ピリジン触媒存在下で，酢酸と*p*–トルエンスルホン酸クロリド（TsCl）が形成する混合酸無水物によるジメチルホルムアミド（DMF）中不均一系でのセルロースのアセチル化を試み，DS 2.3のアセテートを得ている[7]。この系でTsClは酢酸の活性化剤と解釈できる。Glasserらはこの系をDMAc／LiCl均一系に拡張して，ラウリン酸，ミリスチン酸，ステアリン酸，エイコサン酸などのフリーのカルボン酸を用いてDS 2.8–2.9のセルロースの長鎖脂肪酸エステルを調製した（図2）[8]。

(2) カップリング試薬の利用

N, N–ジシクロヘキシルカルボジイミド（DCC）は，以前からペプチドやタンパク質のアミノ基とカルボキシル基をカップリングする試薬として知られている。DMAc／LiCl均一系で，DCCと4–ピロリジノピリジンとの組合せで，フリーのカルボン酸を用いてセルロースのエステルを調製できる（図3）[9]。

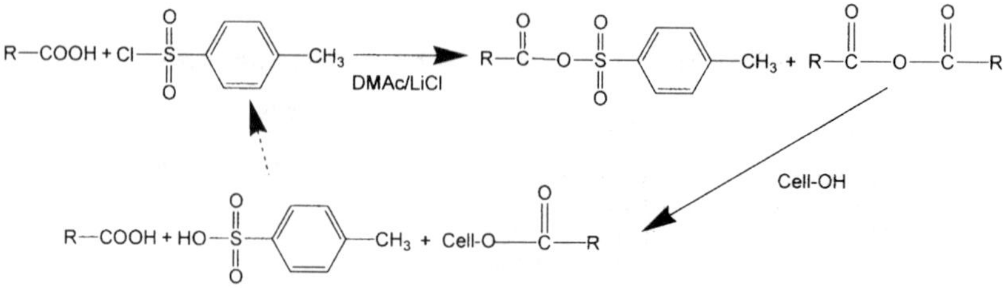

図2　カルボン酸／TsCl混合酸無水物活性化法によるセルロースのDMAc／LiCl均一系アシル化

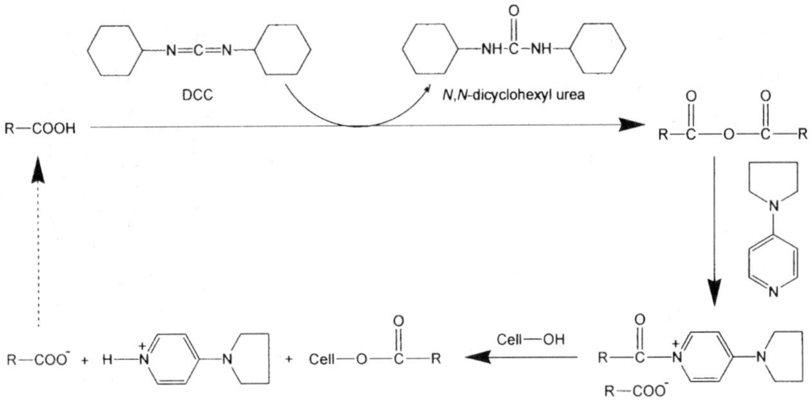

図３　DCCカップリング剤を用いたカルボン酸によるセルロースエステルの調製

2.5　最近のエステル化法

新しい溶剤系や試薬を用いたセルロースのエステル化研究は現在においても続けられている。2000年にHeinzeらは，DMSO／フッ化テトラブチルアンモニウム（TBAF，10～20w／v%）を用いると，重合度650程度のセルロースについて，DMAc／LiCl系とは異なり活性化前処理の必要が無く，室温で15分程度の攪拌により溶解することを見出した[10]。この溶剤系を用いると，アシル化剤として，酸無水物の他に，デンプンのアセチル化で知られる穏和な酢酸ビニル，あるいは毒性の高いDCCに代わる*N,N*–カルボニルジイミダゾール（CDI）カップリング剤を用いることができる。池田らはこのDMSO／TBAF系でセルロースからのラクトン・ラクチド類の開環グラフト共重合を検討している[11]。

2.6　多糖エステルの構造–物性相関の究明

2.6.1　アルキルエステル誘導体

セルロースの均一系反応が広く行われるようになった結果，分子構造が明確な生成物が得られるようになり，機能性材料として利用するために不可欠な構造–物性の体系化の試みがなされている。2.4節のTsCl活性化剤によるセルロースの長鎖脂肪酸エステル[8]はこの目的で調製されたものである。この他にも，長鎖脂肪酸エステルは，キトサン[12]やデンプン[13]でも不均一系ではあるが調製されている。これらの例では，示差走査熱分析（DSC）や動的力学試験（DMA）から，長いアルキル側鎖は結晶性高次構造を形成すると結論づけられている。

西尾らは，DMAc／LiCl均一系でのTsCl活性化剤法を適用して，キチンへの*n*–アシル側鎖

($C_mH_{2m-1}O$；$m=4$–20）の導入を検討している。*n*-アシル化キチンの^1H NMRスペクトルから，3および6位の水酸基が選択的にアシル化されていることが示され，ほぼ飽和のキチンジエステルが得られている[14)]。本キチン系では上記セルロース系[8)]と同様なDSCサーモグラムが得られているものの，以下のような興味深い知見が得られている。

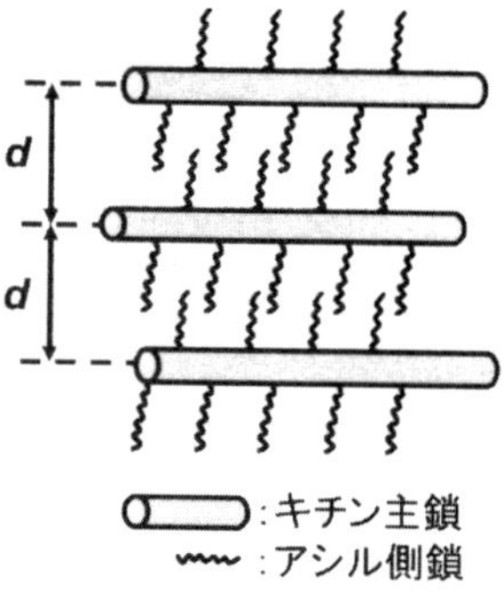

図4　*n*-アシル化キチン(DS≈2)の形成する層状分子凝集構造

広角X線回折測定から，アシル化キチン（$m=4$–20）は$2\theta=2$–7°の範囲にキチン主鎖の層状構造に由来する回折ピークを与えることが確認された。これらの2θ値から求められた面間隔*d*は，炭素数*m*の増加に伴って1.4nmから3.6nmへと増加し，直鎖状側鎖が配向して主鎖の層間に充填されていることが示唆された（図4参照）。DSC熱分析より，$m\leq10$のアシル化キチンについては明瞭な熱転移は確認できなかったが，$m=12$および14ではガラス転移様の，$m=16$，18，20では吸熱を伴う一次様の熱転移が見られた。$m\geq16$では側鎖の凝集性が増加したためにアルカン部がより高い規則構造を形成し，その融解に起因する吸熱転移が現れたとも想定される。その場合，側鎖は導入された直鎖アルカン酸単独体と類似した結晶構造を形成するはずである。そこで，この一次様転移の詳細を明らかにするために，ガラス転移様の熱転移を示

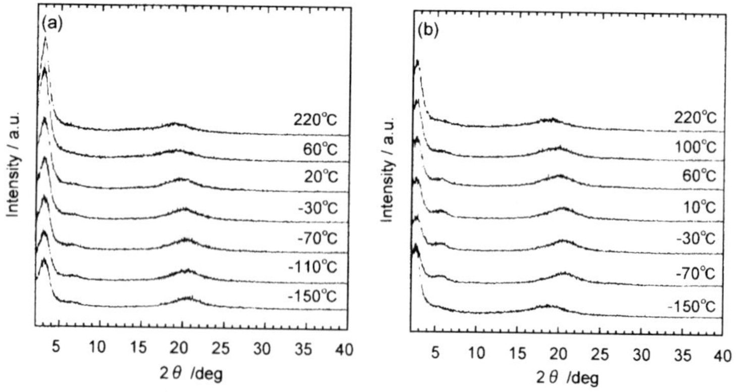

図5　*n*-アシル化キチンの広角X線プロファイルの温度依存性
(a) 側鎖炭素数$m=14$；(b) $m=18$（$2\theta\approx20$℃のブロードピークは非晶散漫散乱に基づく。$2\theta=5$－8°の小ピークは層状周期構造に由来する2次の回折ピーク）

した$m=14$および一次様熱転移を示した$m=18$の各誘導体について，－150から220℃まで温度を変化させてX線測定を行い比較した（図５）。しかしながら$m=14$，18共にいずれの温度でも小角側（$2\theta<5°$）の回折は維持され，かつ側鎖が結晶化している様子は見られなかった。従ってこれらのエステル誘導体が示す熱転移は側鎖のガラス転移であり，$m=16$–20で見られた吸熱は急速なエンタルピー緩和に由来することが判明した。以上のことから，キチンの長鎖脂肪酸エステルは，ネマチック的に配列したキチン主鎖を隔壁層として，アシル側鎖がスメクチック的に層間を充填したdual-mesomorphicな形態（二重中間相）をとっていると解釈できる（図４）。nmオーダーのキチン層間に閉じこめられたアシル側鎖のガラス転移を観測している点でも興味深い。これに関連して，セルロースのトリアルキルエステル誘導体は，融解したアルキル鎖中にセルロース主鎖がヘキサゴナルに配列した構造のカラムナー液晶を形成することが報告されている[15)]。一連の研究例は，多糖類誘導体の構造-物性相関を理解するためには，分子構造のみならず，分子集合体レベルの構造階層スケールに注目する必要があることを示唆している。なお，セルロース誘導体の液晶形成挙動については他文献[2, 16)]を参照されたい。

2.6.2　多糖ベースの生分解性グラフト共重合体

セルロースアセテートCAは全世界での年産量が100万トンにも及ぶ最も重要なセルロースエステル誘導体であり，既述の通り環境・コストの両面において優れた製造法が確立されている。しかもDSが2.5と高くても生分解性を有することが活性汚泥法およびコンポスト法によって確認されている[17)]。従ってCAベースの生分解性ポリマーを設計することは合理的であり，このコンセプトに則った製品も上市されている。しかしCAはガラス転移点と熱分解点が近接しているために熱加工性に乏しく，単独での成型加工が困難である。市販のCAの熱成型品の多くは多量の低分子可塑剤を含んでおり，成型時に発煙したり成型後にブリードアウトするなどの問題点が指摘されている。

低分子可塑剤に代わるCAの物性改変のための有効な一方法として，グラフト共重合による分子修飾が挙げられる。CAに限らず，多糖を幹鎖とする環境適合型のグラフト共重合体を得るには，生分解性を有する脂肪族ポリエステルを枝鎖として導入するのが最もストレートな方法である。例えば，水酸基からの選択的な環状エステルモノマーの開環重合を可能とする2-エチルヘキサン酸スズ（II）（オクチル酸スズ；$Sn(Oct)_2$）の使用[18)]は簡便である（図６上）。この触媒を用いた多糖のグラフト共重合の例として，プルラン-*g*-ポリラクトン[19)]，CA-*g*-ポリ（カプロラクトン-*co*-ラクチド）[20)]，デンプン／PCLブレンドの相溶化剤調製を目的としたグラフト共重合[21)]，共存水で反応制御した脱アセチル化キチン-*g*-PCL[22)]などがある（図６下）。

セルロース系多糖のグラフト共重合は長い歴史をもつ有用な分子複合化法の一つである。しかしながら，枝密度や枝鎖長の特性化と制御の困難さ，あるいはホモポリマーの副生などから，構

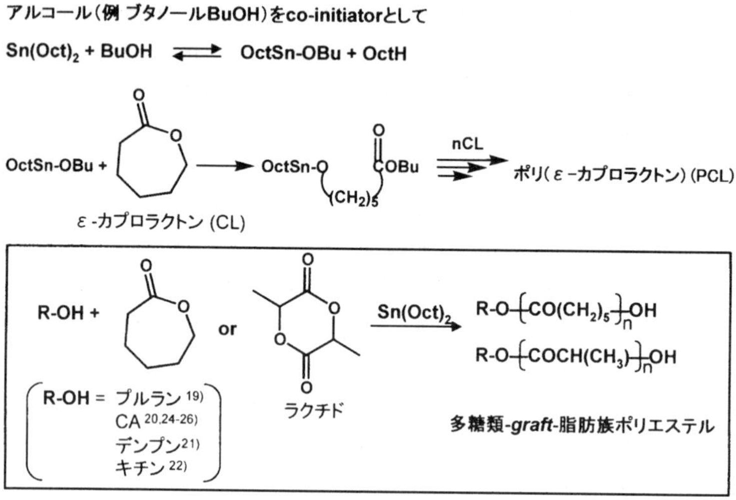

図6　Sn（Oct）$_2$による環状エステルの重合と多糖のグラフト化の検討例

造と物性との相関を体系的に論じた例は意外に乏しかった。寺本ら[23]は，DS 2.15のCAの残存水酸基を開始点とする①ジフェニルエーテル中での乳酸の重縮合と，L–ラクチドの②DMSO中での溶液あるいは③塊状での開環重合の3通りのグラフト共重合により，幹/枝重量比を網羅した幅広い共重合組成に渡るCA-*g*-ポリ乳酸の作り分けを達成している[24]。次いで，β–ブチロラクトン，δ–バレロラクトン，およびε–カプロラクトンの高効率な開環グラフト共重合にも成功し，一連のCA-*g*-ポリ（ヒドロキシアルカノエート）（CA-*g*-PHA）を得ている[25]。さらに，出発CAのDSを変化させることによりグラフトポリマーの分子内枝密度の制御が可能となった。これらのグラフト体について得られた主要な成果を以下に記す。

CA-*g*-ポリ乳酸（CA-*g*-PLA）のDSC熱分析により，いずれも単一のガラス転移点（T_g）を有すること，モル置換度（MS；ピラノース環1個あたりに導入されたラクチル基の平均個数）の増加につれてT_gが出発CA（DS＝2.15）の202℃から急激に低下し（内部可塑化），MS≈8でPLAホモポリマーのT_g値（約60℃）に収斂すること，および，MS≥14になると共重合体は結晶相を発現しうることを明らかにした（図7）。同シリーズの広角X線回折プロファイルから，この結晶相は枝鎖PLAに由来することがわかった。融点（T_m），融解熱（ΔH_f）はMSと共に上昇・増大する。アセチルDS＝2.15では，その他のCA-*g*-PHAの熱転移挙動においても同様のMS依存性が見られた。他方，DS≥2.45のCA-*g*-PHAではMSの増加に伴うT_g降下は緩やかで，枝密度の低下により幹/枝が相分離することが示された。これらの熱転移挙動に対する共重合組成，枝密度，お

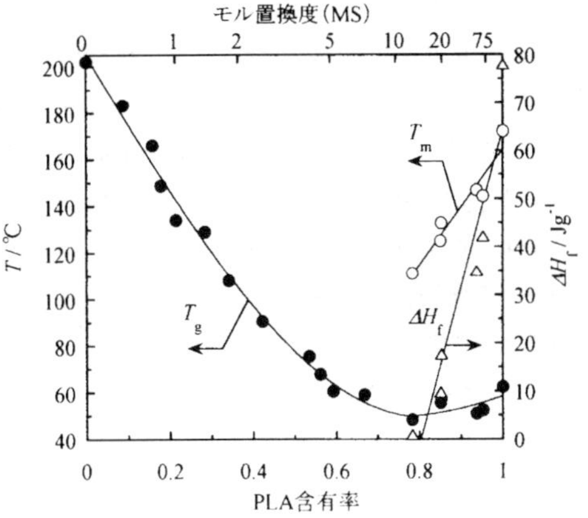

図7　CA-*g*-PLAの熱転移挙動の組成依存性

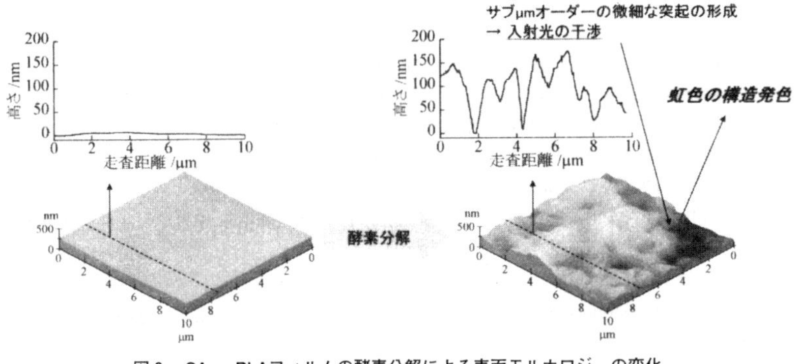

図8　CA-*g*-PLAフィルムの酵素分解による表面モルホロジーの変化

よび幹／枝鎖の剛直／屈曲性の各影響は，ポリマー混合系あるいはクシ形ポリマーに対して提案されている半経験則を援用して，体系的に整理された[25]。

CA-*g*-PLAの分解速度は共重合組成のみならず，結晶を含む相構造[26]によっても幅広い制御が可能である[27]。例証のために，熱処理を施したMS＝4.7および22のCA-*g*-PLAの２組成体のフィルム試料（それぞれサンプルLおよびH）について，Tris-HCl緩衝液中でPLA分解酵素Proteinase Kを用いた酵素加水分解実験が行われた。各試料を200℃で５分放置した後に（A）室温まで急冷保持，（B）50℃あるいは（C）90℃で48時間保持の３通りの熱処理を施すと，分解速度は(A)>(B)>(C)の順に低下した。この結果は，（B）によるLとHのエンタルピー緩和，および（C）の塑性温度処理によるLの高密度化とHのアニーリング結晶化のいずれもが枝鎖PLAの自由体積を減少させ，酵素の攻撃を阻害することを示している。

原子間力顕微鏡観察から，分解過程のフィルム試料の表面に高さ数百nm，幅1–2 μmの多数の突起形成が見出されると共に（図8），グラフト鎖ラクチル基の選択的な脱離が多重全反射減衰赤外スペクトル分析によって証明されている。さらに，酵素分解試験後の試料が真珠様の虹色を呈することも発見されている。この呈色は，試料表面に可視光の波長オーダーで形成した微細突起間に入射した光の干渉効果に基づく構造色であると説明できる。一連の結果は，共重合組成および熱処理によるセルロース系複合材料の分解速度制御を例示したのみならず，バルク試料の微細切削による大表面積化と光学機能発現につながる“時空間（spatiotemporal）制御分解”という新たな材料設計のコンセプトを提起するものである。

文　献

1) T. Heinze, T. Liebert, *Prog. Polym. Sci.*, **26**, 1689 (2001)
2) セルロース学会編, セルロースの事典, 朝倉書店 (2000)
3) 磯貝明，セルロースの材料科学, 東京大学出版会 (2001)
4) 不破英次ら編, 澱粉科学の事典, 朝倉書店 (2003)
5) 藪根秀雄, *Cellulose Commun.*, **4**, 114 (1997)
6) K. J. Edgar, C. M. Buchanan, J. S. Debenham, P. A. Rundquist, B. D. Seiler, M. C. Shelton, D. Tindall, *Prog. Polym. Sci.*, **26**, 1605 (2001)
7) Y. Shimizu, J. Hayashi, *Cell. Chem. Technol.*, **23**, 661 (1989)
8) J. E. Sealy, G. Samaranayake, J. G. Todd, W. G. Glasser, *J. Polym. Sci.: Polym. Phys. Ed.*, **16**, 1613 (1996)
9) G. Samaranayake, W. G. Glasser, *Carbohydr. Polym.*, **22**, 1 (1993)
10) T. Heinze, R. Dicke, A. Koschella, A. H. Kull, E–A. Klohr, W. Koch, *Macromol. Chem. Phys.*, **201**, 627 (2000)
11) I. Ikeda, K. Washino, Y. Maeda, *Sen'I Gakkaishi*, **59**, 110 (2003)
12) Z. Zong, Y. Kimura, M. Takahashi, H. Yamane, *Polymer*, **41**, 899 (2000)
13) A. D. Sagar, E. W. Merrill, *J. Appl. Polym. Sci.*, **58**, 1647 (1995)
14) Y. Teramoto, T. Miyata, Y. Nishio, *Biomacromolecules*, to appear.
15) A. Takada, K. Fujii, J. Watanabe, T. Fukuda, T. Miyamoto, *Macromolecules*, **27**, 1651-1653 (1994)
16) R. D. Gilbert, Ed., “Cellulosic polymers, blends and composites”, Chapters 2 and 3, Hanser Publishers, New York (1994)
17) C. M. Buchanan, R. M. Gardner, R. J. Komarek, *J. Appl. Polym. Sci.*, **47**, 1709 (1993)

18) A. Kowalski, A. Duda, S. Penczek, *Macromol. Rapid Commun.*, **19**, 567 (1998)
19) D. H. Donabedian, S. P. McCarthy, *Macromolecules*, **31**, 1032 (1998)
20) M. Yoshioka, N. Hagiwara, N. Shiraishi, *Cellulose*, **6**, 193 (1999)
21) P. Dubois, M. Krishman, R. Narayan, *Polymer*, **40**, 3091 (1999)
22) S. Detchproh,. K. Aoi, M. Okada, *Macromol. Chem. Phys.*, **202**, 3560 (2001)
23) 寺本好邦, 西尾嘉之, *Cellulose Commun.*, **11**, 115 (2004)
24) Y. Teramoto, Y. Nishio, *Polymer*, **44**, 2701 (2003)
25) Y. Teramoto, S. Ama, T. Higeshiro, Y. Nishio, *Macromol. Chem. Phys.*, **205**, 1904 (2004)
26) Y. Teramoto, Y. Nishio, *Biomacromolecules*, **5**, 397 (2004)
27) Y. Teramoto, Y. Nishio, *Biomacromolecules*, **5**, 407 (2004)

3　会合性多糖の設計と機能

森本展行*1，秋吉一成*2

3.1　はじめに

多糖類は，物理的，化学的架橋により水中でゲルを形成する能力の高い高分子である。また，多くの不斉点を有し，水素結合や疎水的な相互作用により，様々な物質と特異的に相互作用しえることから，バイオテクノロジー分野で幅広く利用されている。我々は，多糖に会合性因子を導入し，多糖の会合を積極的に制御することで多糖に様々な機能を付与することが出来ることを明らかにしてきた。ここでは，会合性多糖が形成するナノゲルおよび両親媒性アミロースの設計と機能について最近の我々の研究を紹介する。

3.2　疎水化多糖の設計と機能

非常に疎水性の高いコレステロール基を部分的に（1～5モル%以下）置換した多糖プルラン（図1，分子量3万，5万，10万）が，希薄水溶液中でナノ微粒子を形成することを見いだした[1]。詳細な検討から，疎水化多糖が数分子自発的に会合し，疎水基の会合領域を架橋点とする比較的単分散なナノサイズ（20-30nm）のヒドロゲル（ナノゲル）であることがわかった[2]。ヒドロゲル中の水含量は80～90%程度であり，通常のマクロゲルを切り刻んでナノサイズにしたようなヒ

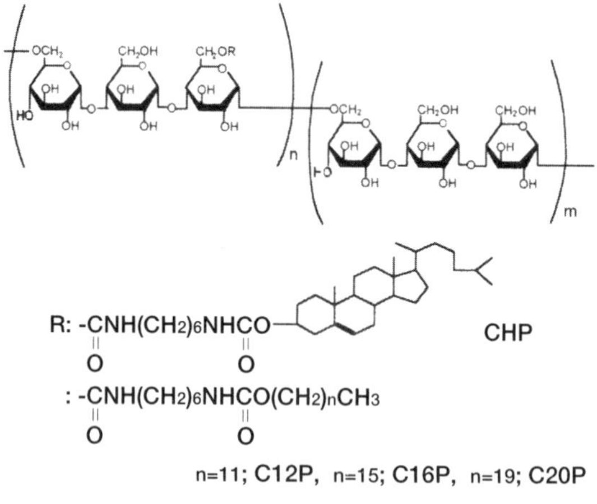

図1　疎水化プルランの構造

＊1　Nobuyuki Morimoto　東京医科歯科大学　生体材料工学研究所　助手
＊2　Kazunari Akiyoshi　東京医科歯科大学　生体材料工学研究所　教授

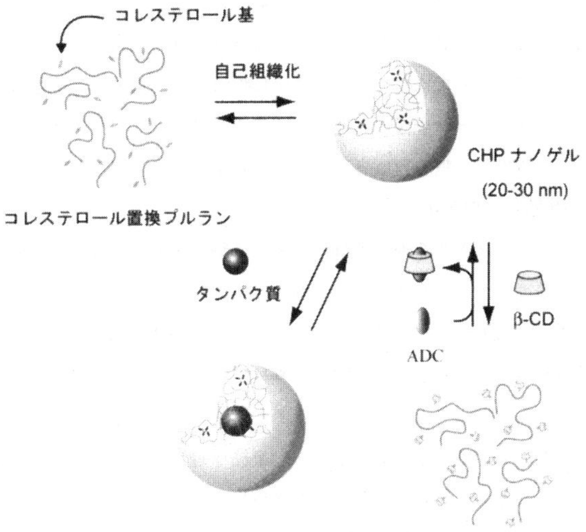

図2　コレステロール置換プルランの自己組織化と会合制御

ドロゲルである。ただし，疎水基の疎水性がさほど高くないものを置換した疎水化高分子では，高分子鎖を安定につなぎとめることが出来ず，会合の緩い不安定なナノ粒子しかできなかった。多くの高分子微粒子が報告されているが，物理架橋点を有する50nm以下のナノゲルとしては，初めての報告であった。ナノゲルは導入する疎水基の構造や置換度を変えることで，ナノゲルの粒径や粒子内部の疎水領域の分布などを制御可能である。

3.2.1　疎水化プルランナノゲルの機能

ナノゲルの内部は80～90%の水で満たされており，ナノゲルは比較的サイズの小さいタンパク質と相互作用することを見いだした[3~5]。例えば，コレステロール置換プルラン（CHP）のナノゲルは，水溶性タンパク質，酵素を選択的にしかも可逆的に複合化しえた（図2）。ナノゲルあたりのタンパク質の最大結合数および結合定数を求めることが可能であり，ナノゲルはタンパク質（ゲスト）を取り込める安定な高分子ホストといえる。複合化されたタンパク質は，コロイド的にも熱的にも安定化されるが，活性を失う酵素も多い。しかし，他のタンパク質との交換反応やシクロデキストリンの添加によるナノゲルの崩壊とともに，複合化したタンパク質を効率よく活性を保持した形で放出しえた[3,6,7]。この可逆的なタンパク質の会合制御機能を利用して，タンパク質のフォールディングを制御しえる人工分子シャペロンを開発した。ナノゲルの人工分子シャペロン機能については，他の総説[8]を参照していただきたい。

疎水化多糖ナノゲルは，生体適合性，生分解性も高く，ドラッグデリバリーシステムのナノキャリアとして有用である[9, 10]。特にコレステロール置換プルラン（CHP）ナノゲルは，癌ワクチンにおける抗原キャリアーとして優れており，癌免疫療法として臨床研究へ進んでいる[11~13]。コレステロール基などのステロール類を疎水基とした自己組織化ナノゲル法は，1993年に我々が報告して以来，プルラン以外の多糖や合成高分子系へと展開されてきている[14~16]。

3.2.2　ナノゲル集積ヒドロゲル

希薄溶液中で調整したナノゲルを凍結乾燥すると白色粉末が得られる。この疎水化多糖ナノゲルの粉末を比較的高濃度で水に膨潤させると，例えば，コレステロール置換プルラン（CHP）では，2wt% 以上で溶液粘度の急激な上昇がみられ，3.5wt% 以上では系全体がゲル化した[17, 18]。透過型電子顕微鏡観察（凍結割断法）からCHPゲルは，希薄溶液中で観察されたナノサイズの球状微粒子が連結したような構造を有していた。希薄水溶液中では，加熱（90℃で10分）によっても安定である微粒子も，その濃度の増加とともに，微粒子間での高分子鎖の絡み合いが生じ，溶液全体がゲル化したものと考えられる。疎水基を修飾していないプルランでは，系全体のゲル化は10wt%でもみられないことから，疎水性会合領域がゲルの架橋点になっているといえる。ゲルの動的粘弾性測定を行ったところ，ゲルの架橋会合点の疎水基の解離過程に対応するマックスウェル型の協同的な緩和過程がみられた。最近，ナノゲルにメタクリロイル基などの重合性基を導入した重合性ナノゲルを開発し，この新規ナノゲルをクロスリンカーとして構造制御されたヒドロゲルが設計しえることを明らかにしている。

このように疎水化プルランは，分子レベルでの疎水基の会合の制御とナノスケールでの高分子間の会合制御，さらにマクロスケールでのゲル形成と階層的に自己組織化が進む興味深い系であることがわかった。

3.3　機能性多糖ナノゲル

疎水化多糖ナノゲルは，糖鎖の部分に様々な官能基（アミノ基，カルボキシル基，チオール基，重合性基など）を化学的に導入することで，反応性ナノゲルを容易に調製することができる。細胞認識性糖鎖（ガラクトース残基など）を導入したCHPナノゲルは，ドラッグデリバリーシステムのナノキャリアとして有用である[19, 20]。また，ポリエチレングリコール（PEG）置換されたナノゲルや熱応答性のプルロニック置換ナノゲル[21] などの高分子—多糖ハイブリッドナノゲルを合成した。一方，異なるポリマー鎖を有する疎水化高分子の混合系では，疎水性基の会合力により高分子鎖同士がナノレベルで混合されたハイブリッドナノゲルも調製しえた。例えば，疎水基として長鎖オクタデシル基を導入した熱応答性高分子ポリイソプロピルアクリルアミド(PNIPAM)と疎水化プルラン（コレステロール置換プルラン）を混合して超音波処理を行うことで，比較的

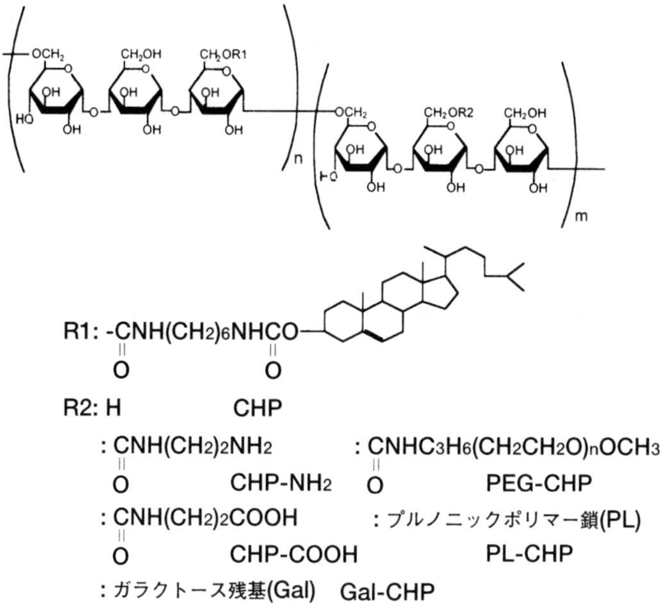

図3　疎水化プルラン誘導体の合成

サイズの揃った粒径約40nmの温度応答性ハイブリッドナノゲルが得られた[22]。

自己組織化ナノゲル法は，比較的会合能力の高い会合性因子を高分子鎖に部分的に導入することで高分子の会合を動的に制御しえる新規物理架橋ナノゲルをえる手法と一般化されうる。ナノゲルへの光応答性の付与を目的に，光および熱に応答して極性を変化しえるスピロピラン残基を疎水基のかわりに多糖に導入した新規会合性高分子（スピロピラン置換プルラン，SpP）を設計した。スピロピランは，紫外光（UV）・可視光（VIS）や熱により分子の極性（親水性―疎水性）を変化させうる興味ある化合物である。SpPを水中に分散することで，150nm程度の大きさのナノゲルが形成した。ゲル中の会合領域を形成するスピロピラン基は，光，熱に応答して構造変化し，ナノゲルの動的挙動が変化した。ヒドロゲルの会合領域の光による親水性―疎水性の変化を利用して，タンパク質のリフォールディングを助ける光応答性人工分子シャペロンの開発に成功している[23]。

このようなナノゲルをビルディングブロックとしたマクロゲルの設計も可能であり，このようなナノゲルエンジニアリングを利用して，構造制御された新規ゲルバイオマテリアルの設計・開発が期待される。

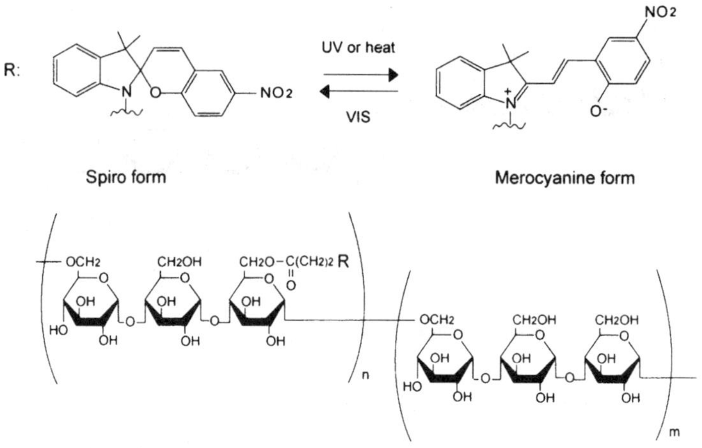

図4　スピロピラン置換プルランの構造

3.4　両親媒性アミロースの設計と機能

アミロースはグルコース残基がα-1,4結合で結びついた直鎖状のものである。結晶状態では主にヘリックス構造を有しているA, B, Vなど種々の形態が知られている[24,25]。水溶液中においては通常，アミロースは局所的に不規則な螺旋性を持つ可能性があるがほぼランダムコイル状であると言われている[26~28]。しかし，アミロースの周りに疎水性分子が存在するとコンフォメーションが大きく変わり，アミロース主鎖はゲストの大きさに応じて6～8グルコース残基で一周の螺旋を巻きその疎水性分子を包接する。

ジャガイモホスホリラーゼを用いた酵素合成によってアミロースを得る手法は古くから用いられてきた。1954年，Whelanらはこの反応ですべてのプライマーで反応が同じ速度で進行することや，マルトテトラオースより長いプライマーを用いることによって反応が効果的に進行することを明らかにした[29]。その後，得られるアミロースの分子量分布が非常に狭いことや，反応条件をうまく合わせることによって重合度を制御できるということも分かった。更にこの反応がアミロースの非還元末端側から合成が進行することから，1987年，Ziegastらはアミロースオリゴマーの還元末端側を修飾したものをプライマーに用いて種々のアミロース誘導体を合成した[30]。その後，酵素合成の手法を用いた様々なアミロース誘導体が合成されている[31~35]。我々はアミロースの高分子ホストとしての機能を利用することを目的とし，アミロースの螺旋形成能を乱すことなく，水，及び有機溶媒に可溶な両親媒性多糖としてアミロース鎖末端にPEO（ポリエチレンオキシド）鎖をブロック型で導入したPEO−アミロースを合成し，水及び有機溶媒中での会合特性とその機能について検討した[35, 36]。

3.4.1　両親媒性多糖PEO−アミロースの合成

分子量が約5,000のPEO鎖の末端にマルトペンタオースを導入したプライマーを合成し，グルコース−１−リン酸存在下，ホスホリラーゼを用いた酵素反応により，アミロース鎖の重合度が26,36,及び73から成るPEO−アミロースを合成した。酵素反応時間により重合度を制御しえ，比較的単分散な高分子が得られた。

3.4.2　PEO−アミロースの水中での機能

50mg/mlの糖質を含むDMSO溶液をH_2Oで10倍に希釈し，濁度の時間変化を測定することにより凝集性の検討を行った。この条件下においてアミロース（重合度73）では短時間で分子間会合による凝集が起こるが，PEO−アミロースでは全く変化はなく，PEO鎖の導入により分子間会合が著しく抑制されていることが分かった。

ヨウ素がアミロースの螺旋内に入り込み可視部に吸収極大を持つ包接錯体を形成することはよく知られている。ヨウ素との複合体形成すなわちアミロースの螺旋形成能はアミロースの重合度に依存する。PEO−アミロースとのヨウ素複合体の吸収極大波長もあわせて示した。DP=73のPEO−アミロースではアミロースとほぼ同じ吸収極大位置を示しており，PEO鎖の導入によって

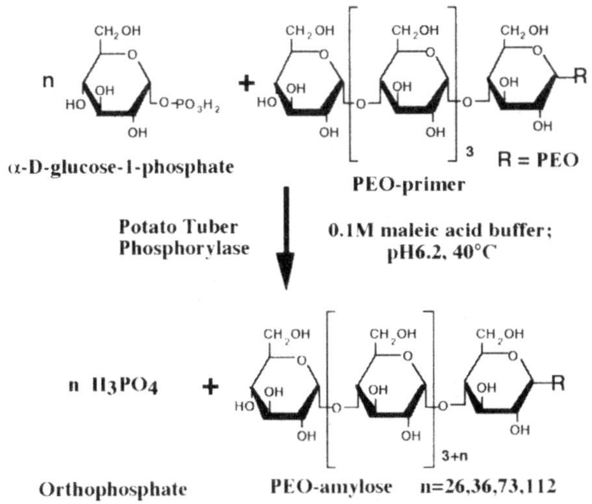

図５　PEO−amylose の酵素重合

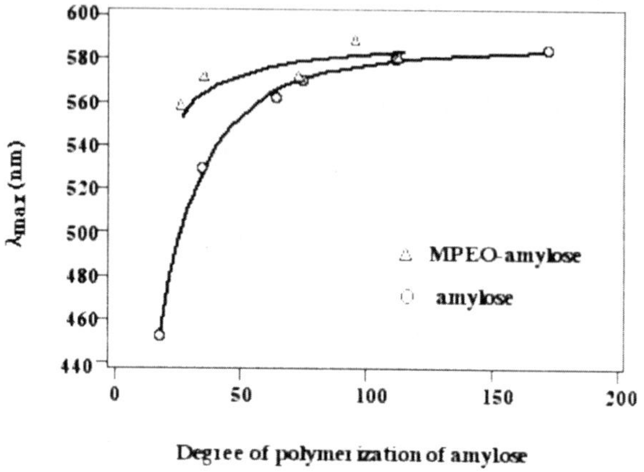

図6　アミロース－ヨウ素複合体の吸収極大波長

もその螺旋形成能が失われていないことが分かる。一方，低重合度のPEO−アミロースでは吸収極大が対応するアミロースと比べて長波長側にシフトしており，PEO鎖の導入によりアミロース鎖の螺旋形成能が促進されていることが分かった[35]。

3.4.3　PEO−アミロースの有機溶媒中での逆相ポリマーミセル形成と機能

PEO−アミロース（n=73）を一旦DMSOに溶解した後に混合することによりPEO−アミロースをクロロホルムおよびトルエンに可溶化しえた。この際の水分含量は通常0.02wt%以下であった。DLS測定により，クロロホルム中での会合体の大きさ（D_H）は約46nmであった。このクロロホルム溶液に水を加え２相系とし，振騰したところクロロホルム相の水分含量は0.13wt%まで上昇した。この時の会合体の大きさ（D_H）は約50nmであった。アミロースはクロロホルムに全く溶解しないことから，PEO−アミロースはアミロース鎖を内核とした高分子ミセルを形成していることが示唆される。また，アミロース内核は水を安定に保持し得ることから，低分子界面活性剤等でみられる逆ミセル構造をとっているといえる。

一般に，低分子界面活性剤が形成する逆ミセルでは内核水相の交換反応は非常に速い（数秒）ことが知られている。PEO−アミロース逆ミセルの内核水相成分の交換がどの程度の速度で起こるのかを知るために，$TbCl_3$とdipicolinic acid（DPA）との錯体形成反応による蛍光を用いた実験を行った。1.5 mM $TbCl_3$水溶液および15mM DPA 水溶液をそれぞれ0.11wt%ずつ含むPEO−アミロースのクロロホルム溶液（2%DMSOを含む）を調製した。両溶液を等容量混合し，蛍光性錯体Tb（DPA）33−の生成による蛍光強度の時間変化を測定し，逆ミセル内核水相成分の交換を観察した。蛍光強度が，一定値に達するまでに10時間以上かかっており，このことからPEO−ア

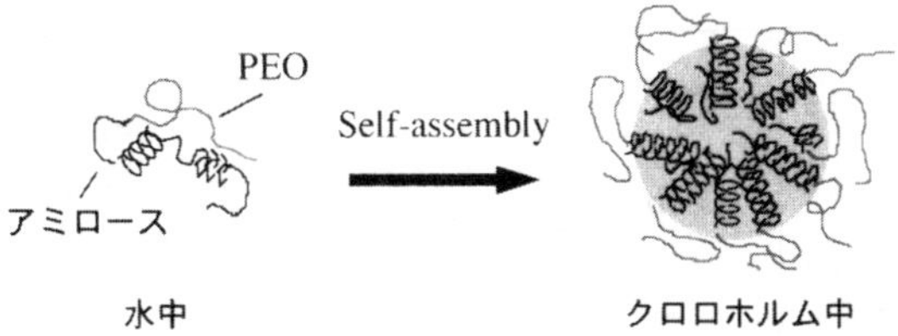

図7　PEO-amyloseのポリマーミセル形成

ミロース逆ミセル内核水相の交換反応の過程は遅く，比較的安定なナノ組織体を形成していることが示された。

3.4.4　PEO-アミロース逆相高分子ミセル中でのアミロースの包接錯体形成挙動

メチルオレンジはクロロホルム（2％のDMSOを含む）には不溶であるが，PEO-アミロースのクロロホルム溶液（0.5mg/mlの糖質，2％のDMSOを含む）に7.85mMのメチルオレンジ水溶液1mlを加え振とうするとクロロホルム相が呈色した。このクロロホルム相についてUVスペクトル測定を行ったところ，水溶液中におけるメチルオレンジの吸収極大波長である464nmから短波長側にシフトした428nmに吸収極大が見られた。また，exciton coupling型の特徴的な誘起CD

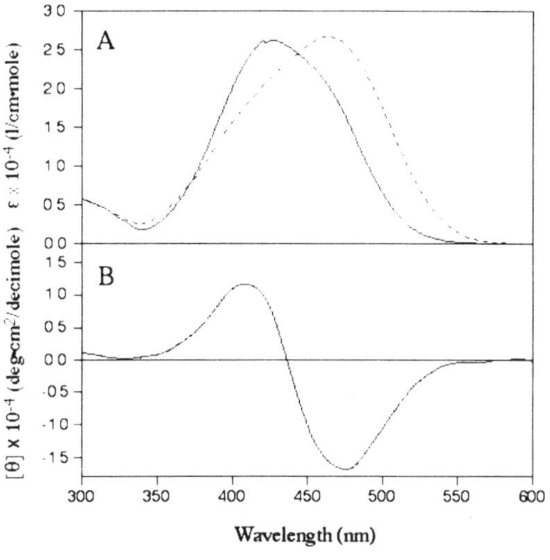

図8　PEO-アミロース逆相ミセル中でのメチルオレンジとの相互作用

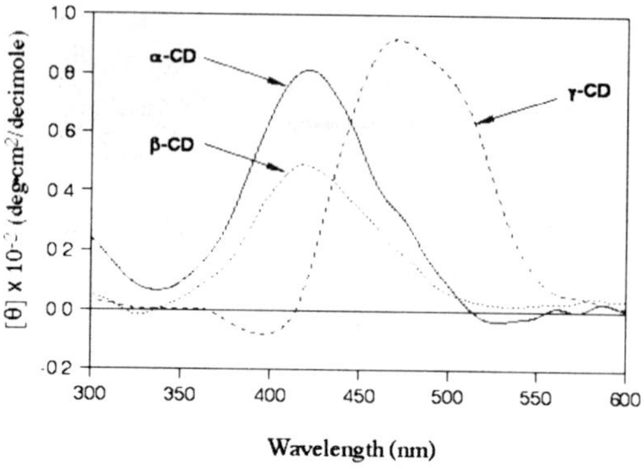

図9　種々のシクロデキストリンとメチルオレンジとの相互作用

スペクトルが観察された。一方，１：１錯体形成が知られている α－，β－，γ－シクロデキストリンとメチルオレンジの包接錯体の誘起CDスペクトルでは，誘起CDは観測されなかった。このことから，アミロース鎖中に少なくとも，２つのメチルオレンジが配向して包接錯体を形成していると考えられる。このような包接錯体形成は，同一濃度のPEO-アミロース水溶液中においては全く見られなかった。逆相ミセル内水相では，アミロース鎖は螺旋形成が可能で特異な分子認識場として有効に機能することが分かった。

このようなクロロホルム中の，特異な内水相に酵素などの蛋白質も可溶化しえる。さらに，この高分子ミセルを架橋すると水溶性のナノ微粒子が得られ，種々の応用が可能であると考えられる。

文　　献

1) K. Akiyoshi *et al., Macromolecules* **26**, 3062 (1993)
2) K. Akiyoshi *et al., Macromolecules* **30**, 857 (1997)
3) T. Nishikawa *et al., Macromolecules* **27**, 7654 (1994)
4) T. Nishikawa *et al., J. Am. Chem. Soc.*, **118**, 6110 (1996)
5) K. Akiyoshi *et al., Supramolecular Sci.* **3**, 157 (1996)
6) K. Akiyoshi *et al., Bioconjugate Chem.* **10**, 321 (1999)
7) Y. Nomura *et al., FEBS Lett.* **553**, 271 (2003)
8) 秋吉一成ほか，*Drug Delivery System* **17 (6)**, 486 (2002)

9）I. Taniguchi *et al.*, *Macromolecular Chem, Phys*, **200**, 1554（1999）
10）K. Akiyoshi *et al.*, *J. Control Rel.* **54**, 313（1998）
11）X. G. Gu *et al.*, *Cancer Res.*, **58**, 3385（1998）
12）H. Shiku *et al.*, *Cancer Chemoth. Pharm.*, **46**, S77（2000）
13）Y. Ikuta *et al.*, *Blood* **99**, 3717（2002）
14）K. Y. Lee *et al.*, *Langmuir* **14**, 2329（1998）
15）K. Y. Lee *et al.*, *Macromolecules* **31**, 378（1998）
16）M. Nichifor *et al.*, *Macromolecules* **32**, 7078（1999）
17）秋吉一成ほか，高分子論文集，**55**, 781（1998）
18）K. Kuroda *et al.*, *Langmuir* **18**, 3780（2002）
19）秋吉一成，化学総説 48，糖鎖分子の設計と生理機能，p.79（2001）
20）K. Akiyoshi *et al.*, *Eur. J. Pharma. Biopharm.*, **42**, 286（1996）
21）S. Deguchi *et al.*, *Macromol. Rapid Commun.* **15**, 705（1994）
22）K. Akiyoshi *et al.*, *Macromolecules*, **33**, 3244（2000）
23）T. Hirakura *et al.*, *Biomacromolecules* **5**, 1804（2004）
24）H.-C. Wu *et al.*, *Carbohydr. Res.* **61**, 7（1978）
25）H.-C. Wu *et al.*, *Carbohydr. Res.* **61**, 27（1978）
26）S. Kitamura *et al.*, *Polym. J.* **14**, 85（1982）
27）S. Kitamura *et al.*, *Polym. J.* **14**, 93（1982）
28）B. Ebert *et al.*, *Biopolymers* **23**, 2543（1984）
29）W. J. Whelan *et al.*, *Biochem. J.* **58**, 560（1954）
30）G. Ziegast *et al.*, *Carbohydr. Res.* **160**, 185（1987）
31）V. Braumuhl *et al.*, *Macromolecules* **28**, 17（1995）
32）N. Enomoto *et al.*, *Anal Chem.* **68**, 2798（1996）
33）K. Kobayashi *et al.*, *Macromolecules* **29**, 8670（1996）
34）K. Loos *et al.*, *Macromolecules* **30**, 7641（1997）
35）K. Akiyoshi *et al.*, *Macromol. Rapid Commun.*.**20**, 112（1999）
36）K. Akiyoshi *et al.*, *Biomacromolecules* **3**, 280（2002）

4　多糖誘導体による光学分割

山本智代*

4.1　はじめに

セルロースやアミロースは，どちらも単糖のD-グルコピラノースからなる単純多糖であるが，セルロースはβ-1,4結合，アミロースはα-1,4結合でつながった構造を有しており，その結合様式の違いによってそれぞれ，植物の細胞壁の主成分をなす構造多糖，種子や根などに多く含まれる貯蔵多糖と，働きは異なる。一方，これらセルロースやアミロースはどちらも，極めて高い立体規則性を有する入手の容易な天然の光学活性高分子であり，化学的に修飾可能な水酸基を有することから，適当に誘導体化することで高い規則構造を有する様々な光学活性高分子を調製することが可能である。ここでは，このセルロースやアミロースなどの多糖を用いた機能性材料開発において，「糖鎖自身が本来持っている生命現象に関わる機能の材料への展開」という観点からではなく，多糖を「高度に構造制御された光学活性高分子」として捉えることで期待される光学分割剤への応用について述べる。

4.2　キラル固定相

医薬品や農薬，香料をはじめとする生理活性物質の中には，生体に対して光学異性体間で異なる生理活性を示すものが数多く存在する[1]。例としてよくとり挙げられるものに，光学異性体の一方のみがうまみを呈するグルタミン酸，においや清涼感が異なるメントールなどがあるが，そもそも，生体がこうした違いを感じられるのは，生体を構成しているタンパク質，核酸，多糖などの高分子自身が光学異性体の一方で構成されているからにほかならない。現在，キラルな合成医薬品の多くは光学異性体の等量混合物であるラセミ体として用いられているが[2]，光学異性体の一方が副作用を引き起こす場合も少なくなく，薬禍による痛ましい事故を絶対に避けるためにも，これから開発される医薬品については光学異性体間での体内動態の差異を明確にすることが必要である[3]。また現在ラセミ体で用いられている薬についても，今後，より有用な一方の光学異性体のみでの使用へとかわることが予想され，簡便かつ実用的で，微量の代謝物質の分析から工業規模での分離まで可能な光学分割手法の発展が望まれている。高速液体クロマトグラフィー（HPLC）による光学分割は，これらの要求にかなった手段であり，これまでにさまざまなキラル固定相の開発がすすめられてきた。

HPLCに用いられるキラル固定相は，低分子からなるものと高分子からなるものの2種類に大別することができる。前者の場合，低分子化合物をシリカゲルなどの担体に化学結合させて固定

＊　Chiyo Yamamoto　名古屋大学　大学院　工学研究科　化学・生物工学専攻　講師

相を調製するが，その光学分割能は低分子化合物自身の能力に大きく依存する。一方，後者の高分子系固定相の場合，その光学分割能や選択性は高分子がとる高次構造に強く依存しており，その能力をモノマー単位から予測することは困難である。つまり，同じモノマーから得られる高分子でも，取りうる高次構造に応じて光学分割能は変化する。したがって，高分子を用いたキラル固定相の調製では，高分子の高次構造をいかに制御するかが重要なポイントであるといえる。その点，多糖は，高次構造が極めて高度に制御された天然の光学活性高分子であり，水酸基を適当に修飾することで様々な光学分割能を有する誘導体の調製が可能であることから，キラル固定相をつくるための材料としてこの上ない条件を備えているといえる[1,5]。

4.3　多糖誘導体

セルロースやアミロースの水酸基に，酸クロライド，イソシアナートを反応させると，それぞれエステル，カルバメート誘導体が得られる（図１）。通常，得られた誘導体はテトラヒドロフランなどの溶媒に溶かして多孔質シリカゲルにコーティングし，これを充填剤としてカラムに詰めることでキラルカラムが得られる。図２に，セルロース トリス（3,5–ジメチルフェニルカルバメート）を用いてベンゾインを光学分割したHPLCチャートを示した。溶離液がカラムを素通りする時間（t_0），エナンチオマーの溶出時間（t_1，t_2）を用いると，固定相の光学分割能を表わす分離係数（α）は，$\alpha=(t_2-t_0)/(t_1-t_0)$ で表わすことができる。αは１よりも大きな値で，この値が大きいほど，固定相は高い光学分割能を有することを意味し，αが1.2以上あれば，ピークの裾まできれた完全分割が達成されることが多い。キラル固定相と各光学異性体との相互作用エネルギーの差は$-\Delta\Delta G=RT\ln\alpha$で見積もることができ，完全分割される$\alpha=1.2$の場合で$-\Delta\Delta G=0.11$kcal/molと，ごく僅かなエネルギー差しかないことがわかる。しかしながら，高分子が規則性の高い構造を有することによりこの僅かなエネルギー差の相互作用が繰り返され，完全分割

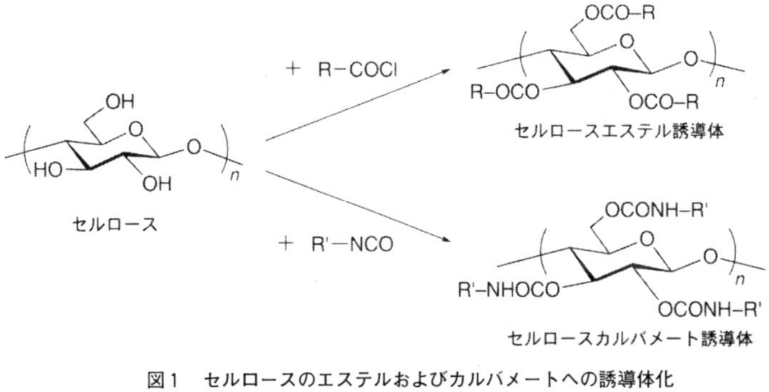

図１　セルロースのエステルおよびカルバメートへの誘導体化

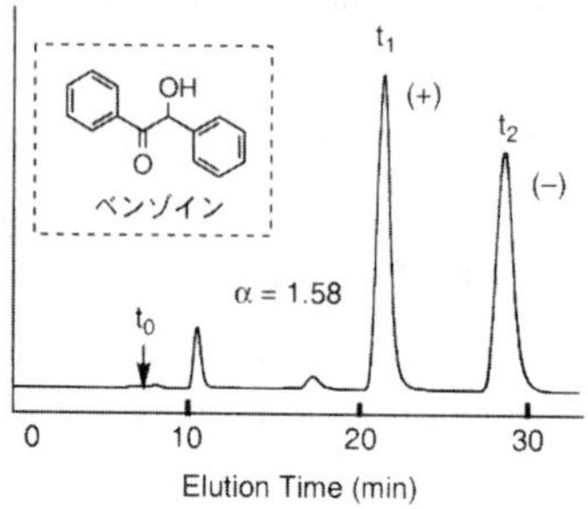

図2　セルロース トリス(3,5-ジメチルフェニルカルバメート)を用いたベンゾインの光学分割
(溶離液：ヘキサン／2-プロパノール (90/10)，流速：0.5 ml/min)

が達成される。従って，高分子の構造の規則性が低く，サイトによって相互作用が異なるようでは，高分離は得られないこととなる。精密に構造制御された高分子を用いることで，高い不斉識別能が発揮される可能性が高いといえる[1)]。

4.3.1　セルロースエステル

セルロースを用いた最初の光学分割の研究は，1951年に古竹らにより報告されたペーパークロマトグラフィーによるアミノ酸の分割であると思われるが[6)]，セルロースそれ自身の不斉識別能はそれほど大きくはない。その後，1973年にHesseとHagelは，天然の微結晶性セルロースを，ベンゼン中，不均一な条件下でアセチル化して，微結晶性セルローストリアセテート（MCT, **1a**）（図3）を合成し，このMCTが芳香族化合物に対して高い光学分割能を有することを見いだした[7,8)]。この不均一系で合成されたMCTを，一旦，溶媒に溶解させ，シリカゲル上にコーティングして得られる充填剤は，溶解前とは異なった光学分割能を示す。これは，元の微結晶性のセルロースの高次構造を保っていたMCTが溶媒に溶けることで，その高次構造が変化したためと考えられる[9,10)]。その他，エステル誘導体では，ベンゾエート誘導体（**1b**, **c**）が高い光学分割能を有しているが，これもアセテート同様，充填剤の調製条件により光学分割能が変化する[11)]。その理由として，エステル誘導体は後述するカルバメート誘導体とは異なり分子内で水素結合が形成できず，コーティングに用いる溶媒や添加剤など充填剤調製時の条件により側鎖の配向が変わり，高次構造が変化することが考えられる。

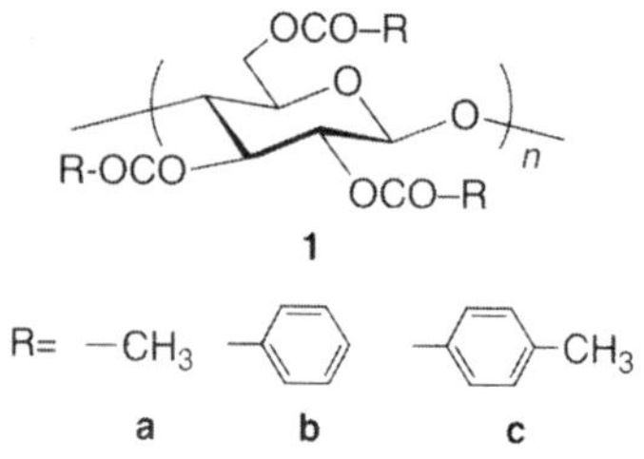

図3　セルロース エステル誘導体

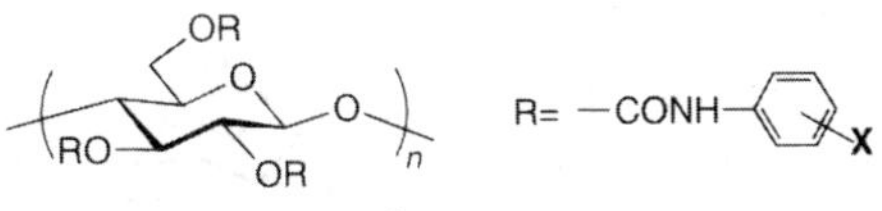

2

X=			
	a: H	**i**: 4-$CH(CH_3)_2$	**q**: 3,5-$(CH_3)_2$
	b: 4-F	**j**: 4-$C(CH_3)_3$	**r**: 3,4-$(CH_3)_2$
	c: 4-Cl	**k**: 4-$Si(CH_3)_3$	**s**: 3,4,5-$(CH_3)_3$
	d: 4-Br	**l**: 4-OCH_3	**t**: 3,5-Cl_2
	e: 4-CF_3	**m**: 4-OC_2H_5	**u**: 5-Cl-2-CH_3
	f: 4-NO_2	**n**: 4-$OCH(CH_3)_2$	**v**: 5-F-2-CH_3
	g: 4-CH_3	**o**: 2-CH_3	**w**: 3-Cl-5-CH_3
	h: 4-C_2H_5	**p**: 3-CH_3	

図4　セルロース フェニルカルバメート誘導体

一方，アミロースのベンゾエート誘導体は，セルロース誘導体に比べて，高い光学分割能を示さない。

4.3.2　セルロースフェニルカルバメート

これまでに，フェニル基上に様々な置換基を有するセルロースフェニルカルバメート誘導体を数多く合成し，その光学分割能の評価を行ってきた[1,5]。図4に示したのはその一部であるが，これら誘導体は全て異なった光学分割能を有する。これは，フェニル基上に導入した置換基が多糖誘導体の重要な吸着サイトであるカルバメート基の極性に及ぼす影響や，置換基の嵩高さの違いによる立体効果などが異なるためと考えられる。例えば，フェニル基上に電子吸引基を導入した場合，カルバメートのNHプロトンの酸性度があがり，電子吸引性が高くなるほどNHプロトンと水素結合するアセトンの溶出時間は長くなる。一方，フェニル基上に電子供与基を導入すると，カルバメートのC=Oの極性があがり，C=Oと水素結合すると考えられるアルコールの溶出が遅くなる[12]。これまでに合成された誘導体の中で最も広範囲のラセミ体に対して高い光学分割能を有する誘導体は，メタ位に2つメチル基を有する3,5-ジメチルフェニルカルバメート誘導体**2q**で，そのキラルカラムは世界中で最も利用されているものの一つである[12~14]。このメチル基を2つとも電子吸引性のクロロ基に置き換えると（**2t**），分離能も含めて多糖誘導体の性質は一変し[12]，順相系の溶離液として主に用いられるヘキサン／2-プロパノールの混合液に誘導体が溶解してしまう。一方，**2t**はアルコールのみには溶解しないため，様々なアルコールを溶離液に用いて光学分割能の評価を行なったところ，2-プロパノールを用いた場合，2-（ベンゾイルスルフィニル）ベンズアミドに対してα値112を示した[15]。現時点で，多糖誘導体をキラル固定相として得られているαの最高値である。しかし，この誘導体自体は溶解性が高く，膨潤・溶解するような溶媒を溶離液として流せないため，キラル固定相としては使用が大きく制限される。そこで，メタ位の2つのクロロ基のうちの1つをメチル基にした誘導体**2w**を調製したところ，**2q**と**2t**の性質を兼ね備え，かつ，ヘキサン／アルコール系で使用可能なキラル固定相が得られた[16]。また，パラ位に置換基を有する誘導体とメタ位に2つ置換基を有する誘導体では溶出順序の逆転が頻繁にみられ，置換基の位置もまた，光学分割能に大きな影響を与えていることがわかる[12]。

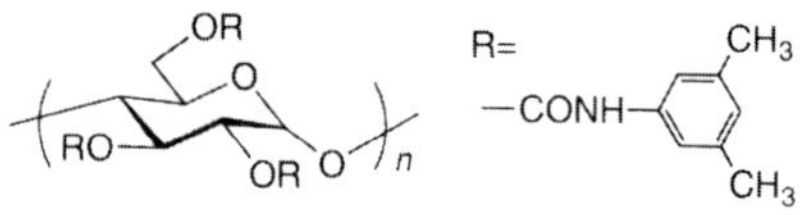

3

図5　アミロース トリス（3,5-ジメチルフェニルカルバメート）

4.3.3　アミロースフェニルカルバメート

アミロースについても，セルロース同様，様々な置換基を有する誘導体の合成，光学分割能評価を行なっている[13, 17, 18]。最も高い光学分割能を有する誘導体は，セルロースと同様に，3,5-ジメチルフェニルカルバメート誘導体（**3**）である（図5）。しかし，セルロースとアミロースでは主鎖のグルコース環の結合様式が異なるため，ポリマー鎖が形成する高次構造は両者では大きく異なり，同じ構造の側鎖を有していても，その光学分割能はセルロース誘導体とアミロース誘導体では全く違う。このセルロースとアミロースの3,5-ジメチルフェニルカルバメート誘導体（**2q**, **3**）の光学分割能にはしばしば相補性がみられ，一方で分けられない化合物がもう一方の誘導体で分割可能であったり，光学異性体の溶出順序が**2q**と**3**では逆転したりするケースがよくある。この2つのキラルカラムがあれば，およそ8割の化合物が光学分割可能であることを示すデータも得られている[19]。

4.3.4　ベンジルカルバメート

カルバメート部分とフェニル基の間に炭素が1つはさまれているベンジルカルバメートの場合，その炭素についた置換基のかさ高さが光学分割能に大きな影響を及ぼす[20]。図6に示した誘導体のうち，炭素にメチル基，エチル基を有する誘導体は高い光学分割能を示すが，置換基のないベンジルカルバメートや，かさ高いイソプロピル基やフェニル基のついた誘導体は，ほとんど光学分割能を示さない。多糖誘導体の規則的な高次構造を保持するため適したかさ高さを有するもののみが高い分割能を示したと考えられる。1-フェニルエチル誘導体（**4b**, **5b**）については，側鎖にある不斉炭素の絶対配置と光学分割能の関係も明らかにしており，セルロース誘導体では絶対配置がR，アミロース誘導体は絶対配置がSの場合に高い光学分割能を示すことがわかっている。特に，後者のアミロース　(S)-1-フェニルエチルカルバメート誘導体（(S)-**5b**）は，β-ラクタム[21]やシクロペンタノン誘導体[22]に対して高い光学分割能を有する。

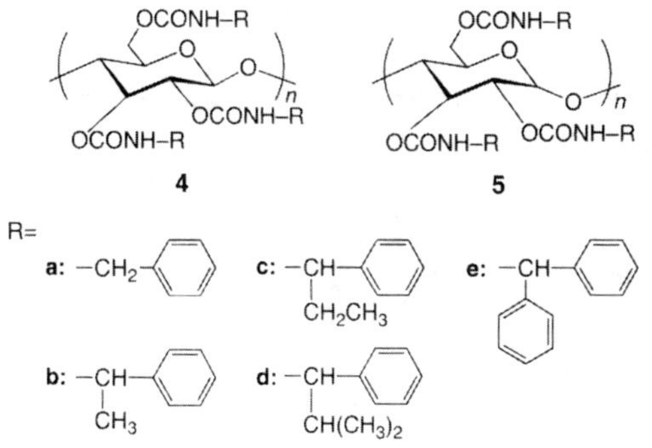

図6　セルロースおよびアミロースのベンジルカルバメート誘導体

4.3.5　シクロアルキルカルバメート

高い光学分割能を有する多糖誘導体を設計する際，側鎖にある程度のかさ高さを持たせることが重要である。これは，ベンジルカルバメート誘導体で述べたように，側鎖が大きすぎても小さすぎても，多糖誘導体の規則構造が保たれないと考えられるためである。そのため，これまで合成されてきたものの多くは側鎖にかさ高い芳香環を有していた。これら芳香環を持つ誘導体をHPLC用の固定相として用いる場合に，この芳香環が問題になることはないが，薄層クロマトグラフィー（TLC）用のキラル固定相として用いるとなると，芳香環によるUV吸収は試料検出の妨げとなる。そこで，芳香環を持たない誘導体としてシクロアルキルカルバメート誘導体（図7）の合成を行ったところ，セルロース，アミロースのシクロペンチル，シクロヘキシル，ノルボルニルカルバメート誘導体（**6a-c**, **7a-c**）が，HPLC用のキラル固定相として高い光学分割能を有することを見いだした[23, 24]。そこで次に，HPLC用の充填剤を調製する要領でアミロースのシクロヘキシル誘導体**7b**をシリカゲルに25重量%コーティングし，これに蛍光指示薬を混ぜてメタノールに分散させ，ガラス板に塗布・乾燥させてキラルTLCプレートを調製した。これにラセミ体

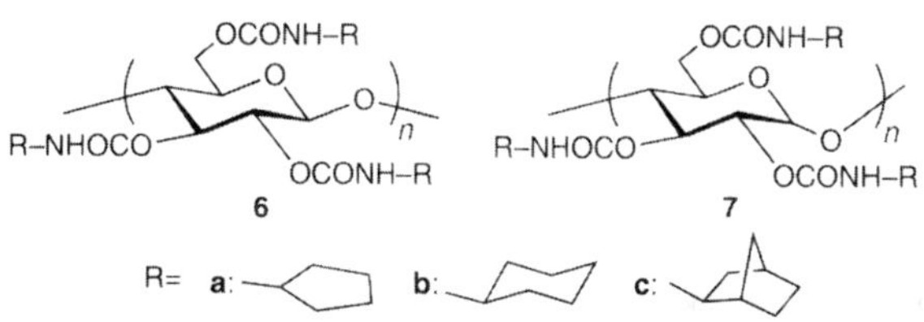

図7　セルロースおよびアミロースのシクロアルキルカルバメート誘導体

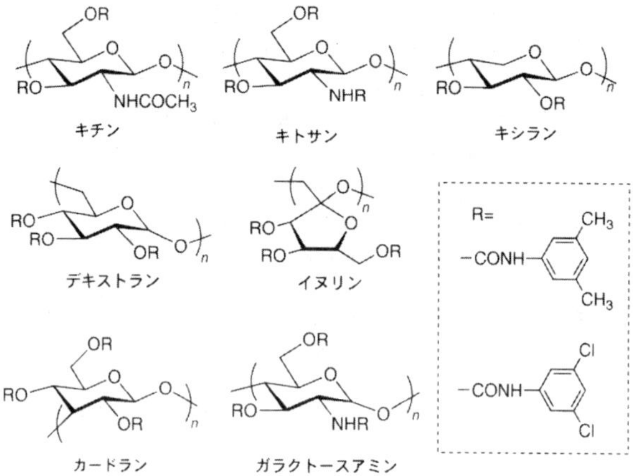

図8　さまざまな多糖の3,5-ジメチルおよび3,5-ジクロロフェニルカルバメート誘導体

をスポットし，HPLCで溶離液に用いるヘキサン／2-プロパノール（9/1）で展開したところ，光学異性体の2つのスポットへの分離をUV照射により検出することができた。TLCとHPLCの結果には良い対応がみられ，TLCでは，HPLCでαが1.32であったラセミ体で，ほぼ2つのスポットに分離できることを確認した[23]。このTLCプレートを用いることで，より短時間での光学異性体の分離やHPLCの分離条件の探索が可能になると期待される。

4.3.6　他の多糖誘導体

セルロースやアミロース以外の多糖についてはこれまでに，キチン，キトサン，キシラン，デキストラン，イヌリン，カードラン，ガラクトースアミン等について3,5-ジメチルおよび3,5-ジクロロフェニルカルバメート誘導体を合成し，その光学分割能の評価を行っている（図8）[13, 25-27]。これらは，糖の繰返し単位や結合位置，結合様式などが違い，一つとして同じ能力を示さず，異なった光学分割能を有する。その中で最も高い光学分割能を有するものに，キチンのフェニルカルバメート誘導体があげられる。キチンは甲殻類や昆虫の外骨格の主成分であり，セルロースに次いで天然に豊富に存在する多糖である。その構造は，セルロースのグルコース環の2位の水酸基がアセトアミド基に置き換わった形をしており，溶媒への溶解性が極めて低い。しかし，*N,N*-ジメチルアセトアミド／リチウムクロライド中で溶解させてからピリジンを加え，イソシアナートと反応させることで，様々なフェニルカルバメート誘導体が得られる（図9）[26, 27]。この中で，3,5-ジメチル（**8b**），4-クロロ（**8k**），4-トリフルオロメチルフェニルカルバメート誘導体（**8m**）が比較的高い光学分割能を示す。また，3,5-ジクロロフェニルカルバメート誘導体（**8c**）は，イ

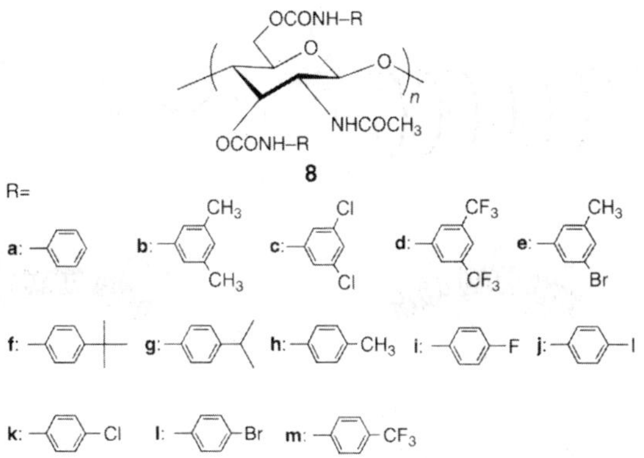

図９　キチンフェニルカルバメート誘導体

ブプロフェンやケトプロフェンといったカルボン酸の分割に有効である[26]。これらキチン誘導体カラムの大きな特徴としては，溶媒に対する耐久性の高さが挙げられる。通常，キラル固定相は，多糖誘導体を溶媒に溶解させてからシリカゲル上にコーティングすることで充填剤を調製しているため，多糖誘導体が膨潤，溶解してしまう溶媒を溶離液に用いることは出来ない。しかし，キチン誘導体では，クロロホルムやテトラヒドロフラン，酢酸エチル等をヘキサン／2-プロパノールの溶離液に添加した系で使用することが可能であった。その結果，ヘキサン／2-プロパノールでは全く光学分割されずピークが一本しか観測されなかったラセミ体が，溶離液をヘキサン／クロロホルムに換えることで完全分割された[27]。

4.4　多糖誘導体のシリカゲル上への固定化

広範囲のラセミ体に対して高い光学分割能を有する多糖誘導体型キラル充填剤の欠点は，上述したように，多糖誘導体が膨潤，溶解するような溶媒を溶離液として用いることができないことにある。そこでこの欠点を克服すべく，多糖誘導体のシリカゲル上への固定化をさまざまな手法により試みてきた。まずは，多糖誘導体の２，３位あるいは６位の水酸基をジイソシアナートを用いてアミノプロピル化したシリカゲルと化学結合する方法について検討を行った[28, 29]。この方法で固定化は可能であるが，多糖誘導体の規則的な高次構造が崩れるためか，コーティングタイプの充填剤と比べて光学分割能の低下がみられた。固定化において最も理想的な方法は，多糖誘導体の構造が乱れないように，ポリマーの端ただ一点だけでシリカゲルに固定化するものである。アミロースについてはこれが可能であり，グルコース1-リン酸を酵素ホスホリラーゼを用いて重

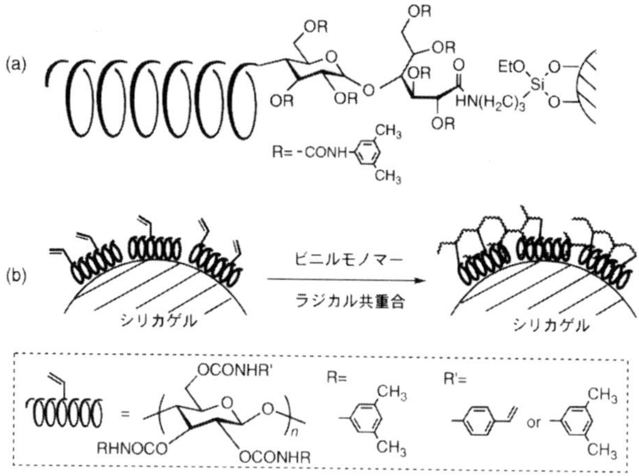

図10　多糖誘導体のシリカゲルへの固定化

合することで，アミロース誘導体**3**の優れた光学分割能を保持したままアミロースの末端ただ一点でシリカゲルに化学結合することに成功している（図10（a））[30]。また，セルロースを含めた他の誘導体にも適用可能な方法として，多糖誘導体の側鎖にビニル基を導入し，これをシリカゲル上にコーティングした後，2,3-ジメチルブタジエン，スチレンなど市販ビニルモノマーと開始剤を加えて，シリカゲル上でラジカル共重合を行う固定化法を試みた。多糖誘導体に導入するビニル基の量，加える市販モノマーの種類や量などについて様々に検討を行った結果，光学分割能を保持したまま，ほぼ完全に多糖誘導体を固定化することに成功した（図10（b））[31~33]。

HPLCによる光学分割では，用いる溶離液の種類によって光学分割結果は大きく異なるため，適切な溶離液を選択することはキラル化合物の分離において非常に重要である。したがって，溶離液の選択に制限がなく様々な溶媒の使用が可能であることは，光学分割できる可能性も広がることを意味し，キラル充填剤として大きな利点といえる。また，試料の溶解性が低く分析が困難であった化合物も，溶解性の高い溶媒を溶離液に用いることで分析が容易になり，また，試料濃度を高くすることもできるので一度により多くの化合物の分離が可能になる。こうした化学結合型のカラムを用い，溶離液にクロロホルムを添加することで，ヘキサン／アルコール系では分割できなかったキラルなフラーレンC_{76}[34]やロタキサン，カテナンなどのキラル超分子[35, 36]の分離が可能となり報告している。

4.5　多糖誘導体の不斉識別機構

セルロースフェニルカルバメート誘導体の構造については，フェニル基上に置換基を持たない**2a**のX線構造解析が行なわれており，左巻き3/2らせん構造を有することが報告されている[37]。その構造解析結果をもとに構築したモデルを図11（a）に示した。上図がポリマー軸に対して垂直方向から，下図は軸方向から眺めた図である。一方，アミロースフェニルカルバメート誘導体についてはX線解析による報告がない。しかし，3,5-ジメチルフェニルカルバメート誘導体**3**については，２次元NOESYスペクトルとコンピュータシミュレーションの結果を組み合わせてモデルを構築しており（図11（b）），左巻き4/3らせん構造をとると推測される[38]。これらセルロース

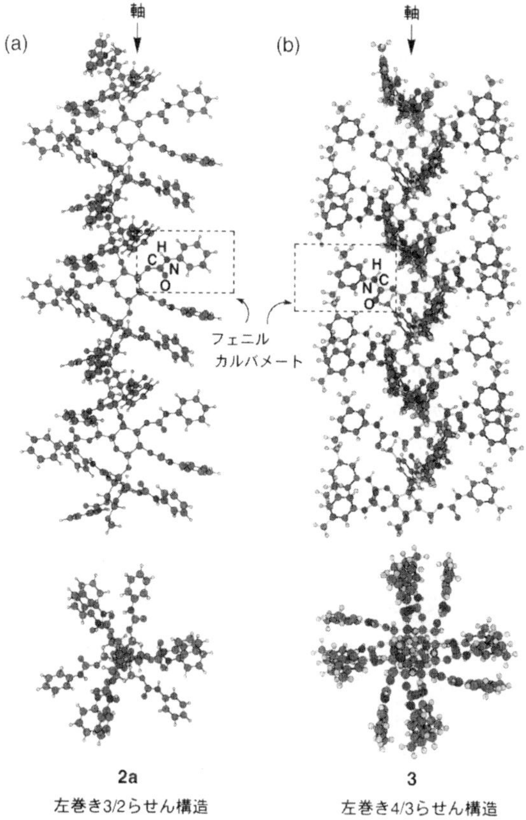

図11　セルロース トリスフェニルカルバメート（2a）の左巻き3/2らせん構造（左）と
アミロース トリス(3,5-ジメチルフェニルカルバメート)（3）の左巻き4/3らせん構造（右）

やアミロースのフェニルカルバメート，ベンゾエート誘導体は，ポリマー表面を疎水性のフェニル基に覆われ，極性なカルバメート基やエステル基はポリマーの内部に存在している。ヘキサン／アルコールなどの順相系の溶媒中では，ラセミ体はポリマー内部のキラルな主鎖の近くに入り込んで，カルバメート基，エステル基と主に水素結合を介して相互作用することで効果的に不斉識別されていると考えられる（図12）。それゆえ，ニトロ基（**2f**）やメトキシ基（**2l**）など，光学異性体が相互作用するような極性な置換基がフェニル基のパラ位に導入された誘導体では，光学異性体がキラルな主鎖から遠く離れたフェニル基の外側で相互作用してしまい，効果的な不斉識別が行なわれない傾向がみられる[39]。

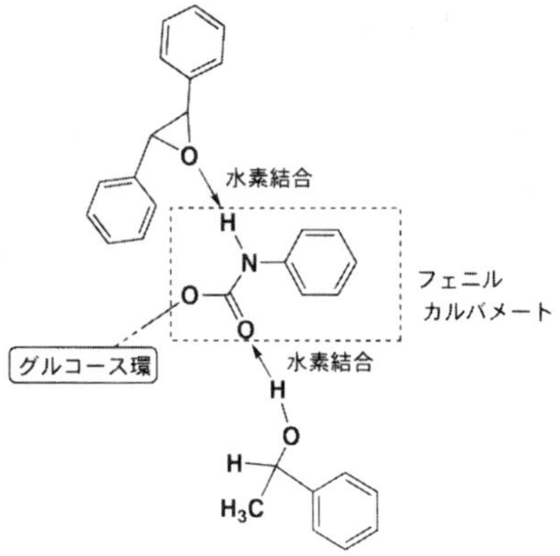

図12　多糖のカルバメート部位と光学異性体との相互作用

この多糖誘導体の不斉識別機構については，長い間，不明な点が多かった。これには，高い光学分割能を有する誘導体が，それ自身が多糖誘導体と相互作用するようなピリジン，アセトンなどの極性の高い溶媒にしか溶けず，NMRを用いた相互作用の解析などが行えなかったことが原因の一つとしてあげられる。しかし近年になって，高い光学分割能を有し，極性の低いクロロホルムに可溶な誘導体がいくつか合成され，重クロロホルム中，NMRを用いて，多糖誘導体と光学異性体との相互作用について分子レベルで議論を行うことが可能になった[40, 41]。特に，セルロース誘導体**2v**と1,1'-ビ-2-ナフトールの相互作用については，2次元NOESYスペクトルの測定により，**2v**に強く相互作用する（S）体の1,1'-ビ-2-ナフトールとの間にNOE相関ピークが観測され，その他，様々なNMRの手法を駆使することにより，**2v**と（S）体の1,1'-ビ-2-ナフトールの相互作用モデルを構築することに成功している（図13）[40]。また，高い光学分割能を有するアミロースの3,5-ジメチルフェニルカルバメート**3**についても，重合度が100以下の場合にクロロホルムに溶解することが明らかとなり，**3**の化学結合型充填剤で溶離液にクロロホルムを用いたHPLCによる光学分割の結果と，重クロロホルム中で測定したNMRの結果が直接比較でき，不斉識別機構について詳細に検討を行うことが可能となった[38]。一方，クロロホルムに不溶な多糖誘導体**2a**，**2q**については，NMRを用いて相互作用を詳細に検討することが困難であるため，コンピュータシミュレーションを行うことにより，多糖誘導体と各光学異性体との相互作用エネルギーをいくつかの手法を用いて算出することで，HPLCによる光学分割の結果との比較検討も行っている[12]。

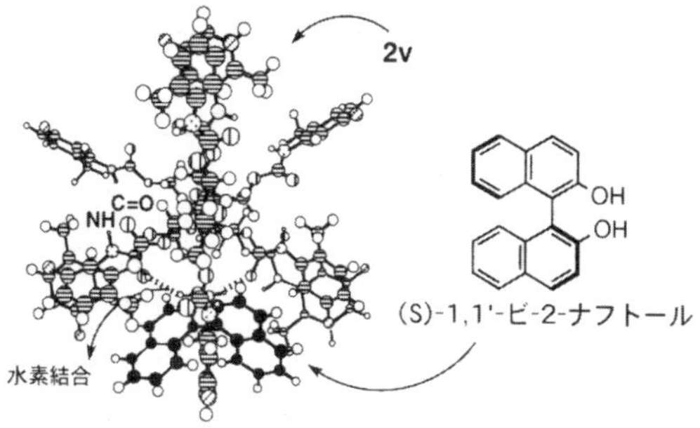

図13　セルロース誘導体（2v）と（S）–1,1'–ビ–2–ナフトールの相互作用モデル

4.6　多糖誘導体型市販カラム

雑誌*Tetrahedron Asymmetry*で2003年に報告されている論文のうち，HPLCによる光学分割でエナンチオマー過剰率（e.e.）を決定しているものについて，用いられているキラル固定相の内訳を表わしたグラフを図14に示した。低分子をシリカゲルに化学結合させたBrush-typeやタンパク質を固定相に用いたものに比べ，圧倒的に多糖誘導体型のキラル固定相が用いられていることがわかる。表１には，現在市販されている多糖誘導体をキラル固定相とするキラルカラムをまとめた。この中でも，**2q**と**3**からなるChiralcel ODとChiralpak ADが最も広く用いられている。これまで，多糖誘導体粉砕型であるCA–1以外は，シリカゲル上に多糖誘導体をコーティングすることで充填剤が調製されてきたが，2004年，多糖誘導体固定化型のカラム第１号として，**3**の化学

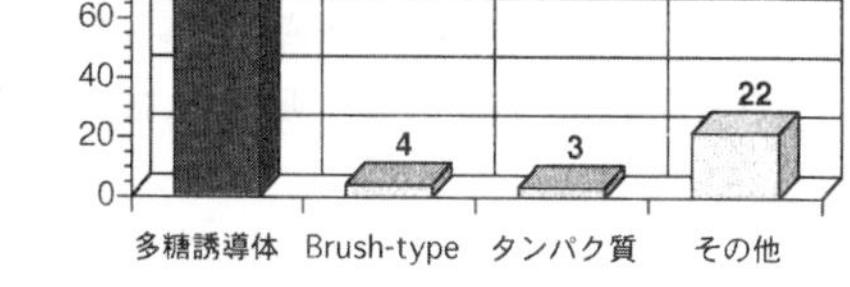

図14　2003年の*Tetrahedron Asymmetry*に掲載された論文中で光学純度決定に用いられたキラル固定相の内訳

表1　現在市販されている多糖誘導体型HPLC用キラル固定相

破砕型	微結晶性セルロースアセテート（**1a**）	Chiralcel CA-1 Cellulose Triacetate Cellulose Cel-AC-40XF	a b c
コーティング型	セルロース誘導体 トリアセテート（**1a**） トリベンゾエート（**1b**） トリス(4-メチルベンゾエート)（**1c**） トリシンナメート	Chiralcel OA Chiralcel OB Chiralcel OJ Chiralcel OK	a
	トリフェニルカルバメート（**2a**） トリス(3,5-ジメチルフェニルカルバメート)(**2q**) トリス(4-クロロフェニルカルバメート)(**2c**) トリス(4-メチルフェニルカルバメート)(**2g**)	Chiralcel OC Chiralcel OD Chiralcel OF Chiralcel OG	a
	アミロース誘導体 トリス(3,5-ジメチルフェニルカルバメート)(**3**) トリス((S)-1-フェニルエチルカルバメート)((S)-**5b**)	Chiralpak AD Chiralpak AS	a
化学結合型	アミローストリス(3,5-ジメチルフェニルカルバメート)(**3**)	Chiralpak IA	a

a : Daicel, b: Merck, c : Macherey-Nagel

結合型が市販された。一般のシリカベースのHPLCカラムに使用できる溶媒であれば使用可能であり，より多くのキラル化合物の分離が可能になると期待される。また，多糖誘導体が膨潤・溶解する溶媒を誤って流し，キラルカラムが使えなくなってしまう危険性がなくなることから，コーティング型カラムにかわって，今後，普及していくものと思われる。

4.7　おわりに

以上，天然に存在する入手の容易な光学活性高分子である多糖の光学分割剤としての機能化について述べてきた。この多糖誘導体型キラル固定相を用いた光学分割は現在すでにキラル化合物の分離，分析に欠かせない手法として広く様々な分野で用いられているが，SMB（Simulated Moving Bed：疑似移動床法）とよばれる工業規模分離からキャピラリーカラムを用いた超微量分析まで，分離技術の進歩に伴いその重要性は今後ますます高くなると思われる。また，多糖誘導体の不斉識別機構の解明が進むことで，より高い光学分割能を有する誘導体，分離目的に応じたキラル充填剤の設計や開発，カラムの選択が可能になると期待される。

文　　献

1) J. Caldwell, *J. Chromatogr. A*, **719**, 3 (1996)
2) Chirality Drug Analysis, *Chem. & Eng. News*, March 19, 36 (1990)
3) FDA's Policy Statement for the Development of New Stereoisomeric Drugs, *Chirality*, **4**, 338 (1992)
4) C. Yamamoto, *et al.*, *Bull. Chem. Soc. Jpn.*, **77**, 227 (2004)
5) Y. Okamoto, *et al.*, *Angew. Chem., Int. Ed.*, **37**, 1020 (1998)
6) M. Kotake, *et al.*, *J. Am. Chem. Soc.*, **73**, 2975 (1951)
7) G. Hesse, *et al.*, *Chromatographia*, **6**, 227 (1973)
8) G. Hesse, *et al.*, *Liebigs Ann. Chem.*, **1976**, 966
9) T. Shibata, *et al.*, *J. Liq. Chromatogr.*, **9**, 313 (1986)
10) Y. Okamoto, *et al.*, *Chem. Lett.*, **1984**, 739
11) T. Shibata, *et al.*, *Chromatographia*, **24**, 552 (1987)
12) Y. Okamoto, *et al.*, *J. Chromatogr.*, **363**, 173 (1986)
13) Y. Okamoto, *et al.*, *J. Am. Chem. Soc.*, **106**, 5357 (1984)
14) E. Yashima, *et al.*, *Synlett*, **1998**, 344
15) B. Chankvetadze, *et al.*, *Chem. Lett.*, **2000**, 1176
16) B. Chankvetadze, *et al.*, *J. Chromatogr. A*, **787**, 67 (1997)
17) Y. Okamoto, *et al.*, *Chem. Lett.*, **1987**, 1857
18) Y. Okamoto, *et al.*, *Bull. Chem. Soc. Jpn.*, **63**, 955 (1990)
19) Y. Okamoto, *et al.*, *J. Chromatogr. A*, **666**, 403 (1994)
20) Y. Kaida, *et al.*, *J. Chromatogr.*, **641**, 267 (1993)
21) Y. Kaida, *et al.*, *Chirality*, **4**, 122 (1992)
22) Y. Kaida, *et al.*, *Chem. Lett.*, **1992**, 85
23) T. Kubota, *et al.*, *J. Am. Chem. Soc.*, **122**, 4056 (2000)
24) T. Kubota, *et al.*, *Chirality*, **14**, 372 (2002)
25) Y. Okamoto, *et al.*, *Reactive & Functional Polymers*, **37**, 183 (1998)
26) C. Yamamoto, *et al.*, *Chem. Lett.*, **2000**, 12
27) C. Yamamoto, *et al.*, *J. Chromatogr. A*, **1021**, 83 (2003)
28) Y. Okamoto, *et al.*, *J. Liq. Chromatogr.*, **10**, 1613 (1987)
29) E. Yashima, *et al.*, *J. Chromatogr. A*, **677**, 11 (1994)
30) N. Enomoto, *et al.*, *Anal. Chem.*, **68**, 2789 (1996)
31) T. Kubota, *et al.*, *Chem. Lett.*, **2001**, 724
32) T. Kubota, *et al.*, *Chirality*, **15**, 77 (2003)
33) T. Kubota, *et al.*, *J. Polym. Sci., Part A: Polym. Chem.*, **42**, 4704 (2004)
34) C. Yamamoto, *et al.*, *Chem. Commun.*, **2001**, 925
35) J. Reuter, *et al.*, *Eur. J. Org. Chem.*, **2000**, 3059
36) O. Lukin, *et al.*, *Angew. Chem., Int. Ed.*, **42**, 442 (2003)
37) U. Vogt, *et al.*, *Ber. Bunsenges. Phys. Chem.*, **89**, 1217 (1985)
38) C. Yamamoto, *et al.*, *J. Am. Chem. Soc.*, **124**, 12583 (2002)

39） Y. Okamoto, *et al., Chirality*, **5**, 616 (1993)
40） E. Yashima, *et al., J. Am. Chem. Soc.*, **118**, 4036 (1996)
41） E. Yashima, *et al., Enantiomer*, **2**, 225 (1997)
42） C. Yamamoto, *et al., Bull. Chem. Soc. Jpn*, **72**, 1815 (1999)

5　シゾフィラン超分子

櫻井和朗*

5.1　はじめに

古くから中国ではサルノコシカケをはじめとするある種のキノコ類を不老長寿の霊薬として珍重してきた。その中に“スエヒロタケ”とよばれる茸があり，滋養補助や婦人病に良いと言われている[1]。近代になって，スエヒロタケの有効成分がβ-1,3-グルカンの一種のシゾフィラン（SPG，化学構造図１）である事や，β-1,3-グルカンに抗腫瘍活性があることが見出された[2,3]。わが国では，シゾフィランは台糖㈱によって企業化されており，進行性子宮頸癌に対する筋肉注射製剤として産婦人科医にとってはなじみ深い薬である。

天然のシゾフィランは，通常，図１のモデルのような三重螺旋の状態で菌より産出される[4]。これをDMSO等の極性有機溶媒に溶解すると螺旋が解けてランダムコイル状の単一鎖となる[5]。この状態から溶媒を水に戻すと，疎水性相互作用と水素結合によって分子間の結合が生じ，部分的ではあるが三重螺旋の構造が再生される[6,7]。この様に非天然の状態から天然の状態に戻すことを“Renature”と呼ぶが，筆者らはシゾフィランの“Renature”の過程に核酸が存在すると，三重螺旋の一つの鎖が核酸によって置き換わった複合体ができる事を発見した[8,9]。本稿では，この新しく発見された多糖・核酸の複合体の性質とその応用の可能性に関して超分子化学の立場から紹介する。

超分子とは“複数の分子が非共有結合で会合し，その化学特性は個々の持つ特性の単なる足し合わせではなく，分子系全体で独自の新しい特性を持つもの”と定義されている[10]。超分子化学は分子認識化学を基礎にして発展してきたため低分子の研究が多いが，“足し合わせた結果が単純和より大きくなる”との発想はポリマーブレンドの分野で相乗効果として古くから知られてい

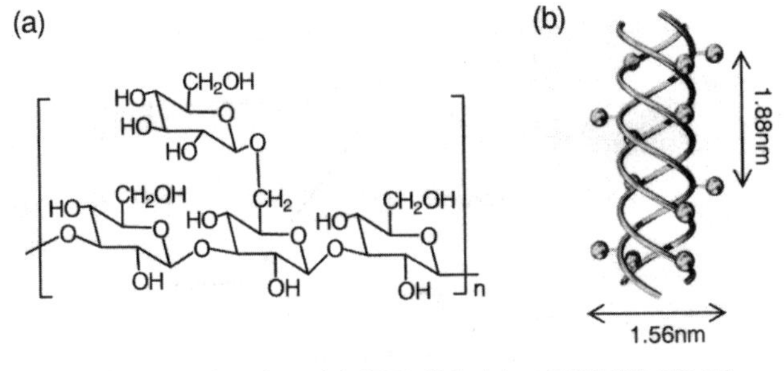

図１　シゾフィラン（SPG）の（a）繰返し単位（b）３重螺旋構造の模式図

＊　Kazuo Sakurai　北九州市立大学　国際環境工学部　教授

る。しかし，ポリマーブレンドではバルクとしての性質を相乗するに留まり，分子の個性を増幅・相乗するといった本来の意味での超分子化学の研究例は少ない。核酸のコンフォメーションは，疎水相互作用，水素結合サイト，静電相互作用のバランスによって決まり，超分子の材料として魅力に富んでいる。事実，核酸・タンパク質複合体やリボザイムの機能など，セントラルドグマはまさに高分子が長分子として振舞うことによって成り立っている。

5.2　複合体の形成

図1に示したシゾフィランは，ある種の核酸と複合体を形成するが，その複合体形成に伴う円偏光二色性スペクトルと紫外光吸収スペクトルの変化を図2に示す。ここで，poly(C)はポリシチジル酸の略称で1本鎖のホモRNAである。水溶液中のpoly(C)は，リン酸アニオンの静電反発とシトシン間の疎水的引力によって，螺旋状のコンフォメーションを取っているため，強い円偏光二色性を示す。このpoly(C)に単一鎖のシゾフィラン（s-SPG）を混合すると複合体が形成され，円偏光二色性スペクトルでは280nmのバンドが大きくなると共に，240nmに新しいピークが生まれている。また，紫外光吸収スペクトルでは顕著な淡色効果が見られる。この波長領域にはシゾフィランは吸収を持たないこと，シトシンは特徴的な$\pi-\pi^*$遷移を270nmあたりに持つこと

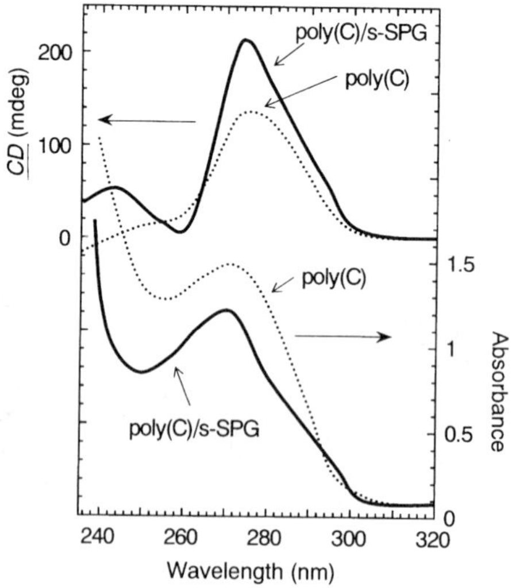

図2　poly(C)のSPGとの複合体形成による円偏光二色性スペクトル（上）と紫外吸収スペクトル（下）の変化
s-SPGは一本鎖のシゾフィランを指す。

表1　主な多糖の構造と核酸との複合化

多糖	繰り返し単位	結合様式	側鎖	複合体の形成
アミロース	α-D-glucose	1→4	なし	×
カラギナン	β-D-galactose	1→4および1→3	スルホン酸基	×
セルロース	β-D-glucose	1→4	なし	×
デキストラン	α-D-glucose	1→6	α(1→3) または α(1→4)	×
プルラン	α-D-glucose	1→6	なし	×
レンチナン	β-D-glucose	1→3	β(1→6)	○
カードラン	β-D-glucose	1→3	なし	○
シゾフィラン	β-D-glucose	1→3	β(1→6)	○

より，図2に示した変化は，poly(C)内のシトシン基の立体的な位置関係が変化したこと，すなわち，シゾフィランと複合体を形成する事によってpoly(C)のコンフォメーションが変化したことを示す。ところで，ポリカチオンと核酸がイオン対形成により複合体を形成することは以前から知られている。この複合体について，図2と同様の条件で円偏光二色性スペクトルを測定すると，スペクトル強度は減少する。これは，複合体形成によってシトシン基の積み重なりが乱れ，poly(C)が乱れたコンフォメーションを取るためと説明される。図2では，ポリカチオンの系と比べて正反対の結果が観測されている。すなわち，シゾフィランとpoly(C)からなる複合体ではシトシン基の積み重なりは保たれているか，むしろ淡色効果と円偏光二色性の増加が観測されることより，poly(C)単体に比べてより規則正しい塩基の積み重なりが起こっていると考えられる。表1に示すように，この複合体形成現象は，シゾフィラン特有のものではなく，他のβ-1,3-グルカンであるカードラン，レ

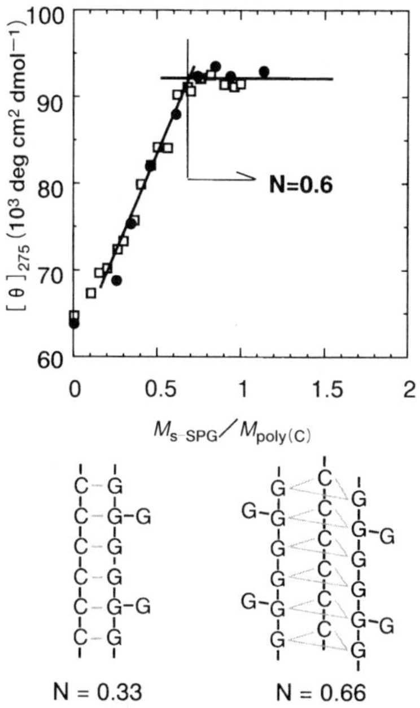

図3　poly(C)のモル濃度を一定にして，一本鎖シゾフィランの濃度を変化させた時の波長275nmでの分子楕円率の変化

複合体の組成は変曲点より，モル比＝0.6±0.05と求まる。下の模式図は，2本鎖と3本鎖のモデル。Gはグルコース，Cはシチジル酸単位を表す。モル数の計算には，シゾフィランは4グルコースで，poly(C)は1シチジル酸でそれぞれ1モルとした。

ンチナンでも観測され，β-1,3-グルカンの普遍的な特徴であることが分かっている[11,12]。

図3に，poly(C)の濃度を一定にしてシゾフィランの濃度を変化させた時の波長275nmの分子楕円率（$[\theta]_{275}$）の変化をシゾフィランとpoly(C)のモル濃度の比として示した。モル濃度比の低い領域では，$[\theta]_{275}$は直線的に上昇していくが，モル濃度比＝0.6のところで明瞭な屈曲点を示した後に$[\theta]_{275}$の値は一定となる。この屈曲点から複合体の化学両論比がN＝0.6と求まる[13]。この値は，複合体を形成する他の核酸でもほぼ同じであり，ゲル電気泳動や蛍光偏光解消度などの他の測定方法でも同じ値が得られる。このN＝0.6を説明するには，図3の下に示した2重螺旋ではなく，シゾフィランのβ-1,3-グルカン主鎖を構成するグルコース2分子と核酸1分子からなる3重螺旋を考える必要がある。

5.3　複合体の解離挙動

図4に円偏光二色性スペクトルの極大値$[\theta]_{max}$を温度に対してプロットした。poly(C)やpoly(A)のみの溶液では温度の上昇に従い$[\theta]_{max}$は連続的に低下する。一方，poly(A)やpoly(C)はシゾフィランと複合体を形成するために，低温において大きな$[\theta]_{max}$を示す。温度の上昇にともない，poly(A)の系では32℃で，poly(C)では55℃で急激に$[\theta]_{max}$が減少した後は，それぞれのRNAのみの溶液に対応する直線に合流する。この挙動は，DNAの二重螺旋の融解現象ときわめて類似し，複合体の解離が協同的に行われることを示している。さらに興味深いのは，poly（C）とpoly(A)の複合体では，解離温度が20度も異なる事実である。DNAの二重螺旋の融解温度は，CG含量に比例して高くなり，ATのみでは65度，CGのみは100度程度である。この融解温度の差

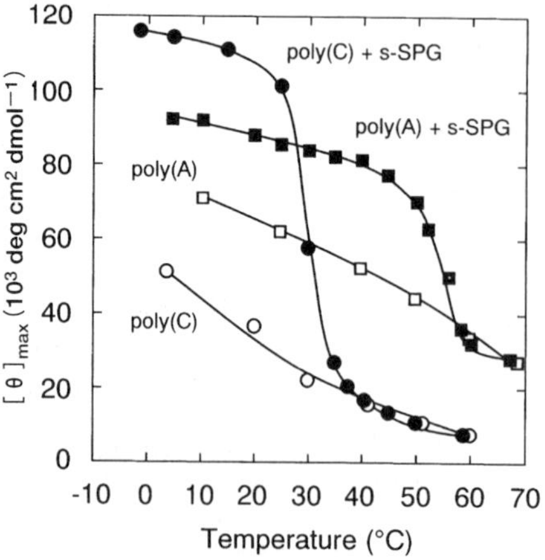

図4　昇温による複合体の解離挙動

表2　無塩水溶液中における複合体の形成と一本鎖核酸の構造

一本鎖核酸		複合体形成	*Tm*／℃	核酸の構造
RNA	poly(C)	○	54	ランダムコイル
	poly(A)	○	32	ランダムコイル
	poly(U)	×		ヘアピン構造（分子内水素結合）
	poly(G)	×		G-カルテット（分子内水素結合）
	poly(I)	×		分子内水素結合
DNA	poly(dC)	×		分子内水素結合
	poly(dA)	○	(40)* 80	ランダムコイル
	poly(dT)	○	10	ランダムコイル
	poly(dG)	×		G-カルテット（分子内水素結合）

*構造変化温度

は，塩基対の水素結合数が融解エンタルピーの差として反映されているためである（ATは2対，CGは3対）。シゾフィランの化学構造にAとGの区別する塩基特異的な水素結合部位があるとは考えにくいが，この熱解離挙動の差は水素結合が複合体形成に大きく関与していることを示唆している。

表2に示すように，このような複合体形成および熱解離挙動は，poly(A)，poly(dA)やpoly(T)などの1本のホモ核酸との間でも起こり，塩基によって融解温度が異なる。核酸の塩基数は，poly(dA)について，40塩基以上で融解温度50℃の安定した複合体を形成する[11]。200塩基のpoly(dA)との複合体では，融解温度65℃まで上昇する。さらに，シゾフィランは酸性溶液中のpoly(A)やpoly(C)，中性溶液のpoly(G)やpoly(dG)などとは複合体を形成しない。これらの溶液中では，核酸塩基の水素結合サイトがすでに占有されていて，シゾフィランが存在しても水素結合を介して複合体を作りえないためと考えられる。この事実からも，水素結合が複合体形成に大きく関与していることが推定できる。シゾフィランの側鎖にアミノエタノールなどを付加し，カチオン化することで，核酸との静電的相互作用を持たせ，熱安定性を向上させることが可能である[15]。

5.4　複合体の構造

アトキンスらが古くから示しているように，β-1,3-グルカン類は，主鎖グルコースの2位の水酸基が水中でも水素結合を形成することができる[16]。古典的には，図5(a)に示した様に，同じ高さのグルコースが分子鎖間で水素結合をつくっていると考えられて来た。この図は多くの論文に引用され，教科書にものっている。しかし，三好・上江洲らは，もっとも単純なβ-1,3-グルカンであるカードランの構造を最新の計算化学の手法を用いて検討し直したところ，図5(b)に示した様に，主鎖の右巻きのグルコースとは逆巻きである左巻き水素結合のほうが，古典的な三角形型の水素結合より安定であることを見つけた[17]。この構造を基に，カードランとpoly(C)と

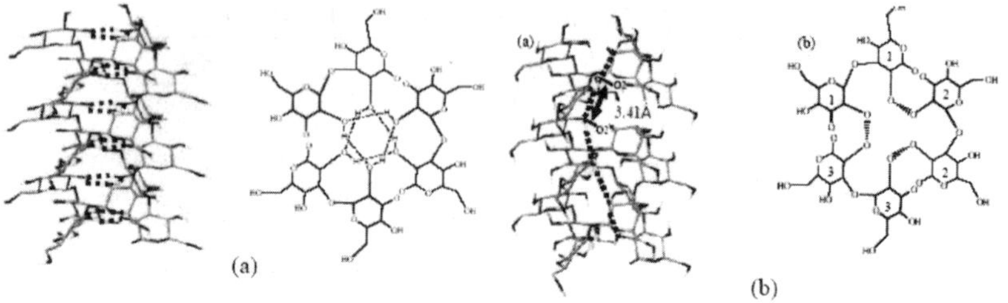

図5　古くからβ-1,3-グルカンの3重らせんに存在するとされている水素結合様式（a）と計算化学的手法により導き出された左巻きの水素結合アレイ（b）

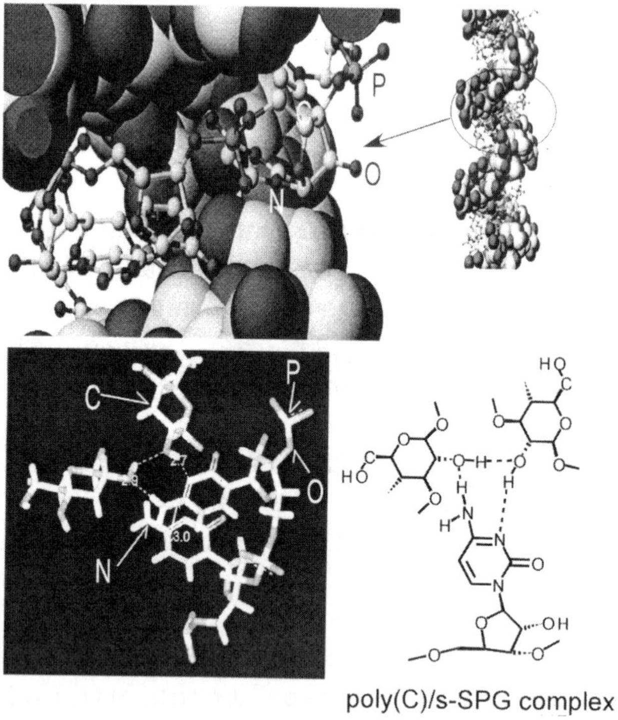

図6　MOPACで得られたpoly(C)／SPG複合体の構造および推定している複合体の結合様式
左下の図に水素結合間の原子間距離（Å）を示す。糖はCPK，核酸はstickモデルで示す。

の複合体について分子動力学とMOPACを組み合わせて，最安定な状態を計算したところ，図6に示すように，糖鎖2本と核酸鎖1本からなる三重螺旋構造をとっていることが示された。この様な複合体の棒状形態は，走査型電子顕微鏡（SEM）や原子間力顕微鏡（AFM）からも確認された[18]。また，広角X線散乱（WAXS）からも塩基が分子軸に垂直な方向にスタッキングしていることが判明した。

5.5　複合体の塩濃度依存性

poly(C)やpoly(A)とシゾフィランから成る複合体の形成や安定性は，塩濃度に対して大きな依存性はない。しかしながら，poly(U)とpoly(dA)の場合は，核酸の構造に対する塩による影響が強く，特異的な塩濃度依存性が観測された。表２に示したように，無塩条件下においてpoly(U) 自身で分子内水素結合を形成しているため，poly(U)がシゾフィランと複合体を形成することはない。しかしながら，これは一定濃度以上のカリウムイオンやルビジュームイオンなどを添加することで形成させることができる。この複合体にクリプタンドのようなカリウムイオンのキレート剤を添加すると，複合体を解離させることができ，複合体形成のオン・オフを制御することが可能となる[19]。表２に示したように，無塩条件下において，poly(dA)とシゾフィランの複合体は，40℃で構造変化を起こす。この構造変化は，温度依存的にpoly(dA)のデオキシリボース環の構造とアデニンの配向が変化したためである。高塩濃度においては，無塩条件下とは全く異なる構造変化を見せるが，その熱安定性に大きな変化はない[20]。

5.6　β-1,3-グルカンの構造と複合体の安定性

β-1,3-グルカン・核酸複合体の形成および得られた複合体の熱力学的安定性はβ-1,3-グルカン，核酸鎖それぞれの分子量に依存する。シゾフィランの分子量に対して複合体の融解温度をプロットすると，分子量の増大に伴い，融解温度の上昇が観測された。一方，側鎖を持たないシゾフィランともいえるカードランでは，高分子量過ぎても低分子量過ぎても複合体が不安定化する複合体形成の最適分子量範囲が存在する。この範囲は，複合化するホモ核酸の種類に応じて異なり，分子量を制御したシゾフィランとカードランによる核酸のアフィニティー分離への応用が期待される[21]。この現象は，シゾフィランとカードランの側鎖の有無による疎水性の強さの違いにより説明できる。さらに，緩和スミス分解によりシゾフィランの側鎖を任意の割合で欠乏させることにより，シゾフィランとカードランの中間のβ-1,3-グルカンを合成した。このシゾフィラン誘導体を用いた複合体の融解温度を側鎖の割合に対してプロットしたところ，側鎖の減少に伴って融解温度が上昇した。ここで用いたシゾフィランの平均分子量は一本鎖で15万であり，この分子量に相当するカードランでは疎水性が強すぎて核酸との複合体を形成しない。つまり，複合体の熱安定性において，シゾフィランの側鎖をいくら除去しても一分子でも側鎖があれば，カードランに近づくどころか，逆の性質を示すことになる[22]。このことは，計算化学的手法からも明ら

かとなっている。

5.7　シゾフィラン-核酸複合体形成と核酸二重鎖の形成

25mM以上のNaCl濃度条件下で，シゾフィランはpoly(dA)と融解温度65℃の安定した複合体を形成する。5℃で，この複合体にpoly(dA)の相補鎖であるpoly(T)を添加すると，速やかに複合体が解離し，DNAの二重鎖を形成する[23]。同塩濃度条件下で，この二重鎖の融解温度は50℃であり，熱安定性は複合体の方が高い。複合体形成には40塩基以上の核酸が必要であるのに対し，核酸の二重鎖形成には僅か数塩基で可能である。また，複合体では核酸同士よりも緩やかな水素結合と疎水相互作用によって形成されている。これらのことが，融解温度に必ずしも依存しない"形成しやすさ"に影響し，複合体に相補鎖を添加すると，核酸鎖のリリースとハイブリダイゼーションが起こるものと考えられる。この現象は，塩濃度に依存し，無塩条件下（10mM Trisを含む）では起こらず，10mM NaClでは部分的に起こる。さらに，添加する相補鎖をpoly(U)に代えると，同様のリリース，ハイブリダイゼーションを起こすには，NaCl濃度を1Mまで上昇させる必要がある。低塩濃度では，これとは逆で，シゾフィランがpoly(dA)-poly(U)二重鎖を解離させ，シゾフィラン-poly(dA)複合体を形成する現象が観測される[24]。これらの現象は，核酸の分離・検出への応用が期待される。

5.8　β-1,3-グルカン・核酸複合体の配向性

核酸の二重らせんは，一方の一本鎖核酸とその相補鎖がアンチパラレルな配向によって形成されている。シゾフィランと核酸が形成する複合体においても一定の配向が存在することが考えられる。この配向性は，実験系とMOPAC計算により明らかにされた。実験系では，末端をテトラメチルローダミン（TAMRA）で標識した核酸と金ナノ粒子を固定化したカードランを用いた蛍光-消光によって検討を行った。カードランへの金ナノ粒子の固定化は，2鎖のカードランの還元末端にスペーサーを介したチオールを修飾することで自己会合させた。図7（b）に示したモデルの要領で，金ナノ粒子を共存させたチオール修飾カードラン（SS-CUR；図7（a））を3'-末端あるいは5'-末端にTAMRAで標識したpoly(dA)(3'-TAMRA，5'-TAMRA）と複合化させ励起光を照射したときの挙動を観側した。カードランの還元末端と核酸の3'-末端が接する配位をパラレル配置，その逆をアンチパラレル配置とした。図8（a）は，3'-TAMRAと5'-TAMRAのUVスペクトルを示す。poly(dA)由来の吸収と考えられる260nmとTAMRA由来の吸収と考えられる557nmに極大が観測された。図8（b）は，557nmで励起した複合体サンプルの蛍光スペクトルを示す。金ナノ粒子（Au）を添加しない系では，580nmに極大を持つTAMRA由来の蛍光が観測された。これにAuを添加すると，3'-TAMRAと5'-TAMRAに顕著な差が生じた。すなわ

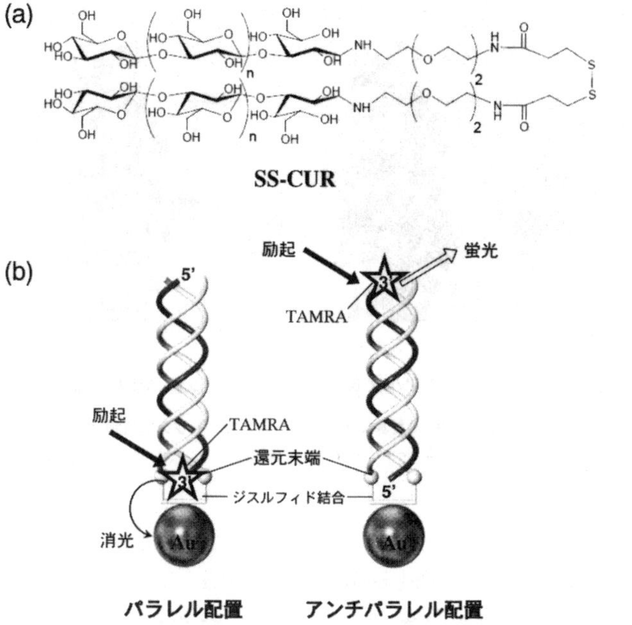

図7　(a)スペーサーを介したチオール化カードラン（SS–CUR）の化学構造式（b)SS–CURとTAMRA標識poly(dA)から成る複合体のパラレル－アンチパラレル配置モデル

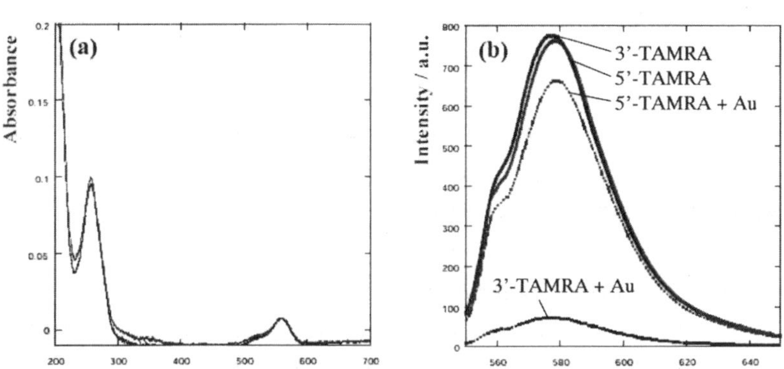

図8　(a)TAMRA標識poly(dA)のUVスペクトル（b)SS–CURとTAMRA標識poly(dA)から成る複合体の金ナノ粒子存在下および非存在下における蛍光スペクトル

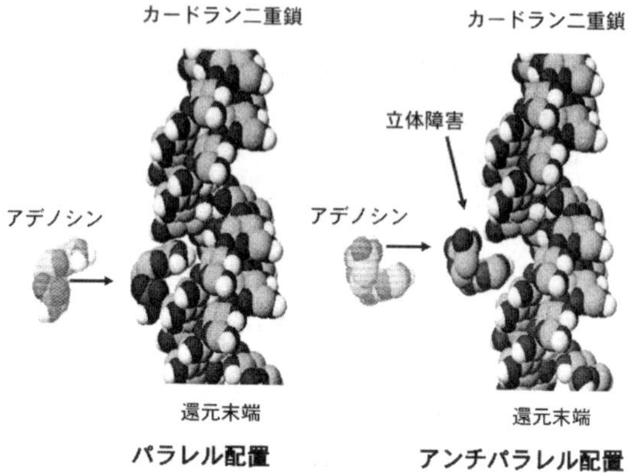

図9　MOPAC計算により与えられたカードラン二重鎖とアデノシンのパラレル－アンチパラレル配置

ち，3'-TAMRAとpoly(dA)の複合体では，大幅な消光が見られた。一方，5'-TAMRAとpoly(dA)の複合体ではほとんど消光しなかった。この結果は，パラレル配置を強く示唆するものである。これと同様の結果が，核酸とカードランのそれぞれの末端にそれぞれTAMRAとFITCで標識した蛍光エネルギー移動（FRET）による蛍光スペクトル変化からも得られた。

さらに，計算化学的手法によってこの結果を裏付けた。図9は，MOPAC計算により与えられたカードラン二重鎖とアデノシンの配置を示す。(a) パラレル配置では，アデノシンのリボース環が還元末端側に配置されるため，カードランの溝深くに無理なく進入することができる。一方，(b) アンチパラレル配置では，リボース環が立体障害となり，塩基が溝深くに浸入できずに水素結合を形成することができない。複合体の各鎖が接するある連続した6ユニットの構造をxy平面で算出したところ，パラレル配置では歪みのない安定した構造が観測された。一方，アンチパラレル配置では各鎖の構造に大きな歪みが生じた。

5.9　シゾフィラン－核酸複合体の機能と応用

シゾフィランと核酸から成る複合体は，水素結合と疎水相互作用によって形成される特異的かつ安定した構造を保持している。本稿で紹介した機能の他にも，シゾフィランの核酸への複合化によるヌクレアーゼに対する耐性[25]やタンパク質の非特異吸着の抑制[26]といった機能も持ち合わせている。これまでの研究で，シゾフィランと核酸から成る複合体を用いてmRNAの分離[27]・検出[28,29]，アンチセンスDNA[26,30~34]，免疫活性化配列であるCpGモチーフ[35]やプラスミドDNA[36,37]

のデリバリーへの応用を試みている。また，シゾフィランの内側の疎水空間を利用したカーボンナノチューブのラッピングとそれによる水への可溶化を見出した[38]。シゾフィランに代表される β-1,3-グルカン類は，他に類を見ない機能を有する多糖であり，幅広い応用が期待される。

最後に，シゾフィランの試料を提供していただいた台糖㈱，多大なる御指導をいただいた新海征治教授をはじめ，共同研究者の沼田宗典，上江洲一也，三好賢太郎，水雅美，甲元和也，木村太郎，穴田貴久各氏に感謝したい。最後に，本研究を遂行するにあたり絶大なる支援を頂いたJST本部やSORST事務局の方々に感謝したい。また，この研究を台糖側から支えて頂いた故田畑研究所長のご冥福をお祈りしたい。

文　　献

1) C. Hobbs, Botanical Press, p158 (1991)
2) S. Kikumoto *et al., J. Agric. Chem. Soc. Jpn.*, **44**, 337 (1970)
3) G. Chihara *et al., Nature*, **222**, 687 (1969)
4) T. Norisuye *et al., J. Polym. Sci., Polym. Phys. Ed.*, **18**, 547 (1980)
5) T. Sato *et al., Carbohydr Res*, **95**, 195 (1981)
6) S. Sato *et al., Polym. J.*, **15**, 87 (1983)
7) T. M. McIntire *et al., J. Am. Chem. Soc.*, **120**, 6909 (1998)
8) K. Sakurai *et al., J. Am. Chem. Soc.*, **122**, 4520 (2000)
9) K. Sakurai et al., Macromolecular Nanostructured Materials, Kodansha, p281 (2004)
10) 有賀克彦ほか，超分子化学への展開　岩波講座－現代化学への入門，岩波書店 (2000)
11) T. Kimura *et al., Chem. Lett.*, 1240 (2003)
12) K. Koumoto *et al., Chem. Lett.*, 908 (2001)
13) K. Sakurai *et al., Biomacromolecules*, **2**, 641 (2001)
14) M. Mizu *et al., Chem. Commun.*, **429** (2001)
15) K. Koumoto *et al., J. Chem. Soc., Perkin Trans. 1*, 2477 (2002)
16) E. D. T. Atkins *et al., Nature*, **220**, 784 (1968)
17) K. Miyoshi *et al., Chemistry & Biodiversity*, **1**, 916 (2004)
18) A. H. Bae *et al., Carbohydr Res*, **339**, 251 (2004)
19) K. Sakurai *et al., Biopolymers*, **65**, 1 (2002)
20) M. Mizu *et al., Polym. J.*, **35**, 714 (2003)
21) K. Koumoto *et al., Polym. J.*, **36**, 380 (2004)
22) K. Koumoto *et al., Biopolymers*, **75**, 403 (2004)
23) K. Koumoto *et al., Chemistry & Biodiversity*, **1**, 520 (2004)
24) R. Karinaga *et al., Biomacromolecules*, submitted

25）M. Mizu *et al., Biomaterials*, **25**, 3109（2004）
26）M. Mizu *et al., Bulletin of the Chemical Society of Japan*, **77**, 1101（2004）
27）木村太郎ほか，高分子加工，**52**，201（2003）
28）T. Anada *et al., Anal Sci*, **19**, 1567（2003）
29）R. Karinaga *et al., Chemistry & Biodiversity*, **1**, 603（2004）
30）甲元一也ほか，*Bio Industry*，**20**，30（2003）
31）T. Matsumoto *et al., Biochim Biophys Acta*, **1670**, 91（2004）
32）R. Karinaga *et al., Biomaterials*, in press（2004）
33）狩長亮二ほか，高分子加工，**53**（2004）
34）T. Hasegawa *et al., Org Biomol Chem*, **2**, 3091（2004）
35）M. Mizu *et al., J. Am. Chem. Soc.*, **126**, 8372（2004）
36）T. Nagasaki *et al., Bioconjug Chem*, **15**, 249（2004）
37）T. Anada *et al., Bioorg Med Chem Lett*, **14**, 5655（2004）
38）M. Numata *et al., Chem. Lett.*, in press

第2章　糖クラスターの設計と機能化

1　人工複合糖鎖高分子

小林一清*

1.1　はじめに

タンパク質あるいは脂質と結合しているオリゴ糖の鎖が，生命の本質に関わる重要な役割を果たしている[1]。細胞の増殖，分化，受精，ガン化，接着といった生命現象において，糖鎖が細胞の認識信号物質として，また生体内の活性発現の調節因子として重要な機能を担っていることが次々と実証されてきた。筆者らは，生物情報信号としての糖鎖の機能を活用して，生体機能物質を開発する基礎研究に取り組んでいる。単糖やオリゴ糖を結合した高分子物質を合成して，生物認識信号機能を発現する生医学材料や生体機能物質の開発を目指している。天然の多糖や糖タンパク質，糖脂質では実現できないような糖の機能を開拓することが目的であり，材料科学と生命科学の接点における重要課題であると考えて研究を進めている。

筆者らはいくつかの切り口で，糖鎖クラスター材料の開発に取り組んできた（図1）[2]。ビニル系，ペプチド系，DNAなどの高分子物質に糖鎖を結合したもの，金属錯体やフラーレンなどの

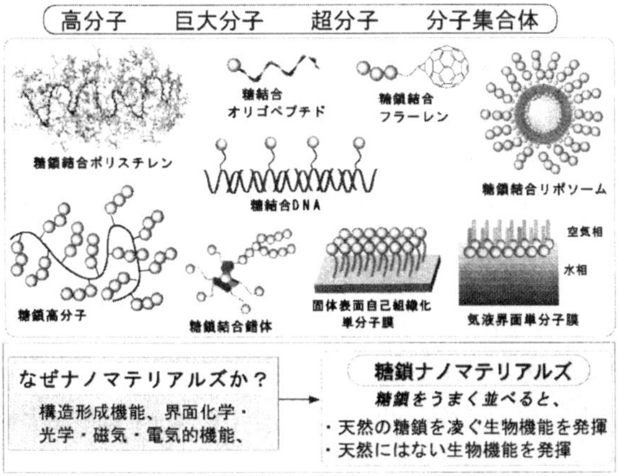

図1　糖鎖クラスター材料

* Kazukiyo Kobayashi　名古屋大学　大学院工学研究科　教授

巨大分子に糖鎖を結合したもの，さらにはリポソームに組み込んだもの，気液界面や基板上の単分子膜に組み込んだものなどについて，糖鎖機能物質の開発に関する研究を行ってきた。適当なスペーサーを介して，それぞれの材料の特徴を活かすことができれば有用な機能を発揮することができるものばかりである。糖鎖の結合の足場となる高分子物質，巨大分子，分子集合体などは，それぞれに特有の構造形成機能，界面化学機能，光学的・電気化学的な機能を備えている。そのために，糖鎖をうまく並べることにより，天然の糖鎖をしのぐ生物機能を発揮させたり，天然にはない生物的あるいは材料機能を発揮させたりすることが可能となる。

本稿では，まず糖鎖クラスター効果を概観してから，細胞特異的な糖鎖材料，細胞表層における糖鎖間相互作用の解析，感染症の防除を目指した糖鎖材料，糖鎖モジュール化法の提案，生分解性糖鎖高分子を目指した展開について述べたい。

1.2 糖鎖クラスター効果

糖鎖の認識シグナルとしての働きは，糖結合性タンパク質であるレクチンの認識サイトに糖鎖が結合して発揮される。しかし，水素結合や疎水性相互作用のような弱い力が主として働くので，単一の糖鎖と単一のタンパク質との相互作用は弱い。このような弱い相互作用を補うために，生体内では，細胞表面であれ，個々の糖タンパク質の場合であれ，糖脂質の場合であれ，糖鎖は集合化（クラスター化）して機能を増幅している[3]。必要に応じてタンパク質には糖鎖が密集して結合している。さらに，糖タンパク質や糖脂質が細胞膜上に均一に分布しているのではなくて，糖脂質があたかも海に浮かぶ大きな筏（raftと呼ばれることがある）のように集合体を形成して，それが情報伝達に関わっていると，最近では信じられるようになってきた。これらの現象は，「糖鎖多価（Multivalency）効果」あるいは「糖鎖クラスター効果」と呼ばれており，生体内での糖鎖の生物機能発現に重要である。

糖鎖リガンドの側の多価効果に加えて，受容体であるレクチンタンパク質の側からも多価効果が働く。図2は，扇形のタンパク質に丸い糖結合サイトを描いて，階層的な多価効果を説明しようとしている。第1段階は，タンパク質の一つのサブユニットの中に糖結合サブサイトがいくつかあるケースである。それぞれのサブサイトに糖部分が結合できるので，糖鎖結合力が大幅に増強される。第2段階は，タンパク質サブユニットが自己組織化して4次構造をとることにより，結合力がもっと増強される。4次構造の中でも，結合サイトの距離と配向に多様性があり，それに適合した糖鎖クラスターがもっとも強く結合できる。第3段階では，これがさらに細胞膜上やウイルス表層に集合化してくると，表層多価効果として現れてくる。

糖鎖多価効果の発現は，糖鎖医薬，糖鎖抗体，抗ウイルス剤，毒素阻害物質などの開発にとっても，最も基本となる設計指針となっている。糖鎖材料の設計は糖鎖多価効果をいかに有効に働

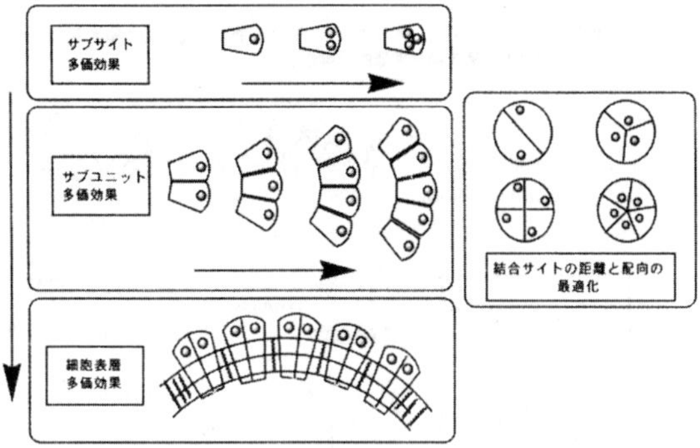

図２　レクチンにおける糖鎖クラスター効果

かせるかにかかっている。

1.3　細胞特異的接着材料

ラクトース置換ポリスチレン（略称PVLA）が肝細胞特異的培養材料として数々の優れた機能を発現することを1985年に報告した（図３）。赤池敏宏グループとの一連の共同研究が糖鎖クラスター材料開発の端緒となった。PVLAを疎水性の培養皿に吸着させると，肝細胞表層のアシアロ糖タンパクレセプターとガラクトース特異的にしかも強く相互作用して，肝細胞がよく接着する。さらに上皮細胞増殖因子（EGF）などを添加すると，多数の肝細胞が集合して組織体を形成した[1]。

この高分子の特徴は，親水性のオリゴ糖が疎水性のポリスチレンに結合した両親媒性の構造単

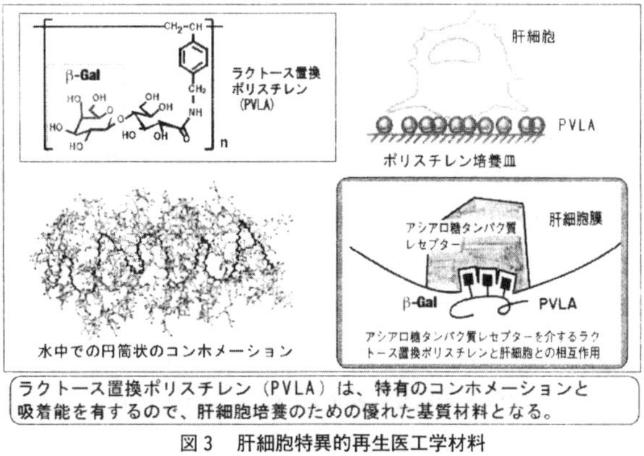

図３　肝細胞特異的再生医工学材料

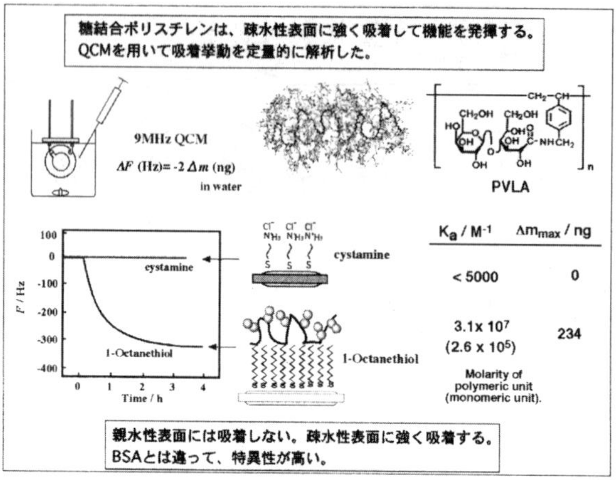

図4　糖結合ポリスチレンの吸着挙動

位をもつために，単独重合体が水溶液中で円筒状の超分子構造をとることである。小角X線回折の解析によると，円筒状の内部に疎水性のポリスチレン主鎖を包み込み，外筒部分に親水性の糖が高濃度に配列している[5]。糖が柔軟にかつ高密度に高分子表面に配列することによりクラスター効果が効率よく発現している。

また，高分子の吸着挙動が優れて特徴的であることを，図4にまとめるように水晶発振子による解析で明らかにした[6]。高分子は親水性表面にはほとんど吸着せず，疎水性表面にのみ強く吸着した。結合定数から判断すると，吸着しやすい蛋白質の代表である子牛血清アルブミン（BSA）よりも吸着力がおよそ100倍強い。このように，高分子が疎水性表面に強く吸着して，高密度で柔軟な糖が突き出した表面を形成することが肝細胞培養基質材料としての優れた特性となっている。

固体表面への吸着能を利用して，図5のような展開を最近行っている[7]。オクタデシル基を自己組織化させたシリコン基板にフォトマスクを介して真空紫外光（172nm）を照射すると，親水・疎水マイクロパターン化した基板が作成できる。この表面を両親媒性の糖鎖高分子の水溶液で処理すると，高分子が疎水性の表面だけに吸着することを，蛍光ラベル化したレクチンで染色したあと蛍光顕微鏡で確認した。光リソグラフィーの手法を用いたトップダウン方式と高分子の吸着によるボトムアップ方式との両方のナノテクノロジーを融合して，マイクロパターン化した表面が実に簡便に調製できるので，細胞接着実験など幅広い応用が可能である。再生医療への応用の鍵を握るナノバイオマテリアルとしての期待が大きい。

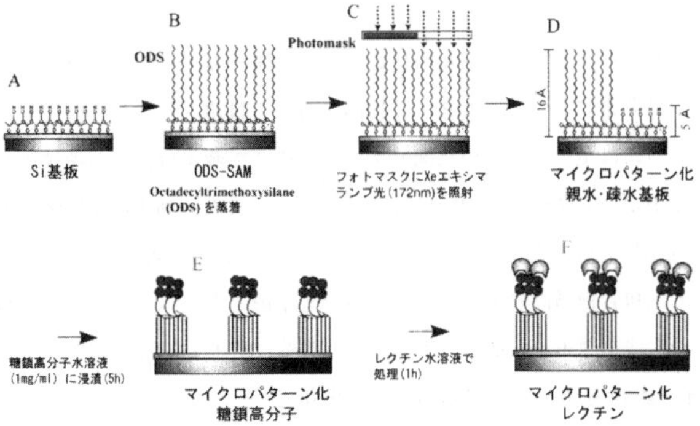

図5　糖結合ポリスチレンのマイクロパターン化

1.4　糖鎖間相互作用の解析ツール

1.4.1　糖鎖間相互作用とは

細胞同士が接着するような場合には，糖鎖とタンパク質との間あるいはタンパク質とタンパク質との間に強い相互作用が生じることはよく知られている通りである。しかし実はそれに先立って，細胞間の特定の糖鎖同士の間に弱いけれども速やかな相互作用が働いており，これが細胞接着の重要な初期過程であることを箱守らが指摘して（図6左），糖鎖生物学分野で広く関心を集めるようになった。糖鎖間相互作用の代表的な組み合わせとして，マウス初期胚のコンパクションのモデルとしてのルイスx糖脂質同士（Le^x–Le^x）の相互作用や，GM3糖脂質　(Neu5Acα2–3Galβ1–4Glcβ1–1Cer)　を強く発現しているマウスメラノーマB16細胞とGg3糖脂質（GalNAcβ1–4Galβ1–4Glcβ1–1Cer）を発現しているマウスリンホーマ細胞との間の（GM3–Gg3）相互

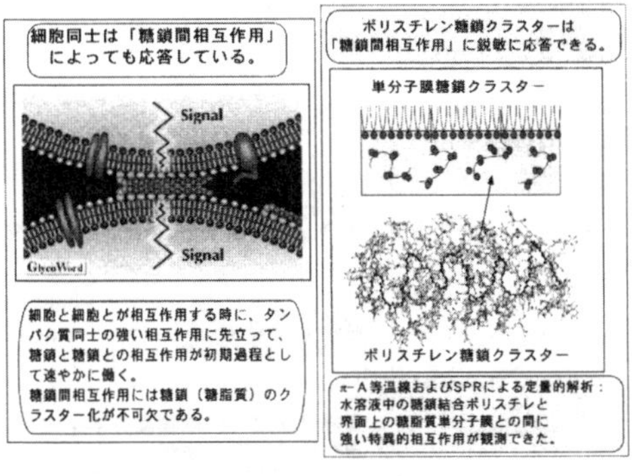

図6　糖鎖間相互作用の解析ツールとしての糖結合ポリスチレン

作用などがある。

これらの糖鎖間相互作用を解析するためにいくつかのモデル系が提案されている。しかし個々の糖鎖間相互作用は非常に弱いこともあって検出することは決して容易ではなく，必ずしも明確なデータが得られるには至っていない状況であった。そこで我々は，高い糖鎖密度をもつポリスチレン型糖鎖高分子が，レクチンや細胞に対して強いクラスター効果を発揮するのみならず，糖鎖間相互作用の検出にも威力を発揮するのではないかと考えた（図6右）。（GM3–Gg3）相互作用に着目して，人工複合糖鎖高分子と糖脂質水面単分子膜とを組み合わせて，糖鎖間相互作用を検出する2種類の手法を開拓し，糖鎖間相互作用が明確に解析・考察できるようになった[9]。

1.4.2 表面圧ー表面積（π－A）等温線による解析

図7上の構造式に示されているように，Gg3の3糖部分（GalNAcβ1–4Galβ1–4Glcβ1–）を結合したスチレン誘導体を合成し，その単独重合を行ってGg3結合ポリスチレンPN（Gg3）を得た。また，相手側の相補的な糖鎖としては，生体膜のモデルでありなおかつ高い糖鎖密度をもつ糖脂質水面単分子膜に着目した。

図7下の模式図に示すように，単独重合体PN（Gg3）を下水相に溶解させた後，GM3糖脂質のクロロホルム/メタノール溶液を気水界面に展開し，糖脂質の単分子膜を形成させた。GM3単分子膜のπ−A等温線を測定したところ，全ての表面圧にわたってGM3単分子膜をかなりの程度膨張させることが分かった。同濃度のモノマーを下水相に添加したときには，GM3糖脂質単分子膜はほとんど膨張しないことから，高分子特有の効果が現れている。

次に，糖鎖構造の異なる4種類の糖質高分子の糖鎖濃度を10^{-12}Mから10^{-6}Mの範囲にわたって

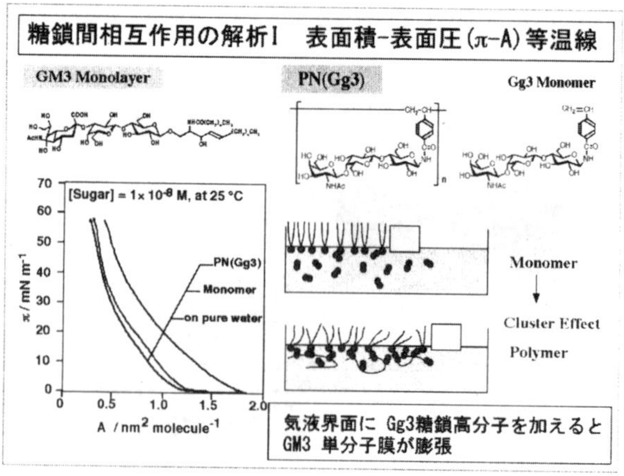

図7　表面積–表面圧等温線による糖鎖間相互作用の解析–1

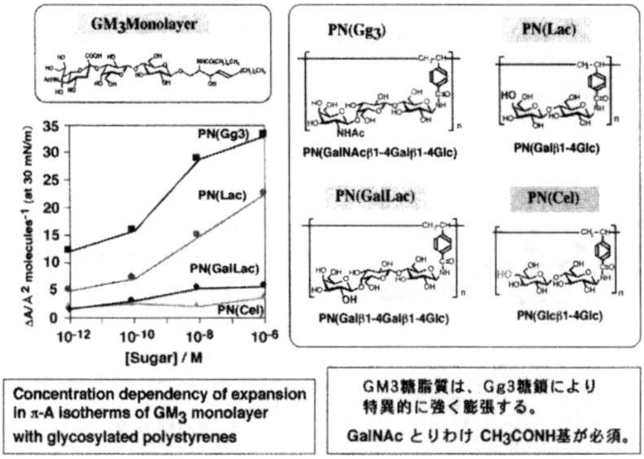

図8　表面積-表面圧等温線による糖鎖間相互作用の解析-2

変えて，GM3単分子膜のπ-A等温線を測定したところ，いずれも膨張の程度にかなりの違いが認められた。図8は，30mN/mの表面圧におけるGM3単分子膜の膨張率を糖鎖濃度に対してプロットした結果である。PN（Gg3）はGM3単分子膜を大きく膨張させたのに対し，NHAc 基がOH 基に置換されたPN（GalLac）ではほとんど膨張しなかった。また，Gg3のGalNAc部分のないラクトースを結合したPN（Lac）では，PN（Gg3）の半分程度の膨張を示した。一方，4'位のOH 基の立体配置が反転したセロビオース型ポリマーPN（Cel）ではほとんど膨張を示さなかった。したがって，GM3単分子膜に対する糖鎖間相互作用は，厳密な分子認識に基づいていることがわかる。しかも，糖鎖を高分子側鎖にクラスター化することで糖鎖間相互作用が増幅されて発現されていることが明らかとなった。

糖脂質の方の糖構造を変えた実験も行った。ラクトースを親水頭部に持つラクトシルセラミド（LacCer）を用いたときには，これらの糖質高分子が溶解していても顕著な単分子膜の膨張は見られなかった。GM3糖脂質末端の*N*-アセチルガラクトサミン（GalNAc）中のNHAcをOH基で置換した（KDN）GM3糖脂質はPN（Gg3）により膨張したが，その程度はGM3のときのおよそ半分以下であった。これらのこともまた，GM3単分子膜において観察された糖質高分子による膜の膨張が，特異的な糖鎖間相互作用に基づくものであることを裏付けている。それとともに，NHAc基が糖鎖間相互作用に重要な役割を担っていることを確認させる結果である。

1.4.3　表面プラズモン共鳴（SPR）による解析

図9にまとめるように，CM3糖脂質単分子膜を固定化したガラスプレートをプリズムに取り付けてSPRを測定し，糖質高分子の濃度に応じた共鳴角変化を解析して，構造ユニットあたりの結合定数（K_a）を求めて図中にリストした。GM3/PN（Gg3）の組み合わせは，GM3/PN（Lac）

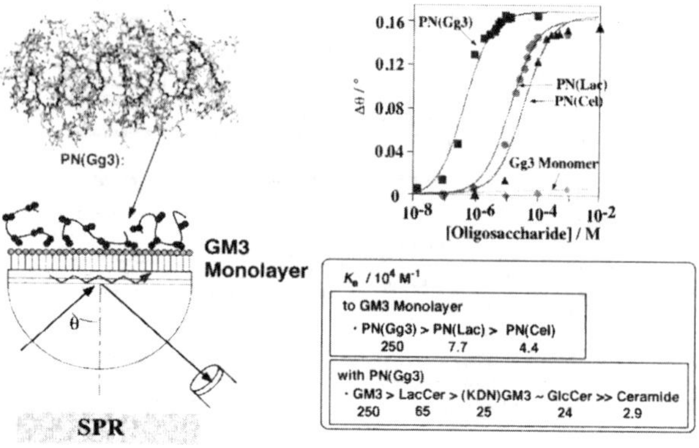

JACS, 122, 7406 (2000)

図9　表面プラズモン共鳴による糖鎖間相互作用の定量的解析

（ラクトース結合ポリマー）の32倍，GM3/PN（Cel）（セロビオース結合ポリマー）の57倍の強さで相互作用した。GM3とPN（Gg3）との間には，特異的かつ強い結合力が働いていることが確認された。一方，いくつかの糖脂質単分子膜に対する水溶液中の糖質高分子PN（Gg3）の結合力は，図中のような順序で低下した。

π－A等温線により求めた定性的なデータと併せると，GM3糖脂質のNeu5Ac残基およびPN（Gg3）のGalNAc残基にあるアセチルアミノ基がいずれも本質的に重要である。糖鎖間相互作用には，疎水的な相互作用と同じく，水素結合による相互作用が強く働いていることが分かってきた。

このように，ポリスチレン型糖鎖高分子と天然糖脂質とを組み合わせると，糖鎖と糖鎖の弱い相互作用が増幅して発現されてくる。ポリスチレン型糖鎖高分子が水中で特有のコンホメーションを形成し，しかも糖鎖が密にかつ柔軟に突き出ていることが，タンパク質との結合のみならず，糖鎖間相互作用にも十分に威力を発揮している。最近Glycoconjugate J.[9]に解説記事を書いたので参照されたい。

1.5　感染症防除のための糖鎖材料

1.5.1　インフルエンザウイルス捕捉材料

インフルエンザウィルスの表面にはスパイク状のタンパク質が多数突き出しており，これらのタンパク質が細胞表面上のシアリルオリゴ糖の鎖と結合することが足掛かりとなって，ウイルスが人体に侵入してくる（図10）。筆者らはシアリルラクトースを牛乳から単離して，保護基を用いない極めて簡便な手法によりスチレン誘導体と結合させたあと，ラジカル重合を行ってシアリ

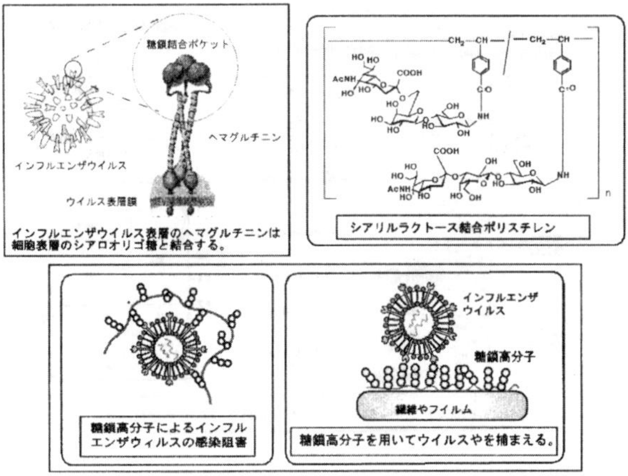

図10　インフルエンザウィルスを中和する糖鎖高分子

ルラクトース結合ポリスチレンを合成した。鈴木康夫教授グループのもとで[10]，A型インフルエンザウィルスを用いた赤血球凝集阻止試験を行ったところ，原料のシアリルラクトースに比べて，単独重合体では約1000倍強い阻止活性を示した。糖含量のかなり少ない共重合体であってもウイルスと赤血球の凝集を十分に阻害できた。MDCK細胞に対する感染中和活性もまた，ウシ胎児中の天然糖タンパク質フェツインに比較して約1000倍強く発現した。高分子をマイクロプレートに吸着させたあと，ウイルスを播種してELISA法にてウイルスを定量すると，ウイルスが固体表面に強く結合していることも分かった。

ジピリジン配位子に配位したルテニウム金属Ruは，化学的に安定であり，酸化還元活性，及び高い量子収率の蛍光性を有していることに着目した[11]。図11に示すように，化学的及び酵素的にシアロオリゴ糖鎖を有するRu錯体を合成した。まずは，末端にα-グルコースを有するビピリジンリガンドを合成し，Ruと錯形成させ，Ru錯体を骨格とする糖クラスター化合物を構築した。次に，インフルエンザウィルスと高い親和性を有するシアロオリゴ糖鎖（YDS-Asn）を基質として，酵素Endo Mの糖転移反応によりRu錯体にシアロオリゴ10糖を転移させた。Endo Mの糖転移反応により，Ru錯体のα-グルコース末端にシアロオリゴ糖鎖が１個及び２個転移した複合体（(YDS) -Ru conjugate）が得られた。

このconjugateはYDS-Asnと比較して，NeuAcα2-6Galに特異的なSSAレクチンにおいては約10倍，インフルエンザウィルス（A/Memphis/1/71（H3N2））においては約100倍も高い阻害活性能を発揮した。Ru錯体に結合しただけで飛躍的にインフルエンザウィルスとの親和性が増大

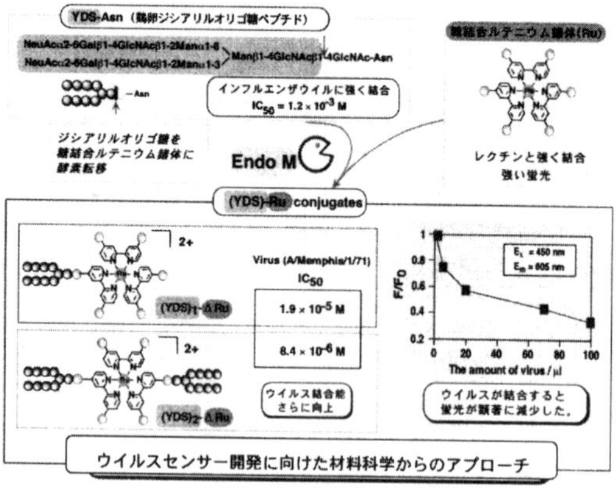

図11　インフルエンザウィルスを中和する糖鎖結合ルテニウム錯体

したのは，錯体の電荷による静電的相互作用及びアグリコン部位の疎水性相互作用などが原因である。また，このconjugateの溶液にウィルスを添加すると，蛍光の減少が観察された。(YDS)-Ru conjugateはインフルエンザウイルスセンサーとしての利用が期待できる。

1.5.2　大腸菌O-157志賀毒素を中和する人工複合糖質高分子

志賀毒素は図12の左上に示すように，AB_5サブユニット構造からなり，Bサブユニットはドーナツ状の5量体を形成して中央のAサブユニット（毒素本体）を囲んでいる。Bサブユニットには，3個の糖鎖結合サブサイトがあり，それぞれが細胞表層にあるGb3と呼ばれる糖脂質（Gal α

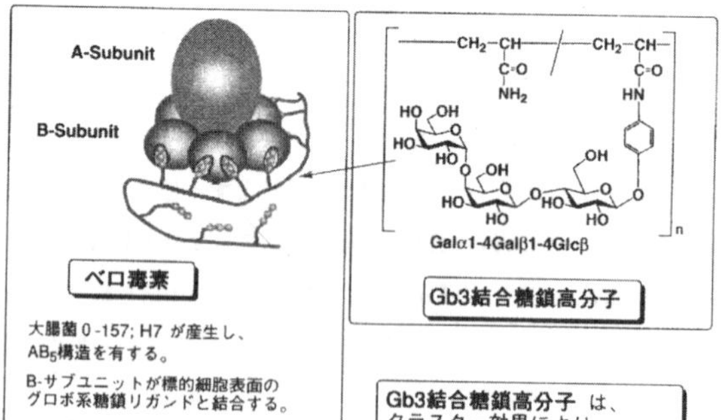

図12　志賀毒素を中和するGb3結合高分子

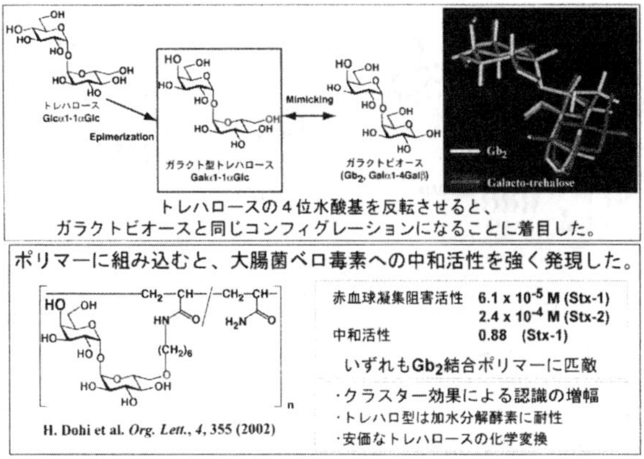

図13　志賀毒素を中和するガラクト型トレハロース結合糖鎖高分子-1

1-4Galβ1-4Glcβ1-Ceramide）の３糖やGb2糖脂質の２糖（Galα1-4Galβ1-Ceramide）と結合する。西田芳弘ら[12]は，ラクトースの化学変換を活用して３糖Galα1-4Galβ1-4Glcβおよび２糖Galα1-4Galβ1を合成し，これらを結合させた糖鎖高分子を調製した。これは志賀毒素と強く結合することが明らかになった。

糖鎖を感染症の防除などに活用する際の一つの課題は，天然型のオリゴ糖が生体内の酵素によって分解をうけて失活しやすいことである。そこで，非還元型オリゴ糖が，体内にある各種の加水分解酵素による分解をうけにくいことに着目した。非還元型オリゴ糖と還元型オリゴ糖の立体化学が，ある場合には極めて類似していることに以前から気づいていたことがこの研究の端緒となっている。

図13に掲げるように，α-D-ガラクトシルα-D-グルコース（Galα1-1αGlc：ここではガラクト型トレハロースと呼ぶ）が天然グロボ系のGb2型２糖（Galα1-4Galβ1）に類似した構造をとっている[13]。図13には，トレハロースを原料としてガラクト型トレハロースに化学変換するとともに，ラジカル重合法により高分子に組み込んだ構造が示してある。このものは，予期したように，天然Gb2を高分子に組み込んだものに匹敵する志賀毒素結合活性を発現した。Gb3型の３糖を結合した高分子に比較すると劣るけれども，糖鎖多価効果を発揮して志賀毒素の活性部位に強く結合できることは，糖鎖高分子ならではの効果である。

林原生物化学研究所にて酵素法によるガラクト型トレハロースの合成が報告され，同研究所から試料の提供を受けたので，次なる分子設計を試みた[14]（図14）。ガラクト型トレハロースとセバシン酸ジビニルとを工業触媒であるリパーゼを用いてピリジン中で反応させると，ガラクトース

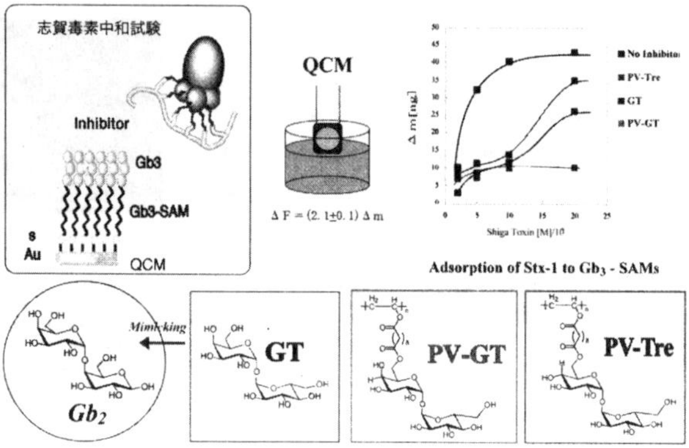

図14　志賀毒素を中和するガラクト型トレハロース結合糖鎖高分子-2

部位の6位の1級ヒドロキシル基だけが選択的にエステル化を受けることが分かった。ガラクトースの6位がエステル化されたこの糖鎖高分子でも志賀毒素との結合能が発現した。糖鎖多価効果がここでも強く発現したためである。

1.6　糖鎖モジュール化法：高分子化学的アプローチによる簡便な糖鎖認識の構築[15]

精密有機合成や酵素合成による糖鎖合成が発展して，複雑なオリゴ糖鎖が自在に合成できるようになってきた。しかしながら，高分子材料として活用するほどには安価にかつ大量に入手できるにはまだ至っていない。一つのアプローチとして筆者らは，糖鎖のモジュール化と高分子化による糖鎖認識の再構築の概念を提案している（図15）。一例として，シアリルルイスx（SLeX）

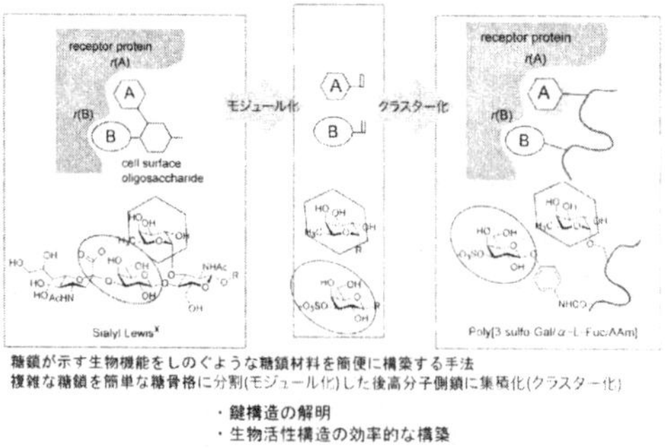

図15　糖鎖モジュール化戦略

のモジュール化を示してある。セレクチンとの結合に関与するシアリルルイスｘの素子として，フコース，ガラクトース，およびアニオン性基（カルボキシル基や硫酸基）が必須である。そこで，シアリルルイスxを硫酸化ガラクトースとフコースに解体し，それぞれの糖鎖モジュールに重合官能基を結合する。ついで，アクリルアミドも加えて，３元ラジカル共重合させた。

３元共重合体は，ＬとP–セレクチンに対して４～15 μ Mの低濃度でも強い結合活性を実際に発現した。この結果は，アクリルアミド主鎖が柔らかいために，高分子側鎖中に結合した二つの糖鎖リガンドが，Ｌ–やＰ–セレクチンと強く結合できるような空間配置をとることができたことを示唆している。糖鎖クラスター効果がうまく働いて，もとの糖鎖の認識信号機能が再構築されたと考えている。

この方法は，糖鎖機能を発現する材料を簡便に構築する手法だけにとどまらない。糖鎖認識における鍵構造を発見し，生物活性構造の効率的な構築する手法としても有効である。

１.７　生分解性糖鎖高分子材料：酵素触媒の活用するグリーンケミストリー[16]

図14の背景として筆者らはすでに，ラクチトールやマルチトールを基質とするエステル交換反応に取り組んできた（図16）。この場合には，糖アルコール部分であるグルシトールの二つの１級ヒドロキシル基のうちの６位側が選択的に各種リパーゼによってエステル化をうけることを見出している。

セバシン酸ジビニルをエステル化基質と選択した理由はいくつかある。まず，リパーゼ酵素がエステル交換反応性を発揮するためには，疎水性の長鎖アルキル基と，活性化剤としてのビニル基が必要である。さらにビニルエステルはラジカル重合性があり，生成するポリビニルエステル高分子鎖は生分解性である。また，炭素数８個の２塩基酸成分がスペーサーの役割を果たすとと

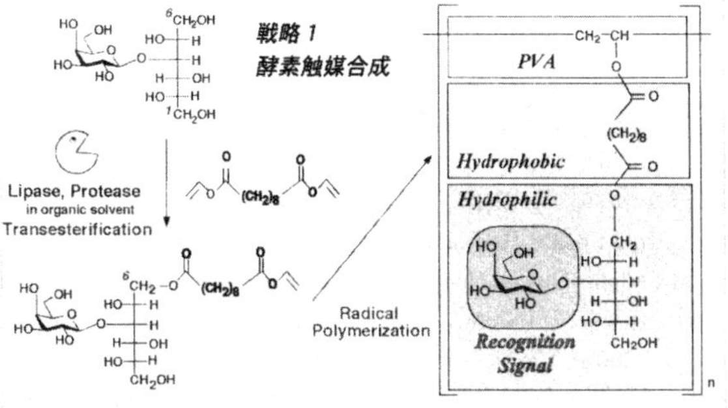

図16　生分解性・生体吸収性の糖鎖高分子を目指した戦略

もに，適度な疎水性をもつために，糖鎖の親水性とあいまって適度な両親媒性の特徴を発揮する。実際に，重合前のモノマーは水に難溶性であるにもかかわらず，単独重合により得られた糖鎖高分子は，水溶性となり，水中で何らかの集合体構造を形成している。また，両親媒性のために高分子鎖が疎水性の表面に強く吸着することも明らかとなった。これらの特徴は，1.3項にて述べた肝細胞特異性高分子物質であるラクトース置換ポリスチレン（通称PVLA）の特徴（図3）に類似していることに加えて，生分解性が付与されたものと見ることができる。

1.8　おわりに

糖鎖は生体内ではクラスター効果を発揮して機能を増幅している。糖鎖クラスター効果をいかに人工的に工夫して糖鎖材料開発するかについて筆者らの考えを述べてきた。まとめると図17のようになる。高分子物質の構造形成機能や界面機能はかなりの程度糖鎖材料に活用できるようになってきた。しかし，高分子の光学的性質，磁気的性質，電気的性質などの機能はまだ十分には活用しきれていないように感じている。また，グリーンケミストリーの観点からの発展の余地も大いに残されている。今後のさらなる展開を期待したい。

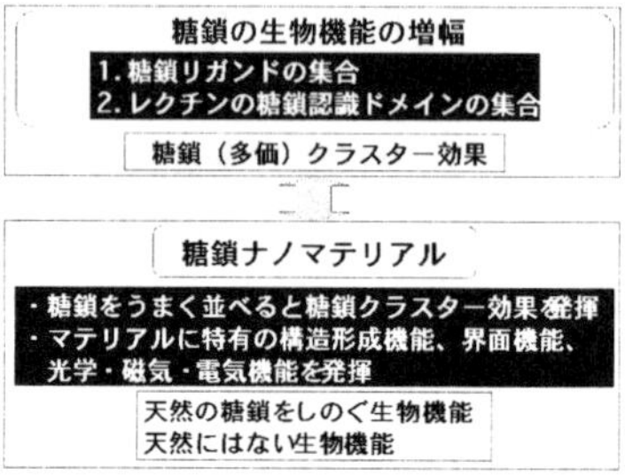

図17　糖鎖ナノマテリアルのまとめ

謝辞　西田芳弘助教授，松浦和則助教授（現在九州大学工学研究院），三浦佳子助教授（現在北陸先端科学技術大学院大学）をはじめ共同研究者の各位に厚くお礼を述べたい。

文　　献

1) A. Varki, R. Cumming, J. Esko, H. Freeze, G. Hart, J. Marth, ed., "Essentials of Glycobiology", Cold Spring Harbor Laboratory Press, 1999; M. Fukuda, O. Hindsgaul, ed., "Molecular and Cellular Glycobiology", Oxford University Press, Oxford, 2000.
2) 小林一清: 季刊「化学総説」No.48「糖鎖分子の設計と生理機能」日本化学会編，学会出版センター，p.41（2001）；小林一清，先端化学シリーズⅢ，丸善，日本化学会編，p.21（2003）；小林一清，西田芳弘，三浦佳子，日本農芸化学会誌，**78**, 870（2004）
3) Y. C. Lee, R. T. Lee, *Acc. Chem. Res.*, **28**, 321（1995）；D. A. Mann, L. L. Kiessling, in Glycochemistry, ed by P. G. Wang, C. R. Bertozzi, Marcell Dekker, New York, p. 221

(2001)

4) 赤池敏宏，後藤光昭，小林　明，小林一清，別冊日経サイエンス，糖鎖と細胞，入村達郎編，日経サイエンス社，114–129 (1994)；K. Kobayashi, A. Kobayashi, S. Tobe, T. Akaike, in Neoglycoconjugates: Preparation and Applications, ed. by Y. C. Lee and R. T. Lee, Academic Press, San Diego, p.262 (1994)

5) I. Wataoka, H. Urakawa, K. Kobayashi, T. Akaike, K. Kajiwara, *Polym. J.*, **31**, 590 (1999)

6) K. Matsuura, A. Tsuchida, Y. Okahata, T. Akaike, K. Kobayashi, *Bull. Chem. Soc. Jpn.*, **71**, 2973 (1998)

7) Y. Miura, H. Sato, T. Ikeda, H. Sugimura, O. Takai, K. Kobayashi, *Biomacromolecules*, **5**, 1708 (2004)

8) S. Hakomori, *Pure Appl Chem* **63**, 473 (1991)

9) K. Matsuura, H. Kitakouji, N. Sawada, H. Ishida, M. Kiso, K. Kitajima, K. Kobayashi, *J Am Chem Soc* **122**, 7406 (2000)；K. Matsuura, H. Kitakouji, R. Oda, Y. Morimoto, H. Asano, H. Ishida, M. Kiso, K. Kitajima, K. Kobayashi, *Langmuir* **18**, 6940 (2002)；K. Matsuura, R. Oda, H. Kitakouji, M. Kiso, K. Kitajima, K. Kobayashi, *Biomacromolecules*, **5**, 937 (2004)；K. Matsuura, K. Kobayashi, *Glycoconjugate J.*, **21**, 139 (2004)

10) A. Tsuchida, K. Kobayashi, N. Matsubara, T. Muramatsu, T. Suzuki, Y. Suzuki, *Glycoconjugate J.*, **15**, 1047 (1998)

11) S. Kojima, T. Hasegawa, T. Yonemura, K. Sasaki, K. Yamamoto, Y. Makimura, T. Takahashi, T. Suzuki, Y. Suzuki, K. Kobayashi: *Chem. Commun.* **2003**, 1250–1251.

12) H. Dohi, Y. Nishida, M. Mizuno, M. Shinkai, T. Kobayashi, T. Takeda, H. Uzawa, K. Kobayashi, *Bioorg. Medicinal Chem.*, **7**, 2053 (1999)

13) H. Dohi, Y. Nishida, Y. Furuta, H. Uzawa, S. Yokoyama, H. Mori, K. Kobayashi: *Org. Lett.*, **4**, 355-357 (2002)

14) Y. Miura, N. Wada, Y, Nishida, H, Mori, K. Kobayashi, *J. Polym. Sci. A.*, **42**, 4598 (2004)

15) Y. Nishida, H. Uzawa, T. Toba, K. Sasaki, H. Kondo, K. Kobayashi, *Biomacromolecules*, **1**, 68 (2000)；K. Sasaki, Y. Nishida, T. Tsurumi, H. Uzawa, H. Kondo, K. Kobayashi: *Angew. Chem. Int. Ed.*, **41**, 4463 (2002)

16) Y. Miura, T. Ikeda, K. Kobayashi: *Biomacromolecules*, **4**, 410 (2003)；Y. Miura, T. Ikeda, N. Wada, H. Sato, K. Kobayashi: *Green Chem.*, **5**, 610 (2003)

2　ヌクレオシドと糖を有するポリマー上への細胞接着

畑中研一*

2.1　生命情報と糖鎖の生合成

よく知られているように，生体機能の中枢的な役割を果たしているのはタンパク質である。そして，遺伝子はタンパク質を作るための設計図であると言っても過言ではない。中には，オリゴヌクレオチドやポリヌクレオチドそのものが機能を持った分子である場合もあるが，多くのDNAやRNAは，タンパク質を合成するために存在している。したがって，DNA上に書かれている遺伝情報はRNAに転写され，リボソームでのタンパク質合成の際の鋳型となるのである。「ゲノム→トランスクリプトーム→プロテオーム」という流れもこれに沿ったものである。ところでプロテオームの先はどうなるのかというと「プロテオーム→メタボローム→フェノーム」と繋がっていく。単糖も含めた糖鎖はタンパク質によって合成される代謝物質であるので，「グライコーム」も広い意味ではメタボロームの一角をなしていると考えてよい。

ところで，糖鎖が形成される反応は，ペプチド鎖生成の時のような鋳型重合ではなく，糖転移酵素を用いた糖残基の転移反応がメインである。すなわち，DNA上に書かれている遺伝情報は，「糖転移酵素の基質特異性」として発現していることになる。言い換えると（遺伝情報を基盤として考えた場合に），オリゴ糖鎖中にある糖残基の一つは，タンパク質（ペプチド鎖）中にあるアミノ酸残基と同格なのではなく，タンパク質一分子と同格なのである。なぜなら，糖残基を一分子導入するためには，タンパク質（糖転移酵素）一分子が必要であり，それだけの量の遺伝情報が必要だからである（これに対して，糖鎖が多糖鎖の場合には，1種類あるいは2種類の糖転移酵素が繰り返し作用して糖鎖を形成するため，多糖鎖一分子がタンパク質一分子と同格である）。

ここで，オリゴ糖鎖中に糖残基を一つ導入するためにはタンパク質である糖転移酵素が必要であることを念頭に置いて「糖鎖の情報量」を考えてみることにする。「糖鎖は枝分れしているので，同じ分子量の核酸やタンパク質よりも情報量が多い」と言われている。確かに，20bpのDNAと20残基のオリゴペプチドに存在する情報量が，それぞれ10^{12}と10^{26}であるのに対して，単糖残基を20個有するオリゴ糖は約10^{50}個考えられる。しかしながら，糖鎖を生合成する場合に，20残基からなるオリゴ糖鎖なら20個の糖転移酵素が必要となる。糖転移酵素を形成するアミノ酸残基が仮に300とするなら情報量は10^{390}，アミノ酸残基が1000ならその情報量は10^{1300}となる。つまり，オリゴ糖鎖の情報量は，タンパク質やDNAに存在する莫大な量の遺伝情報に作られていることがわかり，オリゴ糖鎖は「情報分子」として扱うのは損であり，むしろ「形」に注目され

---

*　Kenichi Hatanaka　東京大学　国際・産学共同研究センター　教授

るべき対象であろうと思われる。なぜなら,「形」は，タンパク質（糖転移酵素）の三次元構造を反映しているし，タンパク質の三次元構造こそが，DNA上に書かれた膨大な量の情報の産物だからである。

2.2　糖転移酵素の基質特異性

糖転移酵素とは，主に小胞体やゴルジ体に存在している「糖鎖」を合成する酵素である。化学的な見方をすると,「グリコシド結合を生成する酵素」であり,「グリコシル化を行う酵素」（どちらも同じ意味）である。糖転移酵素が「転移するグリコシル残基（グリコシルドナー）」の特定の種類にのみ働くのは言うまでもないが,「グリコシル化を受ける残基（グリコシルアクセプター）」にも特異的である。

ガラクトース転移酵素の場合，ドナーとなるガラクトースは単なるガラクトース分子ではなく，ウリジン二リン酸ガラクトース（UDPガラクトース）という「糖ヌクレオチド」がドナー基質となる（図1）。多くの糖転移酵素は「糖ヌクレオチド」をドナー基質として用いるが，ヌクレオチドの種類やリン酸基の数は酵素によって異なる。ガラクトース転移酵素の場合にはUDPガラクトースがドナー基質であるが，グルコース転移酵素ではUDPグルコースが基質になる場合とGDPグルコースが基質になる場合がある。マンノース転移酵素のドナー基質は主にGDPマンノースであり，極性の官能基（カルボキシル基）を持っているシアル酸（酸性糖の一種で，生体内の糖鎖認識には欠かせない重要な糖）の転移酵素は，ガラクトースやグルコースなど中性糖の転移酵素のドナー基質よりもリン酸基の一つ少ないCMPシアル酸を基質とする。

例えば，ミルクに多く含まれるラクトース（乳糖，β-D-ガラクトピラノシル-(1→4)-D-グルコピラノース）の合成酵素は，グルコースのC-4位のヒドロキシル基にβ結合でガラクトースを結合させる（ガラクトシル化する）酵素であり，ガラクトース転移酵素とも呼ばれる（生体内にはガラクトース転移酵素が数種類存在し，ラクトース合成酵素はそのうちの一つである)。ガラクトース転移酵素がガラクトースに特異的に働くのは当然であるが，アクセプター（ガラクト

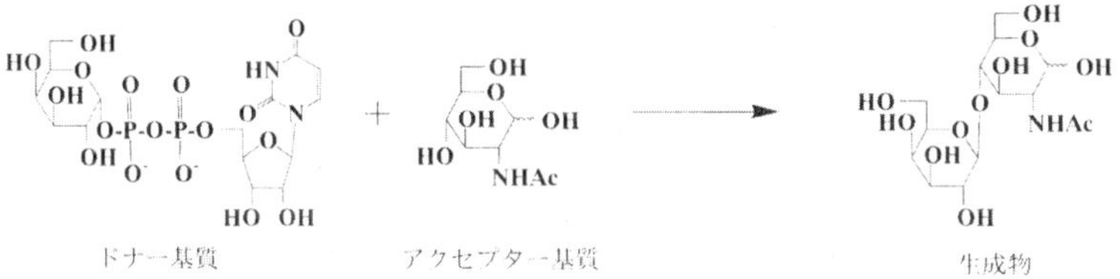

図1　ガラクトース転移酵素の基質と生成物

ースの受け取り手）であるグルコースにも特異的である。但し，（これが「酵素」の特徴の一つでもあるが）周囲の条件によって，反応性や特異性が変化する。ラクトース合成酵素の場合には，系内にα-ラクトアルブミンというタンパク質が存在するとガラクトースはグルコースに転移されるが，α-ラクトアルブミンが存在しないとガラクトースはN-アセチルグルコサミンという糖に転移して，N-アセチルラクトサミンというオリゴ糖が合成される。

このように，ガラクトース転移酵素の基質はUDP-ガラクトースとN-アセチルグルコサミンであるので，ガラクトース転移酵素に「形」として認識される部位は，ウリジン，ガラクトース，N-アセチルグルコサミンの３種類である。ところで，ガラクトース転移酵素による認識の正確の度合いは，ガラクトースが最も高く，次いでN-アセチルグルコサミンであると考えられ，ウリジンに対する正確な認識の要求度は低いものと考えられる（なぜなら，ウリジンをドナー基質中に持っている糖転移酵素には，ガラクトース転移酵素の他に，グルコース転移酵素，N-アセチルグルコサミン転移酵素，N-アセチルガラクトサミン転移酵素があり，ウリジンを認識部位に用いているとは考え難い）。ここで，認識の高さと結合の強さの相関について考えてみることにする。リガンドとなる分子に強く結合したのでは，類似の分子（例えばグルコースとガラクトース）を繊細に見分けることはできない。繊細な認識を行うには，弱い結合を用いる方が有利である（容易に行える）と考えられる。したがって，ガラクトース転移酵素の認識度から，各残基に対する酵素の結合の強さは，ウリジン＞N-アセチルグルコサミン＞ガラクトースの順序であると推測される。

さて，ここで，アクセプター基質（N-アセチルグルコサミン）に対する認識の正確さ（酵素の基質特異性）がどれくらいかというと，系内にα-ラクトアルブミンというタンパク質が存在すると，ガラクトース転移酵素は，N-アセチルグルコサミンよりもグルコースを優先的に認識するようになる。α-ラクトアルブミンはガラクトース転移酵素のコンホメーションを変化させていると考えられるので，タンパク質（ガラクトース転移酵素）の少しのコンホメーション変化がアクセプター基質に対する特異性を変えたと言える。次に，「特異性が高い」とされるドナー基質への認識度について考えてみる。上記で紹介したガラクトース転移酵素（ラクトース合成酵素）はUDP-ガラクトースに高い選択性を示し，ドナー基質が変わることはない。ドナーに対する特異性を変化させるためにはアミノ酸配列を変化させる必要がある。ラクトース合成酵素とは別のガラクトース転移酵素に血液型のＢ型抗原糖鎖を作る酵素がある。このガラクトース転移酵素はＢ型酵素とも呼ばれ，ガラクトース残基上に別のガラクトースを転移させる酵素であるが，ガラクトース残基上にN-アセチルガラクトサミンを転移させる酵素であるＡ型酵素とはアミノ酸配列が（たった）４箇所違うだけである。言い換えると「タンパク質中のアミノ酸残基を４個変化させると，ドナー基質に対する特異性が変化する」のである。Ａ型酵素とＢ型酵素の場合には，ドナーとなる糖が似ている（ガラクトースとN-アセチルガラクトサミン）ため，４箇所のアミノ酸変化で対応できるが，もっと大きな基質特異性の変化のためには，さらに多くのアミノ酸変化が必要であることは容易に推測できる。以上のことより，アクセプター基質に対する特異性を変化させるのにはタンパク質のコンホメーション（三次構造）を変化させれば対応できるが，ドナー基質に対する特異性を変化させるためにはタンパク質のアミノ酸配列（一次構造）を変化させる必要があると考えられる（表１）。

表１　推定される糖転移酵素の各基質に対する認識度と親和力

	認識度	親和性	制御因子
ドナー基質（ヌクレオシド部分）	低い	大	
ドナー基質（糖部分）	高い	小	酵素のアミノ酸配列（一次構造）を変える
アクセプター基質（糖部分）	やや高い	中	酵素のコンホメーション（三次構造）を変える

2.3　細胞外マトリックスと細胞接着

生体を形作っている細胞は，赤血球や白血球，リンパ球など一部の浮遊細胞を除いて接着性の細胞である。したがって，「足場」に接着していることが基本的な形態であり，接着した状態で，増殖したり，遊走したり，分化したりするのである。研究室で細胞を培養する際には，培養用に作製されたポリスチレンディッシュや24，96ウェルプレートなどが用いられるが，いずれも二次元的な足場であるため細胞は平面的に広がり，ディッシュ一面を覆ってしまったところで増殖しなくなる（この状態をコンフルエントな状態という）。もちろん，ガン細胞はコンフルエントな状態からも増殖を続け，上方に盛り上がっていく。ところが，細胞培養系では血管形成が行われないため，ディッシュや培地から遠い位置にある細胞は，酸素や栄養が行き届かなくなり，ガン細胞といえどもやがて死んでしまう。

それでは，生体はどのようにして細胞を三次元的に並べ，器官や個体を形成しているのであろうか。生体には，「細胞外マトリックス（Extra Cellular Matrix, ECM）」とよばれる三次元的に広がった「足場」が存在し，細胞を接着させている。ECMには，フィブロネクチンやラミニンなど接着にかかわる分子のほかに，EGFなどの増殖因子やヘパリンなどの制御因子などが含まれ，細胞の機能を調節している。といっても，全てのECMの組成が一定なのではなく，細胞の種類や状況に応じて変化する。逆に，細胞の側から眺めてみると，自分自身が快適に住めるようにECMに向けて物質を放出したりする。細胞にある刺激を与えたり，一部の細胞が死んだりすると，細胞はECM中に様々な物質を放出し，生き延びようとするのである。ECMが発達している結合組織に存在するフィブロネクチンなどは，RGD（アルギニン-グリシン-アスパラギン酸）というアミノ酸配列を有し，細胞膜にある「インテグリン」とよばれるタンパク質によって認識され，細胞接着が起こる。

ところで，「人工的な細胞の足場」を構築する際，異種の細胞同士の住み分けが重要になってくる。即ち，細胞の種類に応じた「足場」を作ってやることが大切であり，このことは培養細胞を用いる人工臓器の作製へと繋がっていくと考えられる。「特異的な細胞接着」に用いられる分子は，全ての細胞が持っているような共通の分子ではなく，ある種の細胞が特異的に持っている分子であることが望ましい。その意味では，糖鎖を認識する分子（植物由来のレクチンや動物由来のセレクチンなど）も候補の一つとして挙げられる。

2.4　細胞表面の糖転移酵素

前述のように，糖転移酵素は小胞体やゴルジ体に存在して，糖鎖合成を行っている。一方で，糖転移酵素は細胞膜の表面にも発現している。細胞表面の糖転移酵素の役割は判っていないが，細胞外マトリックスとの間の分子認識などに関与しているものと考えられる。即ち，糖転移酵素はドナー基質である糖ヌクレオチドとアクセプター基質に特異性を示すので，ドナー中の糖，ドナー中のヌクレオシド，アクセプター，の三箇所を同時に認識することができ，非常に優れた認識素子であると考えられるからである。

細胞表面の糖転移酵素の存在は次のようにして確認することができる。細胞を糖転移酵素の抗体とともに培養し，蛍光ラベルした二次抗体と反応させることによって光かどうかを見ればよいことになる。実際には糖転移酵素の精製も含めて抗体を作成することが難しいため，抗血清を用いて同様のことを行うことによって，糖転移酵素の存在を確認することができる。ガラクトース転移酵素に対するウサギの抗血清と共に，3T3–L1線維芽細胞およびHeLa細胞を培養し，培地交換後に蛍光ラベルしたanti–rabbit IgG と反応させる。ネガティブコントロールとして，抗体で刺激していない血清（pre–immune serum）を用いた結果と比較すると，3T3-L1線維芽細胞の表面にはガラクトース転移酵素が多数存在しているのに対して，HeLa細胞の表面にはガラクトース転移酵素がほとんど存在していないことがわかる。

2.5　糖とヌクレオシドを有するポリマーの合成

ガラクトース転移酵素は，ドナー基質中のウリジンとガラクトース，そしてアクセプター基質のN–アセチルグルコサミン，さらに，α–ラクトアルブミンの存在下ではグルコースを認識する。したがって，細胞膜上のガラクトース転移酵素を使って特異的な細胞接着を行わせるためには，これらの糖やヌクレオシドを適当に配置した化合物を作成すればよいことになる。ポリスチレンディッシュへのポリマーコーティングを考えて，ポリスチレンを主鎖骨格とし，糖やヌクレオシドをペンダント基としたポリマーが候補となる。

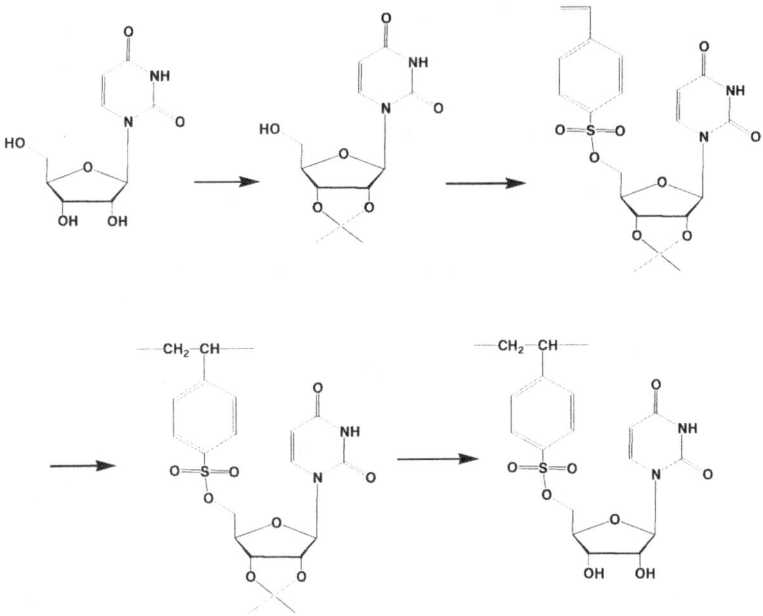

図2　ウリジンを有するポリスチレンの合成

図2に示すように，ウリジンの2’，3’位のヒドロキシル基をイソプロピリデン基で保護した後，*p*-スチレンスルホニルクロリドと反応させ，ラジカル重合して脱保護（脱イソプロピリデン化）すれば，目的とする「ウリジンを有するポリスチレン」を合成できる。また，ウリジンの5’位のヒドロキシル基をトリチル化し，2’，3’位のヒドロキシル基をアセチル化した後，脱トリチル化，*p*-スチレンスルホニル化，重合，脱アセチル化を行っても同様のポリマーが得られる。

糖を有するスチレンの合成法は，例えば図3に示すように，①プロパンジオールの一方のヒドロキシ基のみを*p*-ビニルベンジルクロリドでエーテル化後，アセチル基で保護したN-アセチルグルコサミンクロリドによるグリコシル化，②脱アセチル化，③ラジカル重合を行って，目的とする「N-アセチルグルコサミンを有するポリスチレン」が合成される。グルコースを有するポリマーも同様の方法で合成できる。さらに，上記モノマーを共重合反応することによって，ウリジンおよびガラクトースまたはN-アセチルグルコサミンを有するコポリマーが得られる。

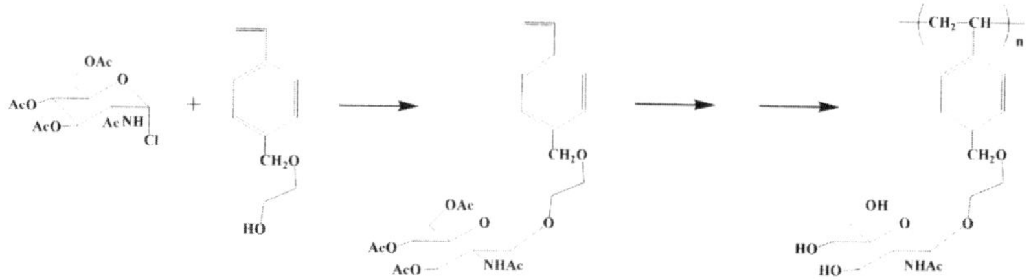

図3　N-アセチルグルコサミンを有するポリスチレンの合成

2.6　ヌクレオシドと糖を有するポリマー上への細胞接着

ガラクトース転移酵素はＵＤＰガラクトースのガラクトース部分をN-アセチルグルコサミン上にβ1→4結合で転移する酵素であり，この酵素が認識する分子はウリジン（またはＵＤＰ），ガラクトース，N-アセチルグルコサミンの３種類である。即ち，ガラクトース転移酵素は３種類のスイッチによって制御することが可能であると考えられる。しかも，α-ラクトアルブミン存在下ではグルコース上にガラクトースを転移してラクトースを合成する。したがって，α-ラクトアルブミンやグルコースも制御因子となる。

ウリジンを有するポリスチレンでコートしたシャーレ上への3T3-L1線維芽細胞およびHeLa細胞の接着実験を行うと，疎水性の表面ではコントロール実験（ウリジンを有するポリスチレンを吸着していない表面への細胞吸着）と差がないものの，親水性の表面に対しては，3T3-L1線維芽細胞が非常に良く接着し，HeLa細胞はコントロールよりも悪い結果を与えた（図４）。この3T3-L1線維芽細胞の吸着はEDTAによって阻害されるため，二価のカチオンを必要とするガラクトース転移酵素を介した吸着である可能性が高い。もちろん，この実験だけから糖転移酵素を介した吸着であると結論づけることはできないが，ガラクトース転移酵素の抗体を用いた詳細な実験は，ガラクトース転移酵素を介した吸着であることを示唆して

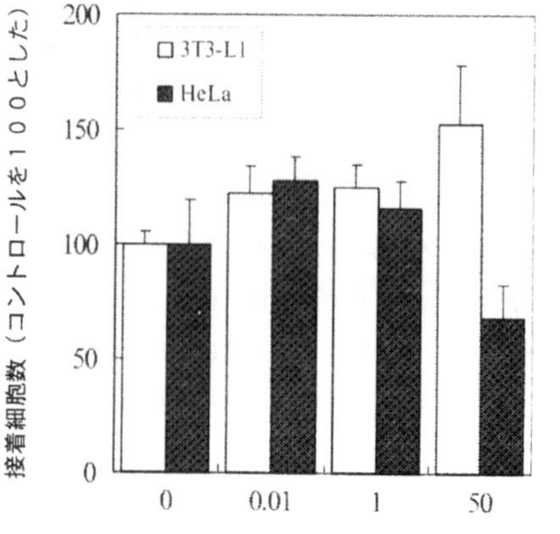

図４　ウリジン含有ポリスチレン上への細胞接着

吸着濃度0.01mg/mL→水のcontact angle＝77.5°
吸着濃度　1mg/mL→水のcontact angle＝68.3°
吸着濃度　51mg/mL→水のcontact angle＝22.5°

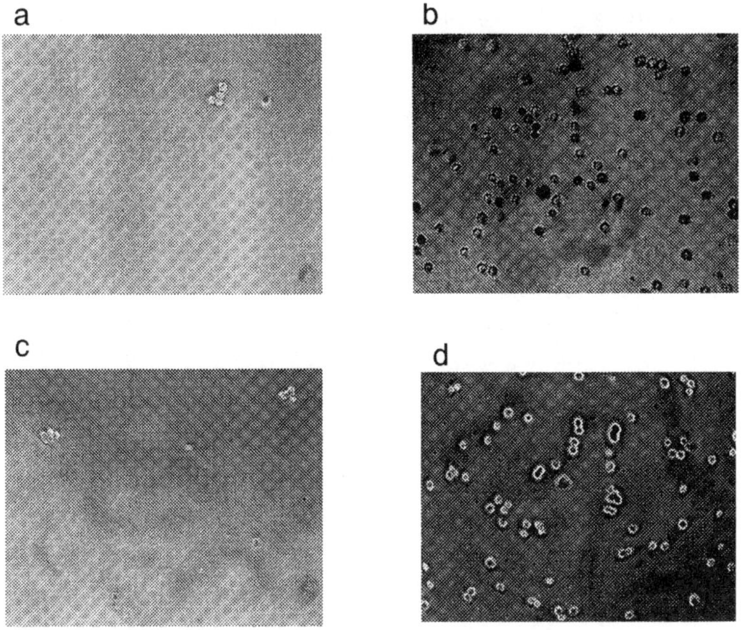

図5　細胞表面にガラクトース転移酵素を持っているB16およびPC12のウリジンを有するポリスチレン表面への接着

a : B16, non-coated, b : B16, polymer-coated, c : PC12, non-coated, d : PC12, polymer-coated

いる。さらに，3T3-L1線維芽細胞とHeLa細胞以外の細胞（B16，PC12）においても，ガラクトース転移酵素を細胞膜表面に有する細胞はウリジンを有するポリスチレンコートシャーレ上へ接着し（図5），細胞膜表面にガラクトース転移酵素を持っていない細胞はウリジンを有するポリスチレンコートシャーレ上へは接着しないことも，特異的な細胞接着であることを裏付ける。

一方，ガラクトースを有するポリマー上にはガラクトース転移酵素を有する3T3-L1線維芽細胞でも接着することはなく，ガラクトース残基は選択性が高い（認識が高度である）ものの結合力が弱いことを示している。また，N-アセチルグルコサミンを有するポリスチレン上には，ガラクトースを有するポリマー上よりは3T3-L1線維芽細胞が接着する。このことは，前述した「酵素による認識の度合いと結合の強さの関係」に関する推測に合致している。しかも*N*-アセチルグルコサミンを有するポリスチレン上への3T3-L1線維芽細胞の接着はウリジンを含む化合物によって促進されることと，グルコースを有するポリスチレン上には培地中にα-ラクトアルブミンが存在する場合の3T3-L1線維芽細胞の接着が顕著であることは，アクセプター基質に対する接着性や特異性をタンパク質のコンホメーション変化で制御できることを示している。通常のガラクトース転移酵素がアクセプターであるN-アセチルグルコサミンに結合するためにはドナー基質であるUDPガラクトースが存在する（酵素に結合する）ことが必要であることを考慮すると，この細胞接着がガラクトース転移酵素を介する特異的な細胞接着であることを裏付ける実験結果とも言える。

3　側鎖型糖質高分子の合成と機能

木田敏之[*1]，明石　満[*2]

3.1　はじめに

近年の合成ならびに分析技術の飛躍的な進歩により，生体内に存在する糖質の構造の解明とともに糖質が細胞認識や増殖，分化などの特異的な機能に関与することが明らかにされている[1~3]。この糖質の機能の解明や応用を目的とした研究は，一般に生体内糖質（あるいはその類縁体）を合成あるいは抽出して行われている。なかでも合成糖質高分子（グリコポリマー）は，構造の単純さと分子量制御の容易さから活発な研究が展開されており，溶液中での構造のみならず細胞認識やウィルスとの結合能などの生物学的機能についても広く検討されている[1,5]。糖質高分子を合成する方法として，①ビニル糖モノマーを重合してポリビニル糖を得る方法，②無水糖をカチオン重合する方法，③酵素重合を用いる方法，④官能基をもつ高分子骨格上に糖をグラフトさせる方法が一般に知られている[1,6]。このうち，ビニル糖モノマーを重合する方法は，糖質高分子を簡便に合成でき，さらに他のビニル系モノマーとの共重合により多種多様な構造・性質をもつ糖質高分子を合成できることから最も多用されている[7]。本稿では，ビニル系配糖体モノマーであるD-グルコシルオキシエチルメタクリレート（GEMA）の重合により得られる側鎖型糖質高分子に焦点を当て，その合成と生物学的機能について，明石らの研究[8]を中心に紹介する。この側鎖型糖質高分子は，その構造および機能の観点から天然多糖類と多くの類似点をもつと考えられる。多糖は糖鎖骨格を主鎖とするため，分子量の制御や架橋，固定化を行うことは困難である。それ故，多糖の特異的な機能を側鎖型合成糖質高分子で発現さらに制御することは学術的にも工業的にも極めて重要である。

3.2　側鎖型糖質高分子（poly（GEMA）及びpoly（GEMA）sulfate）の合成

北沢らはリンモリブデン酸の存在下，2-ヒドロキシエチルメタクリレート（2-HEMA）とメチルグルコシドあるいはグルコースを反応させることによりGEMAモノマーを良好な収率で合成することに成功した[9]（図1）。生成物はα体とβ体のアノマー混合物（$\alpha : \beta = 2 : 1$）からなるが，保護基を用いずに工業的スケールで生産できるのがこの反応の大きな特徴である。リンモリブデン酸の代わりにp-トルエンスルホン酸や硫酸を酸触媒に用いると，2-HEMAやGEMAの重合が起こってしまい，GEMAモノマーは得られない。グルコースの代わりにガラクトース，マンノース，キシロース等の各種アルドースを用いても同様に対応する配糖体モノマーが合成できる。

＊1　Toshiyuki Kida　大阪大学　大学院　工学研究科　分子化学専攻　講師
＊2　Mitsuru Akashi　大阪大学　大学院　工学研究科　分子化学専攻　教授

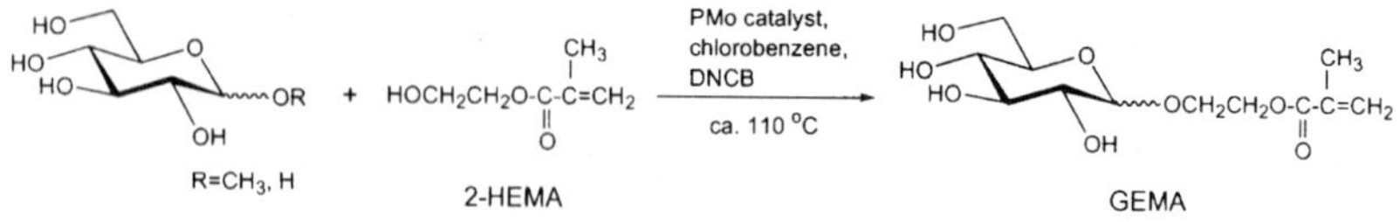

図1　GEMAモノマーの合成
PMo catalyst：リンモリブデン酸触媒，DNCB：2, 4−ジニトロクロロベンゼン

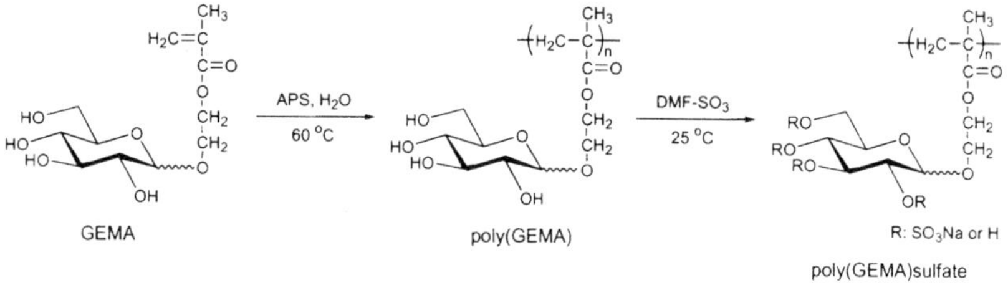

図2　poly（GEMA）sulfateの合成
APS：過硫酸アンモニウム

GEMAモノマーは高いラジカル重合性を示し，細胞に対する毒性は非常に低い。得られるGEMAホモポリマーは，水，ジメチルスルホキシド（DMSO），*N,N*−ジメチルホルムアミド（DMF）に易溶であるが，その他のほとんどの有機溶剤（メタノール，アセトン，ジエチルエーテル，トルエン，ヘプタン等）に不溶である。

明石らはDMF−三酸化硫黄（SO_3）錯塩を用いて，このpoly（GEMA）の側鎖糖の水酸基を硫酸化したpoly（GEMA）sulfateを合成した[10]（図2）。元素分析値から算出した生成ポリマーの硫酸化度から，反応時間により硫酸化度を制御できることがわかっている。

また，GEMAモノマーは他のビニル系モノマーとの共重合性にも優れており，アクリル酸，メタクリル酸系モノマーとはランダム共重合体を，アクリルアミド，スチレンとはブロック性の高い共重合体を与えることが明らかとなっている[11]。共重合を用いることにより，相手モノマーの種類・配合量を変えることで得られるポリマー中の糖の密度ならびに親水−疎水バランス等を容易に制御することができる。

3.3　poly（GEMA）及びpoly（GEMA）sulfateの生物学的機能

3.3.1　抗血液凝固活性

天然に存在する代表的な硫酸化多糖であるヘパリン（図3）は抗血液凝固作用を示すことから，血液透析時や抗血栓性が要求される医用材料の表面コートなどに広く利用されている[12]。さらに，さまざまな硫酸化多糖，硫酸基をもつ水溶性ポリマーを対象に，ヘパリン類似機能をもつヘパリノイドの開発研究が活発に展開されている[13,14]。ここでは，poly（GEMA）あるいはそれを硫酸化したpoly（GEMA）sulfateの抗血液凝固活性についての研究を紹介する。

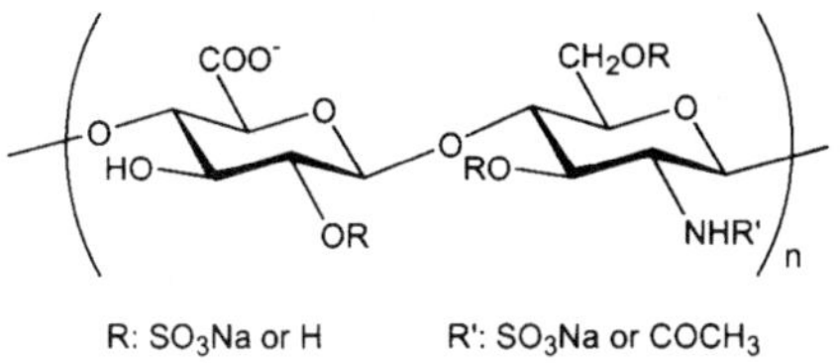

図3　ヘパリンの構造

明石らはpoly（GEMA）sulfateがヘパリン様の抗血液凝固活性を発現するか否かについて興味を持ち，種々検討を行った[10,15,16]。彼らはpoly（GEMA）sulfateの抗血液凝固活性を，ヒト全血を用いたLee-White試験[17]により評価した[10]（図4）。poly（GEMA）sulfateの濃度ならびに硫酸化度の増加にともない血液凝固時間が延長され，血液凝固活性の発現が認められた。また，他の硫酸化高分子の血液凝固時間と比較すると，ポリビニル主鎖をもつポリビニル硫酸（PVS）やポリスチレンスルホン酸（PSS）よりも高い抗血液凝固活性を有するが，多糖構造のデキストラン硫酸（DS）よりは活性が低い。このことは，糖構造が抗血液凝固活性の発現に大きく影響していることを示唆している。さらに明石らは，このpoly（GEMA）sulfateの抗血液凝固活性の発現機構を解明するための検討も行っている[15,16]。血漿タンパク質であるアンチトロンビンⅢ（ATⅢ）は，血液凝固タンパク質であるトロンビンの活性を阻害する，抗血液凝固活性をもつタンパク質である。ヘパリンは，このATⅢの活性を増強することで抗血液凝固活性を発現することが知られている[18]。そこでまず，poly（GEMA）sulfateがヘパリンと同じ機構で抗血液凝固活性を発現しているかどうか調べるために，poly（GEMA）sulfateとATⅢ間でのコンプレックス形成能を評価した[15]。ドデシル硫酸ナトリウム－ポリアクリルアミドゲル電気泳動（SDS-PAGE）を用いて，poly（GEMA）sulfateあるいはヘパリンの存在下，非存在下でのATⅢ－トロンビンコンプ

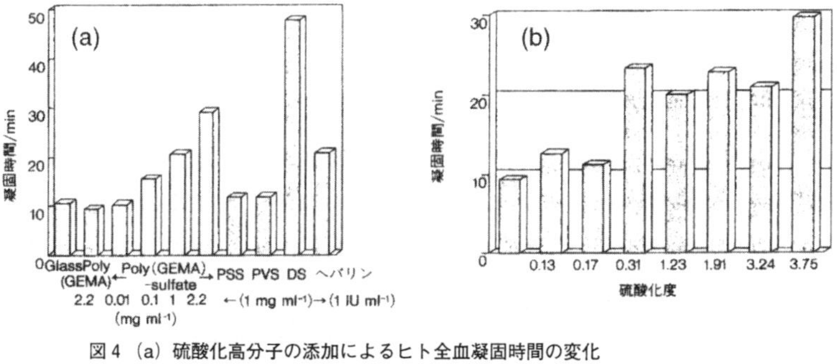

図4（a）硫酸化高分子の添加によるヒト全血凝固時間の変化
（b）ヒト全血凝固時間に対するpoly（GEMA）sulfateの硫酸化度の影響。

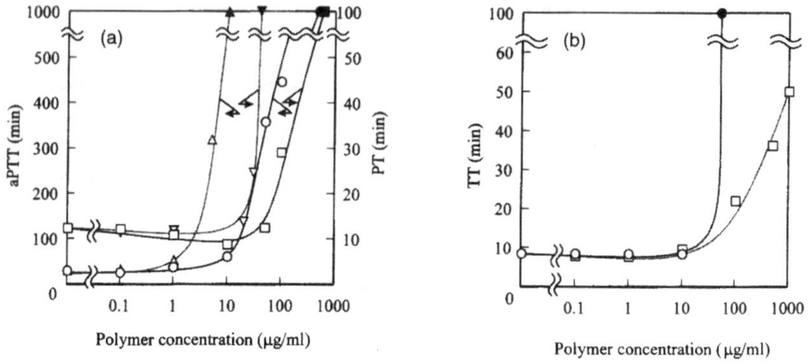

図5 (a) aPTT（活性化部分トロンボプラスチン時間）とPT（プロトロンビン時間）へのpoly(GEMA)sulfateとヘパリンの影響
○□：poly(GEMA)sulfate，△▽：ヘパリン，(b) TT（トロンビン時間）へのpoly(GEMA)sulfateの影響，○：poly(GEMA)sulfate，□：ヘパリン

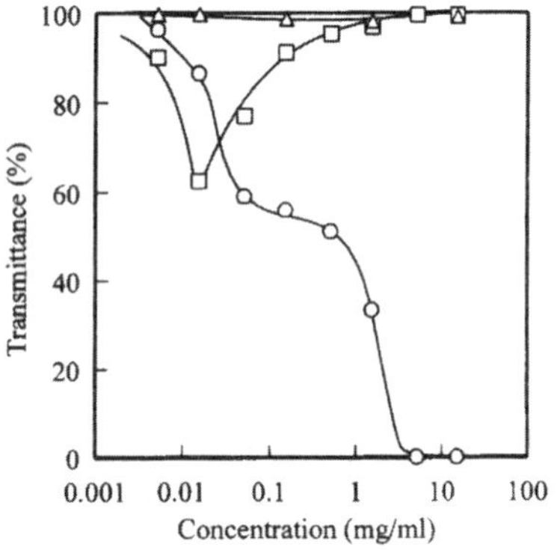

図6 フィブリノーゲン溶液への硫酸化高分子の添加による透過率の変化
○：poly(GEMA)sulfate，△：ヘパリン，□：デキストラン硫酸

レックス（TAT）の形成速度[19]を比較した結果，ヘパリンの添加によりTAT形成速度が増加するのに対し，poly (GEMA) sulfateの場合にはその存在下でもTAT形成速度の増加は認められなかった。このことからpoly (GEMA) sulfateはヘパリンとは異なる機構で抗凝固活性を発現していると考えられる。次に，血液凝固経路全般を調べることによりpoly (GEMA) sulfateの活性発現機構の解明を行った[15]。評価試験としての*in vitro*凝固試験では活性化部分トロンボプラスチン時間(aPTT)，プロトロンビン時間（PT），そしてトロンビン時間（TT）を測定した[20]。aPTTでは血液凝固経路の内因系凝固経路が阻害されると凝固時間が延長され，PTでは外因系凝固経路が阻害されると凝固時間が延長される。また，TTでは，血漿タンパク質であるトロンビンまたはフィブリノーゲンの活性が阻害されると凝固時間が延長される。それぞれの*in vitro*凝固試験の結果（図5）より，poly (GEMA) sulfateは血液凝固経路の最終部分にあたるトロンビンの活性あるいはフィブリノーゲンの凝集を阻害することにより，凝固時間を延長し抗血液凝固活性を発現していることがわかった。さらに，poly (GEMA) sulfateとフィブリノーゲン間のコンプレ

ックス形成能を評価するために，フィブリノーゲン溶液にpoly（GEMA）sulfateを添加した時の溶液の透過率変化を調べた[15]（図6）。poly（GEMA）sulfateの濃度に依存して透過率の減少が確認され，フィブリノーゲンとコンプレックス形成能をもつDSやPVSよりも強い相互作用が認められた。この結果から，血液凝固の中心的役割を果たすタンパクであるフィブリノーゲンとpoly（GEMA）sulfateとのポリイオンコンプレックス形成により，抗血液凝固活性が発現したと考えられる。このようにpoly（GEMA）sulfateはヘパリンとは異なる機構で抗血液凝固活性を発現していることが明らかにされた。

また，中前らは，GEMA-MMA共重合体フィルム表面のフィブリノーゲン吸着量とGEMA含量の関係を調べている[21, 22]。フィブリノーゲン吸着量はGEMA含量が増加するとともに減少し，GEMA含量が20mol%の時にゼロとなった。GEMA含量の増加とともにフィルム表面の親水性が増加し，疎水性タンパクであるフィブリノーゲンの吸着が阻害されたと考えられる。抗血栓性材料への応用が期待される。

3.3.2　酵素の安定化効果

poly（GEMA）が酵素を安定化するという報告も興味深い。中前らは，水溶液中での乳酸脱水素酵素およびトリプシンの安定性に及ぼす種々の添加剤の効果を検討したところ，グルコースやPEGなどよりもpoly（GEMA）がより高い安定化効果を示すことがわかった[23]。

また，林らは，パパインやリポ蛋白リパーゼなどの加水分解酵素をpoly（GEMA）に化学結合させることによって，熱安定性および保存安定性が大きく改善されることを報告している[24]。天然の糖タンパク質では，結合している糖鎖がタンパク質のコンフォメーションの安定化とともにタンパク質分解酵素に対する耐性の付与に関与していると言われているが，poly（GEMA）の側鎖糖によりこのような天然糖鎖と同様の機能が発現されたと考えられている[25]。

3.3.3　細胞増殖活性

ヘパリンやヘパラン硫酸は動物細胞の細胞外マトリックスとして存在し，細胞増殖因子とくに繊維芽細胞増殖因子と強く相互作用してその貯蔵・安定化さらに活性の増強に寄与していると言われている[12]。明石らはこの機能をpoly（GEMA）sulfateで発現できるか否か検討した[26]。poly（GEMA）sulfateを塩基性繊維芽細胞増殖因子（bFGF）存在下でL929繊維芽細胞培養系に添加すると，ヘパリンを添加した場合と同様に細胞増殖活性が認められた。また，このpoly（GEMA）sulfateはヘパリンとは異なり，放射線照射によってヒドロゲルとすることができる[27]。ここで，poly（GEMA）sulfateヒドロゲルの膨潤率は放射線量ならびにポリマー濃度を変えることにより制御できる。まず，poly（GEMA）ヒドロゲルならびにpoly（GEMA）sulfateヒドロゲル上への細胞接着性を調べたところ，血清存在下では，poly（GEMA）sulfateヒドロゲル上で，組織培養ポリスチレン（TCPS）に匹敵する細胞接着性が認められた[26]（図7）。その一方で，poly

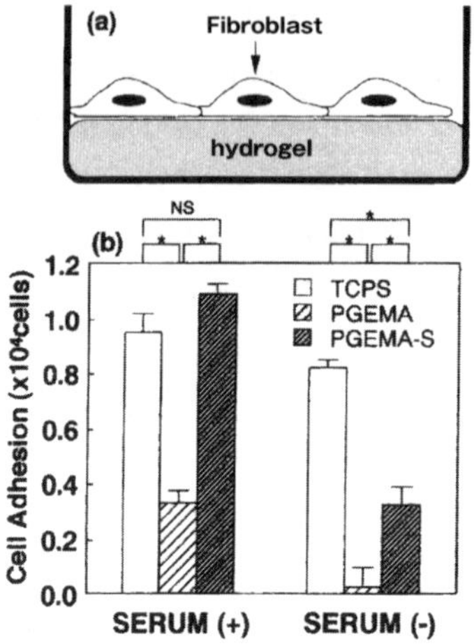

図7　ハイドロゲル上への細胞接着実験
(a) 細胞接着の模式図。(b) 24時間培養後，poly (GEMA) ヒドロゲル (PGEMA) またはpoly (GEMA) sulfateヒドロゲル (PGEMA-S) 上に接着したL929繊維芽細胞の数。Barは標準偏差 (n=3) を示す。TCPS：組織培養ポリスチレン，★：t検定において有意差あり ($p<0.05$)，NS：有意差なし

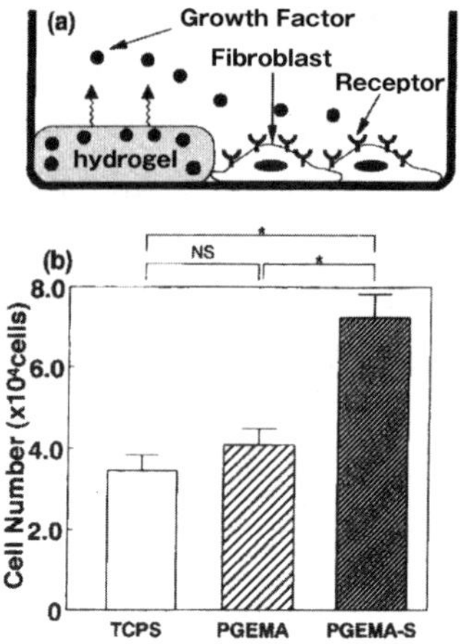

図8　ハイドロゲル存在下での細胞増殖実験
(a) 実験の模式図。(b) bFGFを含むヒドロゲル存在下で，L929繊維芽細胞を66時間培養した後の細胞数。Barは標準偏差 (n=3) を示す。TCPS：組織培養ポリスチレン，PGEMA：poly (GEMA) ヒドロゲル，PGEMA-S：poly (GEMA) sulfateヒドロゲル

(GEMA) ヒドロゲル上には細胞はほとんど接着しなかった。フィブロネクチン，ビトロネクチンといった接着タンパクがpoly (GEMA) sulfateヒドロゲル表面に静電相互作用により吸着し細胞接着が起こったと考えられる。このように細胞接着性をもつpoly (GEMA) sulfateヒドロゲルは，組織再生マトリックスとして有用であることがわかる。また，poly (GEMA) sulfateヒドロゲルにbFGFを含浸させてL929繊維芽細胞培養系に置くと，bFGFの活性増強効果が観測された(図8)。それに対し，bFGFを含むpoly (GEMA) ヒドロゲルでは細胞増殖活性が見られなかった。このように，ヘパリン様活性をpoly (GEMA) sulfateヒドロゲルを用いて発現することができ，創傷治癒促進効果をもつ再生医療材料への応用が期待される。

3.3.4　レクチンとの相互作用

中前らは，糖結合タンパク質であるコンカナバリンA (Con A) とpoly (GEMA) 間でのコンプレックス形成について検討を行った[28]。poly (GEMA) の水溶液にConAを添加した時の溶液の透過率 (600nm) を測定したところ，ConA量の増大とともに透過率は減少し，ConAがpoly (GEMA) の側鎖糖と不溶性のコンプレックスを形成していることがわかった。一方，このpoly

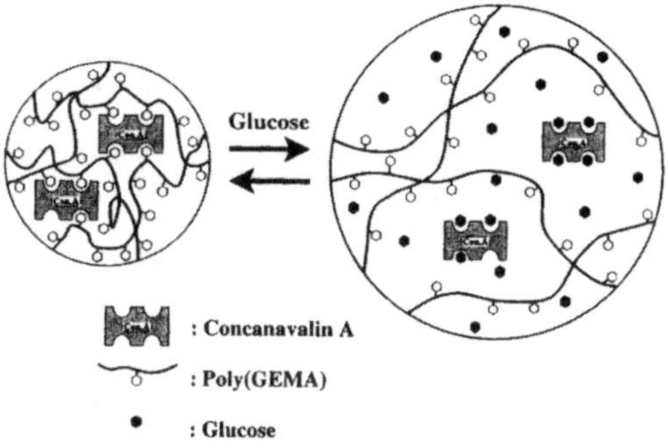

図9　poly（GEMA）-Con A複合体ヒドロゲルのグルコース応答性の模式図

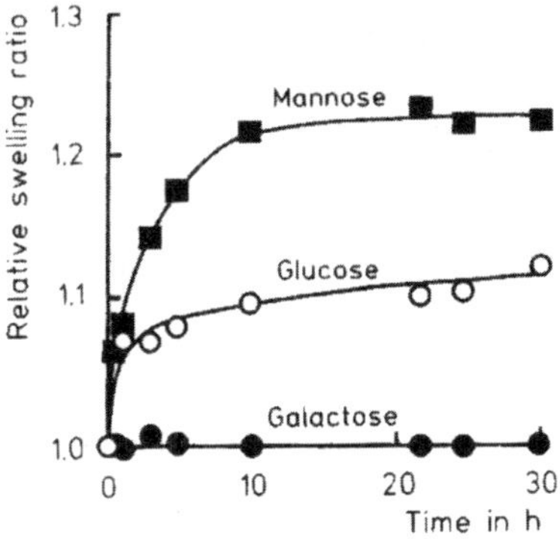

図10　単糖水溶液（1 wt% in 0.1 Mトリス塩酸塩緩衝液，pH 7.5）中でのpoly（GEMA）-Con A複合体ヒドロゲルの膨潤率の経時変化
ヒドロゲル中に取り込まれているCon Aの濃度は18.8 wt%

（GEMA）－Con A複合体の懸濁液にグルコースを添加すると速やかに透過率が100%まで回復した。このことは，グルコース添加によりpoly（GEMA）－Con A複合体が解離することを示している。この透過率の回復はマンノース添加時でも認められたが，ガラクトース添加時は見られず，Con Aのもつ糖特異性がpoly（GEMA）－Con A複合体の解離時に反映されていることがわかる。このように，poly（GEMA）－Con A複合体は，グルコースあるいはマンノース応答性ポリマーとして機能することが明らかにされた。さらに，彼らは，poly（GEMA）ヒドロゲル内にCon Aを取り込むことにより，グルコース応答性ヒドロゲルの開発を行っている[29]。ヒドロゲル内へのCon Aの取り込みは，Con A存在下，GEMAと架橋剤としての*N, N'*-メチレンビスアクリルアミドをUV（波長280nm）照射により水中で共重合（開始剤：2,2'-アゾビス（2-アミジノプロパン）ジクロライド）させることにより行われた。取り込んだCon A量の増加とともに，ヒドロゲルの膨潤率が減少し，またゲルの架橋密度の増加が認められた。Con Aとポリマー側鎖のグルコースとの結合によりさらなる架橋点が形成されたと考えられる。このpoly（GEMA）－Con A複合体ヒドロゲルをグルコース水溶液中に浸漬すると，poly（GEMA）－

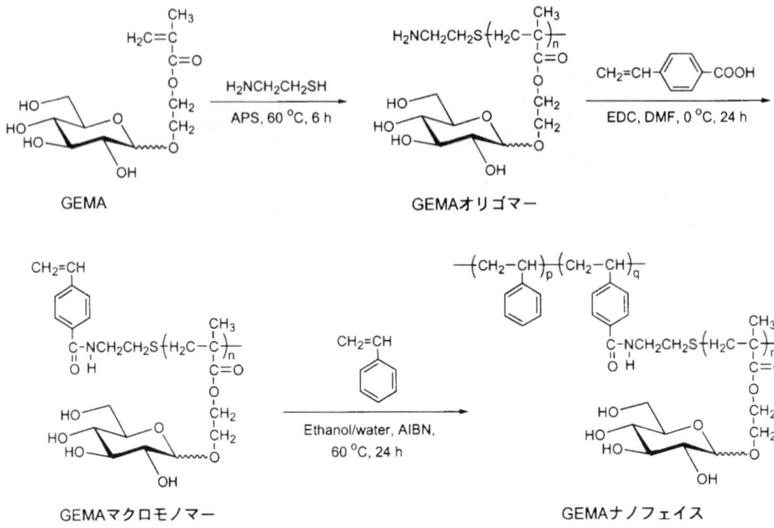

図11　GEMAナノフェイスの合成
APS：過硫酸アンモニウム，EDC：1-エチル-3-（3'-ジメチルアミノ-プロピル）カルボジイミド塩酸塩，AIBN：2,2'-アゾビスイソブチロニトリル

Con A複合体の解離が起こり，ヒドロゲルの膨潤率が増加した（図９）。このヒドロゲルの膨潤率はマンノース水溶液中でも増加したが，ガラクトース水溶液中では変化しなかった（図10）。糖識別能をもつヒドロゲルとして，グルコースセンサーや血中のグルコースに応答してインシュリンを放出するインテリジェントマテリアルへの応用が期待できる。さらに，宮田らは，ビニル基を導入した修飾Con AとGEMAを共重合させることにより，Con Aを化学的に固定化したヒドロゲルを合成している[30]。このゲルではグルコース水溶液中に浸漬した時でもCon Aの漏出は観測されず，グルコース濃度に応答して可逆的に膨潤－収縮を繰り返すことができる。

芹澤，明石らは，エタノール－水混合溶媒中，スチレンとGEMAマクロモノマーをラジカル共重合することによりポリスチレンコアとGEMAオリゴマーコロナをもつ高分子ナノスフェアを合成し（図11），これとCon Aとの相互作用について検討した[31]。このマクロモノマー法により得られるナノスフェアの粒径はモノマー比によって制御でき，きわめて狭い粒径分布をもつことが特徴である。最初はほとんどゼロに近かったナノスフェア分散液の透過率はCon Aの添加により増加し，ナノスフェアがCon Aによる架橋によって沈殿したことを示している。ナノスフェア表面のGEMAオリゴマーのグルコース残基は，グルコースモノマーよりも優先的にCon Aと結合することがわかった。この様な表面が糖で覆われたナノスフェアをカラムクロマトグラフィー用の充填剤として用いれば，水溶液中での糖結合性生体分子の分離に有効に機能すると考えられる。

3.4　おわりに

ビニル系配糖体モノマーであるGEMAから誘導されるポリビニル系糖質高分子の合成とその生物学的機能について述べた。このような簡便に合成できる糖質高分子を用いて天然複合糖質に匹敵する機能を発現できたことは，学術ならびに工業的な観点から興味深い。さらに，この糖質高分子の側鎖にオリゴ糖を導入すれば分子認識能などの新たな機能を付与することも可能である。これらの合成糖質高分子を用いて構造－機能相関の解明が今後より一層進展すれば，機能の高度化はもとより天然糖質にはない機能をもつバイオマテリアルの創出も期待できる。

文　　献

1）木幡　陽，箱守仙一郎，永井克孝編，“糖鎖の多様な世界”，講談社サイエンティフィック，p. 1（1993）
2）永井克孝ほか編，“糖鎖Ⅰ－糖鎖と生命－”，東京化学同人，p. 3（1994）
3）入村達郎編，別冊日経サイエンス111“糖鎖と細胞”，日経サイエンス社, p. 7（1994）
4）畑中研一，西村紳一郎，大内辰郎，小林一清，“糖質の科学と工学”，講談社, p. 1（1997）
5）日本化学会編，季刊化学総説“糖鎖分子の設計と生理機能”，学会出版センター, p. 3（2001）
6）A.J. Varma, J.F. Kennedy, and P. Galgali, *Carbohydr. Polym.*, **56**, 429（2004）
7）V. Ladmiral, E. Melia, and D.M. Haddleton, *Eur. Polym. J.*, **40**, 431（2004）
8）明石　満，文献5，p. 56.
9）S. Kitazawa, M. Okumura, K. Kinomura, and T. Sakakibara, *Chem. Lett.*, 1733（1990）
10）M. Akashi, N. Sakamoto, K. Suzuki, and A. Kishida, *Bioconjugate Chem.*, **7**, 393（1996）
11）S. Kitazawa, M. Okumura, K. Kinokuma, T. Sakakibara, K. Nakamae, T. Miyata, M. Akashi, and K. Suzuki, “Carbohydrate as Organic Raw Materials”（G. Descotes Ed.）, Vol. 2, pp 115-135, VCH, Weinheim（1994）
12）中林宣男監修，“医療用高分子材料の開発と応用”，シーエムシー出版, p. 1（1998）
13）G. Franz, D. Pauper, S. Alban, *Proc. Phytochem. Soc. Eur.*, **44**, 47（2000）
14）G. Wulff, S. Bellmann, A. Brock, H. Schmidt, S. Stalberg, and L. Zhu, *ACS Symposium Series*, **786**, 276（2001）
15）N. Sakamoto, A. Kishida, I. Maruyama, and M. Akashi, *J. Biomater. Sci. Polym. Edn.*, **8**, 545（1997）
16）M. Onishi, Y. Miyashita, T. Motomura, S. Yamashita, N. Sakamoto, and M. Akashi, *J. Biomater. Sci. Polym. Edn.*, **9**, 973（1998）
17）G.A. Shapiro, S.W. Huntzinger, and J.E. Wilson, *Am. J. Clin. Pathol.*, **67**, 477（1977）

18) A.M. Besselaar, B.J. Meeuwisse, and R.M. Bertina, *Thromb. Haemost.*, **63**, 16 (1990)
19) R.D. Rosenberg and P.S. Damous, *J. Biol. Chem.*, **248**, 6490 (1973)
20) A. Perkash, *Am. Soc. J. Clin. Pathol.*, **73**, 676 (1980)
21) K. Nakamae, T. Miyata, N. Ootsuki, M. Okumura, and K. Kinomura, *Macromol. Chem. Phys.*, **195**, 1953 (1994)
22) T. Miyata, N. Ootsuki, K. Nakamae, M. Okumura, and K. Kinomura, *Macromol. Chem. Phys.*, **195**, 3597 (1994)
23) K. Nakamae, T. Nishio, Y. Saiki, Y. Yoshida, M. Okumura, K. Kinomura, A.S. Hoffman, *Advanced Biomaterials in Biomedical Engineering and Drug Delivery Systems* (Iketani Conference on Biomedical Polymers), 5th, Kagoshima, April 1995, pp 293–294.
24) 林　壽郎ほか，特開平8-89247
25) 奥村昌和，フレグランスジャーナル，**26** (7), 63 (1998)
26) T. Taguchi, A Kishida, N. Sakamoto, and M. Akashi, *J. Biomed. Mat. Res.*, **41**, 386 (1998)
27) N. Sakamoto, K. Suzuki, A. Kishida, and M. Akashi, *J. Appl. Polm. Sci.*, **70**, 965 (1998)
28) K. Nakamae, T. Miyata, A. Jikihara, and A.S. Hoffman, *J. Biomater. Sci. Polym. Edn.*, **6**, 79 (1994)
29) T. Miyata, A. Jikihara, and K. Nakamae, *Macromol. Chem. Phys.*, **197**, 1135 (1996)
30) T. Miyata, A. Jikihara, K. Nakamae, and A.S. Hoffman, *J. Biomater. Sci. Polym. Edn.*, **15**, 1085 (2004)
31) T. Serizawa, S. Yasunaga, and M. Akashi, *Biomacromolecules*, **2**, 469 (2001)

4　糖鎖チップの開発

隅田泰生*

4.1　はじめに

我々は，血管血液系の細胞，蛋白質と硫酸化糖ヘパリンの相互作用について1988年から研究を行っている。そして，止血反応に大きく関与する血小板やフォンビルブラント因子とヘパリンの相互作用には，GlcNS6S-IdoA2Sと略する特定の硫酸化二糖構造が重要であることを，ヘパリンを既知の方法で部分分解した低分子化ヘパリン（LMWH）を用いることによって見出した[1~4]。また，この二糖構造に基づく活性は低分子化ヘパリンの分子量に依存したことから，二糖構造のクラスター化が活性上昇に大きく影響を及ぼすと考えられた。そこで，複数の二糖ユニットを有する，構造明確な化合物を合成した[5,6]。この際，既存の方法，即ち保護した糖ユニットを集合化させたのち，脱保護，硫酸化を行った場合，4単位以上のユニットを有する化合物を合成することは非常に困難であった。そのため，硫酸化二糖構造をまず合成し，それを簡便に集合化する新規方法を考案した。即ち，図1に示す糖鎖の還元末端を利用し，還元アミノ化反応によって糖

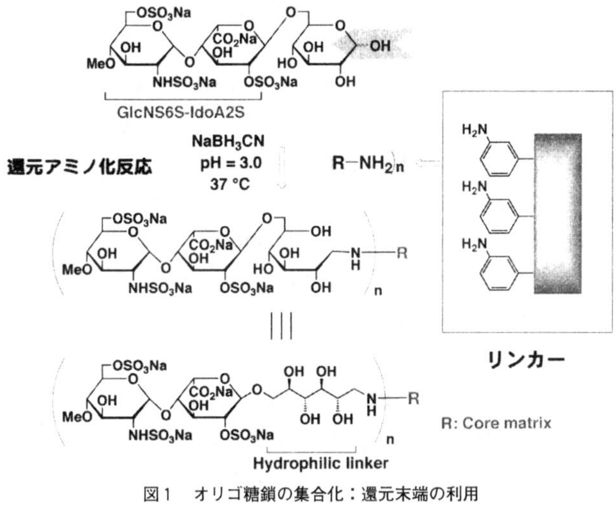

図1　オリゴ糖鎖の集合化：還元末端の利用

＊ Yasuo Suda　鹿児島大学　大学院理工学研究科　ナノ構造先端材料工学専攻　教授；科学技術振興機構（JST）　プレベンチャー事業　「シュガーチップの実用化」　R&Dチームリーダー

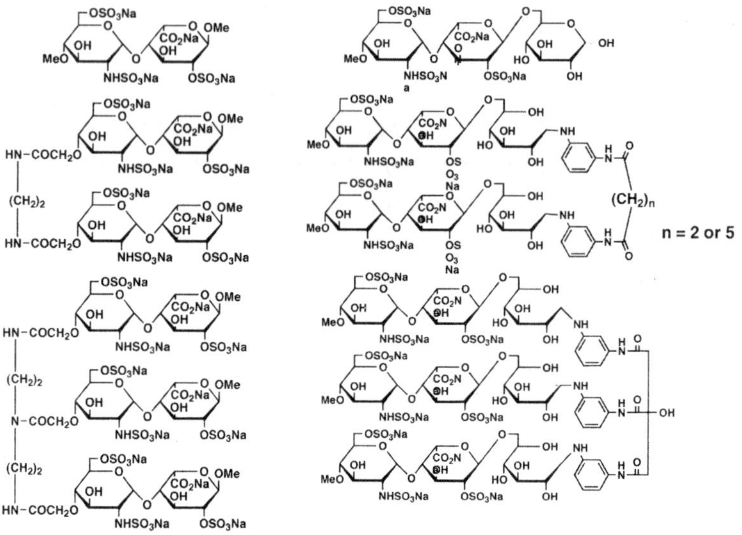

図2　集合化硫酸化二糖

鎖を集合させるものである。この際，還元アミノ化反応を効率よく進行させるために，芳香族アミノ基を有するリンカーと称する化合物を開発した[7]。この開発が，糖鎖の固定化，チップ化に大きく役立った。そして，図2左に示す，既存の方法で集合化させた硫酸化二糖構造を複数単位含む化合物，ならびに図2右に示す新規方法で効率よく合成した化合物を用いて，血小板やフォンビルブラント因子への結合活性を測定したところ，期待した活性が観測され，結合にはクラスター効果が存在することを明らかにすることが出来た。

しかし，いくら化合物が効率よく得られるとはいっても，ようやく合成した化合物が10数回のアッセイでなくなってしまうような研究を行っていては，非常に効率が悪い。そこで，糖鎖のチップ化を考えた。チップにすれば，貴重な糖鎖を何回も使えることから，蛋白質と違って構造明確な化合物を確保しにくい糖鎖を効率よく使用でき，量的な問題は解決できる。構造明確な糖鎖をチップ上に2次元的に固定化することによって，生体内で糖鎖がクラスター化（集合化）して存在することを模倣することもでき，弱い相互作用を増幅して検出することが出来ると考えた。さらに，そのチップを表面プラズモン共鳴法のセンサーチップとして使用することで，糖鎖に結合する蛋白質などの対象物質を無標識で解析すること，さらに対象が未知のものでも解析できるような技術を開発することにした。

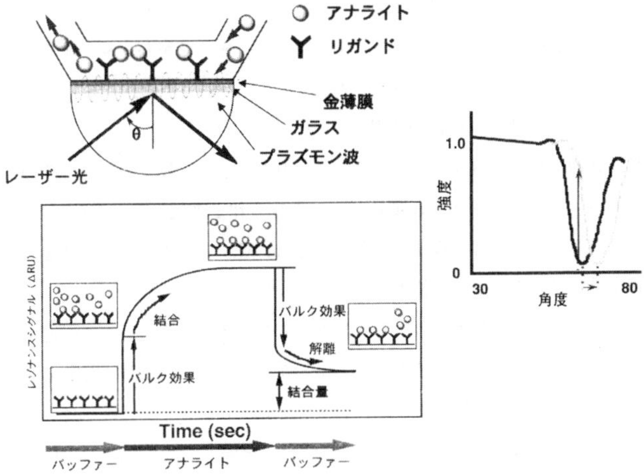

図3　表面プラズモン共鳴法（Surface Plasmon Resonance, SPR）

4.2　表面プラズモン共鳴法

図3に，表面プラズモン共鳴を用いた測定の概念を示す。ガラス上に金薄膜を蒸着させたチップにリガンドである糖鎖を固定化し，その反対側から，レーザー光を全反射する角度で照射すると，金表面に広がるプラズモン波と，それに垂直なエバネッセント波が起こり，レーザー光のある角度でそれらの間に共鳴が起こる。アナライトである糖鎖に結合する蛋白質や細胞を流すと，その共鳴状態が変化する。これをプラズモン波の角度変化またはある角度での強度変化を時間軸に対してモニターすると左下のようなセンサーグラムが得られる。アナライトを流し始めたときの結合過程と，バッファーに切り替えた後に起こる解離過程を速度論的に解析して，アナライトのリガンドに対する解離定数を求めることが出来る。また，バッファーで洗った後も結合があれば，その平衡結合量から擬次解離定数を求めることもできる。

4.3　糖鎖の固定化

糖鎖の固定化には，今までに3つの方法を試み，最適な方法を考案した。第一に，疎水性の表面を持つ金チップに，疎水化した糖鎖を疎水性相互作用によって固定化する方法を試みた。これは，現在多くある糖鎖アレイに最も多く用いられている方法である。しかし，糖鎖結合蛋白質は，糖鎖に結合するレクチン様ドメインも持つが，成長因子（例えば，繊維芽細胞成長因子，FGF）のように，膜に結合するドメイン，即ち疎水性領域も併せ持つことが多い。それゆえ，この試みは失敗に終わった。そこで，解離常数が10^{-15}M（fM）という，非常に強い相互作用があるアビジン-ビオチン結合を利用して固定化する方法[10]と，合成と精製が容易である新しいリンカー化合物を開発し，直接金チップへ結合させる方法[11~13]の2つを行った。

4.3.1　アビジン-ビオチン結合の利用

ビオチンと複数単位の芳香族アミノ基を有するリンカー化合物を合成し，そのアミノ基に糖を還元アミノ化反応によって導入し，糖鎖リガンド複合体を調製した。マルトースを導入し，α-グルコピラノースを4単位有するリガンド複合体（4-Mal），またグルコースを導入することによって，糖鎖構造は持たないが4単位のグルシトール単位を有するコントロールとして用いる複合体（4-Glc）を調製した（図4）。これらのリガンド複合体の金チップへの固定化方法を図5に示す。まず定法によってγメルカプト酪酸をAu-S結合によって金表面に固定化する。逆末端のカルボン酸を活性エステルで活性化した後，ニュートロアビジンを加え，アビジン中のアミノ基との間にアミド結合を形成させて，ニュートロアビジンを固定する。次に，リガンド複合体を加え，ビオチン-アビジンの強い結合親和性によってリガンド複合体を固定化させる。未反応の活性エステルは，エタノールアミンを加えてクエンチし，表面には水酸基か糖分子のみがあるという環境を作る。しかし，この場合は固定化に3ステップが必要であり，操作が煩雑であることと，糖鎖と比べて大きな分子である蛋白質アビジンが固定化されているため，アビジンと分析対象物との非特異的結合が生じる可能性が高い。

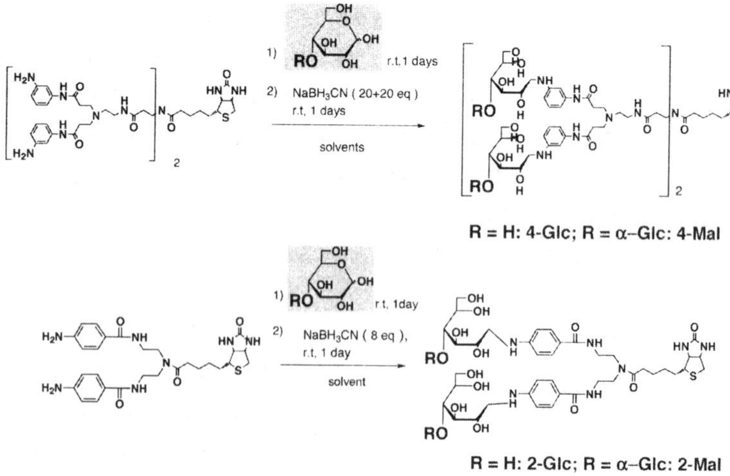

図4　ビオチンを有する糖鎖リガンド複合体

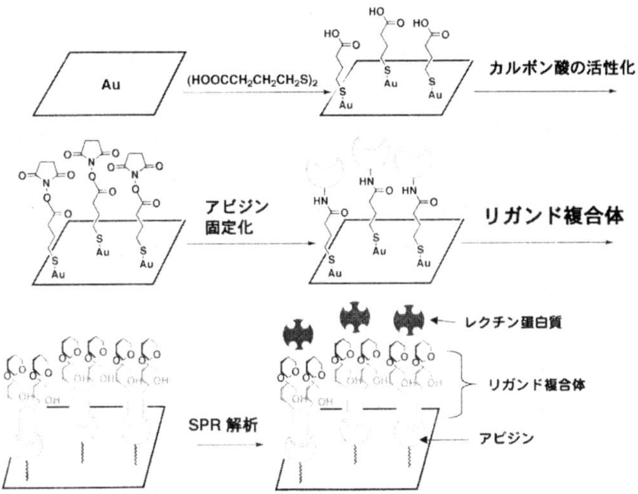

図5　アビジン-ビオチン結合を利用した糖鎖のチップへの固定化

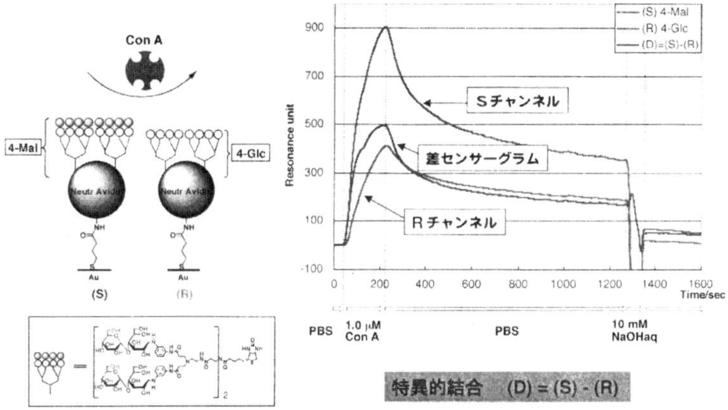

図6　Con A（1 μM）の結合挙動のSPR解析

α-グルコピラノースに結合性のある事が知られているコンカナバリンA（Con A）の結合挙動をSPRで調べた。用いたSPR機器は日本レーザ電子社（現モリテックス社）のSPR670である。この機器は測定部（チャンネル）が2つあり，同時並列で測定が出来，また用いるチップがスライドガラス様なので，リガンドの固定化は容易である。4-Malを2つあるチャンネルの内1つ

(Sチャンネル）に固定化したチップにCon A溶液を流すと，図6に示すセンサーグラムが得られ，結合は確認できた。しかし，前述したようにニュートロアビジンに非特異的に吸着することも考えられるので，もう1つのチャンネル（R-チャンネル）に4-Glcを固定化し，同時にCon A溶液を流してみると，予想通り結合が観測された。センサーグラムの形から非特異的な吸着が起こっていると考えられる。この2つの差をとれば，特異的結合挙動が観測されることになる。図6中に示した差センサーグラムは飽和状態に達しつつある事を示すものであった。この差をとる方法によって，α-グルコピラノースが4単位集合化されたリガンドに対するCon Aの解離常数を求めた。即ち，Con A溶液の濃度を変えて，結合センサーグラムを得，濃度に対してプロットし，見かけのK_D（Km）に最も近い濃度で得られたセンサーグラムの結合と解離の速度常数を求め，それらから解離常数K_Dを590±60 nMと決定することが出来た。

結合の特異性を，他の蛋白質とCon Aとの比較検討により調べたところ，図7のように，このチップに結合するのはCon Aだけであることが分かった。特に，グルコース結合レクチンといわれているPSAがこのチップに全く結合しなかったのは興味深い。報告されている糖親和性は，一般にクロマトグラフィーでの阻害実験によって決定していることが多いが，糖鎖を固定化して，直接の結合性を測定することによって，レクチンの糖鎖への親和性をより正確に決定できたことを示唆している。PSAはα-グルコピラノースが数単位連結したオリゴ糖が真のリガンドなのであろう。

また，集合化の与える影響について検討するために，2単位集合化したリガンド複合体（2-Mal，2-Glc）を調製（図4参照）し，同様の実験を行って比較した。リガンドはチップ上に最大

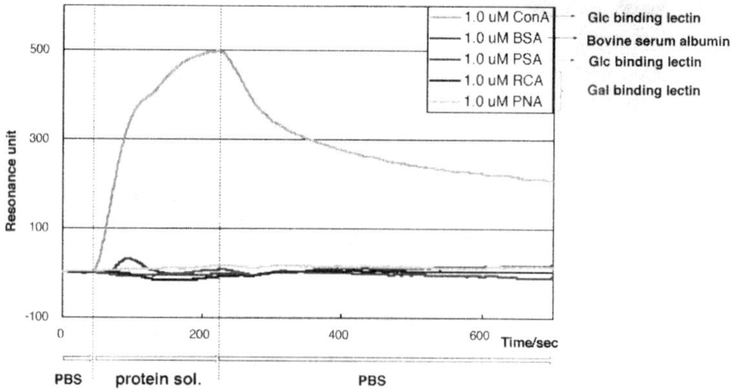

図7　α-Glcを固定化した糖鎖チップへの種々の蛋白質の結合挙動（SPR解析）

限固定化しているにも係わらず，2単位集合化チップは4単位集合化チップに比べて，解離常数が約2倍（960±50 nM）であり，結合親和性は低いことが分かった。詳細に解析すると，結合速度常数には大きな違いはないが，解離速度常数が2単位の場合，4単位と比べて2倍早かった。即ち，このチップ上では，結合過程はリガンドの数に関係なく起こるが，解離過程は集合化の影響を受けることが分かった。

4.3.2　直接結合型

このように，アビジン-ビオチンの相互作用を利用した糖鎖のチップ化は可能であることが明らかになった。しかし，固定化には3ステップも必要であり，操作が煩雑，また実験がうまく進行しないときはチェック項目が多く，最良の方法とはいえない。そこで，金チップへの直接固定化法を考案した。直接固定化することが出来れば，アビジンに対する非特異的吸着などを全く考慮する必要がないツールが開発可能である。

そこで，分子内に環状のS－S結合を含むチオクト酸と芳香族アミノ基を有するリンカー化合物を新たに開発した。このリンカー化合物にグルコースを導入した複合体（Mono-Glc，構造は表1下を参照）を金チップに固定化して，高濃度のBSAを流したところ，全く結合が起こらなかった。これは，疎水性結合を利用して糖鎖をチップに固定化したときに比べて大きく異なり，非特異的吸着が起こりにくいシステムであることが分かった。そこで，このリンカーに以前の研究[8]で明らかとなっているヘパリンやフォンビルブラント因子へ特異的に結合するヘパリン部分二糖構造を導入したリガンド複合体（Mono-GlcNS6S-IdoA2S-Glc，構造は表1下を参照）を調製し，

表1　固定化したGlcNS6S-IdoA2SとrhvWF-A1との相互作用

チップ作成時のリガンド複合体組成比		K_D (μM)	k_a ($M^{-1}s^{-1}$X10^3)	k_d (s^{-1}X10^{-3})
Mono-GlcNS6S-IdoA2A-Glc / Mono-Glc	100 / 0	2.60	8.38	21.9
	50 / 50	3.79	14.6	55.2
Tri-GlcNS6S-IdoA2A-Glc / Mono-Glc	100 / 0	1.20	6.60	8.05
	50 / 50	1.50	4.52	6.83
Tetra-GlcNS6S-IdoA2A-Glc / Mono-Glc	100 / 0	0.99	6.50	6.44
	50 / 50	1.00	5.24	5.26

$K_D = k_d/k_a$ (Dissociation constant)

Mono-GlcNS6S-IdoA2S-Glc

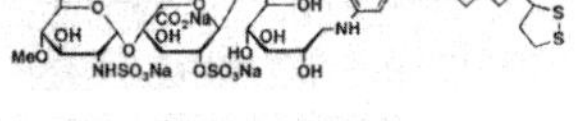

Tri-GlcNS6S-IdoA2S-Glc

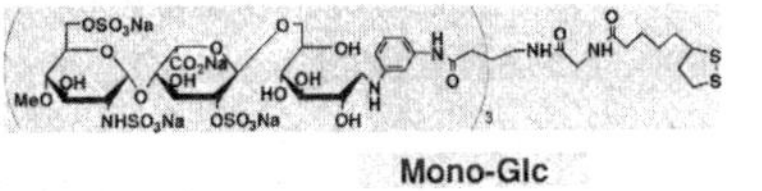

Tetra-GlcNS6S-IdoA2S-Glc

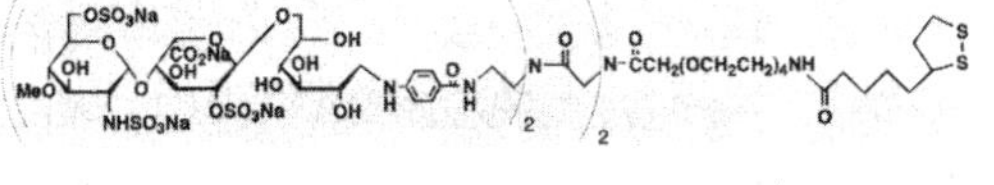

Mono-Glc

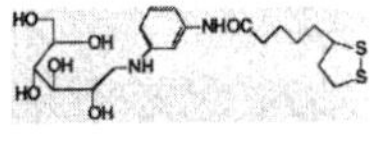

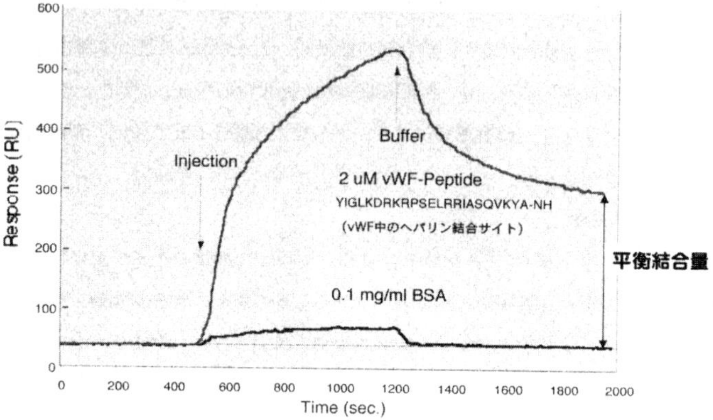

図8　GlcNS6S-IdoA2Sを固定化した糖鎖チップへのvWF-PeptideおよびBSAの結合挙動（SPR解析）

フォンビルブラント因子中のヘパリン結合ドメインの合成ペプチド（vWF-Peptide）の結合挙動を観測した。図8のように，結合を示すセンサーグラムが得られ，BSAとは大きな違いを示した。BSAは非特異的にヘパリンに結合する事が別の実験結果から分かっているが，高濃度のBSAでも，図8程度の結合であれば，一般の解析にはほとんど非特異吸着は無視できると考えられる。これから，このリガンド複合体で作製するチップはヘパリン結合性の蛋白質の解析に応用可能であろうと考え，実験を進めた。

vWF-Peptideの濃度を変え，平衡結合量から解離常数を見積もったところ，210 nMという値が算出された。この値は，未分画の市販ヘパリンを用いて，競合阻害実験によってこのペプチドに対して算出された値（370±100 nM）[9] とほぼ同等であった。また，リガンド複合体にMono-Glcを用いた場合は，vWF-Peptideは全く結合せず，非特異的な吸着はほぼ無視できることが確認された。さらに，vWF中のヘパリン結合ドメインを含むvWF部分構造のリコンビナント蛋白質（rhvWF-A1）に対しても解析は可能であり，平衡結合量から算出した解離定数は1.2 μMであった。

このように，1つのリガンド複合体に糖鎖は1単位のみ存在するモノバレント型は非特吸着が少なく，使用可能であることが分かった。次にビオチン－アビジン結合型と同様，直接結合型で多価リガンドを検討することにした。即ち，図9に3単位の硫酸化二糖を集合化した化合物の動力学計算によるモデリングの結果を示すが，集合化することで数ナノメーター以内に複数のオリゴ糖が常に存在しており，クラスター効果によって相互作用がより明確になること，そして弱い相互作用も観測することが出来るようになると期待された。

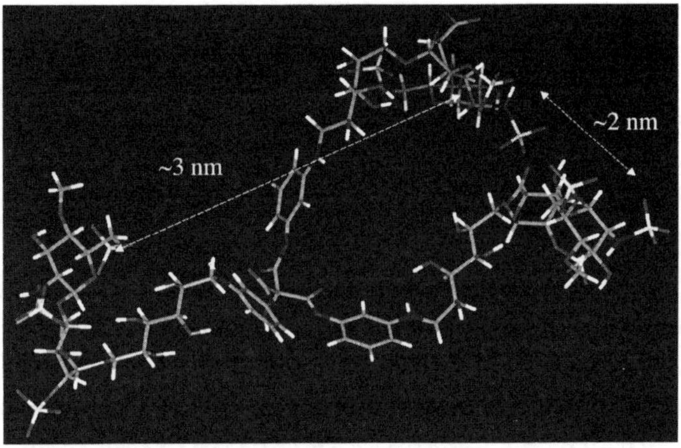

図9　GlcNS6S-IdoA2Sを3単位集合化した化合物の安定コンフォメーション

新たに，トリバレント型およびテトラバレント型のリンカーを合成し，同じ硫酸化二糖を導入して，Tri-GlcNS6S-IdoA2S-Glc，Tetra-GlcNS6S-IdoA2S-Glcを調製し，それらを用いてチップを作製した（構造は表1下を参照）。これらのチップを用いて，vWF-A1の結合能を測定し，表1に結果をまとめた。モノバレント型のMono-GlcNS6S-IdoA2S-Glcを用いて硫酸化二糖を固定化したチップの場合は，トリバレント型（Tri-GlcNS6S-IdoA2S-Glc）およびテトラバレント型（Tetra-GlcNS6S-IdoA2S-Glc）を用いて作製したチップに比べて，解離定数は2倍以上となり，親和性は低くなった。また，チップ上の硫酸化二糖の相対密度をMono-Glcを混ぜてチップを作製することによって小さくすると，解離定数の値はさらに高くなった。一方，トリバレント型およびテトラバレント型で固定化したチップでは，糖鎖の相対密度を下げても解離定数は殆ど変わらなかった。なお，チップ上の糖鎖密度は，チップを作製するときのそれぞれのリガンド複合体の混合比によって調整可能であった。これは，作製したチップ上の硫酸基をATR-FT-IRを測定して定量することによって確認した。

より詳細にデータを見ると，モノバレント型を固定化したチップの場合はトリおよびテトラバレント型を固定化したチップと比べて1オーダー高い解離速度定数（k_d）を示していた。このことは，トリおよびテトラバレント型は分子内でオリゴ糖鎖間距離が制御された糖鎖クラスター構造を有しているため，チップ上の糖鎖の固定化密度を低下させてもその影響を受けなかった事を強く示唆している。即ち，完全に解離する際に，集合化して数nmの範囲に他のリガンドがあれば，そことまた再び結合するという，糖鎖リガンドと蛋白質のリガンド結合部との間で動的な結合平衡が存在することを示している。弱い糖鎖の結合を評価するには適したツールと考えられる。

以上の結果から，クラスター効果を利用すれば糖鎖と蛋白質間の相互作用を，チップ作成時のばらつきを無くして再現性良く解析できることが明らかとなった。なお我々は，普通リガンド複合体の溶液に多数の金チップを数時間浸せき，振とうすることによってリガンド複合体を固定化することで，固定化の条件を揃え，より再現性の高いデータが得られるようにしている。

4.4 まとめ

以上，ビオチン型のリガンド複合体の結果とも合わせて，多価リガンド複合体は単価リガンド複合体に比べて，チップ表面の糖鎖リガンドの固定化率に依存しないことから優れていると結論できる。また，直接結合型は，非特異吸着がほぼ無視できることから，アビジン－ビオチン結合を利用したチップに比べて，より簡便に使用できると思われる。しかし，ビオチン型のリガンド複合体はプローブやアフィニティクロマトグラフィーにもそのまま転用できるというメリットも有しており，現在我々のプロジェクトで未知蛋白質の同定，精製に用いている。

文　献

1) Y. Suda, *et al., Polymer Preprints, Japan, Eng. Ed.*, **41**（1）, 474（1992）
2) Y. Suda, *et al., Thromb. Res.*, **69**, 501（1993）
3) Y. Suda, *et al., Circulation*, **90**（4）, 1397（1994）
4) Y. Suda, *et al., Tetrahedron Lett.*, **37**, 1053（1996）
5) S. Koshida, *et al., Tetrahedron Lett.*, **40**, 5725（1999）
6) S. Koshida, *et al., Tetrahederon Lett.*, **42**, 1289（2001）
7) S. Koshida, *et al., Tetrahederon Lett.*, **42**, 1293（2001）
8) L. F. Poletti, *et al., Thromb. Vasc. Biol.*, **17**, 925（1997）
9) M. Sobel, *et al., J. Biol. Chem.*, **267**, 8857（1992）
10) 隅田泰生，他 4 名，特開2004-155762，PCT/JP2003/009973
11) 隅田泰生，他 3 名，特開2004-157108，PCT/JP2003/011417
12) 隅田泰生，他 4 名，特願2004-029562，PCT/JP2005/001726
13) 隅田泰生，特願2004-041994，PCT/JP2005/003220

5　機能性デンドリマーの合成

松岡浩司[*1]，幡野　健[*2]，照沼大陽[*3]

5.1　はじめに

糖タンパク質，糖脂質，プロテオグリカンと呼ばれる複合糖質は，生体内において普遍的に存在し，様々な生命現象に関わっている。しかしながら，それらの構造と詳細な機能については，未だに謎の部分が多く，現在も多くの研究がなされている。それら複合糖質中の糖鎖は，ペプチド，核酸に次ぐ第三の生体高分子とも呼ばれ，複雑な構造を提示している。それ故，多くの場合，それらの構造と機能の完全な解明には至っていないが，生命現象に関連した情報の担い手となっていることは間違いなさそうである。このような生理活性を持つ糖鎖に対する種々のタンパク質とのアフィニティーは，単独では通常mM（10^{-3}M）のオーダーであり，それほど高いとはいえない。1970年代におけるLeeらの先駆的な研究により，糖鎖の価数を増やすことにより著しい活性の向上が見られることが見出された[1]。所謂糖鎖クラスター効果である。最近の研究において，細胞表層上では，糖タンパク質や糖脂質が，自己組織化によるパッチ[2]あるいはラフト[3]と呼ばれるミクロドメインを形成することにより糖鎖のクラスター化が起こり，その結果としてアフィニティーの向上が発現していると考えられている。本節で扱う機能性デンドリマーは，このような機能性糖鎖を人工的に規則正しく共有結合により集積化させた分子であり，多価の糖鎖の機能を発現し，著しい活性の向上ができると期待される。

5.2　デンドリマーの歴史的背景

19世紀の初めごろStaudingerにより高分子（Polymer）の概念が提唱され[1]，確立されてから著しい高分子科学の発展が遂げられた。一般的にこれらの高分子は，直鎖状あるいは３次元的に分岐した高分子であり，これらの構造を制御することにより様々な物性や機能を発現してきた。1985年にそのような高分子とは一線を画したユニークな高分子が，Tomaliaら[5]あるいはNewcomeら[6]の二つのグループによって報告された。これらの新規高分子は，これまでの高分子とは異なり，単一の分子量を持つ規則的な分岐構造を有した独特な巨大分子（Macromolecule）であり，デンドリマー（Dendrimer）と提唱されるようになった。デンドリマーとは，樹木状の巨大分子であり，通常，分岐点から放射状に外側に向かって伸びていく構造をとっている。図１に第２世代デンドリマーの例を示す。分岐点となっているXは，様々な原子あるいは分子で置き

＊1　Koji Matsuoka　埼玉大学　工学部　機能材料工学科　助教授
＊2　Ken Hatano　埼玉大学　工学部　機能材料工学科　助手
＊3　Daiyo Terunuma　埼玉大学　工学部　機能材料工学科　教授

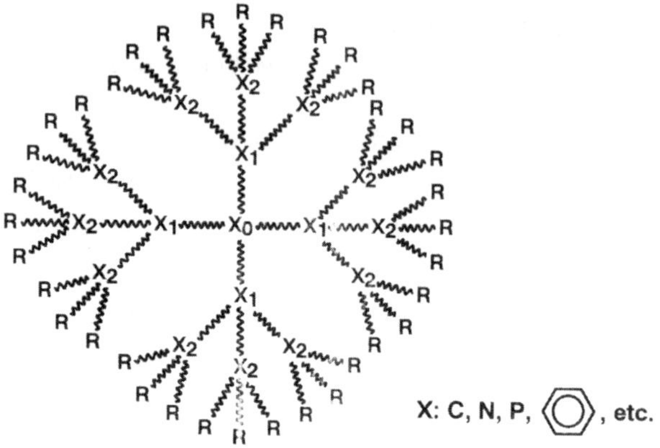

図1　第2世代デンドリマー

換えることが可能であり，その原子あるいは分子の価数により分岐する数が異なる。例えば，中心のX_0が炭素（実際には合成的に難しい）であれば，テトラヘドラルであるため4本の手が出ることになる。その先のX_1はさらに3本に分岐し，X_2に放射状に伸びることとなり，この場合先端に36個のR（置換基）を導入することが可能となり，結果として36個の機能性基で表面が被覆された化合物が調製される。この分子の場合，中心のX_0からX_1までのスペーサー部分が第0世代と呼ばれる部分となる。同様に外側にX_2までを第1世代と呼び，この場合は，12個の官能基を有することとなる。さらにもう一世代を拡張すると第2世代のデンドリマーとなり，この図1の分子の場合，36個の末端官能基を提示する分子となる。このようなデンドリマーは，近年，きわめて多数の報告がなされており，成書[7, 8]あるいは総説[9]としてまとめられているので参考にしてほしい。

このような樹木状巨大分子であるデンドリマーの特徴として以下の点が挙げられる。

・化学構造が規則的である。

・世代拡張により分子量と分子サイズが正確に制御できる。

・分子形状が制御できる。

・末端の官能基数を合成世代により制御できる。

・慣性半径が小さく，粘度が小さい。

以上の特徴を巧みに利用することにより，デンドリマーの科学が益々発展，展開されるものとして期待されている。

5.3　グリコデンドリマーの近況

冒頭において，糖鎖の活性は，それら糖鎖がクラスター化することにより，向上することを述べたが，そのようなクラスター化を試験管内において分子レベルで行うにはいくつかの手法が提唱され，実際に行われている。例として，図2に機能性糖鎖のクラスター化の方法を示す。糖鎖自身，単独では活性が低いため，いくつかの方法によりクラスター化させている。何れの方法においても機能性糖鎖の還元末端のヘミアセタールあるいは鎖状構造に展開したアルデヒドを利用し，直接あるいは誘導体化した後，糖鎖を担持するための骨格との結合反応あるいは重合反応などにより，機能性糖鎖のクラスター化を行っている。本節では，グリコデンドリマーに焦点を絞り，解説する。上述のとおり，機能性糖鎖を目的とするグリコデンドリマーに変換するために，適切な誘導体化が必要となる。また，機能性糖鎖を担持するための骨格を選定する場合においても，用いる骨格の由来，形状，世代，糖鎖を担持するための末端官能基数などが，重要なポイントとなる。このようなグリコデンドリマーに関する研究について，いくつかの総説[10]が報告されているので詳細については，そちらを参照してほしい。

次に，グリコデンドリマーの最近の報告例についていくつか紹介する。図3にそれら化合物の一部を紹介する。青井・岡田らにより報告されたシュガーボールは，アミドアミンを中心骨格と

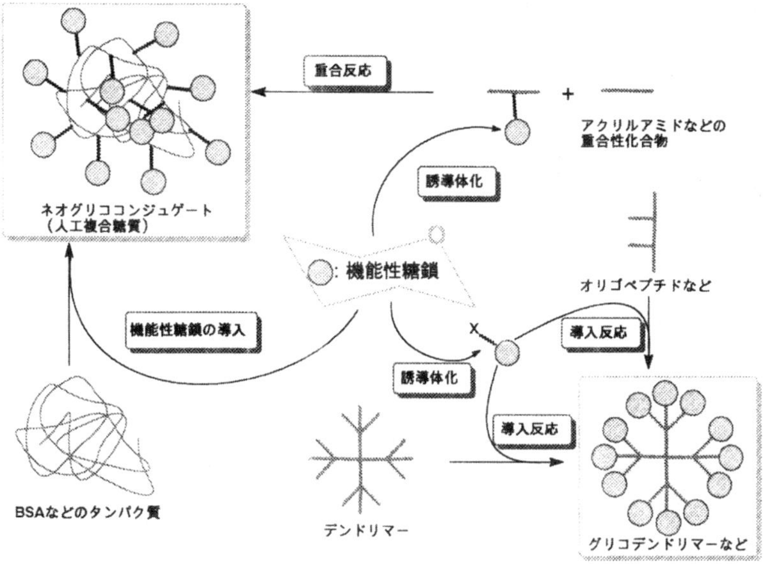

図2　糖鎖クラスターの構築例

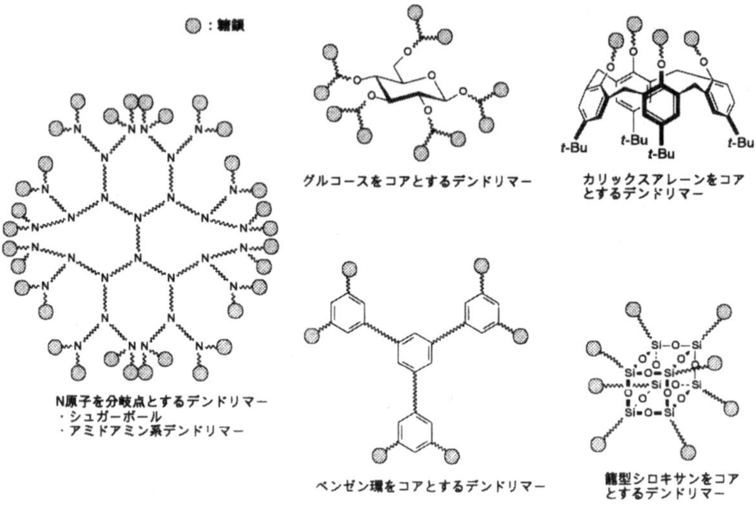

図3　グリコデンドリマーの合成例

した化合物であり，名前の由来からもセンセーショナルな報告であった[11]。Royら[12]，Stoddardら[13]，によっても，似た骨格を用いたデンドリマーが報告されている。また，担持骨格としてCalixareneを用いたユニークなデンドリマーの合成も行っている[14]。Tooneらは，ベンゼン環誘導体をコア骨格として用いた，マンノース担持デンドリマーの合成を行い，コンカナバリンA（ConA）との親和力を詳細に検討している[15]。Bundleら[16]，Lindhorstら[17]，Liら[18]により，糖自身をコア骨格とした多価型の化合物が合成され，コア糖分子由来の独特なトポロジーによる機能の発現が期待される。また，シクロデキストリンを複数個担持させた興味深いデンドリマー型分子が合成され，より大きな化合物の抱接を可能としている[19]。最近，Leeらにより，籠型のシロキサン分子をコア骨格として利用したデンドリティックな化合物が合成され，今後の展開が期待されている[20]。

一方，日本においてもシュガーボール以外に，古池・西村らによるシクロデキストリン（Cyclodextrins; CDs）をコア骨格として用いたデンドリマーの合成が報告され，さらにその糖鎖上への酵素による糖鎖伸長反応が可能であることを証明している[21]。また，瓜生らによるHIVウィルスを標的としたポリリジンをコア骨格としたデンドリマーも報告され，注目を集めている[22]。

5.4　糖鎖担持カルボシランデンドリマー

様々なデンドリマーの中でケイ素原子を分岐点とするデンドリマーは，カルボシランデンドリマーと呼ばれる。van der Madeらにより報告されたカルボシランデンドリマー[23]をはじめ，多くの報告例[24]があり，その機能化についても検討されている[25]。我々もこのカルボシランデンドリマーを糖鎖の担持骨格として選定し，利用している[26]。このカルボシランデンドリマーを用いる利点は，前述のデンドリマーの一般的な利点に加え，さらに以下の点が挙げられる。

・テトラヘドラルなSiを分岐点とするデンドリマー構造の構築が，行い易い。

・出発物の選定により種々の形態が作成可能である。

・化学的に中性分子である。

・有機ケイ素化合物は，生化学的に安定である。

・生体に対しておそらく無害である。(不活性)

このようなカルボシランデンドリマーに独特な利点を利用してグリコデンドリマーの構築を行っているので紹介したい。一例として，糖鎖担持骨格となるカルボシランデンドリマー形状，世代，官能基数などを図4に示す。これらのデンドリマーをSUPER TWIGと名付け，左から，扇

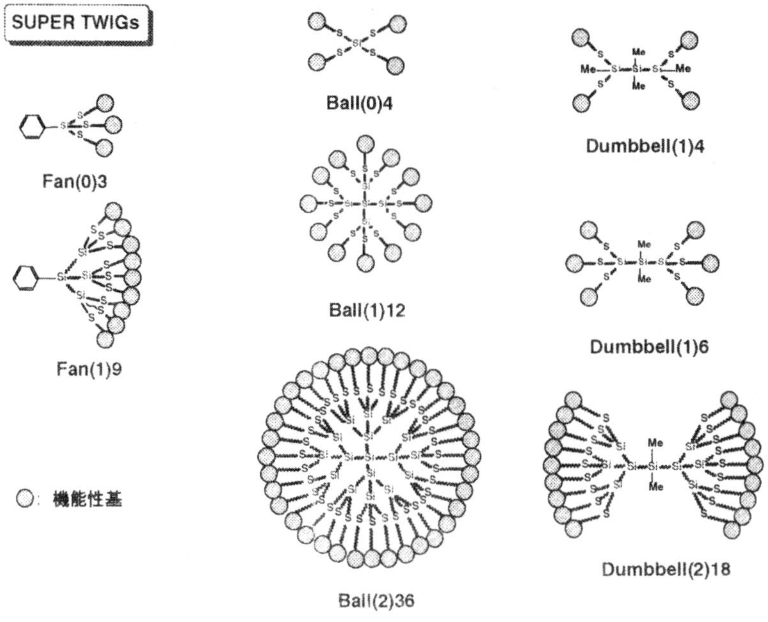

図4　糖鎖担持カルボシランデンドリマー群（SUPER TWIGs）

形（Fan），球型（Ball），亜鈴型（Dumbbell）の形状と呼んでいる。また，（　）内は，世代を示し，最後の数字は，官能基の担持数を示している。グリコデンドリマーの場合は，糖鎖の個数となる。

これらの糖鎖担持デンドリマーを効率よく構築するために，糖鎖とカルボシランデンドリマーとの結合法から検討を行い，非常に反応性の高いチオラートアニオンによるS_N2型求核置換反応（Williamson エーテル合成法）によるスルフィド形成反応を選択した。この反応は，液体アンモニアを溶媒としたバーチ還元の条件により，ジスルフィドの還元あるいは，ベンジル基の除去を系中で同時に行えるメリットを兼ね備えている[27]。このようにして得られた糖鎖担持カルボシランデンドリマー化合物群をGlyco-silicon機能材料と呼んでいる。最近，Lindhorstらによってもケイ素含有デンドリマーの合成が報告されている[28]。我々はこの手法を前出のシクロデキストリンを複数含むデンドリマーと同様に大きなホスト化合物をシクロデキストリンの協同的包接作用により包接させ，それらの除去を目指した化合物群の合成を行った[27,29]。また，単糖の中でも種々の官能基を含む糖誘導体にこの手法を拡張し，その有効性を確認した。すなわち，カルボキシル基を含むグルクロン酸（GlcA）誘導体，アセトアミド基を含む*N*-アセチル-D-グルコサミン（GlcNAc）誘導体，さらにそれらの双方を含むシアル酸誘導体（Neu5Ac）に適用した[30]。さらに生理活性糖鎖の集積化にも展開した。大腸菌O157：H7が産生するベロ毒素のレセプターとして知られているグロボ3糖（Gal α 1-4Gal β 1-4Glc β 1-）[31]，ガラビオース（Gal α 1-4Gal β 1-），糖脂質や糖タンパク質の重要な二糖であるラクトース（Gal β 1-4Glc β 1-）[32]，*N*-アセチル-ラクトサミン（Gal β 1-4GlcNAc β 1-）[33]，インフルエンザウィルス表層のヘマグルチニンのレセプターとして知られているシアリルラクトース（Neu5Ac α 2-3Gal β 1-4Glc β 1-）[32] などをカルボシランデンドリマー骨格に導入した。これらデンドリマーへの導入に用いた糖鎖は，安価で入手の容易な単糖あるいは二糖から適宜構築し，導入前駆体として調製した。また，糖鎖の導入法に関しても，前出の液体アンモニアを溶媒としたバーチ還元条件の他に，NaOMe/MeOH-DMFの系を確立した[32]。これらの一連の糖鎖担持カルボシランデンドリマー群に用いた糖鎖を図5に示す。

5.5　糖鎖担持カルボシランデンドリマーの応用例

ここでは，前項で紹介した生理活性糖鎖を担持したカルボシランデンドリマーの応用例について紹介したい。カルボシランデンドリマーの利点についてはすでに述べてある。しかしながら，実際に*in vitro*あるいは，*in vivo*において利用できるかどうかについては不明であった。そこで，最初の標的分子として病原性大腸菌O157:H7が産生するベロ毒素（VT）[31]を選択した。VTによる疾患は，通常，対症療法による治癒が一般的であるが，一部の患者においては，出血性大腸炎から溶血性尿毒症症候群（Hemolytic Uremic Syndrome; HUS）など重篤な合併症が併発し，死亡

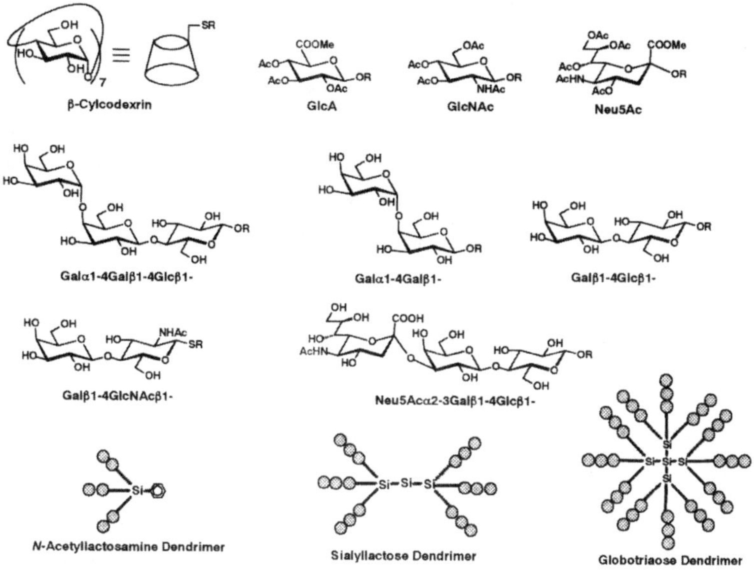

図5　Glyco-silicon機能材料の合成例

するケースも報告されている。Vero毒素産生性大腸菌（Verotoxin-producing *Escherichia coli*; VTEC）が産生するVTは，最近，志賀毒素産生性大腸菌（Shigatoxin-producing *Escherichia coli*; STEC）が産生する志賀毒素（Stx）とも呼ばれ，その治療あるいは予防薬を創製するために多くの研究がなされているが，特効薬が存在していないのが現状である[35]。この毒素は，何れも毒性を発揮するAサブユニットと細胞に接着する5つのBサブユニットから構成されるAB_5型の毒素である。さらに，糖鎖結合部位は，Bサブユニット1個あたり3箇所存在するため，全体で15箇所存在する多価型の毒素である[36]。この多価の結合部位を有するStxsは，まずBサブユニットが，宿主細胞表層に存在するグロボトリオシルセラミド（Gb3; Galα1-4Galβ1-4Glcβ1-ceramide）を特異的に認識し，結合した後に，エンドサイトーシスにより細胞内に取り込まれ進入後，Aサブユニットがその細胞の蛋白質合成を阻害する。そのためグロボ3糖を担持した多価型のカルボシランデンドリマーを用いて，この感染初期段階となる毒素と宿主細胞との結合を，阻害あるいは中和することが可能となれば，感染やさらなる伝染の拡大を未然に防ぐことができると考えられている。このような戦略に基づき，Bundleら[16]，西田・小林ら[37]により有用な化合物の合成が行われている。我々は，グロボ3糖を担持させたカルボシランデンドリマー群を用いて，実際に種々の活性評価に関する基礎的評価を行った。その結果，カルボシランデンドリマーの骨格に由来するデンドリマーの形状，また，糖鎖の担持数に大きく依存することが判明した。また，マウスを用いた個体レベルでの評価も検討したところ興味深い結果が得られ，デンドリマーを用いたことで得られる多価型化合物の有効性を確認した[38]。

一方，多価型のリガンドに対して多価型のデンドリマー型レセプターを作用させ，効果的に活性を向上させるこの手法をさらに展開させた。次の標的としてインフルエンザウィルスに展開した。インフルエンザウィルスは，そのウィルス表層上にシアリル糖鎖を認識し，宿主細胞に接着するためのヘマグルチニン（Hemagglutinin; HA）と細胞内で増殖後，宿主細胞から離脱する際にシアル酸を切断するためのシアリダーゼ（Sialidase; NA）を併せ持つユニークなウィルスである。また，これらのタンパク質は，ウィルス表層上において，それぞれ3量体あるいは4量体としてスパイク状に存在している。この疾患においても，宿主細胞とウィルスが接着する前に阻害剤として多価型のシアル酸含有化合物が存在していれば，感染を阻害できると推定される。このような戦略に基づき，Whitesideら[39]，Ryoら[40]，小林ら[41]，西村ら[42]が精力的に研究を推進している。我々は，この戦略に糖鎖担持カルボシランデンドリマーを利用した。糖鎖には，シアリルα2–3ラクトース（Neu5Acα2–3Galβ1–4Glcβ1–）を含む一連のデンドリマー群を用いた[32]。現在のところ，予備的な結果ではあるが，デンドリマー骨格の形状，分子内の糖鎖間距離，糖鎖の担持数などにより，構造活性相関が見られ，良好な結果が得られている[43]。今後も鳥インフルエンザウィルス（H5N1）をはじめとした，これまでに人類に感染したことの無い未知の亜型から成るインフルエンザウィルスなどに幅広く展開していきたい。

5.6　機能性デンドリマーに関するまとめ

種々の糖鎖担持デンドリマーについて紹介した。ここで紹介した以外にも多くの研究がなされ，デンドリマーにすることにより，これまでに類を見ない素晴らしい活性あるいは機能が発現している。デンドリマーは，構造が明確で，分子の形状やサイズが規則的であることから，今後，様々な分野において益々その需要が大きくなると期待される。本節で紹介した研究成果等が少しでも他の研究分野の役に立っていただければ幸いである。

謝　辞

本節で紹介した糖鎖担持カルボシランデンドリマーは，葛原弘美博士の発想に基づく共同研究であり，多くの助言を賜り，感謝申し上げます。グロボ3糖担持カルボシランデンドリマーとベロ毒素との生物学的評価は，国立国際医療センター研究所，名取泰博博士および西川喜代孝博士，奈良県立医大，喜多英二博士らにより行っていただきました。ここに御礼申し上げます。また，シアリルラクトース担持カルボシランデンドリマーとインフルエンザウィルスとの生物学的評価は，静岡県立大学薬学部，鈴木康夫博士らよって行っていただきました。重ねて御礼申し上げます。また，ここで紹介した糖鎖担持カルボシランデンドリマーの合成に関わった我々の研究グループの学生諸氏に感謝いたします。

文　献

1）Y. C. Lee, R. R. Townsend, M. R. Hardy, J. Lönngren, J. Arnarp, M. Haraldsson, and H. Lönn, *J. Biol. Chem.*, **258**, 199（1983）
2）箱守仙一郎, 別冊日経サイエンス, **111**, 20（1994）
3）例えば, 山路顕子, 化学と生物, **39**, 301（2001）
4）a）H. Staudinger, *Ber.*, **53**, 1073（1920）; b）三枝武夫, 高分子, **50**, 329（2001）
5）a）D. A. Tomalia, H. Baker, J. Dewald, M. Hall, G. Kallos, S. Martin, J. Roeck, J. Ryder, and P. Smith, *Polym. J.*, **17**, 117（1985）; b）D. A. Tomalia, A. M. Naylor, W. A. Goddard III, *Angew. Chem. Int. Ed. Engl.*, **29**, 138（1990）
6）a）G. R. Newcome, Z. Yao, G. R. Baker, and V. K. Gupta, *J. Org. Chem.*, **50**, 2004（1985）; b）G. R. Newcome, C. N. Moorefield, and G. R. Baker, *Aldrichimica Acta*, **25**, 31（1992）
7）a）F. Vögtle, Ed; In *Dendrimers, Topics Curr. Chem.*, **197**, Springer, 1998; b）F. Vögtle, Ed; In *Dendrimers II, Topics Curr. Chem.*, **210**, Springer, 2000; c）F. Vögtle, Ed; In *Dendrimers III, Topics Curr. Chem.*, **212**, Springer, 2001; d）G. R. Newcome, C. N. Moorefield, and F. Vögtle, In *Dendrimers and Dendrons*, Wiley-VCH, 2001
8）岡田鉦彦ら, デンドリマーの科学と機能, アイピーシー（2000）
9）a）柿本雅明, 化学, **50**, 608（1995）; b）岡田鉦彦ら, 高分子, **47**, 803（1998）; c）F. Zeng and S. C. Zimmerman, *Chem. Rev.*, **97**, 1681（1997）; d）J.-P. Majoral and A.-M. Caminade, *Chem. Rev.*, **99**, 845（1999）
10）a）R. Roy, *Curr. Opin. Struct. Biol.*, **6**, 692（1996）; b）R. Roy, *Polym. News*, **21**, 226（1996）; c）N. Jayaraman, S. A. Nepogodiev, and J. F. Stoddart, *Chem. Eur. J.*, **3**, 1193（1997）; d）R. Roy, *Topics Curr. Chem.*, **187**, 241（1997）; e）T. K. Lindhorst, In *Bioorganic Chemistry, Highlights and New Aspects*, V. Diederichsen, T. K. Lindhorst, B. Westermann, and L. A. Wessjohann（Eds）, Wiley-VCH, 1999, pp. 133-150; f）J. J. Lundquist and E. J. Toone, *Chem. Rev.*, **102**, 555（2002）; g）R. Roy, *Trends Glycosci. Glycotech.*, **15**, 291（2003）
11）K. Aoi, K. Itoh, and M. Okada, *Macromolecules*, **28**, 5391（1995）
12）D. Zanini and R. Roy, *J. Org. Chem.*, **61**, 7348（1996）
13）P. R. Ashton, S. E. Boyd, C. L. Brown, N. Jayaraman, S. A. Nepogodiev, and J. F. Stoddart, *Angew. Chem.Int. Ed. Engl.*, **36**, 732（1997）
14）R. Roy and J. M. Kim, *Angew. Chem. Int. Ed. Engl.*, **38**, 369（1999）
15）J. B. Corbell, J. J. Lundquist, and E. J. Toone, *Tetrahedron: Asymmetry*, **11**, 95（2000）
16）P. I. Kitov, J. M. Sadowska, G. Mulvey, G. D. Armstrong, H. Ling, N. S. Pannu, R. J. Read,

and D. R. Bundle, *Nature*, **403**, 669 (2000)
17) M. Dubber and T. K. Lindhorst, *Org. Lett.*, **3**, 4019 (2001)
18) X.-B. Meng, L.-D. Yang, H. Li, Q. Li, T.-M. Cheng, M.-S. Cai, and Z.-J. Li, *Carbohydr. Res.*, **227**, 977 (2002)
19) T. Jiang, M. Li, and D. S. Lawrence, *J. Org. Chem.*, **60**, 7293 (1995)
20) Y. Gao, A. Eguchi, K. Kakehi, and Y. C. Lee, *Org. Lett.*, **6**, 3457 (2004)
21) T. Furuike and S. Aiba, *Chem. Lett.*, 69 (1999)
22) H. Baigude, K. Katsuraya, K. Okuyama, S. Tokunaga, and T. Uryu, *Macromolecules*, **36**, 7100 (2003)
23) A. W. van der Made and P. W. N. M. Leeuwen, *J. Chem. Soc., Chem. Commun.*, 1400 (1992)
24) a) L.-L. Zhou and J. Roovers, *Macromolecules*, **26**, 963 (1993); b) C. Kim, E. Park, and E. Kang, *Bull. Korean Chem. Soc.*, **17**, 419 (1996)
25) a) K. Lorenz, R. Mülhaupt, H. Frey, U. Rapp, F. J. Mayer-Posner, *Macromolecules*, **28**, 6657 (1995); b) M. C. Coen, K. Lorenz, J. Kressler, H. Frey, and R. Mülhaupt, *Macromolecules*, **29**, 8069 (1996); c) G. E. Oosterom, R. J. van Haaren, J. N. H. Reek, P. C. J. Kamer, and P. W. N. M. van Leeuwen, *Chem. Commun.*, 1119 (1999)
26) a) D. Terunuma, T. Kato, R. Nishio, K. Matsuoka, H. Kuzuhara, Y. Aoki, and H. Nohira, *Chem. Lett.*, 59 (1998); b) D. Terunuma, R. Nishio, Y. Aoki, H. Nohira, K. Matsuoka, and H. Kuzuhara, *Chem. Lett.*, 565 (1999); c) D. Terunuma, T. Kato, R. Nishio, Y. Aoki, H. Nohira, K. Matsuoka, and H. Kuzuhara, *Bull. Chem. Soc. Jpn.*, **72**, 2129 (1999); d) 土田隆樹, 島崎智恵美, 幡野健, 松岡浩司, 青木良夫, 野平博之, 江角保明, 照沼大陽, 高分子論文集, **60**, 561 (2003); e) 照沼大陽, 松岡浩司, 幡野健, 21世紀の有機ケイ素化学, シーエムシー出版, p. 258 (2004)
27) K. Matsuoka, M. Terabatake, Y. Saito, C. Hagihara, Y. Esumi, D. Terunuma, and H. Kuzuhara, *Bull. Chem. Soc. Jpn.*, **71**, 2709 (1998)
28) a) M. M. K. Boysen and T. K. Lindhorst, *Org. Lett.*, **1**, 1925 (1999)
b) M. M. K. Boysen and T. K. Lindhorst, *Tetrahedron*, **59**, 3895 (2003)
29) 松岡浩司, 齋藤洋祐, 照沼大陽, 葛原弘美, 高分子論文集, **57**, 691 (2000)
30) K. Matsuoka, H. Kurosawa, Y. Esumi, D. Terunuma, and H. Kuzuhara, *Carbohydr. Res.*, **329** 765 (2000)
31) K. Matsuoka, M. Terabatake, Y. Esumi, D. Terunuma, H. Kuzuhara, *Tetrahedron Lett.*, **40**, 7839 (1999)
32) K. Matsuoka, H. Oka, T. Koyama, Y. Esumi, and D. Terunuma, *Tetrahedron Lett.*, **42**, 3327 (2001)
33) K. Matsuoka, T. Ohtawa, H. Hinou, T. Koyama, Y. Esumi, S.-I. Nishimura, K. Hatano, and D. Terunuma, *Tetrahedron Lett.*, **44**, 3617 (2003)
34) C. A. Lingwood, *Adv. Lipid Res.*, **25**, 189 (1993)
35) 谷佳津治, 那須正夫, 化学と生物, **39**, 554 (2001)
36) H. Ling, A. Boodhoo, B. Hazes, M. D. Cummings, G. D. Armstrong, J. L. Brunton, R. J. Read, *Biochemistry*, **37**, 1777 (1998)

37) H. Dohi, Y. Nishida, M. Mizuno, M. Shinkai, T. Kobayashi, T. Takeda, H. Uzawa, K. Kobayashi, *Bioorg. Med. Chem.*, **7**, 2053 (1999)
38) K. Nishikawa, K. Matsuoka, E. Kita, N. Okabe, M. Mizuguchi, K. Hino, S. Miyazawa, C. Yamasaki, J. Aoki, S. Takashima, Y. Yamakawa, M. Nishijima, D. Terunuma, H. Kuzuhara, and Y. Natori, *Proc. Natl. Acad. Sci. USA*, **99**, 7669 (2000)
39) A. Spaltenstein and G. M. Whitesides, *J. Am. Chem. Soc.*, **113**, 686 (1991)
40) R. Roy, D. Zanini, S. J. Meunier, and A. Romanowska, *J. Chem. Soc., Chem. Commun.*, 1869 (1993)
41) A. Tsuchida, K. Kobayashi, N. Matsubara, T. Muramatsu, T. Suzuki, and Y. Suzuki, *Glycoconjugate J.*, **15**, 1047 (1998)
42) T. Ohta, N. Miura, N. Fujitani, F. Nakajima, K. Niikura, R. Sadamoto, C.-T. Guo, T. Suzuki, Y. Suzuki, K. Monde, and S.-I. Nishimura, *Angew. Chem. Int. Ed. Engl.*, **42**, 5186 (2003)
43) K. Matsuoka, K. Hatano, D. Terunuma, and Y. Suzuki, unpublished results.

6　人工糖鎖超分子：マクロ環型糖クラスターと糖ヒドロゲルの構築と機能

林田　修*1，浜地　格*2

6.1　はじめに

細胞表層に存在する糖脂質の糖鎖部位は，細胞接着などの細胞間認識において糖鎖自身に認識されるシグナル分子として重要な役割を果たしていることが生化学の研究者らによって見出されている[1)]。単独の糖残基に働く相互作用は微弱であるが，数多く寄り集まることで極めて有効な相互作用となり，優れた結合・認識能を発現するいわゆる「クラスター効果」[2)]の重要性もLeeらによって提唱されている。近年，このような生体系での優れた機能に啓発（バイオインスパイアード）され，生体系を超えるような人工系の開発と機能の発現を目指した研究[3)]も盛んに行われている。ここで，糖鎖のクラスター効果について分子認識化学の観点から眺めてみると，生体系が我々に教えているヒントが隠れていることに気が付く。そもそも親水性の糖鎖は水和により安定化されやすいために，水中で単独の糖化合物を標的（ゲスト）とした人工ホストの開発は困難であるとされる。大過剰に存在する水分子が水素結合などの非共有結合性のホスト－ゲスト相互作用を阻害するためで，事実，これまで糖化合物を捕捉できる人工ホスト[4)]のほとんどが非プロトン性の有機溶媒中においてのみ機能を発揮する。しかし，クラスタリングした糖鎖の場合には，隣接する糖残基の間で直接にあるいは水分子を介した分子間水素結合ネットワークが発達した状態にあり，糖残基が規則的に配向し，分子運動性が抑制された特異な微視的環境にあるものと考えられる。このような微視的環境場において初めて，細胞接着の初期段階において認められる細胞表層糖鎖どうしの多点相互作用が効果的に発現されるのであろう。ゆえに，クラスタリングした糖鎖の構造的特徴（糖鎖の高度集積化）を模倣することが人工系で機能的シミュレーションを行うためにまずとるべき戦略であるように思われる。これまでにも，人工系で糖鎖を提示するための分子基盤として，鎖状高分子[5)]，枝分かれ高分子[6)]，デンドリマー[7)]などを用いて糖残基を高度に集積化した糖クラスターが構築され，それらの機能について数多くの興味深い報告がなされている。

一方，筆者らは独自に糖鎖を集積する方法として超分子化学によるアプローチを展開している。ミセルおよび脂質二分子膜は良く知られた超分子集積体であるが，これらに類似した自己集積体としてマクロ環型糖クラスター[8)]および糖ヒドロゲル[9)]を開発した。マクロ環型糖クラスターは，大環状骨格を分子基盤として複数個の親水性糖鎖と疎水性アルキル鎖を導入したくさび形の両親媒性分子であるために，ミセル様の糖ナノ粒子を形成する。糖残基が密に寄り集まったナノ粒子

＊1　Osamu Hayashida　九州大学　先導物質化学研究所　助教授

＊2　Itaru Hamachi　九州大学　先導物質化学研究所　教授

表面には，リン酸イオンなどの極性分子が捕捉され，それを介したユニークな糖ナノ粒子の凝集など興味ある知見を数多く見出している。一方，糖脂質の構造的特徴を模倣して開発した両親媒性分子の場合には，二分子膜構造を基本とした繊維状会合体を形成し，これらが絡まり合った水性ゲル（ヒドロゲル）を構築できることや，それに伴う興味ある知見を数多く見出している。ここでは，これらマクロ環型糖クラスターと糖ヒドロゲルに関する研究成果の幾つかについて述べる。

6.2　マクロ環型糖クラスター

6.2.1　分子設計および糖ナノ粒子の形成

マクロ環型糖クラスターを開発するにあたって，筆者らは糖鎖を集積する分子基盤としてレゾルシナレン（**1**）[10]に注目した（図1）。レゾルシナレンは4つのレゾルシノールがC_{4v}対象で配置した大環状分子である。これらフェノール性水酸基から適当なスペーサーを介してマルトオリゴ糖由来の糖残基を種々導入した両親媒性のマクロ環型糖クラスター（$\mathbf{2}_n$）を分子設計し，合成した（図1）。分子モデリングによれば，親水性糖部位と疎水性アルキル鎖がマクロ環骨格を介して互いに反対側に位置している（図2）。しかも，アンバランスに大きな糖鎖部位のために，くさび形の両親媒性分子であるといえる。厳密には，これらマクロ環型糖クラスターは水性溶媒にしか溶けず，メタノールやクロロホルムなどのほとんどの有機溶媒に溶けないので，両親媒性分子とは言い難いが，構造的に両親媒性の特徴を持つことに違いない。マクロ環型糖クラスターが水中で形成する会合体について，動的光散乱（DLS）法による検討を行ったところ，2.4–3.5nmに平均粒径をもつ会合体の存在が確認された（図3）。これ

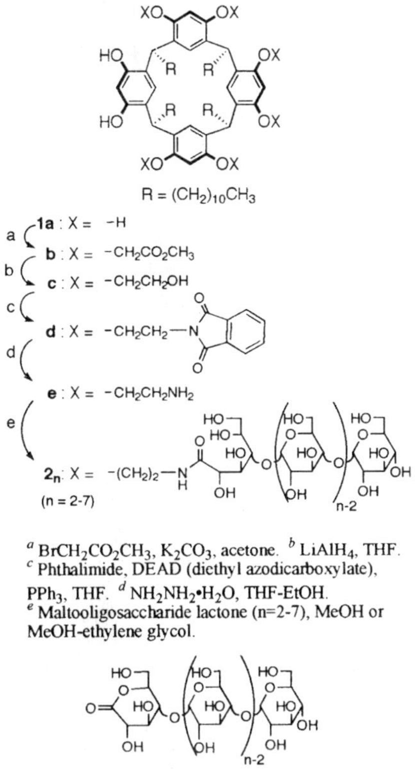

^{a} $BrCH_2CO_2CH_3$, K_2CO_3, acetone. ^{b} $LiAlH_4$, THF. ^{c} Phthalimide, DEAD (diethyl azodicarboxylate), PPh_3, THF. ^{d} NH_2NH_2•H_2O, THF-EtOH. ^{e} Maltooligosaccharide lactone (n=2-7), MeOH or MeOH-ethylene glycol.

図1　**Preparation of Glycocluster 2_n**
(Reprinted with permission from *J. Am. Chem. Soc.*, 2003, **125**, 594. ©2003, American Chemical Society).

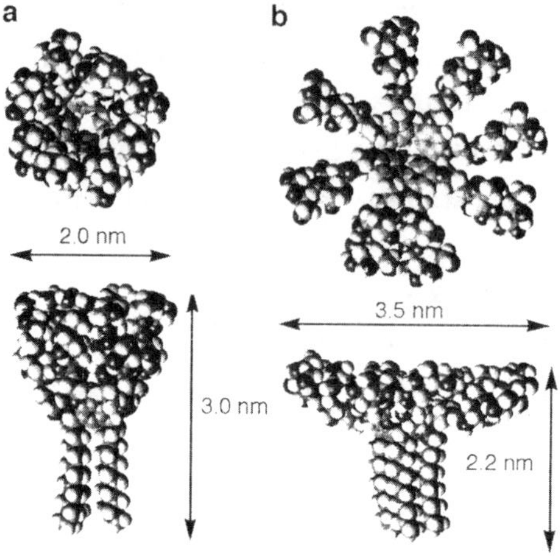

図 2 Space-filling top view (top) and side view (bottom) of compound 2_2 with its glycocluster portion in the folded (a) or unfolded (b) conformation.

(Reprinted with permission from *J. Am. Chem. Soc.*, 2003, **125**, 594. ©2003, American Chemical Society).

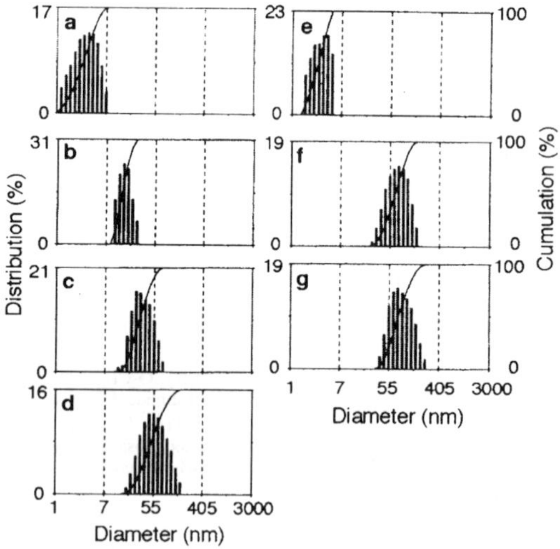

図 3 Time courses for the change in size distribution (in reference to number of particles) for aggregates of 2_2 (a-d) and 2_5 (e-g) in water at 0.1 mM upon addition of Na_2HPO_4/NaH_2PO_4 (100 equivalent, keeping the pH of the solution at 7) as evaluated by DLS with 50 mW Ar^+ laser at 30℃. Time in h after injection of the phosphate salts ; 0 (before injection; a and e), 0.1 (f), 0.5 (b), 7 (g), 44 (c), and 67 (d).

(Reprinted with permission from *J. Am. Chem. Soc.*, 2003, **125**, 594. ©2003, American Chemical Society).

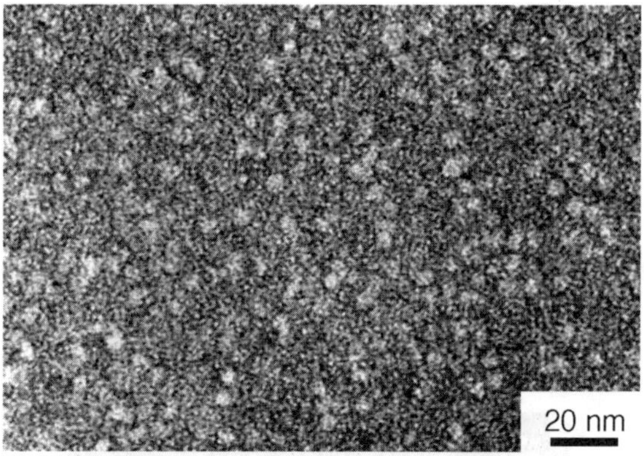

図4　**TEM image of the micellar nanoparticles of compound 2₂.**
(Reprinted with permission from *J. Am. Chem. Soc.*, 2003, **125**, 594. ©2003, American Chemical Society)

らの平均粒径は導入したマルトオリゴ糖の鎖長に依存せず，サイズの揃った糖ナノ粒子が一様に形成される。より直接的には，図4に示すように透過型電子顕微鏡（TEM）の観察によってDLSの結果と矛盾しないサイズの球状糖ナノ粒子を確認することができた。さらに，サイズ排除クロマトグラフィー（GPC）を用いた分子量に関する検討から，この糖ナノ粒子は4～6分子の糖クラスターが会合して形成されていることもわかった。この結果は糖ナノ粒子形成における動的平衡に関しても重要な知見を与えている。すなわち，通常のミセルは臨界ミセル形成濃度以上において，モノマーとの間に動的平衡が存在するのに対して，これらマクロ環型糖クラスターからなるミセル様の糖ナノ粒子の場合には類似の平衡は存在せず，熱力学的に安定な会合体のみを与える。

6.2.2　リン酸イオンに誘起される凝集体生成

糖ナノ粒子の機能に関する評価の過程で，偶然に水中でリン酸イオンなどの極性分子と強く相互作用することを見出した。一例をあげると，これら糖ナノ粒子の水溶液にリン酸イオン（Na_2HPO_4/NaH_2PO_4）を添加すると沈殿物が生じた。その沈殿（凝集体）の成長過程をDLS法により追跡したところ，リン酸イオンの添加に伴って平均粒径2.4–3.5nmの糖ナノ粒子（$\mathbf{2}_2$）が消失し，より大きな会合体へと成長し，最終的（3日後）には平均粒径が63nmの大きさの凝集体になった（図3）。興味あることに，この凝集体の成長速度にはマルトオリゴ糖の鎖長依存性が認められた。すなわち，より鎖長の長いマルトペンタオース由来のマクロ環型糖クラスター（$\mathbf{2}_5$）の場合には，僅か数分以内で最終的な凝集体（平均粒径 99nm）へと推移した（図3）。また，リン酸イオンに誘起されたこの凝集体は，原子間力顕微鏡（AFM）によっても観察することが

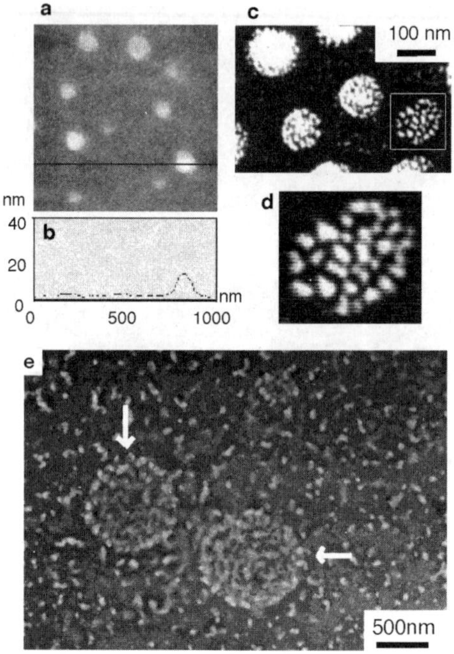

図5　Micrographs for medium-sized aggregates formed from phosphate-induced agglutination of amphiphiles 2_2 and 2_5 after centrifugation: AFM image of the 2_2-phosphate aggregates on a mica plate（a）and its cross section（b）, TEM image of the 2_5-phosphate aggregates（c）and an enlargement of an aggregate（d）, and TEM image of a dynamic 2_2-phosphate agglutination process taken immediately after sonication（e）, the arrows being where small particles are gathering to form a larger aggregate.

（Reprinted with permission from *J. Am. Chem. Soc.*, 2003, **125**, 594. ©2003, American Chemical Society）

できた（図５）。凝集体の平均粒径は50–100nmであり，その断面図が凸状であることから内水相は存在しないことも示唆された。さらに，TEM による観察では，リン酸イオンに誘起されてミセル様糖ナノ粒子（2_5）が寄り集まった球状の凝集体も直接的に確認できた（(図５)。リン酸イオン誘起による凝集力が比較的に弱いミセル様糖ナノ粒子（2_2）の場合には，糖ナノ粒子が寄り集まり大きな凝集体を形成しつつあるその瞬間を観察することにも成功した（図５）。また，このユニークな凝集過程（図６）の駆動力については，^{31}P NMRを用いた詳細な検討によって，電荷的に中性な糖クラスターの糖鎖部位とリン酸イオンとの分子間水素結合が強く寄与しているためであることがわかった。しかも，その水素結合形成能は糖鎖長依存的な性質を示したことも特徴的な点である。

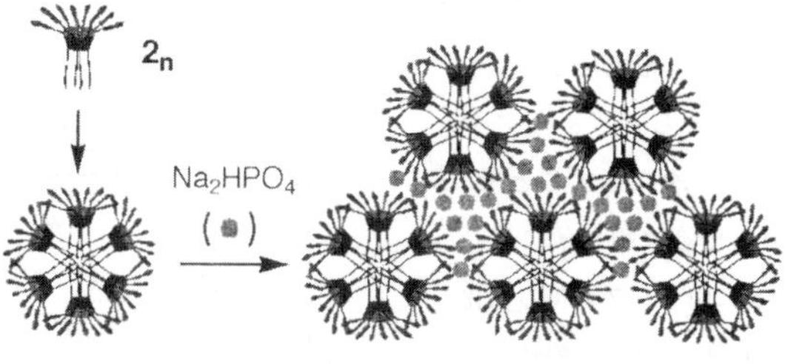

図 6　Self-Aggregation and Phosphate-Induced Agglutination of Amphiphile 2_n
(Reprinted with permission from *J. Am. Chem. Soc.*, 2003, **125**, 594. ©2003, American Chemical Society)

6.2.3　表面プラズモン共鳴（SPR）法による機能評価

生体分子の分子間相互作用を検出する手法として，リガンド分子を基板などの固体表面に固定化し，アナライト分子の結合解離に伴う蛍光強度や表面プラズモン共鳴（SPR）などの信号変化としてとらえるいわゆるチップ化測定技術が活発に開発されている。先に述べたように，マクロ環型糖クラスターは親水性糖残基をもつため，基板などの固体表面への固定化が容易であった。例えば，石英板などの極性表面に対しては糖残基が水素結合により配向したマクロ環型糖クラスターの物理吸着層を形成することが可能であるし，糖結合性蛋白質（レクチン）を固定化したレクチンゲルに対してはレクチン・糖鎖の特異的結合によって吸着微粒子の構築も実際に可能である。あるいは，逆にマクロ環型糖クラスターの疎水性アルキル鎖の疎水性相互作用を活用して，疎水性の基板表面に単分子膜を構築し（図 7），SPR法によるBIAcoreシステムを用いてリン酸イオンを介した糖鎖－糖鎖相互作用を詳細に解析することもできる。具体的には，疎水化処理した

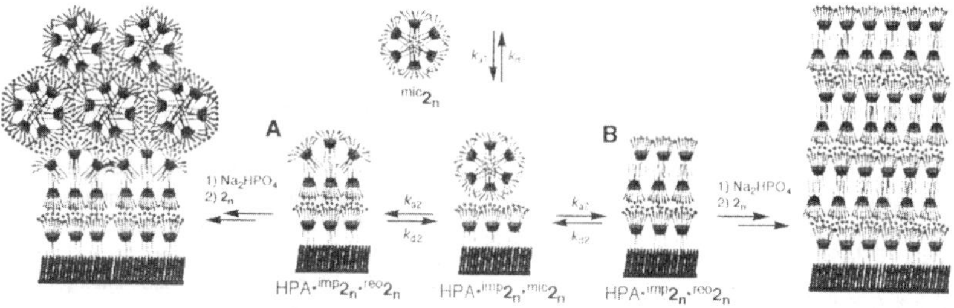

図 7　Hydrophobic Immobilization of Amphiphile 2_n on a Hydrophobized Sensor Chip of SPR and Subsequent Multilayer Formation Mediated by the Phosphate Ions.
(Reprinted with permission from *J. Am. Chem. Soc.*, 2003, **125**, 594. ©2003, American Chemical Society)

センサーチップ（HPA）にマクロ環型糖クラスターの水溶液をフローインジェクションすると，糖クラスター単分子膜の形成にともなうチップ界面における屈折率の変化がSPRシグナルの変化（RU）として実測される（図８）。このインジェクションを繰り返すことで，SPRシグナルの変化量は飽和値に達した。検量線をもとにSPRシグナルの変化量は吸着量と相関づけられ，その結果として多層吸着ではなく厳密に単分子膜が構築されることがわかった。すなわち，**2_2**，**2_5**，**2_7**の場合に得られる飽和ΔRUは1500，2200，2500RUであり，分子占有面積は4.6，6.3，7.1nm^3となった。これら分子占有面積を円近似すると直径が，2.0，2.6，2.8nmとなり，CPKモデルから推測されるマクロ環型糖クラスターの分子サイズとよく対応した。リン酸イオンが存在しない場合には，この糖単分子膜表面と糖ナノ粒子との多層吸着は起こらないが，途中でリン酸イオンをインジェクションした糖単分子膜表面には糖ナノ粒子が新たに結合した（図８）。得られたSPRセンサーグラムについて，コンホメーション変化を伴う結合・解離モデルを用いて解析したところ，結合挙動に関する各パラメータを詳細に求めることができる（表１）。このリン酸イオンを介した糖鎖－糖鎖相互作用においても，マルトオリゴ糖の鎖長依存性が認められることなど，糖単分子膜表面が示す性質に関して重要な知見が数多く得られた。リン酸種とのユニークな相互作用は，生体内ポリリン酸誘導体であるDNAとの相互

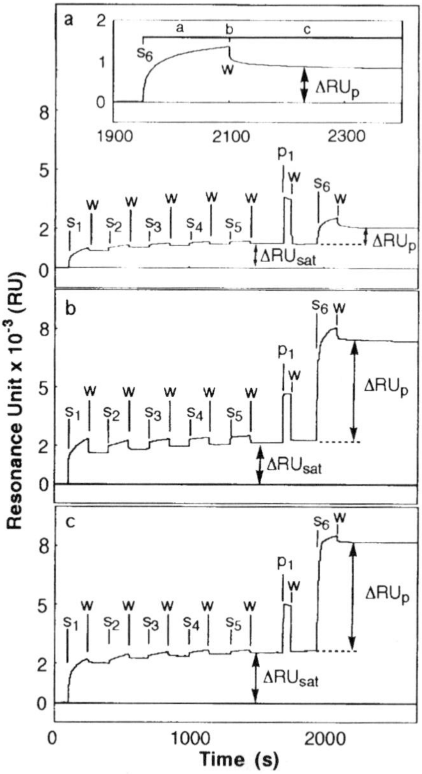

図８　SPR response curves for the immobilization of amphiphile 2_n (n = 2(a), 5(b), and 7(c)) on a hydrophobized sensor chip (step s_n/w; n = 1–5), phosphate coating (step p_1/w), and further adsorption of 2_n on the resulting phosphate-covered monolayer 2_n (step s_6/w) in the flow of water at a flow rate of 10 μL/min. Steps s, p, and w stand for an injection of an aqueous solution of analyte 2_n (0.2mM, 25 μL), that of Na_2HPO_4/NaH_2PO_4 (0.1 M at pH7, 10 μL), and water (31 μL), respectively. Inset: enlargement of the s_6/w process for 2_2.

(Reprinted with permission from *J. Am. Chem. Soc.*, 2003, **125**, 594. ©2003, American Chemical Society)

表1　Rate Constants（k_{a1}, k_{d1}, k_{a2}, and k_{d2}, referring to Scheme 3）, Maximal Analyte Binding Capacities（ΔRU_{max}）, and Affinity Constants（K）Associated with the Binding of Analyte 2_n on the Phosphate-Coated Monolayer 2_n Immobilized on a Sensor Chip

monolayer	analyte	k_{a1} ($M^{-1}s^{-1}$)	k_{d1} (s^{-1})	k_{a2} (s^{-1})	k_{d2} (s^{-1})	$\triangle RU_{max}$	K (M^{-1})
2_2	2_2	190	0.024	0.016	2.2×10^{-4}	1280	4.4×10^{5}
2_5	2_5	510	0.026	0.024	7.2×10^{-5}	5470	6.4×10^{6}
2_7	2_7	450	0.0049	0.021	1.5×10^{-5}	5650	1.3×10^{8}

作用に拡張され，青山らによって遺伝子デリバリー担体[11]としてのマクロ環型糖クラスターの機能評価へと展開されている。

6.3　糖ヒドロゲル

6.3.1　両親媒性分子の合成

近年，比較的に低分子量のモノマーを非共有結合的な相互作用によって繋ぎ合わせることによってポリマーを構築する研究が盛んである[12]。この手法によって得られるいわゆる超分子ポリマーは，従来の高分子ポリマーと比較して，構造有機化学や分子認識化学の知見に基づく経験的な構造・機能相関を分子設計に反映させることができる。水素結合形成や空間充填率の制御によるホスト–ゲスト化学の特徴をうまく利用した超分子ポリマー[12]などはその成功例である。また，超分子ポリマーは，その部分構造に損傷が生じた場合には，別のモノマー分子と置き換えることによって修復することが原理的に可能であるが，従来の高分子ポリマーではそのような真似はできそうにない。また，繊維状の会合体を与える超分子ポリマーのなかには，ひとつのモノマー分子がおよそ数万の溶媒分子とゲル相を形成するものも知られている。筆者らは，新規な超分子ポリマーの構築と更なる機能の発現を目指して，独自の分子設計理念に基づき両親媒性分子の開発に着手した。天然の糖脂質の構造的な特徴にヒントを得て，糖親水部位，スペーサー部位，連結疎水部位からなる両親媒性分子を種々分子設計した。それぞれの部位の組み合わせに応じて，網羅的および系統的に両親媒性分子**7**が得られる利点を生かして，固相法による合成を行った（図9）。

6.3.2　糖ヒドロゲルの構造

合成した両親媒性分子7の基礎的物性を評価する過程において，偶然にゲル化能を有する両親媒性分子を見出すことに成功した。なかでも，**7k**はバイオマテリアルとして有用な水性ゲル（糖ヒドロゲル）を与えた。**7k**が形成する糖ヒドロゲルに対するTEM観察によれば，20–100nmの直径をもつ繊維状のゲル組織が認められた（図10）。さらに，環境応答性の蛍光色素であるANS存在下で**7k**が形成する糖ヒドロゲルは，480nm付近に蛍光極大波長を有するスペクトルを示したこ

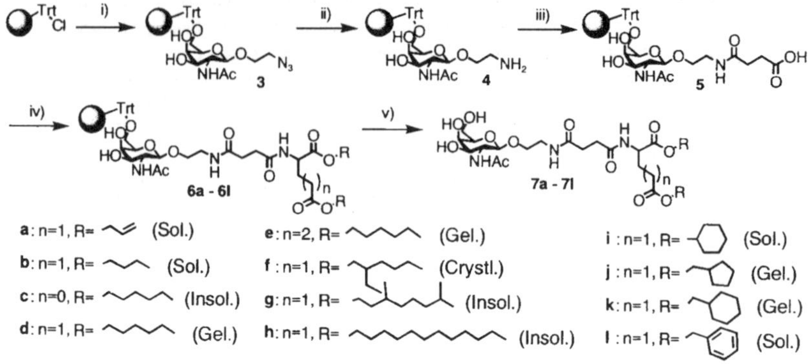

図 9　Synthetic scheme and gelation ability of 7.
(Reprinted with permission from *J. Am. Chem. Soc.*, 2002, **124**, 10954. ©2002, American Chemical Society).

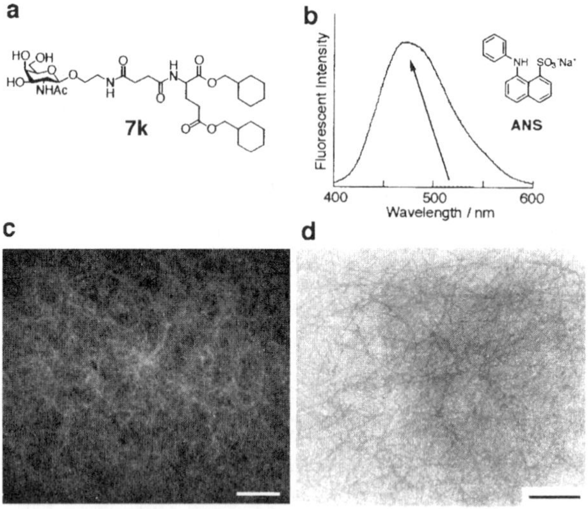

図10　Structural and physicochemical analyses of the supramolecular hydrogel. a) Molecular structure of 7k, b) Fluorescence spectra of hydrogel and solution containing environmental fluorescent probes (solid lines: hydrogel, dotted line: solution).[fluorophore] = 10 μ M in 25mM phosphate buffer (pH8.0), [gelator] = 0.25 wt%, λ ex = 380nm. c) A confocal laser scanning micrograph of a hydrogel containing ANS.[ANS] = 20 μ M in H_2O, [gelator] = 0.13 wt%. In order to obtain a clear contrast, we used 0.13 wt% of the hydrogel in this case. Scale bar: 10 μ m. d) A TEM photograph of a hydrogel without staining. [gelator] = 0.25 wt%. Scale bar: 500 nm.

とから，糖ヒドロゲル中には疎水的な微視的環境場が形成されていることが明らかである（図10）。ANSを用いて蛍光可視化した糖ヒドロゲルの共焦点レーザー顕微鏡観察では，ナノあるいはサブミクロンの太さを有する連続的な繊維状会合体の絡み合いが見られた（図10）。一方，**7k**の水溶液，アモルファス固体，および糖ヒドロゲルの赤外吸収スペクトルを比較したところ，アミドのN–Hに由来する吸収帯が，糖ヒドロゲル中ではより高波数側にシフトしていることがわかった（図11）。このことから，糖ヒドロゲルでは，アミド基を含む官能基間の間で水素結合が形成されることが示唆された。高濃度の糖ヒドロゲルから得られた単結晶をもとに，X線単結晶構造解析を行ったところ，**7k**は疎水性部位と糖親水部位が分子間相互作用により配列制御した二分子膜様の有機結晶を与えることがわかった（図12）。この分子配列制御には，疎水性部位間の疎水性相互作用van der Waals相互作用，さらにはスペーサー部位のアミド基および糖親水部位の水酸基の間で水分子を介したシート状水素結合ネットワークが協同的に寄与していることが示唆される。この二分子膜構造の膜厚は3.8nmであり，しかも，糖ヒドロゲルの凍結乾燥体に対する粉末X線回折が示す回折極大ピークと矛盾しないことから，糖ヒドロゲルの基本構造は二分子膜様会合体であるといえる。糖親水部位が疎水性部位をバルク水中からマスキングしつつ，極性部位どうしで安定な水素結合ネットワークを構築している（図13）。さらに，基本となる二分子膜様会合体がテープ状に組織化され，ナノあるいはサブミクロンの太さをもつ微視的繊維に発達していることを考えると，糖親水部表面のあいだに直接的もしくは間接的なラメラ様の相互作用が必ず存在するはずである。細胞接着などの過程でクラスター化した細胞表層糖鎖が示す生化学的な意義とも関連がありそうで興味深い。

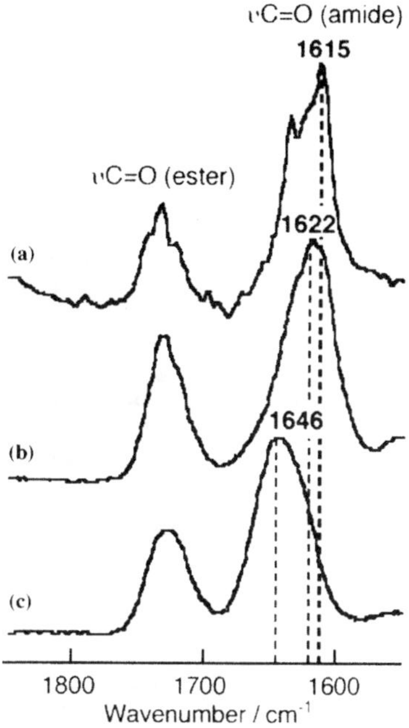

図11　IR spectral shift of the amide carbonyl region of 3k depending on its aggregation state. a) homogeneous solution of 7k dissolved in $CDCl_3/CD_3OD$ (3/1 (v/v)). b) amorphous solid state. c) hydrogel state

6.3.3　糖ヒドロゲルの感温性

機能性高分子ポリマーのひとつに，感温性ゲルがある。例えば，*N*-イソプロピルアクリルア

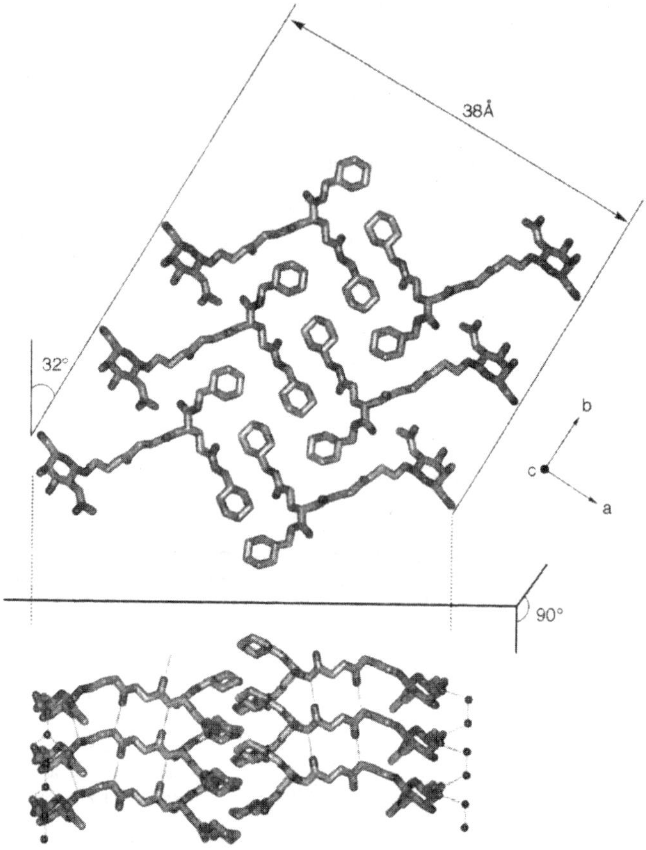

図12　Crystal structure analysis of the molecular packing of 7k prepared from a hydrogel. A top and side view of crystal lattices shows the interdigitated bimolecular structure

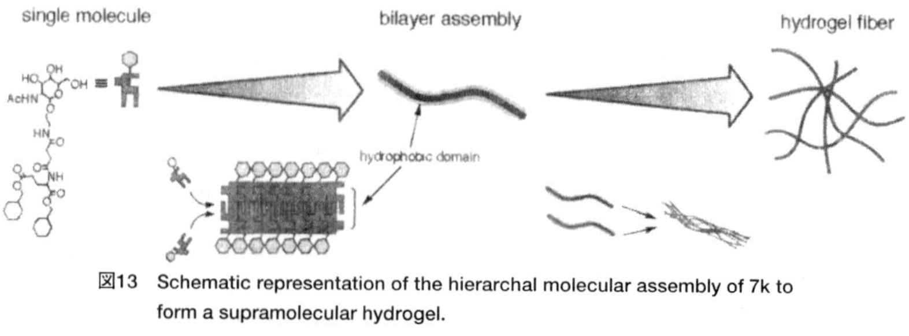

図13　Schematic representation of the hierarchal molecular assembly of 7k to form a supramolecular hydrogel.

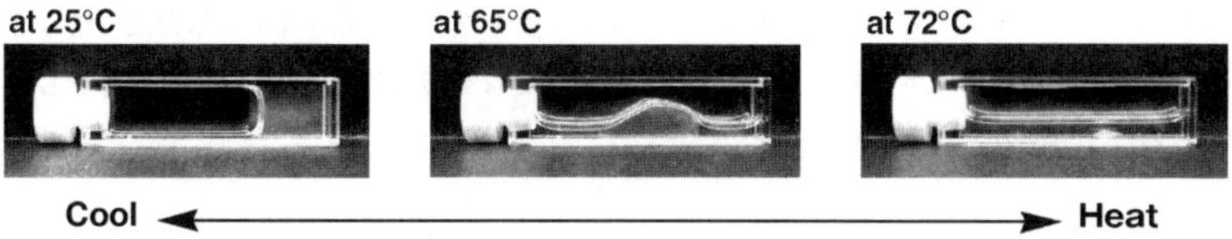

図14　Direct observation of thermally-induced phase transition of the hydrogel of 7k. [7k]=4mM in 250mM NaCl aq. (Reprinted with permission from *J. Am. Chem. Soc.*, 2002, **124**, 10954. ©2002, American Chemical Society)

ミド（NIPAM）からなるNIPAMゲルは，転移温度（約32℃）を境に低温では親水性となって膨潤し，高温では疎水性となって収縮するといった感温性を示す。おもしろいことに，**7k**が形成する超分子糖ヒドロゲルもまた，感温性の物理化学的性質を示した。この超分子型の糖ヒドロゲルを昇温したところ，典型的なGibbs相律に従ったゲル－ゾル相転移のかわりに，ゲルが収縮して得られた固相と吐き出された液相に相分離する現象が認められた（図14）。さらには，降温によりもとの膨潤したゲル相へ変化した。この昇温－降温サイクルによって，相の状態を可逆的に繰り返し変化させることが可能であった。収縮の温度依存性を常法に従い濁度法により検討したところ，転移温度が69℃であることがわかった。さらには，糖親水部位にカルボン酸残基を導入した両親媒性分子をコファクターとして共存させた糖ヒドロゲルでは，プロトン濃度に応答した膨潤－収縮の過程が認められた。今のところ，巨視的な相転移を微視的な分子間力や場の効果と直接に関係づけるのは難しいが，前述の二分子膜様会合体の糖親水部表面のあいだに存在すると思われる相互作用の強さと，自由度を奪われた水和水などを含めたGibbs自由エネルギーのバランスが問題であろうと思われる。

6.4　おわりに

クラスタリングした糖鎖には接着などの「おもしろい」性質が現れるはずだとの直感から，これら2つの機能モデルを開発した。マクロ環型糖クラスターは，くさび形をした両親媒性のために球状の糖ナノ粒子を形成し，リン酸イオンの存在下では糖ナノ粒子が凝集することを見出した。リン酸イオンを介して糖鎖クラスターと糖鎖クラスターが接着する現象について定量的な解釈を与えることができた。一方，糖ヒドロゲルは二分子膜構造を基本とした繊維状会合体を形成し，さらに繊維状会合体が互いに絡み合うことでバイオマテリアルとして応用可能な水性ゲルを構築することを見出した。さらに，感温性の相転移においては繊維状会合体の糖鎖表面が重要な役割を果たしているとの感触も得られた。ここで紹介した糖クラスターは，予めある特異的機能の発現を狙って分子設計されたわけでは必ずしもないが，このような超分子化学的なアプローチによる基礎的データを積み重ねることによって，クラスタリングした糖鎖に秘められた謎や暗号を化学者の得意とする言葉で解き明かすことができ，またそれを応用した新技術へと発展させることができるはずである。

文　献

1)（a）Hakomori, S. *Pure Appl. Chem.* **63**, 473（1991)（b）Kobata, A. *Acc. Chem. Res.* **26**, 319（1993)（c）Hakomori, S. *Glycoconj. J.* **17**, 627（2000)

2)（a）Lee, Y. C.; Townsend, R. R.; Hardy, M. R.; Lonngren, J.; Arnarp, J.; Haraldsson, M.; Lonn, H. *J. Biol. Chem.* **258**, 199（1983)（b）Lee, Y. C.; Lee, R. T. *Acc. Chem. Res.* **28**, 321（1995)

3)（a）Barron, A. E.; Zuckermann, R. N. *Curr. Opin. Chem. Biol.* **3**, 681（1999)（b）Mahadevan, V.; Gebbink, R. J. M. K.; Stack, T. D. P. *Curr. Opin. Chem. Biol.* **4**, 228（2000)（c）Estroff, L.A.; Hamilton, A. D. *Chem. Mater.* **13**, 3227（2001)（d）Choi, M. S.; Yamazaki, T.; Yamazaki, I.; Aida, T. *Angew. Chem., Int. Ed. Engl.* **43**, 150（2004)

4)（a）Das, G.; Hamilton, A. D. *J. Am. Chem. Soc.* **116**, 11139（1994)（b）Coterón, J. M. Hacket, F.; Schneider, H. -J. *J. Org. Chem.* **61**, 1429（1996)（c）Das, G.; Hamilton, A. D. *Tetrahedron Lett.* **38**, 3675（1997)（d）Dondoni, A.; Marra, A.; Scherrmann, M. C.; Casnati, A.; Sansone, F.; Ungaro, R. *Chem. Eur. J.* **3**, 1774（1997)

5)（a）Nishimura, S.-I.; Matsuoka, K.; Furuike, T.; Ishii, S.; Kurita, K. *Macromolecules*, **24**, 4236（1991)（b）Mortell, K. H.; Gingras, M.; Kiessling, L. L. *J. Am. Chem. Soc.* **116**, 12053（1994)（c）Lee, W. J.; Spaltenstein, A.; Kingery-Wood, J. E.; Whitesides, G. M. *J. Med. Chem.* **37**, 3419（1994)（d）Kobayashi, K.; Tsuchida, A.; Usui, T.; Akaike, T. *Macromolecules* **30**, 2016（1997)（e）Choi, S. K.; Mammen, N.; Whitesides, G. M. *J. Am. Chem. Soc.*, **119**, 4103（1997)（f）Zanini, D.; Roy, R. *J. Org. Chem.* **63**, 3486（1998)（g）Matsuura, K.; Tsuchida, A.; Okahata, Y.; Akaike, T.; Kobayashi, K. *Bull. Chem. Soc. Jpn.* **71**, 2973（1998)（h）Gordon, E. J.; Gestwicki, J. E.; Strong, L. E.; Kiessling, L. L. *Chem. Biol.*, **7**, 9（2000)（i）Akai, S.; Kajihara, Y.; Nagashima, Y.; Kamei, M.; Arai, J.; Bito, M.; Sato, K. *J. Carbohydr. Chem.* **20**, 121（2001)（j）Cairon C. W.; Gestwicki, J. E.; Kanai, M.; Kiessling, L. L. *J. Am. Chem. Soc.*, **124**, 1615（2002)

6)（a）Roy, R.; Zanini, Meunier, S. J.; Romanowska, A. *J. Chem. Soc., Chem. Commun.* 1869（1993)（b）Roy, R.; Park, W. K. C.; Wu, Q.; Wang, S. N. *Tetrahedron Lett.* **36**, 4377（1995)

7)（a）Ashton, P. R.; Boyd, S. E.; Brown, C. L.; Jayaraman, N.; Nepogodiev, S. A.; Stoddart, J. F. *Chem. Eur. J.* **2**, 1115（1996)（b）Pavlov, G. M.; Korneeva, E. V.; Jumel, K.; Harding, S. E.; Meijer, E. W.; Peerlings, H. W. I.; Stoddart, J. F.; Nepogodiev, S. A. *Carbohyd. Poly.* **38**, 195（1999)（c）Fulton, D. A.; Stoddart, J. F. *Org. Lett.* **2**, 1113（2000)（d）Aoi, K.; Itoh,

K.; Okada, M. *Macromolecules*, **28**, 531 (1995)

8) (a) Fujimoto, T.; Shimizu, C.; Hayashida, O.; Aoyama, Y. *J. Am. Chem. Soc.* **119**, 6676 (1997) (b) Fujimoto, T.; Shimizu, C.; Hayashida, O.; Aoyama, Y. *Gazzetta Chim. Ital.* **127**, 749 (1997) (c) Hayashida, O.; Shimizu, C.; Fujimoto, T.; Aoyama, Y. *Chem. Lett.* 13 (1998) (d) Fujimoto, T.; Shimizu, C.; Hayashida, O.; Aoyama, Y. *J. Am. Chem. Soc.* **120**, 601 (1998) (e) Ariga, K.; Isoyama, K.; Hayashida, O.; Aoyama, Y.; Okahata, Y. *Chem. Lett.* 1007 (1998) (f) Aoyama, Y.; Matsuda, Y.; Chuleeraruk, J.; Nishiyama, K.; Fujimoto, T.; Fujimoto, K.; Shimizu, T.; Hayashida, O. *Pure Appl. Chem.* **70**, 2379 (1998) (g) Fujimoto, K.; Hayashida, O.; Aoyama, Y.; Guo, C.-T.; Hidari, K. I.-P. J.; Suzuki, Y. *Chem. Lett.* 1259 (1999) (h) Hayashida, O.; Kato, M.; Akagi, K.; Aoyama, Y. *J. Am. Chem. Soc.* **121**, 11597 (1999) (i) Fujimoto, K. Miyata, T.; Aoyama, Y. *J. Am. Chem. Soc.* **122**, 3558 (2000) (j) Hayashida, O.; Matsuo, A.; Aoyama, Y. *Chem. Lett.* 272 (2001) (k) Hayashida, O.; Mizuki, K.: Akagi, K.; Matsuo, A.; Kanamori, T.; Nakai, T.; Sando, S.; Aoyama, Y. *J. Am. Chem. Soc.* **125**, 594 (2003)

9) (a) Hamachi, I.; Kiyonaka, S.; Shinkai, S. *Chem. Commun.* 1281 (2000) (b) Hamachi, I.; Kiyonaka, S.; Shinkai, S. *Tetrahedron Lett.* **42**, 6141 (2001) (c) Kiyonaka, S.; Sugiyasu, K.; Shinkai, S.; Hamachi, I. *J. Am. Chem. Soc.* **124**, 10954 (2002) (d) Kiyonaka, S.; Zhou, S. -L.; Hamachi, I. *Supramol. Chem.* **15**, 521 (2003) (e) Kiyonaka, S.; Shinkai, S.; Hamachi, I. *Chem. Eur. J.* **9**, 976 (2003) (f) Kiyonaka, S.; Sada, K.; Yoshimura, I.; Shinkai, S.; Kato, N.; Hamachi, I. *Nature Mater.* **3**, 58 (2004)

10) (a) Högberg, A. G. S. *J. Am. Chem. Soc.*, **102**, 6046 (1980) (b) Högberg, A. G. S. *J. Org. Chem.*, **45**, 4498 (1980) (c) Böhmer, V. *Angew. Chem., Int. Ed. Engl.*, **34**, 713 (1995) (d) Timmerman, P.; Verboom, W.; Reinhoudt, D. N. *Tetrahedron*, **52**, 2663 (1996)

11) (a) Nakai T.; Kanamori T.; Sando S.; Aoyama Y. *J. Am. Chem. Soc.*, **125**, 8465 (2003) (b) Aoyama Y. *Chem. Eur. J.* **10**, 588 (2004)

12) (a) Fouquey, C.; Lehn, J.-M.; Levelut, A.-M. *Adv. Mater.* **2**, 254 (1990) (b) Sijbesma, R. P.; Beijer, F. H.; Brunsveld, L.; Folmer, B. J. B.; Ky Hirschberg, J. H. K.; Lange, R. F. M.; Lowe, J. K. L.; Meijer, E. W. *Science*, **278**, 1601 (1997) (c) Castellano, R. K.; Rudkevich, D. M.; Rebek, J. Jr. *Proc. Natl. Acad. Sci. USA*, **94**, 7132 (1997)

第3編　糖鎖工学における実用化技術

第1章　酵素反応による新規なグルコースポリマーの工業生産

高田洋樹[*1]，栗木　隆[*2]

1　はじめに：グルコースポリマーとしてのデンプンと加工デンプン

糖鎖工学における実用化技術は様々である。筆者らはグルコースのみからなる糖鎖も様々な構造を作りだすことにより，多様な性質を示すことに着目した。実際本稿で述べるグルコースポリマーを酵素的に合成し，それらの性質を調べたところ，様々な用途に活用できることが解かった。酵素による合成の利点は，使用する酵素および反応条件を適切に選ぶことにより，これらのグルコースポリマーの分子量ならびにその分布，さらには直鎖あるいは環状構造の形成，ならびに分岐結合の存在頻度を自在にコントロールできる点である。

自然界に最も多量に存在し，かつ利用されているグルコースポリマーはセルロースとデンプンであろう。このうちデンプンは植物が生産する再生産可能な多糖であり，その生産量は年間約3千万トンにも達しているといわれる。デンプンは，グルコースがα-1,4結合によりおおむね直鎖状に結合したアミロースと，短いアミロースがα-1,6結合を介して多数結合した高分岐多糖であるアミロペクチンからなる。アミロペクチンは，図1Bに示すような房状構造（クラスター構造）が多数連結された巨大分子である[1]。

アミロースとアミロペクチンの存在比やそれらの微細構造は，植物種により違いが見られる。この結果，デンプンの物性や特徴は由来する植物ごとに異なっており，その用途に応じて使い分けられている。しかしながら，デンプンは，植物の生育時の環境や貯蔵により変化しやすい他，利用する際の条件により物性変動を起こす場合もある。また，水に不溶であること，加熱糊化の進行に伴って粘度上昇をおこし，一定の粘度を保持できないこと，さらに糊化後の保存により老化すること，といった欠点もある。以上のことから，デンプンは，用途に応じて化学的，物理的，あるいは酵素的方法により加工される場合も多く，これらは「加工デンプン」と総称されている[2]。

化学的加工には，例えば酢酸エステル化，リン酸エステル化，ヒドロキシプロピルエーテル化などがあり，得られた製品は主として製紙，繊維等の工業用に用いられている。また，物理的処理を行ったものとしては，アルファー化デンプン（糊化済みデンプン），湿熱処理デンプンなど

＊1　Hiroki Takata　江崎グリコ㈱　生物化学研究所　主任研究員

＊2　Takashi Kuriki　江崎グリコ㈱　生物化学研究所　所長

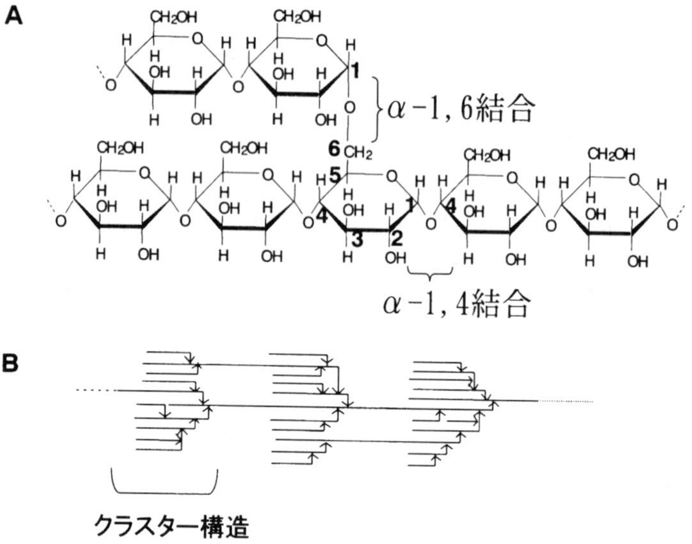

図1　デンプンの構造

A；α-1,4 / α-1,6グルカンとして分岐点付近のデンプンの構造
B；アミロペクチン構造模式図。個々のグルコース残基を省略して示した。水平線はα-1,4グルカンの鎖を示す。
縦矢印：α-1,6-グルコシド結合

が挙げられる。

酵素加工には，これまで主として加水分解酵素であるα-アミラーゼが利用され，種々の分子量のデンプン分解物（デキストリン）が製造されており幅広く利用されてきた（図2）。グルコースや異性化糖等の糖化品や，オリゴ糖類，醗酵製品は，一般には「加工デンプン」からは除かれる。デキストリンは，粉あめ（DE20～40程度），マルトデキストリン（DE10～20程度），デキストリン（DE10以下），と細分類されることもあり[2]，そのDEに応じて様々な性質を示す。DEとはdextrose equivalentの略であり，デンプンの糖化率を示し，直接還元糖（グルコースとして算出）／全固形分×100の式で算出する。例えば，低DE（高分子量）デキストリンは，デンプンの性質を多く残しており，粘度調整やボディー感付与に有効である。しかし，水にはやや溶けにくく，得られた溶液は老化を起こしやすく，デンプン由来の雑味（粉臭）を有する場合がある。一方，高DE（低分子量）デキストリンは，水に非常によく溶け，その溶液は老化せず安定である。しかし，吸湿しやすく，その溶液は若干の甘味があり，比較的浸透圧が高い。

一方，各種の糖転移酵素を用いることにより（あるいは加水分解酵素の転移作用を利用するこ

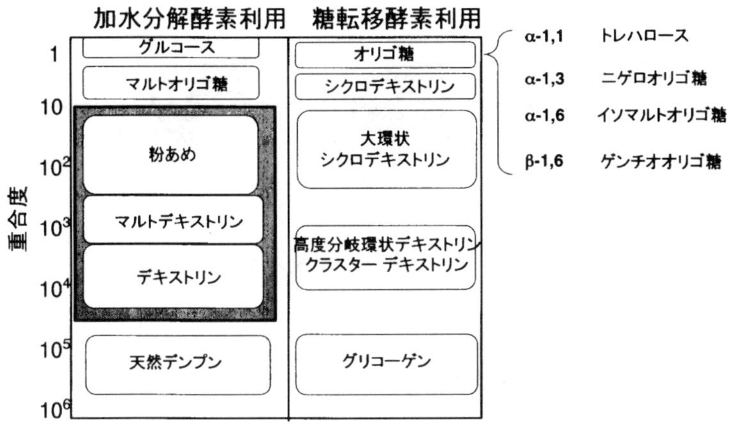

図２　各種「加工デンプン」とその重合度
網がけ部分が従来の「加工デンプン」

とにより)，低分子の糖質，すなわち各種オリゴ糖（トレハロース，ゲンチオオリゴ糖，ニゲロオリゴ糖，イソマルトオリゴ糖）やシクロデキストリンの開発が行われてきた。これらは，様々な機能をもち，幅広く利用されている。

筆者らは，糖転移酵素を用いて新しい高分子α-グルカン（大環状シクロデキストリン，高度分岐環状デキストリン，グリコーゲンなど）を製造することが可能である事を示してきた[3]（図2）。これらも，その重合度からすれば，一種の「加工デンプン」と言えるかもしれないが，その構造と性質は非常にユニークなものである。このうち，高度分岐環状デキストリンおよび大環状シクロデキストリンは工業生産され，それぞれ，クラスター デキストリン®およびシクロアミロースという商品名で市販されている。本稿では，クラスター デキストリンの性質と用途を中心に，大環状シクロデキストリン，グリコーゲンの開発についてもご紹介したい。

2　高度分岐環状デキストリン（クラスター デキストリン®）

2.1　ブランチングエンザイムの作用とクラスター デキストリン®の製造

ブランチングエンザイム（EC2.4.1.18，以下BEと略す）は，動植物，酵母や糸状菌，および細菌に広く分布するグルカン鎖転移酵素であり，生体内ではデンプンやグリコーゲンのα-1,6-グルコシド結合の形成に関与している。自然界よりスクリーニングした，*Bacillus stearothermophilus*

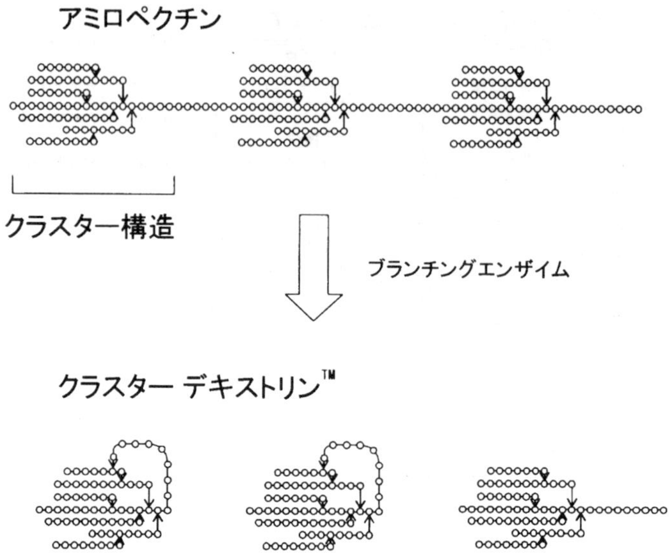

図3　クラスター デキストリン合成反応
○：個々のグルコース残基
↓：α-1,6-グルコシド結合

TRBE14株由来の耐熱性BEの作用を調べたところ，枝作り反応に加えて，環状化反応を触媒することがわかった[1]。特に本酵素は，アミロペクチンのクラスター構造の継ぎ目を形成する単位鎖に作用してこれを環状化する反応を強く触媒した（図3）[5,6]。一方で，アミロペクチンの外部鎖はあまり作用を受けない。最終産物の重量平均重合度は約2500であり，分子内に１つある環状構造部分は重合度18～100程度であることが構造解析の結果わかった。外部鎖の平均単位鎖長は16であった[5,7]。つまり比較的小さい環状構造部分に，複雑な分岐構造をもつ外部鎖が合計で100本以上結合しているという構造が明らかとなった。このような構造から，得られたグルカンを高度分岐環状デキストリンと名づけた。ワキシーコーンスターチから工業的に製造され，市販されているクラスター デキストリンは，この高度分岐環状デキストリンを90%程度含んでいる[8]。

2.2　クラスター デキストリン®の特徴と利用

クラスター デキストリンは，以下の構造上の特徴を持つ。

① 分子量分布が狭い（図4）。

② 比較的長い単位鎖を有する。

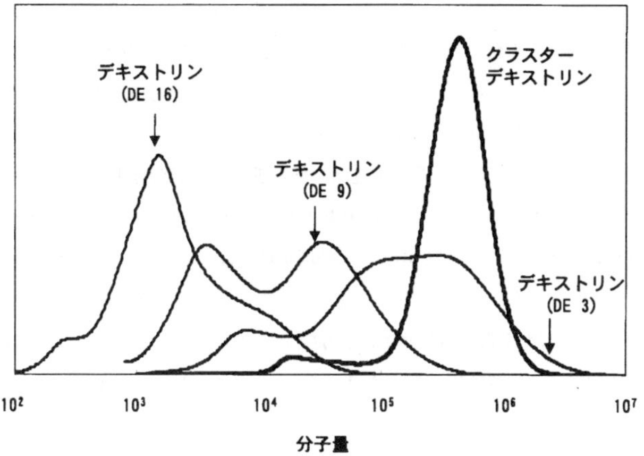

図4　各種デキストリンの分子量分布

③　環状構造を有する。

①の分子量分布が狭いというクラスター デキストリンの最大の特徴は，図3の反応模式図に示すBEの高い特異性によるものである。同程度の分子量を有するデキストリンと比較して，超高分子画分が少ないため，水への溶解性が高く，その水溶液の安定性も高い。このため水溶液の低温保存や，凍結融解を行っても，白濁や沈殿が生じにくい。デンプンに由来する異味異臭が少ないという特徴もある。また，低分子画分が少ないため，甘味がほとんどなく，溶液の浸透圧が低く，粉末は吸湿しにくい。

これらの特性から，クラスター デキストリンは，飲料への利用に適している。さらに，その溶液は浸透圧が低いため，ビタミンやミネラルを添加しても適度な浸透圧の飲料を設計でき，胃から小腸への移行速度を早くすることが可能である。このことは運動中に摂取しても膨満感が少なく，脇腹痛がおこりにくいということを意味しており，パフォーマンスを落とすことなく，水分，ミネラル，およびビタミンとエネルギーを同時に摂取できる飲料を設計できる[9)]。このような飲料は病者用，幼児用としても適している。

②の比較的長い単位鎖を有するクラスター デキストリンの特徴もBEの高い特異性による。すなわち，BEはアミロペクチンの外部鎖に作用しにくいため，他のデキストリンと比較すると，重合度11～16の単位鎖が顕著に多い。クラスター デキストリンにおいては，これらの単位鎖が分子最外部を構成し，溶液中では，らせん構造をとっていると推定している。一方，他のデキストリンにおいては，2～9の単位鎖が多く，11～16程度の単位鎖はむしろ，分子内部に存在する比率が高いと考えられる。

クラスター デキストリンは，食品の甘味，酸味，苦味等をマイルドにする効果，アルコールの刺激を緩和する効果，不快臭（魚の臭みなど）を緩和する効果を有する[10,11]。この味質改良機能は，クラスター デキストリンの長い単位鎖が，溶液中でらせん構造をとり，その中に低分子物質をとりこむためではないか，と推定している。

③のクラスター デキストリンの環状構造は，平均重合度が40程度と，シクロデキストリンに比べてはるかに大きなものである。シクロデキストリンはα-アミラーゼに消化されにくいことが知られているが，クラスター デキストリンの環状構造は，α-アミラーゼにより容易に分解される[11]。分子全体としても，クラスター デキストリンの消化性は他のデキストリンとほぼ同様であり，α-アミラーゼや小腸の消化酵素により完全にブドウ糖にまで分解されると考えている。したがって筆者らは，この環状構造は，クラスター デキストリンの性質に対してあまり大きな寄与はしていないと考えている。

応用上の特徴として，クラスター デキストリンは通常のデキストリンと比較して，粉末化基剤として非常に優れていることが分かっている。例えば，油脂の粉末化基剤として用いた場合，高油脂含量の粉末を調製可能であり，得られた粉末油脂は粉体流動性が高く，褐変をおこしにくく，かつ水への分散性も高いという良好な性質を持っていた[11,12]。さらに，油脂の酸化安定性を高める効果があった。この性質は，クラスター デキストリンが乾燥しやすく，吸湿しにくいこと，高い皮膜形成能を持つこと，分子量分布が狭く低分子オリゴ糖や高分子成分が少ないことによる複合的な効果であると考えられる。

3　大環状シクロデキストリン

シクロデキストリングルカノトランスフェラーゼ（CGTase, EC 2.4.1.19）の作用は古くから研究され，得られるα-，β-，およびγ-シクロデキストリン（それぞれ重合度は6，7，および8）の用途開発も活発に行われてきた。たとえば，これらのシクロデキストリンは，その疎水性空洞内に種々の物質を取り込んで包接化合物を形成することがよく知られている。このような性質は，揮発性物質の安定化，難溶性物質の乳化や可溶化，不安定物質の酸化防止などの目的で，様々な産業分野に利用されている。

一方，CGTaseの作用により，重合度9以上の環状α-1,4グルカン（以下，大環状シクロデキストリンと呼ぶ）が少量生ずることが古くから知られていた。しかし，それらについては効果的な製造方法がなく，その性質も充分に調べられていなかった。

D酵素（Disproportionating enzyme, EC 2.4.1.25）は，植物に広く分布している4-α-グルカン転移酵素であり，図5Aに示すように，供与体マルトオリゴ糖の非還元末端部分のマルトオリゴ

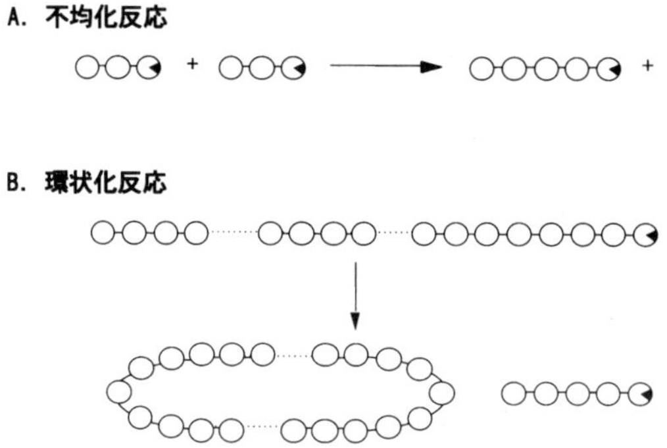

図５　D酵素の不均化反応と環状化反応
○：個々のグルコース残基
◔：還元性末端グルコース残基

糖単位を，別のマルトオリゴ糖（受容体）の非還元末端に α-1,4結合で転移する反応を触媒する。本酵素のマルトオリゴ糖への作用は良く研究されていたが，高分子デンプンへの作用については不明な点が多かった。筆者らの研究グループのTakahaら[13]は，馬鈴薯由来D酵素を高分子アミロースに作用させ，本酵素が図５Bに示すような，アミロースの環状化反応（分子内転移反応）を触媒し，大環状シクロデキストリン（重合度17以上）を高収率で生成することを初めて見出した。また，大環状シクロデキストリンの平均分子量は，使用するアミロースの重合度や反応条件によりコントロールすることが可能であった。現在では，各種 α-1,4-グルカン転移酵素を利用することにより，様々な重合度分布の大環状シクロデキストリンの調製が可能である[14-16]。

これまでに大環状シクロデキストリンは，ヨウ素，各種界面活性剤，脂肪酸，高級アルコール，各種薬剤，フラーレンなどと相互作用することが報告されている。さらにMachidaら[17]は，大環状シクロデキストリンが変性タンパク質をリフォールディングするための人工シャペロンとして効果的に機能することを見出した。これはタンパク質を，変性剤と界面活性剤を用いて可溶化したのち，タンパク質に結合した界面活性剤を，大環状シクロデキストリンの包接機能で除去することにより，タンパク質の自発的なフォールディングをうながすものである。本技術は大腸菌の菌体内に封入体として生産されたタンパク質の活性化に利用できる。

4　グリコーゲン

グリコーゲンは，デンプンと並んで自然界に存在する代表的な α-グルカンである。表１に示

表1　アミロペクチンとグリコーゲンの比較

	アミロペクチン	グリコーゲン
分子量	10^7～10^8	10^7～10^9
平均鎖長	20～25	10～14
β-アミラーゼ分解限度	～55%	～45%
ヨウ素呈色λmax	530～550	430～460
極限粘度ml/g	150～220	5～10
希薄溶液	やや白濁	Opalescent

すように，グリコーゲンはアミロペクチンに比べ約2倍の分岐を持ち，より溶解性が高く，その粘度は低い。また，グリコーゲン水溶液は，乳白光（Opalescent）を発する美しいものである。グリコーゲンは，動物の筋肉や肝臓に含まれるほか，スイートコーンなど，ある種の植物に含まれる。特に，カキやムール貝などの貝類のものが有名であるが，その抽出精製工程は煩雑である

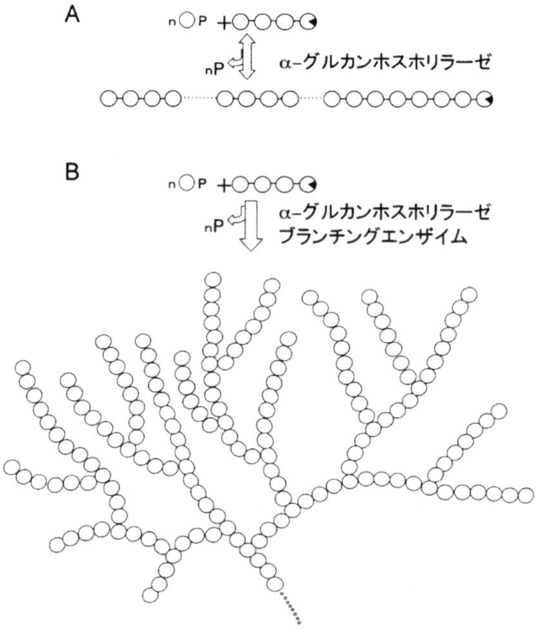

図6　α-グルカンホスホリラーゼによる反応
A：アミロース合成反応
B：BEが共存した場合のグリコーゲン合成反応
○p：グルコース-1-リン酸
○　：個々のグルコース残基
◔　：還元末端グルコース残基

ため，非常に高価であり，現在は主として化粧品原料として用いられている。

グリコーゲンは，古くから「健康に良い」と信じられてきた。最近になって，Takayaら[18]はホタテからプロテアーゼ処理により抽出したグリコーゲンに抗腫瘍効果があり，これは免疫系を活性化するためであると主張した。しかし，一方で抽出方法を変更すると，抗腫瘍効果がなくなるなど，その作用は微妙なものであることも示唆している。

α-グルカンホスホリラーゼ（EC2.4.1.1）は，デンプンの加リン酸分解を触媒する酵素であるが，図６に示すように逆反応により，グルコース-1-リン酸からアミロースを合成できる。この反応系にBEを共存させることにより，グリコーゲンを合成することができた。筆者らは，得られた酵素合成グリコーゲンをマウスに経口投与することにより，その抗腫瘍効果を証明した[19]。グリコーゲンは，唾液α-アミラーゼや胃酸によって分解されにくいため，経口摂取後，高分子のまま腸管まで届き，免疫担当細胞を活性化したものと考えている。

5　おわりに

グルカン鎖転移酵素を利用して，クラスター デキストリン，大環状シクロデキストリンあるいはグリコーゲンというユニークな構造と機能を有する素材を作り出すことができた。これらは，さらに反応条件を調節することや他の加水分解酵素，転移酵素を利用することで，その分子量や微細構造を変化させることも可能である。これまで工業化された糖質関連酵素はアミラーゼを中心とした加水分解酵素であり，CGTaseを除いて糖転移酵素が有用糖質の工業生産に使われた例は無かった。地球環境にやさしいバイオポリマーは，今後ますますその応用が拡大されると考えられ，その構造制御技術は注目を集めている。分岐構造や環状構造の形成に関与しうる糖鎖転移酵素は，このような多糖工学における，有益なツールになると考えられる。

文　　献

1）檜作進: 澱粉科学, **40**, 133-147（1993）
2）高橋禮治:でん粉製品の知識，幸書房（東京）（1996）
3）Fujii, K. *et al.: Biocatal. Biotransform.*, **21**, 167-172（2003）
4）Takata, H. *et al.: J. Bacteriol.*, **178**, 1600-1606（1996）
5）Takata, H. *et al.: Carbohydr. Res.*, **295**, 91-101（1996）
6）高田洋樹ら： 応用糖質科学, **43**, 257-264（1996）

7) Takata, H. *et al.: J. Ferment. Bioeng.*, **84**, 119–123 (1997)
8) 高田洋樹: 澱粉, **47**, 83–89 (2002)
9) 滝井寛： 食品と開発, **38**, 11–13 (2002)
10) 高田洋樹ら: 食品と科学, **45**, 73–77 (2003)
11) 食品新素材有効利用技術シリーズ クラスター デキストリン® (高度分岐環状デキストリン), (社)菓子総合技術センター (2003)
12) Kagami, Y. *et al., J. Food Sci.*, **68**, 2248–2255 (2003)
13) Takaha, T. *et al., J. Biol. Chem.*, **271**, 2902–2908 (1996)
14) Takaha, T. and Smith, S. M.: *Biotechnol. Genet. Eng. Rev.*, **16**, 257–280 (1999)
15) Terada, Y. *et al., Appl. Environ. Microbiol.*, **65**, 910–915 (1999)
16) Yanase, M. *et al., Appl. Environ. Microbiol.*, **68**, 4233–4239 (2002)
17) Machida, S. *et al., FEBS Lett.*, **486**, 131–135 (2000)
18) Takaya, Y. *et al., J. Mar. Biotechnol.*, **6**, 208–213 (1998)
19) Ryoyama, K. *et al., Biosci. Biotechnol. Biochem.*, **68**, 2332–2340 (2004)

第2章　*N*–結合型糖鎖ライブラリーの構築

朝井洋明*

1　糖鎖ライブラリーの現状

第三の生体高分子といわれる糖鎖は，その複雑で多様な構造と調製・精製の難しさから生体内で重要な役割を担っていることが解っていながら機能解析が困難であった。それ故，糖鎖の役割を利用した医薬品を始めとする産業的な分野への応用は，一部のグリコサミノグリカンやキチン／キトサンを除けばほとんど皆無であった。それはひとえに糖鎖構造の複雑さに起因する糖鎖調製の難しさと，構造解析の難しさに拠るものであった。近年の分析機器の進歩や分子生物学の目覚ましい進歩により糖鎖の生物学的機能解明が驚くほどに発展している。例えば，ハイマンノース型糖鎖が細胞内での蛋白質生合成時の高次構造の品質管理に深く関与していること[1]，インフルエンザウィルス，ロタウィルス，デング熱ウィルスがある特定の糖鎖を認識して進入すること[2]，線虫の細胞分裂の際にグリコサミノグリカンのコンドロイチンが重要な役割を担っていることなどが知られている[3]。今回のテーマであるN–結合型糖鎖でも生体内での機能解明がめざましく進みつつある[4]。

糖鎖の合成方法は，糖転移酵素や糖加水分解酵素を利用する方法，有機化学的なグリコシル反応を利用する方法，細胞を利用した方法などが広く検討されてきた。しかしながらこれらの研究は，精密な糖鎖構造の合成を可能にし，多くの複雑な糖鎖を合成してきたが，コストや精製の問題もあり大量合成という量的問題を抱えていた。糖鎖の機能解明の困難さが長年続いていた原因として糖鎖の調製が高コストで困難であったことが挙げられる。我々は，糖鎖の機能解明とそれらを利用した糖鎖の産業化には第一に安価で多様な糖鎖ライブラリーを大量に供給することだと考えている。

この目的を実践する為に現在我々は梶原らが開発したN結合型糖鎖の調製技術[5]を基に糖鎖ライブラリーの工業化を検討している。その糖鎖ライブラリーの合成技術とライブラリーの現状を以下に紹介する。

---

*　Hiroaki Asai　大塚化学㈱　探索研究所　リーダー

2　糖鎖ライブラリーの合成アプローチ

糖鎖の合成方法としては，糖ヌクレオチドと糖転移酵素を利用する方法や，糖加水分解酵素の逆反応合成や糖転移活性を利用する酵素による糖鎖合成の検討が幅広く行われ，またこれらの酵素の遺伝子を直接色々な細胞に組み込んで糖鎖を発現させる方法などが広く研究されている。また，有機化学的な手法でグリコシル化反応を繰り返していく方法も広く研究されている。糖鎖合成は，世界的に見ても日本は最先進国と言われており，これらの糖鎖合成に関しては，多くの著書や総説[6]にまとめられているし，本書の他の章でその詳細を紹介されているのでそれらを参考にして頂きたい。

3　新しい糖鎖ライブラリーの構築

現在我々は，梶原らが開発した鶏卵の卵黄中に含まれるシアリルオリゴペプタイド（SGP）を出発原料とした方法でN結合型2分岐糖鎖のライブラリー調製を行っている。その概要を下図に示す。

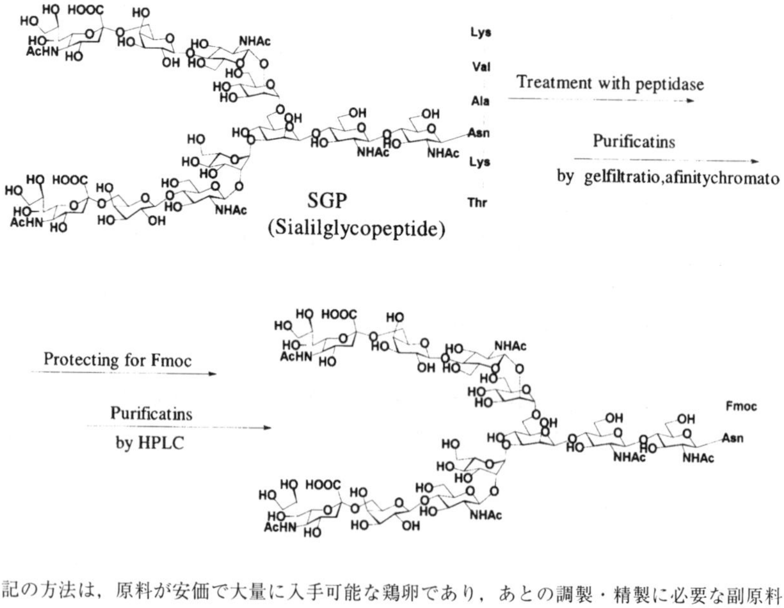

上記の方法は，原料が安価で大量に入手可能な鶏卵であり，あとの調製・精製に必要な副原料や機器も特別なものでないことも付け加えたい。このことは，次に述べる大量調製や工業化を行

う際の最大の要件となる。

4　糖鎖ライブラリーの大量合成への挑戦

我々は，先に述べた方法を基に糖鎖ライブラリーの大量調製のプロセス開発を行っている。実験室レベルであるが，現在では2週間程でグラム単位の糖鎖アスパラギンの調製が可能となっている。詳細な条件設定の問題は残っているが，工業的大量スケールでの調製は，機械設備を揃えれば可能な段階へ来ている。現在でも開発検討中であるので，工業化に関する詳細な内容については，ここでは控えたい。以下に我々が調製可能になった糖鎖ライブラリーを示す。個々の糖鎖によって調製の難易度に差はあるものの，以下の35種類の糖鎖ライブラリーは，工業化が可能になった糖鎖群である。この35種類の糖鎖ライブラリーではまだまだ不十分ではあるが，この様に多様な糖鎖が大量に使えるようになることは，明らかに糖質化学の大きな進歩である。

N結合型２分岐糖鎖アスパラギンライブラリー

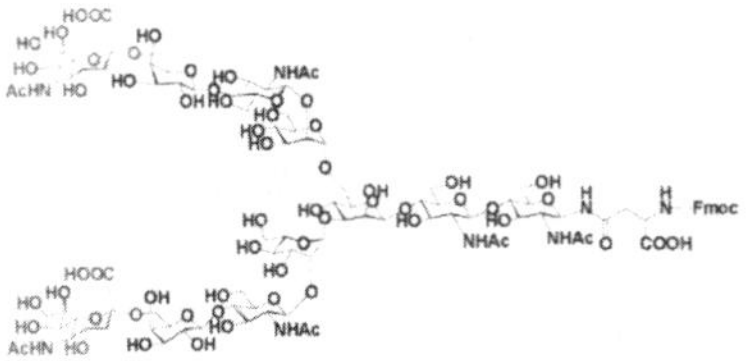

NeuNAc α(2→6) Gal β(1→4)GlcNAc β(1→ 2)Man α(1→6)
Man β(1→4)GlcNAc β(1→4)GlcNAc β Asn
NeuNAc α(2→6) Gal β(1→4)GlcNAc β(1→ 2)Man α(1→3)

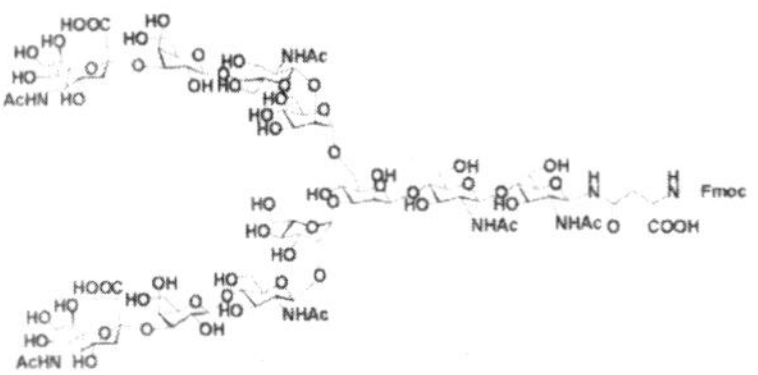

NeuNAc α(2→3) Gal β(1→4)GlcNAc β(1→ 2)Man α(1→6)
Man β(1→4)GlcNAc β(1→4)GlcNAc β Asn
NeuNAc α(2→3) Gal β(1→4)GlcNAc β(1→ 2)Man α(1→3)

Disialo Oligosaccharides

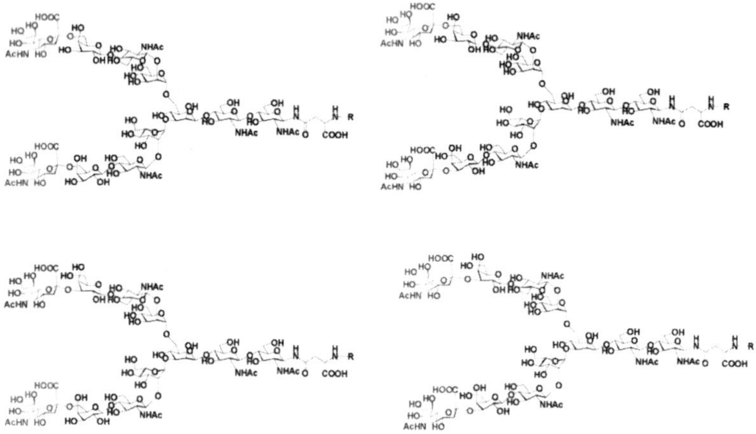

Monosialo Oligosaccharides

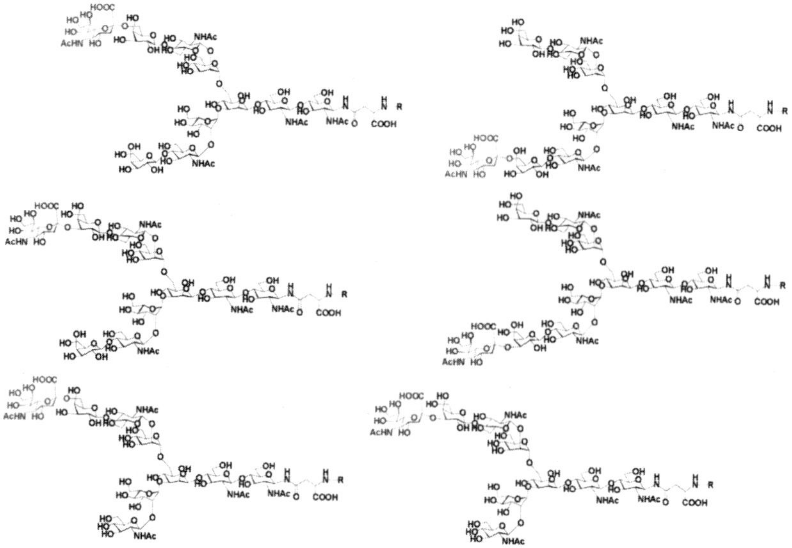

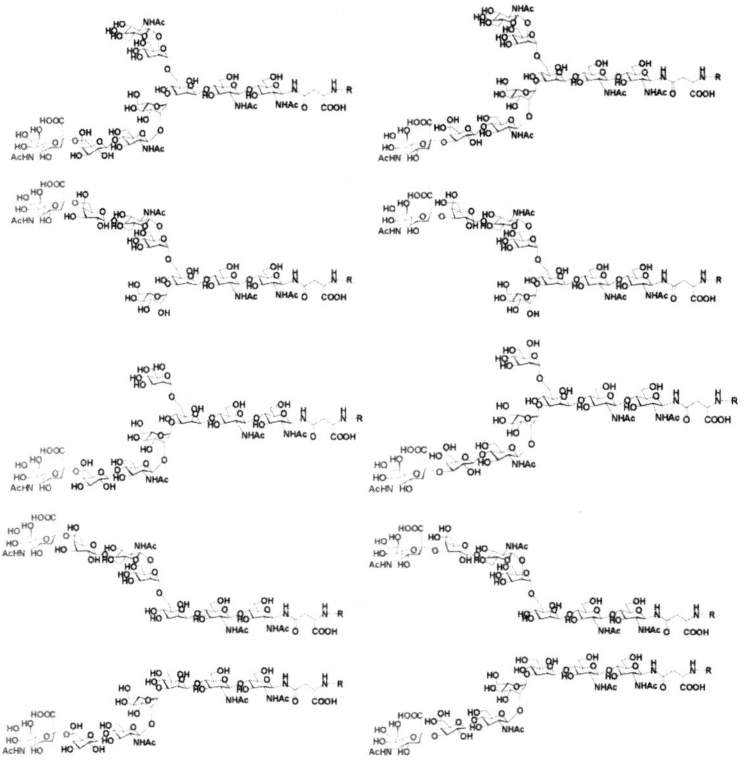

Asialo　Oligosaccharides

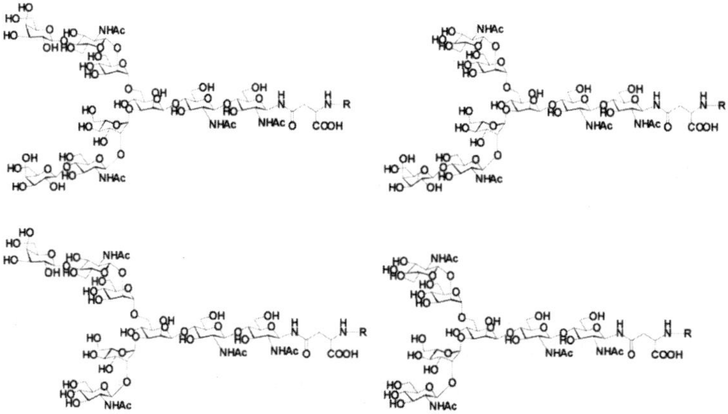

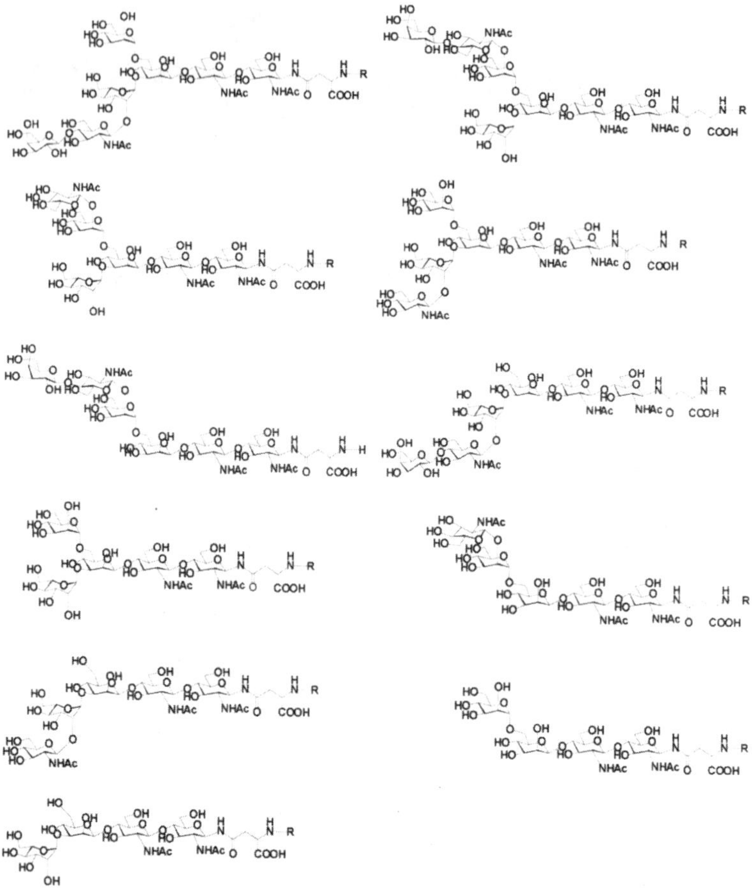

R＝Fmoc

5 糖鎖ライブラリーの応用

糖鎖が今後どのように使われていくかは，糖研究者の大きな関心事であるし，ポストゲノムのバイオインフォマテックスの展開にも少なからず影響を与えるであろう。糖鎖の生体内での機能解明が進めばその応用研究の重要性はより明確になる。幾つかの応用例を以下に挙げたい。

既に説明したN結合型の糖鎖は，糖蛋白質由来のものである。そしてAsn-Fmocを還元末端側に有しているので，一般的なペプチド合成手法でそのまま利用できる。実際に梶原らが，ジシアロ糖鎖の水酸基は無保護のままで糖ペプチド合成を行っている。特筆すべきは，ジシアロ糖鎖やモノシアロ糖鎖のシアル酸のカルボン酸を選択的に保護することが出来，その結果合成された糖ペプチドを強酸で樹脂より切り出す際に非還元末端側のシアル酸が加水分解されずに残す事が出来ていることである[7]。更に2箇所以上の特定の位置に違う構造の糖鎖を選択的に導入している。同様の糖ペプチド合成は，Danishefskyらがアスパラギン酸へ糖鎖を導入する方法を報告しているが，糖鎖の調製や糖ペプチド合成全体を考えるとこの糖鎖アスパラギンを利用する手法が，明らかに有効である[8]。この場合複数の糖鎖は，糖鎖構造の決まった糖鎖アスパラギンを使っているので各部位の糖鎖構造は均一であり，発現系で作られる糖ペプチドで見られるグライコフォームの問題は解決される。糖蛋白質の糖鎖の機能としては，蛋白質の高次構造への関与，蛋白質溶解性の調整機能，分解酵素からの保護機能，蛋白質やシグナル分子のマーカー・タグ機能などが考えられる。これらの機能を正確に検証する為には，糖鎖構造を精密に揃える事は最も重要なことである。将来，糖ペプチドの産業化は医療・医薬・診断等を中心に重要な役割を果たすことが予想される。その場合に糖ペプチド・蛋白質の糖鎖部分の品質管理が問題になるのは必至である。その場合にも構造の規格化された糖鎖アスパラギンライブラリーは，機能性糖ペプチド・蛋白質の糖鎖構造の均一化にも有効に応用する事が期待できる。

上記の糖ペプチドや糖蛋白質を利用すればドラッグデリバリーシステムでの展開や糖鎖の固定化を行うことにより特定の糖鎖と相互作用する蛋白質やシグナル分子の探索や精製に応用することも可能となる。また，糖鎖修飾により生体適合性の改善が出来れば，再生医療用基材の開発やオーダーメイド医療用基材の開発も可能となってくるであろう。これらの応用を更に推進し可能にする為には，糖鎖を目的とする基材への修飾や誘導体化を容易にする工学的技術の開発も必須となってくる。我々は，この様な糖鎖の応用展開の為の技術開発も併せて強力に進めたいと考えている。

6　まとめ

本章では，N結合型糖鎖が論じられたが，その他にO結合型糖鎖，糖脂質，プロテオグリカンの構成糖であるムコ多糖（グリコサミノグリカン）などがあり，これらの糖鎖も生命活動に極めて重要な役割を持っている。しかしながら前述したような糖鎖の複雑性や困難さがそれらの研究の大きな障害となってきた。しかしながらここ最近，長年の多くの研究者の努力が実りつつあるように思える。多くの糖鎖群の研究が次の展開へ進める状況が出来てきている。その一つが，まだまだ不十分ではあるが糖鎖ライブラリーの供給が大量に多様に出来るようになりつつあることである。今後糖鎖の機能解明が進めば，糖鎖を利用した創薬や治療など産業利用が行われ，糖鎖の利用価値は明確になると思われる。我々の糖鎖ライブラリーもそのような基礎的な糖鎖機能解明のコンテンツとなり，引き続き糖鎖の産業利用が広がっていくことの一助になることを目指していきたい。

文　　献

1) Y.Yoshida *et al., Nature,* **418**, 438–442 (2002)

2) Y.Suzuki *et al., Virology,* **189**, 121–131 (1992)
G.K.Hirst, *Science,* **94,** 22–23 (19941)
C.-T.Guo *et al., J.Biochem.* **130**, 377–384 (2001)

3) K.Nomura *et al., Nature* **423**, 443–448 (2003)

4) K.Shitara *et al., J. Biol. Chem.* **278**, 3466–3473 (2003)

5) Y.Kajihara *et al., Angw.Chem.Int.Ed.* **42**, 2540–2543 (2003)
Y.Kajihara *et al., Chem.Eur.J.* **10**, 971–985 (2004)

6) 化学総説　糖鎖分子の設計と生理機能，日本科学会編，学会出版センター，
生理活性糖鎖研究法，木曽眞編著，学会出版センター，
糖化学の基礎，阿武喜美子，瀬野信子，講談社

7) Y.Kajihara *et al., Angw.Chem.Int.Ed.* **42**, 2540–2543 (2003)

8) J.Danishefsky *et al., J.Am.Chem.Soc.* **126**, 6576–6578 (2004)
J.Danishefsky *et al., J.Am.Chem.Soc.* **126**, 6560–9562 (2004)

第3章　N-アセチルグルコサミンの工業生産と応用

又平芳春*

1　はじめに

我々日本人はカニ，エビを好んで食べ，世界有数の大量消費国となっている。しかし，カニ，エビの大部分は甲殻を除いて加工されることから，大量の甲殻が副産物として排出されている。近年，環境，資源，エネルギー問題などからバイオマテリアルが注目されている中，カニ，エビ甲殻中に含まれる多糖類キチンも天然機能性素材として様々な研究が行われてきた[1]。キチンは，N-アセチルグルコサミンがβ-1,4結合で直鎖状に連なった高分子多糖で，カニ，エビ甲殻の他，菌類や無脊椎動物などにも存在している。キチンの脱アセチル化物であるキトサン（β-1,4—poly-D-glucosamine）とともに，近年様々な機能性が解明されるにつれ，天然機能性素材としての利用が注目されている。一方，キチンを分解して得られる単糖のN-アセチルグルコサミン（以下NAG）は，ほのかな甘みを有し，水への溶解性も高いこと，また最近様々な生理機能性が報告されてきていることから，主として機能性食品素材としての利用が広がってきている[2]。さらにNAGは，糖タンパク質糖鎖の主要構成単位として細胞表面に分布している[3]他，皮膚，腱，軟骨，血管などに分布するヒアルロン酸，また骨組織，角膜，大動脈などに分布するケラタン硫酸の構成糖としても存在するなど[2]，生体中に普遍的に見出されることから，糖鎖工学の分野でも今後応用が期待される。筆者らは，キチンを原料としたNAGの工業的生産方法を確立し，機能性食品素材や糖鎖工学素材としての利用を検討してきた。本章では，工業スケールでの生産方法を紹介するとともに，機能性食品や糖鎖化学分野への応用の現状と今後の可能性について概説する。

2　NAGの工業的製法

2.1　原料キチンの生産

Allanら[1]によると，NAGの原料となるキチンの潜在的供給量は，カニ殻やエビ殻，貝類，菌類などを起源として年間約15万トンと推定している。しかし，実際に量的確保が可能で工業利用

*　Yoshiharu Matahira　焼津水産化学工業㈱　研究開発部　部長

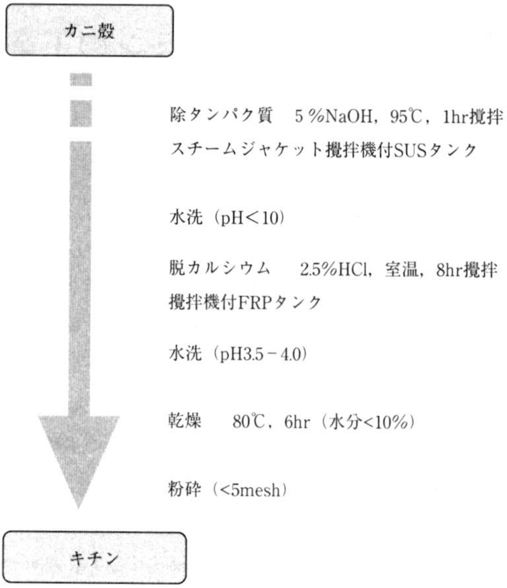

図1　キチンの製造工程

できる粗原料は，現在のところカニ殻かエビ殻に限られている。国内においてはキチンの工業生産のほとんどがカニ殻を原料に行われている。これは一ヶ所でまとまった量を集荷できるのがカニ殻だけであるということが第一の理由である[5]。一方，海外においては，北欧，タイ，ベトナムなど，エビ類の大規模加工基地が立地する場所でエビ殻からキチンの生産が行われている。

カニ殻やエビ殻にはキチンの他，主要成分として炭酸カルシウムを中心とした灰分20～50％とタンパク質10～40％が含まれている。その他は微量の脂質，色素などである。カニ・エビ殻からキチンを調製するためには，希アルカリを用いてタンパク質を，希酸を用いて灰分を溶解，除去する。図1には，カニ殻からの一般的な製造工程を示した。収率は原料の種類や目的とするキチンの純度によって異なるが，乾燥殻から概ね10～30％である。

2.2　NAGの製法

NAGはグルコースの2位の水酸基がアセトアミド基に置換した構造をしている（図2）。一般にキチンを塩酸で完全加水分解すると，グリコシド結合とアセトアミド基の分解が起こりグルコサミン（塩酸塩）が生成する[6]。これまで，NAGはグルコサミン塩酸塩からの化学合成（*N*-アセチル化反応）により工業生産されていた。しかしながら，食品分野で利用するためには，化学合成法を用いずに生産した天然型でなければならない[7]。天然型NAGを得るためには，キチンの酸部分加水分解により生成するキチンオリゴ糖をキチナーゼなどの酵素で分解する方法[8]，活性炭カラムクロマトグラフィーで分離する方法などが一般的であったが，コスト的に実用化が難しかった。そこで筆者らは，アセトアミド基の分解率を抑えるような緩やかな酸分解反応を行い，キチンオリゴ糖類を生成させてから酵素法と逆浸透（RO）膜法を用いて効率的に，食品に使用可能な天然型NAGを生産する技術（図3）を開発した[9]。従来，RO膜法は海水の淡水化のために開発された方法である。この場合の膜は塩類の阻止率が高く，膜から透過した淡水，純水を回収する。これに対して塩類やショ糖のような

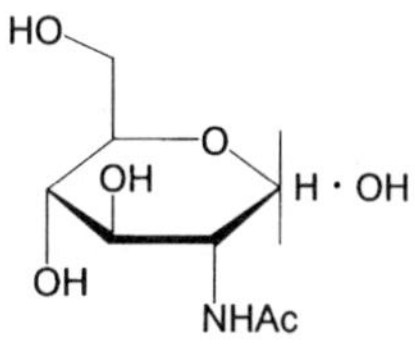

図2　NAGの化学構造

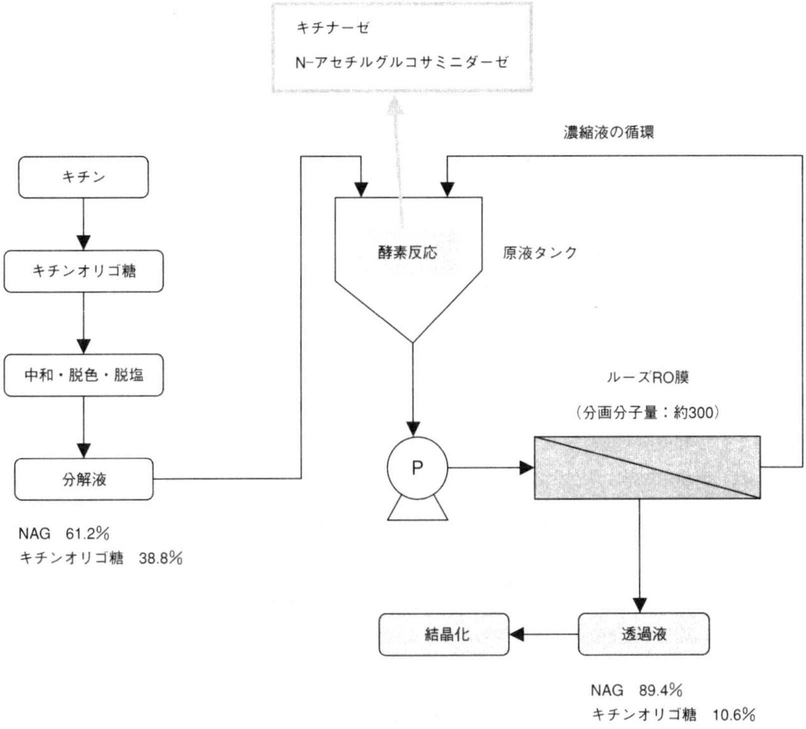

図3　膜リアクターシステムによるNAGの工業的製法

分子量の大きいものもある程度透過させるルーズな膜を用いてNAGとキチンオリゴ糖を分離することができる。さらに膜分離装置の原液タンク内で酵素分解（β-*N*-アセチルグルコサミニダーゼ）させながら膜分離を行う膜リアクターシステムを可能とした。この膜透過液を結晶化することにより高純度の針状結晶（写真１）を得ることができる。

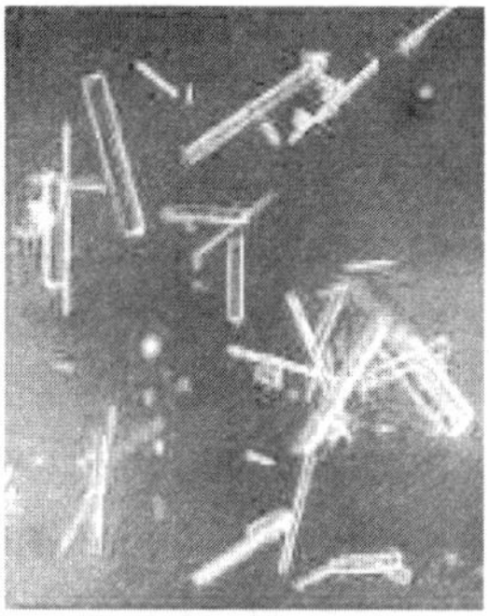

写真１　NAGの結晶

3　NAGの物理化学的性質[10)]

NAGは砂糖に似た味質をもち，甘味度はショ糖の約半分である。吸湿しにくい白色の結晶性粉末であり，水に対する溶解度は20℃において21.8，40℃において26.6（W／W%）であり，ブドウ糖や果糖など他の単糖に比べてやや溶解度が低く，温度上昇によって大きく溶解度は向上しない。濃度10%，20℃における水分活性値は0.977でショ糖と同程度である。水溶液を100℃で1時間加熱した場合，pHが2～8においてはほとんど分解を受けない。pH1以下ではアセチル基が外れてグルコサミン塩酸塩が生成する。脱アセチル化されたグルコサミン塩酸塩は，苦味を呈し，NAGと比較して溶液の熱安定性が低下する。特にpH6～8の中性付近では着色と分解を生じる（図４）。

4　NAGの生理学的性質

4.1　代謝性

１位の炭素原子を^{14}Cで標識したNAGを用いた体内動態試験の結果[11)]，NAGは経口投与後，一部は速やかに吸収され，投与量の約4%が尿に，約16%が糞中に排泄され，約60%が分解され炭酸ガスとして呼気中に排泄された。残りの約20%が生体内に広く移行し，その一部は結合組織や軟骨組織，皮膚組織等に存在するグリコサミノグリカン類として検出された。通常生体内では非アミノ糖（フラクトース6リン酸）をプレカーサーとして，いくつかの過程を経てアミノ糖ヌクレオチド（UDP-*N*-アセチルグルコサミン）ができ，ムコ多糖類などの生合成に利用されていると考えられている[12,13)]。本実験の結果，経口投与されたNAGは，これらの過程の何れかの段階で取り込まれ，ムコ多糖類の生合成に関わっていることが推察された。

4.2　肌質改善効果

皮膚，腱，軟骨，血管など広範に分布するヒアルロン酸は，NAGとグルクロン酸が交互に結

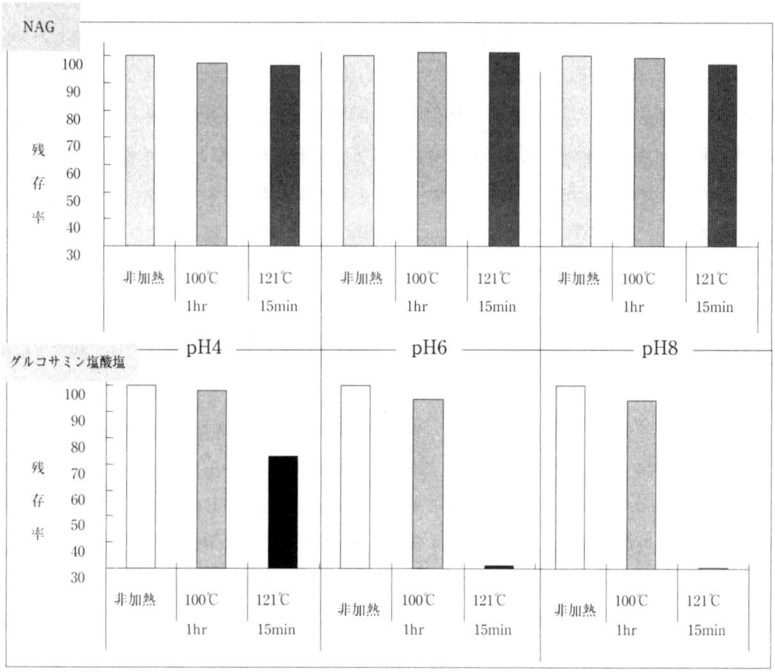

図4　NAGの加熱・pH安定性（グルコサミン塩酸塩との比較）

合したムコ多糖であり，リウマチ性関節炎，火傷，切り傷などの治療に使われている[14]。皮膚において，ヒアルロン酸は水分を保持し，潤いを保つ成分として重要であるが，加齢とともに減少することが知られており，肌の老化を抑える上でヒアルロン酸を補給することは有効である[15]。Breborowiczら[16]は，ヒト腹膜上皮細胞および繊維芽細胞を用いた実験で，NAGを共存させるとヒアルロン酸の合成能が量依存的に高まることを見出している。佐用ら[17]もヒト表皮細胞を用いてNAGのヒアルロン酸産生促進効果を確認している。彼らは，グルコースにはヒアルロン酸産生促進効果が認められないこと，NAGとレチノイン酸やβ-カロチンとの相乗効果も合わせて報告している。また，レチノイン酸と異なりNAGの効果はヒアルロン酸に特異的であり，他の硫酸化グリコサミノグリカン類の産生は促進しないこと，レチノイン酸では認められるヒアルロン酸合成酵素活性の増大がNAGでは認められないことなどから，NAGとレチノイン酸の作用機序の違いについても考察している。

筆者ら[18]は，NAGの経口投与による肌への影響を調べるため，ヒト臨床試験を実施した。「日頃，慢性的に乾燥肌で肌荒れ傾向のある女性」を公募条件として，大阪外国語大学の学生および教職員からリクルートした22名を対象として，NAG配合食品の肌質改善効果を検討した。試験区には，NAGを含む錠剤200mgを１日に５錠（NAGとして１日1000mg）を８週間摂取させた。対照区（プラセボ区）には，同量の乳糖を同様の同型の錠剤として摂取させ，二重盲検試験とした。検査は，日本皮膚科学会認定の医師数名による皮膚科学的診察・問診を行い，掻痒，乾燥，潮紅，びらん，落屑，化粧のりなどの評価についてアンカーポイントを作成し，数値化した。また，肌水分量は，Gmbh社製の「Corneometer　CM825」を用いて測定した。また，肌表面の状態の解析は，Gmbh社製の顕微鏡学的３次元皮膚表面解析装置「VISIOSCAN」により評価した。検査は摂取前，摂取４週間後，８週間後にそれぞれ行った。なお，水分量と皮膚表面解析は，左眼下，左上腕，頚背部の３箇所について行った。まず，皮膚科学的診察結果では，顔面の症状においてNAG摂取群の「乾燥」および「潮紅」の観察項目で，摂取４週間後と８週間後で統計的に有意な改善を認めた。プラセボ群では，顔面の症状において一切有意な改善を認めなかった。また，全身の所見では，「乾燥」の項目で，両群とも有意な改善がみられた。しかし，全般所見においてはプラセボ群では有意な改善はみられなかったものの，NAG群では有意な改善効果が認められた。また両群ともに副作用あるいはその可能性のある症状の発現は一切認めなかった。水分量においては，プラセボ群の左眼下部位で８週間後に水分量の有意な減少がみられたのに対し，NAG群では４週間後，８週間後に水分量の有意な上昇が観察された（図５）。顕微鏡学的３次元皮膚表面解析装置による評価では，肌の滑らかさを示す指標（SEsm）がNAG群で有意に低下し（数値は低いほど肌が滑らかであることを示す），肌の滑らかさが回復していることが示された（図６）。

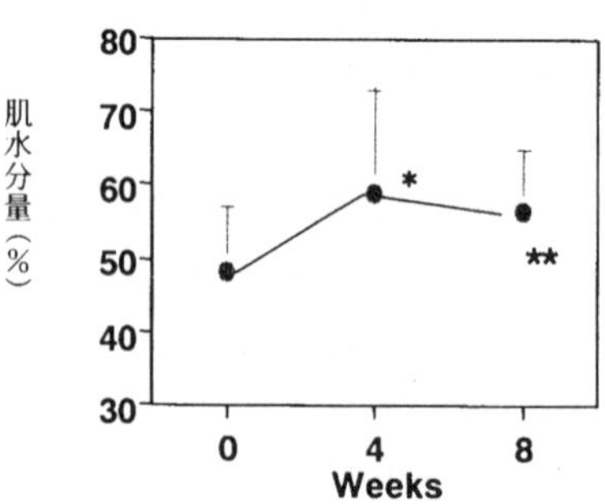

図５　NAG摂取による肌水分量への影響
*p＜0.05，**p＜0.01，初発に比べて有意差あり

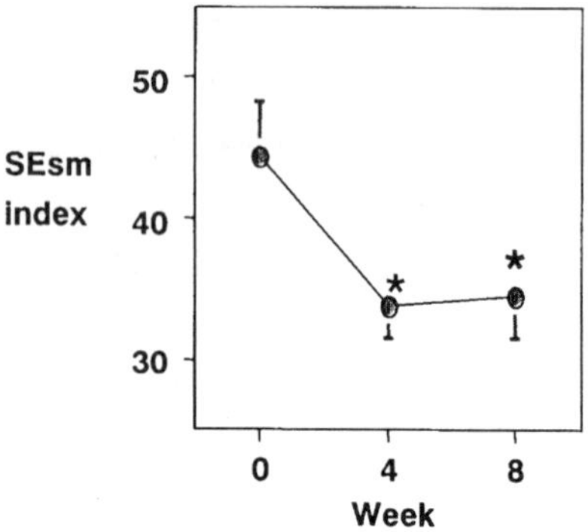

図６　NAG摂取による肌の滑らかさへの影響
*p＜0.05，初発に比べて有意差あり

4.3　変形性関節症改善効果

高齢化社会を迎え，我が国でも変形性関節症が増加している。全国で確定診断された患者数は1995年時点で約50万人とされ，受診率は50歳前後から増加し70歳代後半でピークに達する。また，男女比では女性が男性の3倍以上の患者数を示している[19]。変形性関節症の治療薬剤としては，通常ステロイドや非ステロイド系抗炎症剤が用いられるが，免疫障害や胃腸障害などの副作用があることから，安全性の高い治療法や予防法が望まれている。グルコサミン硫酸塩や，グルコサミン塩酸塩などのグルコサミン塩類には，変形性関節症の改善効果が認められ[20]，治療薬やダイエタリーサプリメントの原料として広く利用されている。しかし，前述したようにグルコサミン塩類は苦味をもち，安定性に若干問題があるため医薬品や錠剤，カプセルなどの形状をしたダイエタリーサプリメントに応用分野が限られていた。NAGも経験的には同様の効果が認められ，化学合成型のNAGが米国においてダイエタリーサプリメントとして販売されているが，これまで客観的な評価に基づく臨床治験例の報告は無かった。そこで筆者ら[21]は，NAGを配合した低脂肪牛乳を試作し，変形性膝関節症の治療効果を検討した。変形性膝関節症患者に対し，NAGを125mlあたりに1,000mgまたは500mgを含有する低脂肪牛乳もしくはプラセボ（デキストリン1,000mg配合）を１日１本（125ml），８週間投与し，４週間毎に診察を行って日本整形外科学会制定の「変形性膝関節疾患治療成績判定基準」により変形性膝関節症の改善度を確認した。その結果，NAG配合牛乳を摂取することにより膝関節疾患治療判定基準の成績が向上し，疼痛，階段昇降能，圧痛の各項目において有意に改善した。また，その有効性は，含有するNAGの用量と投与期間に依存する傾向があることが確認された（図７）。

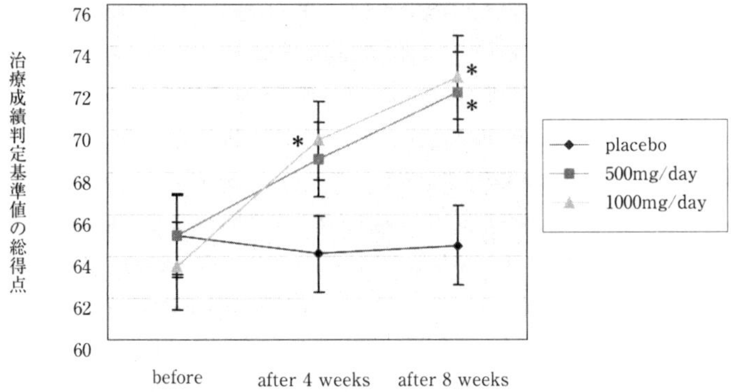

図７　NAG摂取による変形性膝関節症治療成績への影響
数値は高いほど症状が改善されたことを示す。
投与開始時との比較：*$p<0.05$（Wilcoxon test）

4.4 腸内細菌利用性

各種腸内細菌によるNAGの利用性について検討した結果，NAGはビフィズス菌や乳酸菌には利用されやすくクロストリジウム菌には利用されにくい性質を示した[10]。ＮＡＧは母乳中に分泌されており，母乳で育てられた新生児の腸管中の乳酸菌確立を刺激することが知られている。

4.5 安全性

Leeら[22]は，ラットを用いたNAGの13週間反復経口投与試験を行い，雄ラットに対しては2,476mg/kg体重/日，雌ラットに対しては2,834mg／kg 体重／日の用量で毒性が認められなかったことを報告している。㈶食品農医薬品安全評価センターでのWister系ラットを用いた急性毒性試験によれば，NAG５g／kg体重の単回投与で死亡例は認められず，病理解剖の結果肉眼的異常も認められなかった。また，ネズミチフス菌（*salmonella typhimurium*）TA100，TA98，TA1537株ならびに大腸菌（*Escherichia coli*）WP2 *uvrA*株を用いた復帰突然変異試験の結果，変異原性は認められなかった。

一過性の下痢に対する試験は，健常者（男性５人，女性５人）にNAGの20％水溶液を飲用してもらい，摂取後の便性状および排便状況を観察した。その結果，体重kgあたり0.3ｇ摂取で軟便化した者はなかったので，最大無作用量は体重kgあたり0.3ｇ以上と判断した。

5 糖鎖工学への応用

ヒトをはじめ多くの細胞表面膜や血清中のタンパク質のほとんどすべてが糖タンパク質であり，抗体，ホルモン，酵素などの生体機能分子もその実態は糖タンパク質であることが多い。近年の糖鎖生物学の進展により，糖タンパク質の糖鎖が様々なバイオシグナルを有し，細胞間の相互作用や情報伝達に重要な役割を果たしていることが明らかとなってきた。すなわち糖鎖による修飾はタンパク質にとって極めて重要であり，タンパク質が適切な場所やタイミングで機能するために糖鎖の付与は必須の生物学的プロセスとなっている[23]。糖タンパクはタンパク質との結合様式により大きく２種類に大別される。すなわち，アスパラギンを介して還元末端のNAGが*N*–グリコシド結合している糖鎖（*N*–結合型あるいはアスパラギン結合型糖鎖）とセリン，スレオニンを介して還元末端の*N*–アセチルガラクトサミンが*O*–グリコシド結合している糖鎖（*O*–結合型あるいはムチン型糖鎖）である。その他にも細胞質膜や核内にある糖タンパク質の中にNAGが単体で*O*–グリコシド結合しているものも見つかっている[24]。*N*–結合型糖鎖の糖鎖構造の中で，NAGとガラクトースがβ—1,4結合した2糖である*N*–アセチルラクトサミン（以下NAL）は，共通コア構造として存在している。NALは多くの人乳オリゴ糖中の部分構造としても知られ，牛の初乳中には遊離の状態で検出される[25]。ビフィズス菌増殖活性も有することから育児用調製粉乳への利用も検討されている[26]。これまでNALの量的調製法を目指して様々な合成方法が検討されている。化学合成法は，官能基の保護やグリコシル化，保護基の脱離などに多段階の合成ステップを要し，多種類の溶媒，活性化剤を必要とするなどの問題がある。酵素合成法としては，Brewらが[27,28]，牛乳のガラクトシルトランスフェラーゼを用いてUDP-ガラクトースとNAGからNALを合成しているが，この方法は基質であるUDP-ガラクトースが高価なため量的供給には限界がある。Sakaiら[29]は，*Bacillus circulans*由来のβ-ガラクトシダーゼの糖転移反応により，NAGとラクトースから効率的にNALを合成できることを見出している。この方法によれば，酵素反応液を直接活性炭-セライト混合カラムに供することでNALの粗精製が可能であり，基質のNAGも回収，再利用が可能である。酵素も市販されており実用的な手法であると考えられる。

6　おわりに

キチンは貴重なバイオマスでありながら，その利用はまだ充分とは言えない状況にある。キチンの分解物であるNAGは，味が良く，水への溶解性も高く，安定性も高いことから様々な食品の加工に適している。筆者らは，キチンから天然型のNAGの大量生産方法を確立し，主に機能性食品素材としての展開を行っている。国内においてはNAGを配合した機能性飲料[30]やダイエタリーサプリメントなどが発売され，大きなマーケットを形成しつつある。今後高齢化社会がさらに進行することにより，疾病の予防や抗老化などに役立つ機能性食品のニーズは益々高まることが予想される。今後さらに臨床レベルでNAGの生理機能性が解明され，様々な機能性食品に応用されることが期待される。また，NAGは一部化粧品分野でも利用されている[31]。

一方，NAGは細胞表面に存在する糖タンパク質糖鎖の主要構成単位としても普遍的に存在しており，細胞間の相互作用に重要な役割を果たしていると考えられている。実際，糖鎖工学の分野においてはNAGを糖鎖の生合成研究の材料として利用することも検討されている[32]。将来，糖鎖生物学の進展により糖鎖のもつ機能がさらに詳細に解明され，細胞認識や細胞接着など糖鎖情報が関与する生命活動において糖鎖を積極的に活用し，糖鎖工学によって作り出されたNAG結合糖鎖が感染防御や免疫制御などに役立つ日が来ることを期待したい。

文　　献

1） 戸倉清一，キチン・キトサンの開発と応用，工業技術会，p.202-229（1987）
2） 又平芳春，*New Food Industry*, **41**, No.9, p.9（1999）
3） 木幡陽ほか，グリコテクノロジー，講談社サイエンティフィク，p.3（1994）
4） G. G. Allan *et al., MIT Sea Grant Report*, p.64（1978）
5） 山南隆徳，キチン・キトサン研究，**10**，No.2，第18回キチン・キトサンシンポジウムプログラム，p.78（2004）
6） 又平芳春，*New Food Industry*, **40**, No.10, p.9（1998）
7） 厚生省生活衛生局食品化学課編，食品衛生法改正に伴う既存添加物名簿関係法令通知集，既存添加物名簿収載品目リスト，p.2（1995）
8） K. Sakai, *et al., J. Ferment. Bioeng.*, **72**, p.168-172（1991）
9） 菊地数晃ほか，キチン・キトサン研究，**6**, No. 2 , p.128-129（2000）
10） 農林水産省食品流通局食品油脂課推薦，食品新素材有効利用技術シリーズNo.4，菓子総合技術センター，p.2（2000）
11） 庄子明徳ほか，キチン・キトサン研究，**5**, No.1, p.34-42（1999）
12） 高山健一郎，化学と生物，**26**, No.5, p.314（1988）
13） 立木蔚，蛋白質　核酸　酵素，**22**, No.14, p.376（1977）
14） 日本生化学会編，細胞機能と代謝マップ，東京化学同人，p.50（1997）
15） 酒井進吾ほか，ファインケミカル，**30**, No.22, p.5（2001）
16） A . Breborowicz., *et al., Adv. Peritoneal Dialysis*, **14**, p.31-35（1998）
17） 佐用哲也ほか，第121回日本薬学会年会要旨集，**2**, p.131（2001）
18） 梶本修身ほか，新薬と臨床，**49**, No.5, p.71-80（2000）
19） 日本の疾病別総患者数データブック，（財）厚生統計協会，p.104-105（1995）
20） A. Reichelt., *et al., Drug Res.* **44**, No.1, p.75-80（1994）
21） 梶本修身ほか，新薬と臨床，**52**, No.3, p.71-82（2003）
22） K. Y. Lee, *et al., Food and Chemical Toxicology*, **42**, p.687-695（2004）
23） 畑中研一，化学総説，No.48，糖鎖分子の設計と生理機能，日本化学会，p.1（2001）
24） 福田譲，糖鎖の構造解析法，糖鎖工学第1版，産業調査会，p.32-46（1992）
25） T. Saito, *et al., Biochimica et Biophysica Acta.*, **801**, p.147-150（1984）
26） 出家栄記ほか，雪印乳業技術研究所報告，**201**, No.83, p.25-29（1986）
27） R. T. Ree *et al., Carbohydr. Res.*, **77**, p.270（1979）
28） J. Alais *et al., Carbohydr. Res.*, **93**, p.164（1981）
29） K. Sakai *et al., J. Carbohydrate Chemistry*, **11**, No.5, p.553-565（1992）
30） 大岡実，月間フードケミカル，**12**, p.27-31（2003）
31） 化学工業日報記事，2001年4月24日
32） Y. Matahira *et al., J. CARBOHYDRATE CHEMISTRY*, **14**, No.2, p.213-225（1995）

第4章　実用的なエネルギー生成・再生系の開発

野口利忠*

1　はじめに

糖転移酵素を用いた糖鎖酵素合成において基質として必要な糖ヌクレオチドや，コンドロイチン硫酸などの硫酸化糖合成の硫酸基供与体であるPAPS（3'-phosphoadenosine-5'-phosphosulfate）は，いずれもヌクレオチドの誘導体である。これらの糖あるいは硫酸供与体は，高エネルギー物質であるヌクレオシド 5'-トリリン酸（NTP）を基質として酵素合成される。NTPは，一般に工業的に比較的安価に製造できるヌクレオシド 5'-モノリン酸（NMP）を原料として化学的にリン酸化することで合成できるが，非常に高価な化合物であり，従ってこれらNTPから合成される糖ヌクレオチドやPAPSなどのヌクレオチド誘導体は，さらに高価な化合物となり，糖転移酵素による糖鎖合成の研究や実用化を妨げていたと言っても過言ではない。そのため，最近は種々の生物学的エネルギー生成・再生系の構築，並びにそれらの系を組み合わせた糖ヌクレオチドや糖鎖の酵素合成法の開発が行われている。

2　糖ヌクレオチドサイクル合成による糖鎖合成

糖ヌクレオチドが高価であり，また量的にも入手が困難であったことから，米国スクリプス研究所のWong教授らのグループは，糖ヌクレオチドの製造を不要とする糖ヌクレオチドサイクル合成を考案し，該系を組み合わせた糖鎖合成法を開発した（図１）[1,2]。この方法は，糖転移反応で生じてくるヌクレオチド（ヌクレオシド 5'-ジリン酸（NDP）やNMP）を酵素的にリン酸化してNTPを合成させ，さらに糖ヌクレオチド合成酵素を用いて糖ヌクレオチドを再生させながら，さらに糖転移反応を繰り返すというもので，糖ヌクレオチドを単離・精製することなく，糖鎖の酵素合成を可能とするものである。また，糖転移反応で生じるヌクレオチドは，蓄積するとさらなる糖転移反応を阻害するため，通常はフォスファターゼを用いた脱リン酸反応でヌクレオチドをヌクレオシドに変換し，阻害を解除する必要があったが，Wong教授らの方法では，ヌクレオ

＊ Toshitada Noguchi　ヤマサ醤油㈱　医薬・化成品事業部　バイオプロダクツ研究室　室長

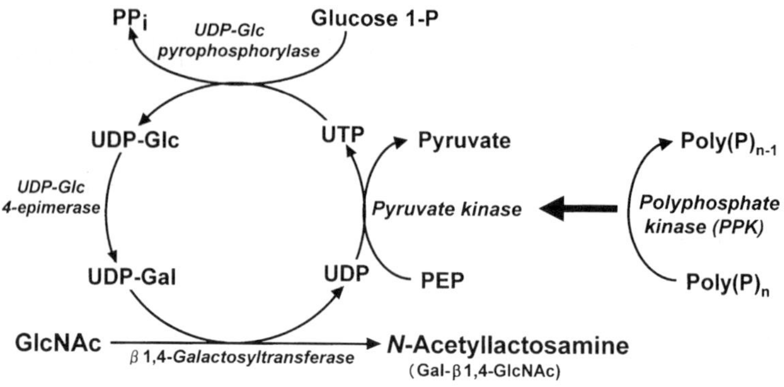

図1　糖ヌクレオチドサイクリング法による糖鎖合成

チドをNTPに速やかに変換させるため，その問題は生じないという利点もある。しかしながら，この方法において，NTPの再生にホスホエノールピルビン酸（PEP）をリン酸供与体とするピルビン酸キナーゼの触媒反応を適用している。すなわち，エネルギー再生にPEPを用いているが，PEPは高価な化合物であり，その多量消費を伴うため，このサイクル合成法は実用化には至っていない。PEPの代わりにアデノシン 5'-トリリン酸（ATP）もしくはホスホクレアチンなどの利用[3]も考えられるが，ATPもホスホクレアチンも高価な化合物であることに変わりはない。そのため，後述するが，安価なポリリン酸をリン酸供与体とするエネルギー再生系を組み込んだ糖ヌクレオチドや糖鎖の合成研究も行われている。

3　微生物によるエネルギー生成・再生系を用いた糖ヌクレオチド及びオリゴ糖鎖の合成

糖ヌクレオチドは，主にNTPと糖リン酸を基質として糖ヌクレオチド合成酵素により合成することができるが，NTPや糖リン酸はいずれも高エネルギー化合物で，また非常に高価な化合物でもあり，直接原料とする製造は現実的ではない。そのため微生物の代謝エネルギーを利用して，安価な原料を出発物質とする糖ヌクレオチドや糖鎖の酵素合成法が開発されている。大腸菌や酵母を宿主としてDNA組換え手法により糖転移酵素を生産する菌体を造成し，菌体を直接使用した糖鎖合成が試みられている[4~7]。Wang教授(現米国オハイオ州立大)らは，糖ヌクレオチドの生合成に関わる酵素遺伝子群と糖転移酵素遺伝子を一つの大腸菌に導入し，その菌体を用いることで糖鎖の効率的な合成が可能であると報告している[8,9]。

協和発酵の研究グループでは，*Corynebacterium ammoniagenes*という細菌の高いATP再生能力とホスホリボシルピロリン酸供給能力を利用し，塩基を原料としてNTPを生成させ，さらに糖ヌクレオチド合成酵素生産組換え大腸菌と組み合わせることで糖ヌクレオチドの大量生産系を開発している。さらに，該系に糖転移酵素生産組換え大腸菌を加えることで，糖ヌクレオチドをサイクル合成させながらの糖鎖の酵素合成システムを開発している[10~13]。

一方，筆者らヤマサ醤油のグループでは，エネルギー再生系としてパン酵母を利用した糖ヌクレオチドと糖鎖の合成法を開発してきた。乾燥パン酵母はいわゆる死菌状態であるが，酵素活性は残存しており，適当な栄養源を加えることで解糖系が機能し，高い代謝エネルギーを発生し，NMPを添加すると効率的にNTPを合成することができ，さらに内在する糖ヌクレオチド代謝酵素群の作用でウリジンジリン酸グルコース（UDP-Glc）やウリジンジリン酸*N*-アセチルグルコサミン（UDP-GlcNAc）などいくつかの糖ヌクレオチドを合成できることが知られていた[14]。しかしながら，酵母の糖ヌクレオチド合成酵素活性は低いため，酵母菌体を酵素源として使用すると多量の酵母菌体が必要となり，また多量の酵母菌体を使用しても糖ヌクレオチド生成量は10 mM程度であり，実用化には問題があった。そこで，我々は，酵母菌体をエネルギー生成系（NTP合成）に特化させ，糖ヌクレオチド合成に関与する酵素を別添加することで，使用酵母菌体量を激減させ，効率的な糖ヌクレオチドの合成法を開発することに成功した[15]。

その一例として，UDP-GlcNAcの合成法を示す（図2）。原料としてウリジン 5'-モノリン酸（UMP）と*N*-アセチルグルコサミン（GlcNAc）を用い，エネルギー源としてグルコースを添加し，組換えDNA手法を用いて大腸菌で生産させた3種類のUDP-GlcNAc合成に関与する酵素（GlcNAcキナーゼ，GlcNAcホスホムターゼ，UDP-GlcNAcピロホスホリラーゼ）も添加する。

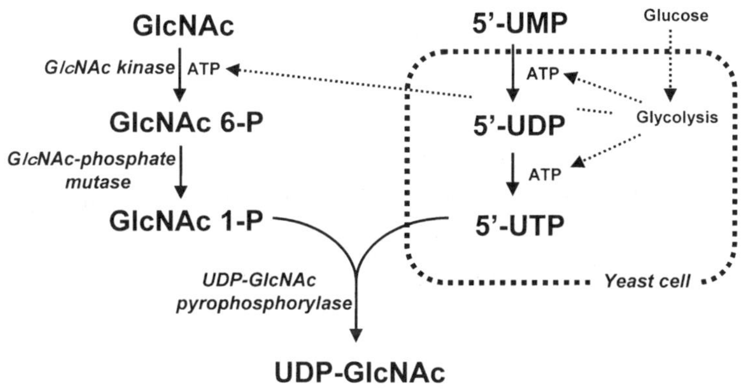

図2　UDP-*N*-アセチルグルコサミン（UDP-GlcNAc）の合成

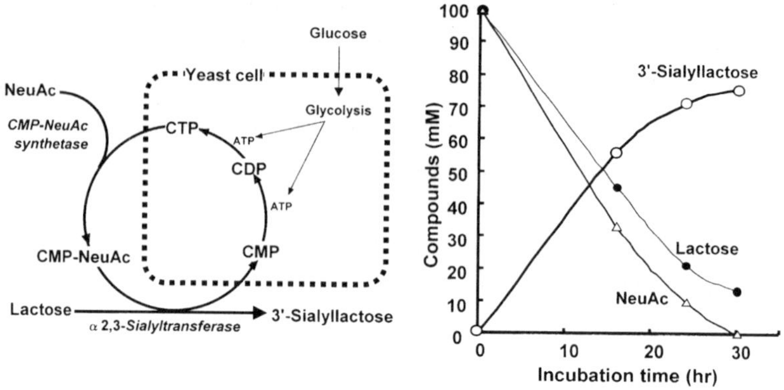

図3 シアリルラクトースの酵素合成

酵母のグルコース代謝によるエネルギー（ATP）供給とヌクレオチドのリン酸化酵素によりUMPは，ウリジン 5'-トリリン酸（UTP）に変換される。一方，GlcNAcは，キナーゼの作用でリン酸化されGlcNAc 6-リン酸に変換されるが，このリン酸供与体となるATPも酵母から供給される。GlcNAc 6-リン酸は，ムターゼによりGlcNAc 1-リン酸となり，UTPと共にUDP-Ｇｌｃ NＡｃピロホスホリラーゼの作用によりUDP-GlcNAcに変換される。この方法で，50 mMの基質（UMP，GlcNAc）から40 mMのUDP-GlcNAcの合成が達成された[15]。

この酵母－酵素反応系において，糖，NMPの組み合わせを変更し，対応する糖ヌクレオチド合成酵素を添加することで，様々な糖ヌクレオチドの酵素合成が可能であり，現在では，糖鎖の酵素合成に使用される主要な糖ヌクレオチドの大量製造が可能となっている。さらに，これら酵母菌体を利用した糖ヌクレオチド合成系において，対応する糖転移酵素を添加することで，糖ヌクレオチドのサイクル合成を行いながらの糖鎖の合成も可能である。例としてシアリルラクトースの合成を示す（図3）。糖として*N*-アセチルノイラミン酸（NeuAc），NMPとしてシチジン 5'-モノリン酸（CMP），糖ヌクレオチド合成酵素としてシチジンモノリン酸*N*-アセチルノイラミン酸（CMP-NeuAc）シンテターゼを添加し，さらに糖受容体としてラクトース，糖転移酵素としてα2, 3-シアル酸転移酵素を加えると，著量の3'-シアリルラクトースが合成され，酵母菌体は糖ヌクレオチドのみならず，糖鎖の酵素合成においてもエネルギー生成系として有効であることが確認された。

4　ポリリン酸利用エネルギー生成・再生系の開発

細菌，あるいは酵母など微生物をエネルギー生成系とする方法は，糖ヌクレオチドや糖鎖のみならず，さまざまな高エネルギー化合物やその生成にエネルギー（ATP）を必要とする化合物の製造に有効である。しかしながら，微生物菌体そのものを使用するため，生成物の分解や副反応生成物の混入などの問題がある。遺伝子組換え技術の発展によりこれまで入手困難であった様々な酵素が簡便に大量調製できるようになり，酵素反応での有用化合物の製造が現在では可能となっているが，リン酸化やアミノ化など生体エネルギー（ATP）を必要とする酵素反応においては，高価なATPを大量に消費する問題があり，工業化に向けては実用的なエネルギー（ATP）の酵素生成・再生系の開発が不可欠である。

現在，実験室的には，種々の酵素的ATP再生系が使用されている。ホスホクレアチンとクレアチンキナーゼの組み合わせ，アセチルリン酸とアセテートキナーゼの組み合わせ，前述したPEPとピルビン酸キナーゼの組み合わせによるATP再生系などが研究用としては使用されている。現在，プロテオミクス研究で頻繁に使用される無細胞蛋白質合成系におけるATPやGTPの再生にも，ホスホクレアチンとクレアチンキナーゼが主に使用されている。しかしながら，これらのエネルギー供与体は，いずれも高価であり工業的には利用できない。

ところで，生体内には高エネルギー物質として，前述の化合物以外にポリリン酸が普遍的に存在している。生体内ポリリン酸は，リン酸が直鎖状に結合した単純なポリマーであるが，工業的にも容易に化学合成が可能であり，古くから食品添加物としても利用されている非常に安価な高エネルギー化合物である[16]。そのため，このポリリン酸をリン酸供与体とするエネルギー（ATP）再生系の開発が望まれてきた。ポリリン酸をエネルギー供与体として利用できる酵素はいくつかあるが，その中で，ポリリン酸キナーゼとポリリン酸：AMPリン酸転移酵素を利用したATP生成・再生系の開発の状況を以下に述べる。

4.1　大腸菌ポリリン酸キナーゼとその利用

大腸菌のポリリン酸キナーゼ（PPK）は，生化学的にも遺伝学的にも最も研究されてきたポリリン酸代謝酵素である[17,18]。大腸菌PPKは，ATPをリン酸ドナーとしてポリリン酸を可逆的に合成するが，その逆反応によりポリリン酸をリン酸ドナーとしてADPをリン酸化し，ATPを生成できる（図4）。そのためPPKを用いたATP再生系は早くから注目され，またその有用性も確認されてきたが[19]，PPKの大腸菌における存在量は極めて少なく，その調製は困難であった。しかし，1992年Stanford大学のArthur Kornberg教授らの研究グループによる大腸菌*ppk*遺伝子の取得により[20]，PPKの調製が容易となり，PPKの利用研究が急速に進展した。

Polyphosphate kinase (PPK)

$$\mathrm{ATP + Poly(P)_n \rightleftarrows ADP + poly(P)_{n+1}}$$

$$\mathrm{NDP + Poly(P)_n \longrightarrow NTP + poly(P)_{n-1}}$$

(NDP: GDP, CDP, UDP, IDP)

Poly(P):AMP phosphotransferase (PAP)

$$\mathrm{AMP + Poly(P)_n \rightleftarrows ADP + poly(P)_{n-1}}$$

$$\mathrm{NMP + Poly(P)_n \longrightarrow NDP + poly(P)_{n-1}}$$

(NMP: GMP, CMP, UMP, IMP)

図4　ポリリン酸代謝酵素

大腸菌PPKは，ポリリン酸をリン酸供与体としてADPのみならず他のNDPをNTPに変換する活性，いわゆるポリリン酸依存性ヌクレオシドジリン酸キナーゼ活性を有することが見出され[21]，この活性を利用して先のWong教授らのグループが開発した糖ヌクレオチドサイクル合成による糖鎖合成系への適用化が検討された[22]。すなわち，PEPの代わりにポリリン酸を，ピルビン酸キナーゼの代わりにPPKを使用するもので，高価なリン酸供与体を使用しない利点がある。この方法で，ウリジンジリン酸ガラクトース（UDP-Gal）のサイクル合成とβ1,4-ガラクトース転移酵素を組み合わせ，*N*-アセチルラクトサミン（Gal-β1, 4-GlcNA c）の効率的な合成が可能であることが確認されている（図1）。

また，筆者らは，大腸菌アデニレートキナーゼ（ADK）とPPKを協調させることで，ポリリン酸をリン酸供与体としてアデノシン 5'-モノリン酸（AMP）をリン酸化（ADP合成）できることを見出した[23,24]。この活性を利用したAMPからのPAPSの酵素合成を紹介する。PAPSは，硫酸化糖などの複合糖質の合成に必要な硫酸供与体であり，また様々な生理活性が期待されるヌクレオチド誘導体である。3' 位がリン酸化され，5' 位には硫酸基が付与されたAMPの誘導体であり，1分子のPAPSを合成するのに，2分子のATPを必要とする高エネルギー物質である。化学合成は極めて困難で，また不安定な化合物であることから，微生物菌体によるATP生成系の利用も適切でなく，そのため酵素的ATP再生系を組み合わせたPAPS合成がユニチカ㈱の研究グループにより検討されてきた[25]。彼らは，ATP再生系としてアセチルリン酸とアセテートキナーゼの組み合わせを利用していたが，筆者らは，ポリリン酸をリン酸供与体とし，大腸菌ADKとPPKの組み合わせによる，安価なAMPを出発物質とするPAPS合成法の開発を試みた（図5）。ADKとPPKの協調作用によりポリリン酸をリン酸供与体としてAMPがリン酸化されADPが生成し，ADPからPPK及びADKの本来の活性（2分子のADPを可逆的にそれぞれ1分子のATPと

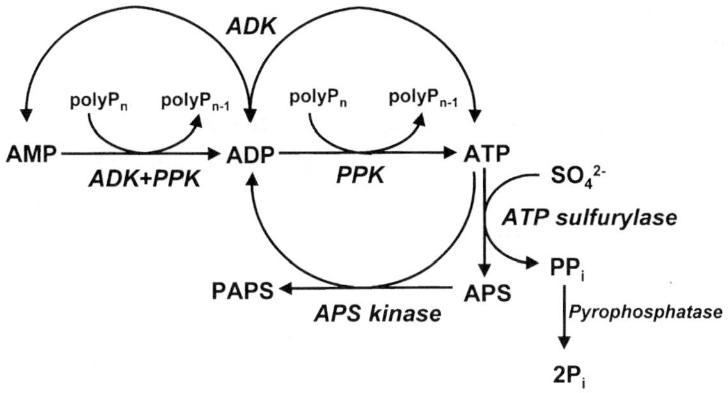

図5　ATP生成・再生系を用いたPAPS合成

AMPに変換する）でATPが生成する。生成したATPは，ATPスルフリラーゼの作用で，その5'位が硫酸化され（APS生成），さらにもう1分子のATPをリン酸供与体としてAPSキナーゼが3'位のリン酸化を行い，PAPSを合成させるというものである。APSキナーゼ反応で生じるADPは，ADKとPPKによりATPに再生され，再びPAPS合成に使用されることとなる。この方法で，対AMPモル収率50%でのPAPS合成が達成されている[26]。

このように大腸菌PPKの有用性は確認されているが，大腸菌PPKは大腸菌体内で高生産されると不溶性の顆粒体を形成して不活性化しやすく，またPPK自身の比活性は低く（特定条件下ではあるが，1mgのPPKでは1分間に1μmoleのATPしか生成できない），実用化には必要酵素量の調製の問題が残る。前述のWang教授らのグループでは，大腸菌PPKを固定化し再利用することでこの問題を解決すべく，ポリリン酸と大腸菌PPKによるATP再生系を利用した糖ヌクレオチド及び糖鎖の酵素合成を検討している[27~29]。

4.2　*Pseudomonas aeruginosa*のポリリン酸代謝酵素

日和見感染を起こす緑膿菌*Pseudomonas aeruginosa*は，ポリリン酸の含有量の高い細菌であり，ポリリン酸と病原性の関連からもそのポリリン酸代謝酵素の研究が進んでいる。最近，該菌株に複数のPPKが存在することが確認され，それらの遺伝子も取得された[30~33]。その内，PPK1は顕著なATP依存的なポリリン酸合成活性を示し，逆にPPK2は，ポリリン酸依存的なヌクレオシドジリン酸キナーゼ活性を示した。大腸菌PPKの2つの機能が別の酵素に分配されたような形であるが，ATP生成・再生系に必要な活性はPPK2である。PPK2は，大腸菌PPKの数十倍高い比活性（ADPからのATP生成活性）を有する事が確認され，今後大腸菌PPKに代わり，その利用開発が期待される。

4.3 *Acinetobacter johnsonii*のポリリン酸：AMP リン酸転移酵素

PPK以外のポリリン酸代謝酵素として，ポリリン酸：AMP リン酸転移酵素（polyP：AMP phosphotransferase，以後PAPと略記）が存在する。この酵素は，ポリリン酸をリン酸供与体としてAMPをリン酸化し，ADPを生成する酵素であり，*Acinetobacter*属[34]や*Mxysococcus*属菌株[16]にその存在が確認されている（図4）。PAPにより生成した２分子のADPは，ADKによりそれぞれ１分子のATPとAMPに変換され，２つの酵素の協調によりポリリン酸からエネルギーを獲得できると考えられてきた[16]。そのため，PPKの代わりとしてPAPとADKの組み合わせによるATP再生系[35]や大腸菌PPKとPAPの組み合わせによるATP再生系[36]も検討されている。ADKは比活性の高い酵素であり，また遺伝子も単離されているため組換えDNA手法により大量に調製可能である。一方，PAPはその遺伝子のみならず酵素自身も未同定で（これまでの研究は部分精製標品を用いて行われてきた），実用化を云々するレベルにすら達していなかったが，最近，北大の柴助教授（現リジェンティス社）らのグループにより*Acinetobacter johnsonii*のPAP遺伝子がクローニングされた[37]。PAP蛋白質は，大腸菌で可溶性蛋白質として大量生産可能であり，さらにその比活性は大腸菌PPKの百倍以上に相当することが確認された。また，このPAPは，ポリリン酸をリン酸供与体とするAMPのリン酸化以外，他のNMPのリン酸化活性を有していることも判明した。

ポリリン酸と２mMのAMPを基質とした大腸菌ADKと*A. johnsonii*のPAPの組み合わせによるATP生成・再生系を用いたGalactokinaseによるガラクトース1-リン酸の合成試験の結果，50 mMのガラクトースの85%がリン酸化され，２つの酵素の組み合わせはATP生成・再生系として十分に機能できることが確認された（図6）。

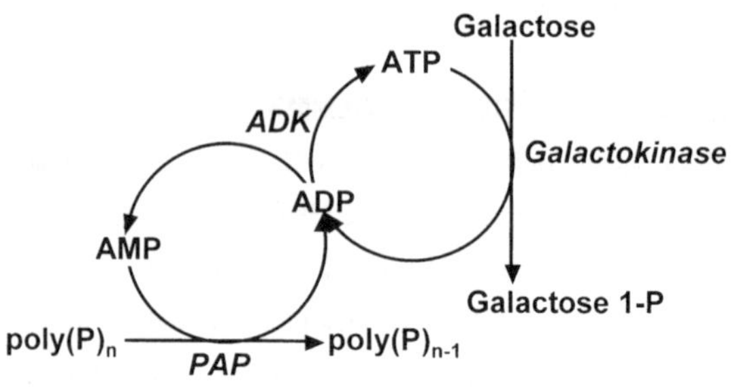

図６　ADK，PAP及びポリリン酸からなるATP再生系によるガラクトースのリン酸化

5　おわりに

複合糖質合成に必要な基質である糖ヌクレオチドやPAPSなど，その合成にエネルギーを必要とする化合物の製造には，効率的なエネルギー生成・再生系が必要である。これまで述べてきたようにエネルギー生成・再生系として現在実用化されているのは微生物菌体を利用したものであり，操作の簡便さからも糖ヌクレオチドや糖鎖の大量合成には適した方法であると言える。一方，実用的なATPの酵素生成・再生系の開発は，大腸菌PPKを中心に展開されてきたが，その活性の低さから実用化には至っていない。しかし，最近になり*Pseudomonas*属菌や*Acinetobacter*属菌に比活性の高いPPKやPAPが見出されたことから，今後これらの酵素を組み合わせることによる実用的なATP生成・再生系の開発が期待される。

文　献

1）Wong, C.-H., Haynie, S. L., and Whitesides, G. M., *J. Org. Chem.*, **47**, 5418（1982）
2）Ichikawa, Y., Wang, R., and Wong, C.-H., *Methods in Enzymol.*, **247**, 107（1992）
3）Zhang, J., Wu, B., Zhang, Y., Kowal, P., and Wang, P. *J., Org. Lett.*, **5**., 2583（2003）
4）Hermann, G. F., Wang, P., Shen, G.-J., and Wong, C.-H., *Angew. Chem.*, **106**, 1346（1994）
5）Chen, X., Zhang, W., Fang, J., and Wang, P. G., *Chem. Int. Ed. Engl.*, **33**, 1241（2000）
6）Hermann, G. F., Elling, L., Krezdom, C. H., Kleene, R., Berger, E. G., and Wandrey, C., *Bioorg. Med. Chem. Lett.*, **5**, 673（1995）
7）Samain, E., Drouillard, S., Heyraud, A., Driguez, H., and Geremia, R. A., *Carbohydr. Res.*, **302**, 35（1997）
8）Chen, X., Liu, Z., Zhang, J., Kowal, P., and Wang, P. J., *Chembiochem.*, **3**, 47（2002）
9）Zhang, J., Kowal, P., Chen, X., and Wang, P. J., *Org. Biomol. Chem.*, **1**, 3048（2003）
10）Koizumi, S., Endo, T., and Ozaki, A., *Nat. Biotechnol.*, **16**, 847（1998）
11）Endo, T., Koizumi, S., Tabata, K., Kakita, S., and Ozaki, A., *Carbohydr. Res.*, **316**, 179（1999）
12）Endo, T., Koizumi, S., Tabata, K., and Ozaki, A., *Appl. Microbiol., Biotechnol.*, **53**, 257（2000）
13）Endo, T., Koizumi, S., Tabata, K., Kakita, S., and Ozaki, A., *Carbohydr. Res.*, **330**, 439（2001）
14）栃倉辰六郎, 核酸発酵（アミノ酸・核酸集談会編）, 講談社サイエンティフィク, p.254（1976）
15）Okuyama, K., Hamamoto, T., Ishige, K., Takenouchi, K., and Noguchi, T., *Biosci. Biotechnol. Biochem.*, **64**, 386-392（2000）
16）Kornberg, A., *J. Bacteriol.*, **177**, 491（1995）
17）Kornberg, A., Kornberg, S. R., and Simms, E. S., *Biochim. Biophys. Acta*, **20**, 294（1957）
18）Kornberg, S. R., *Biochim. Biophys. Acta*, **26**, 294（1957）
19）Murata, K., Uchida, T., Kato, J., and Chibata, I., *Agric. Biol. Chem.*, **52**, 1471（1988）

20) Akiyama, M., Crook, E., and Kornberg, A., *J. Biol. Chem.*, **267**, 22556 (1992)
21) Kuroda, A. and Kornberg, A., *Proc. Natl. Acad. Sci. USA*, **94**, 439 (1997)
22) Noguchi, T. and Shiba, T., *Biosci. Biotechnol. Biochem.*, **62**, 1594 (1998)
23) Ishige, K. and Noguchi, T., *Proc. Natl. Acad. Sci. USA*, **97**, 14168 (2000)
24) Shiba, T., Tsutsumi, K., Ishige, K., and Noguchi, T., *Biochemistry (Mosc)*, **65**, 315 (2000)
25) Ibuki, H., Tashiro, T., Nakajima, H., Liu, M. C., and Suiko, M., *Nucleic Acids Symp. Ser.*, **27**, 171 (1992)
26) 野口利忠, 特開2002-78498
27) Liu, Z., Zhang, J., Chen, X., and Wang, P. J., *Chembiochem.*, **3**, 348 (2002)
28) Nahalka, J., Liu, Z., Chen, X., and Wang, P. J., *Chem., Eur. J.*, **9**, 372 (2003)
29) Nahalka, J., Wu, B., Shao., J., Gemeiner, P., and Wang, P. J., *Biotechnol. Appl. Biochem.*, **40**, 101 (2004)
30) Ishige, K., Kameda, A., Noguchi, T., and Shiba, T., *DNA Research*, **5**, 157 (1998)
31) Ishige, K. and Noguchi, T., *Biochem. Biophys. Res. Commun.* **281**, 821 (2001)
32) Ishige. K., Zhang, H., and Kornberg, A., *Proc. Natl. Acad. Sci. USA*, **99**, 16678 (2002)
33) Zhang, H., Ishige, K., and Kornberg, A., *Proc. Natl. Acad. Sci. USA*, **99**, 16684 (2002)
34) Bonting, C. F., Korstee, G. J., and Zehnder, A. J., *J. Bacteriol.*, **173**, 6484 (1991)
35) Resnick, S. M. and Zehnder, A. J., *Appl. Environ. Microbiol.*, **66**, 2045 (2000)
36) Kameda, A., Shiba, T., Kawazoe, Y., Satoh, Y., Ihara, Y., Nunekata, M., Ishige, K., and Noguchi, T., *J. Biosci. Bioeng.* **91**, 557 (2001)
37) Shiba, T., Itoh, H., Kameda, A., Kobayashi, K., Kawazoe, Y., and Noguchi, T., *J. Bacteriol.*, in press.

第5章　トレハロースの開発とその応用

福田恵温*

砂漠の植物が乾季をじっと耐える時，あるいは酷寒の地の蛙が冷凍状態で冬眠する時，体の組織を保護するためにトレハロースを体内に貯えると言われている。トレハロース（α-D-Glucopyranosyl-1,1-α-D-glucopyranoside: α, α-Trehalose）はグルコースの還元基どうしがα, α-1,1結合した非還元性二糖であり，細菌・酵母などの微生物，キノコ・海草・昆虫などの動植物に広く存在する天然糖質の一つである。また，タンパク質の安定化や凍結・乾燥からの細胞保護作用など，極めて魅力的な性質を有する糖質であることから，食品・化粧品・医薬品への用途が期待されていた。しかし1992年当時トレハロースは酵母から抽出・精製されていたため，価格が1kg当たり2～3万円と極めて高く，有用性は認識されながらも実際にはなかなか使うことができなかった。微生物による発酵法や酵素を用いた製法も検討されていたが，生成率，コストの面で実用化されていなかった。

1　トレハロース生成酵素，酵素生産菌の開発

同じグルコースから構成されており，安価なデンプンを原料にトレハロースを製造することができれば，大量にしかも低価格のトレハロースが供給可能となる。

そこで我々は土壌微生物よりα, α-1,1結合を生成する酵素の検索を行った。その結果，*Arthrobacter*属の菌体内にα-1,4-グルカンからトレハロースを生じる反応系を見出した[1]。詳細に調べたところ，α-1,4-グルカンから反応中間体を経てトレハロースが生成していることが分かった。中間体はα-1,4-グルカンの還元末端側がトレハロースに変換されたマルトオリゴシルトレハロースであった。すなわち，トレハロースの生成は，還元末端のα-1,4結合グルコース残基をα, α-1,1結合に変換するマルトオリゴシルトレハロース生成酵素，MTSase（(1→4)-α-D-glucan 1-α-D-glucosylmutase, EC 5.4.99.15）と，生成したマルトオリゴシルトレハロースのトレハロース部分のα-1,4結合を特異的に加水分解するトレハロース遊離酵素，MTHase（4-α-D-{(1→4)-α-D-glucano}trehalose trehalohydrolase, EC 3.2.1.141）の共同反応によることが分

*　Shigeharu Fukuda　㈱林原生物化学研究所　藤崎研究所　取締役

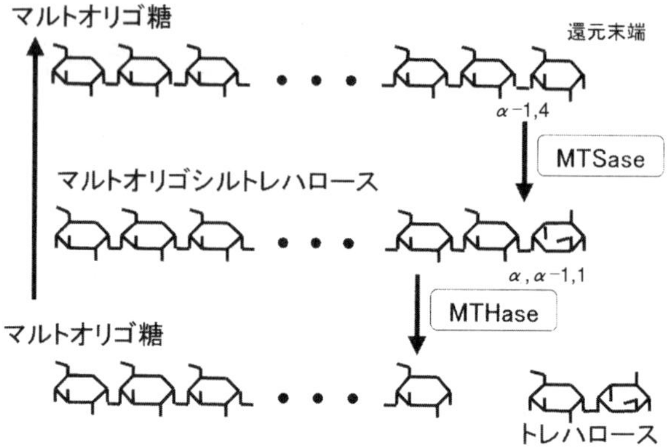

図１　MTSase, MTHaseによるトレハロースの生成

かった（図１）。

MTSaseはグルコース鎖長が３以上のマルトオリゴ糖に作用し，対応するマルトオリゴシルトレハロースを生成する。本酵素はスクロースからイソマルチュロースを生成するイソマルチュロース合成酵素（EC 5.4.99.11）と同様の分子内転移反応を触媒することから，Mutaseに分類された。一方，MTHaseはα-1,4グルコシド結合を加水分解し，生成物がα-アノマーであることからα-アミラーゼの一種と考えられるが，マルトオリゴ糖やアミロースなどのα-グルカンにはほとんど作用せず，マルトオリゴシルトレハロースに特異的に作用する酵素である。

前記２つの酵素によるトレハロース生成系は，*Arthrobacter*属以外に古細菌の一種である*Sulfolobus*属や，*Brevibacterium*属，*Micrococcus*属，*Rizobium*属など広く細菌類に存在することが分かり，細菌における一つのトレハロース合成系と考えられる[1]。*Arthrobacter* sp. Q36株由来酵素[2]，および*Sulfolobus acidocaldarius* ATCC33909由来耐熱性酵素遺伝子[3]をクローニングし塩基配列を解析した結果，MTSase（tre Y），MTHase（tre Z）とイソアミラーゼ遺伝子（tre X）が染色体上で近接して存在していることがわかった（図２）。しかもこれら遺伝子は終始コドンを含む４塩基が重複しており，トレハロースオペロンを形成していると考えられた。

アミノ酸配列について類縁酵素との相同性を比較すると，MTSase，MTHaseともにトレハロース関連酵素よりむしろ，α-アミラーゼファミリーに類似していることが分かった。この知見をもとに，α-アミラーゼファミリーに共通に保存されている触媒残基相当アミノ酸を部位特異的変異処理すると，活性が消失することを確認した。

MTSaseの立体構造は小林らが解析しており，活性部位近傍がα，α-1,1糖転移活性発現に特

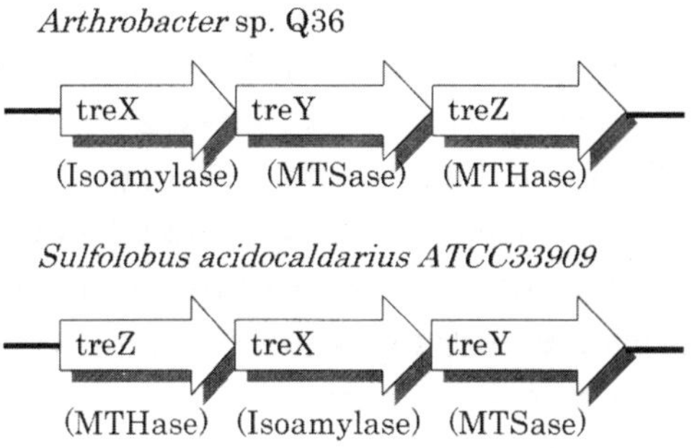

図２　トレハロース生成酵素遺伝子のオペロン構造

有な構造を示していると考えられた[4]。一方，MTHaseについてはFeeseらが報告しており，やはり特異的な構造をしていることが分かっている[5]。

2　トレハロースの製法

我々は上記酵素系以外に，分子内転移反応によりマルトースを直接トレハロースに変換するトレハロース生成酵素（maltose　α-D-glucosyltransferase, EC 5.4.99.16）も*Pimelobacter*属や*Thermus*属の細菌中に見出している[6]。

トレハロースの製法を検討するに当たり，いくつかの方法が考えられた（図３）。前記トレハ

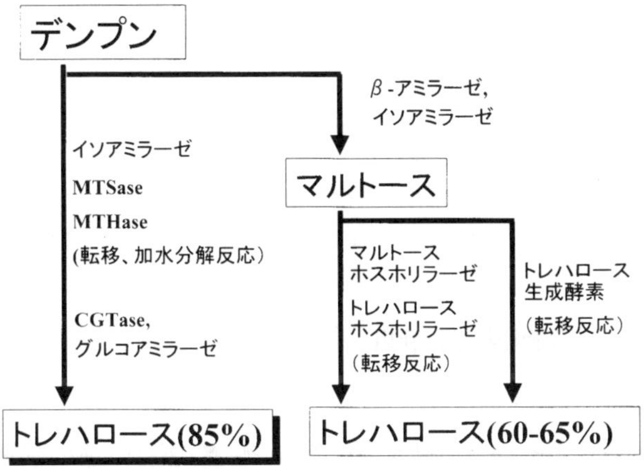

図３　デンプンからのトレハロース製造法

ロース生成酵素やトレハロースホスホリラーゼを用いる系では，いったん高純度のマルトースを製造する必要があり，さらにこれらの酵素による糖転移は平衡反応であるためトレハロースの生成率が60%程度とあまり高くない，などの理由により検討を断念した。

一方，MTSase，MTHaseを用いた反応系は転移反応と加水分解反応の繰り返しであり，デンプンからのトレハロース生成率が極めて高いことから，この酵素系を採用することにした。用いる酵素としては*Sulfolobus*属由来MTSase，MTHaseが耐熱性に優れ，糖化反応には有利であるが，微生物の生育や酵素生産性が低いなど培養上の問題点，さらにはトレハロースの収率がやや低いなど工業的な生産には適していなかった。実験室レベルでは組換え技術を用いての酵素の高発現化は達成していたが，実用化までには至っていない。*Arthrobacter*属のMTSase，MTHaseは耐熱性にやや劣るものの，酵素生産性が高く，トレハロースの工業生産に適していると判断した[7]。当初は*Arthrobacter* Q36株由来酵素を用いていたが糖化温度が45℃と低く，トレハロース生成率は高いものの工業製造用酵素としてはやや不安定であった。その後単離した*Arthrobacter* S34株由来酵素はQ36株と比べて糖化温度が10℃高く，しかも示適pHが低いため同時に作用させるイソアミラーゼとの相性も良く，生産性はQ36株の10倍以上と考えられた[8]。本菌株をNTG変異処理による育種，培養条件の検討により，両酵素の生産量を数千倍に高めることができた。

さらにデンプンからトレハロースを効率よく生産するために種々の検討が加えられた。用いるデンプン種は安価なトウモロコシやタピオカ由来のデンプンが適していた。デンプンの高温液化に耐熱性α-アミラーゼを，またでん粉の分岐構造を加水分解する目的でイソアミラーゼを併用した。さらに反応の後期に基質となりにくいオリゴ糖が蓄積するため，サイクロデキストリングルカノトランスフェラーゼ（CGTase）の不均化反応を利用して低分子オリゴ糖を高分子化させ，再度基質として利用できるようにした。また，反応終期にわずかに残るグルコシルトレハロースをグルコアミラーゼによりトレハロースとグルコースに分解した。以上のような種々酵素の組み合わせにより，デンプンからトレハロースを85%以上含む反応液を得ることができた。この反応液はほとんどがトレハロースとグルコースであり，しかもトレハロースは結晶化が容易なため，高収率で高純度結晶トレハロース（98%以上）を回収し製品化することができた[7]。1kg当たり約280円と，従来の100分の1の価格で商品名「トレハ™」として1994年から上市している。

3　トレハロースの機能特性，利用

3.1　食品への利用

表1に示したように，トレハロースは非還元性であり，熱，酸に対して安定なため加熱工程による分解・着色（メイラード反応）がほとんどない。従って他の食品成分への影響も極めて少な

表1　トレハロースの物理化学的性質

項　目	性　質
融点	97.0℃（含水結晶） 210.0℃（無水結晶）
比旋光度	$[\alpha]_D^{20}$+199°（c=5）
水に対する溶解性	68.9g/100g（20℃） 140.1g/100g（50℃） 602.9g/100g（90℃）
吸湿性	RH90%以下で非吸湿性
甘味度	スクロースの45%
pH安定性	99%以上（pH3.5～10，100℃，24時間）
熱安定性	99%以上（120℃，90分）
メイラード反応	着色なし（100℃，90分）

表2　トレハロースの機能と食品用途

機　能	用　途
低甘味性	菓子類全般，調味料，缶詰
耐酸・耐熱性	餡類，果汁飲料，ジャム
タンパク質変性抑制	魚肉練り製品，卵加工品，豆腐
デンプン老化抑制	パン，麺，餅，チルド食品
脂質変敗抑制	てんぷら，フライ類，魚の干物
吸湿抑制	クッキー，煎餅，あられ，珍味
マスキング効果	米飯，レトルト食品，清涼飲料
組織安定化，鮮度保持	缶詰，生鮮野菜

い。特に水が存在する環境に対して補完的に働き，食品の水分活性を低下させて保湿性を高め，保存・日持ち向上，冷凍・冷蔵による離水防止効果を示す。表2にはトレハロースの機能を利用した調理加工食品への応用例を示した。

以下，デンプン，タンパク質，脂質の3大栄養素に対するトレハロースの機能性を述べる。

デンプンを含む食品は低温に保存した場合，あるいは保存時間とともにデンプンの老化が進み，硬化，パサつきなどによる品質の劣化が起こる。他の糖質に比べてトレハロースはデンプンの老化を抑制する作用が強いことが分かり，和菓子や麺類などデンプンを含む食品に広く利用されている[9]。また炊飯時に2％程度のトレハロースを添加しておくと，低温における米の硬化が抑えられる。この特性を利用して，チルド流通のおにぎりや米飯に使われている。また，後で述べる脂質変敗抑制作用により，古米臭の発生を抑制できることが分かってきた。

トレハロースはタンパク質を安定化させることが以前から知られており，特に凍結や乾燥による変性からタンパク質を保護する作用が強い[10]。図4に卵白の凍結によるタンパク質変性試験の一例を示した。同じ2糖類であるスクロース，マルトースと比較しても，トレハロースは際立った変性抑制効果を示すことが分かった[9]。茶碗蒸し，厚焼き玉子などの冷凍食品に効果的である。

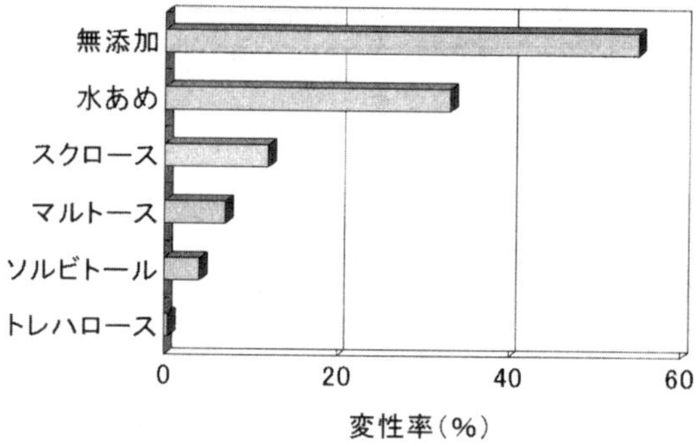

図4　種々糖質のタンパク質変性防止効果
卵白に各糖質を5%加えて－20℃で5日間保存し，解凍後の濁度の比を変性率とした。

また油脂を多く含む食品は空気中で加熱や光照射により油脂が変敗を受け，変敗臭と呼ばれる特有の刺激臭を生じ，これが品質劣化を引き起こす要因となっている。表3は，リノール酸加熱後の気相中揮発性アルデヒドの生成に及ぼす各種糖質の影響を調べたものである。スクロース，ソルビトールはほとんど揮発性アルデヒドの発生を抑制しないが，トレハロース添加系では10%にまで抑制されていることが分かっ

表3　リノール酸の加熱分解に及ぼす糖質の影響

糖　質	2,4-デカジエナール生成量（μg/ml-気相）
無添加	16.70
トレハロース	1.93
スクロース	16.00
マルトース	12.40
ネオトレハロース	16.30
マルチトール	2.46
ソルビトール	15.20

100mgのリノール酸を5%各糖質存在下で1時間煮沸後，気相中の2,4-デカジエナール量を測定した。

表4　リノール酸の緩和時間に及ぼすトレハロースの影響（^{13}C-NMR分析）

炭素の帰属	スピン-格子緩和（T_1）：sec	
	リノール酸	リノール酸＋トレハロース
9	3.422（100）	2.622（77）
10	3.658（100）	2.725（74）
12	3.264（100）	2.456（75）
13	3.381（100）	2.553（76）
8,14	4.483（100）	4.452（99）
11	2.182（100）	2.176（100）

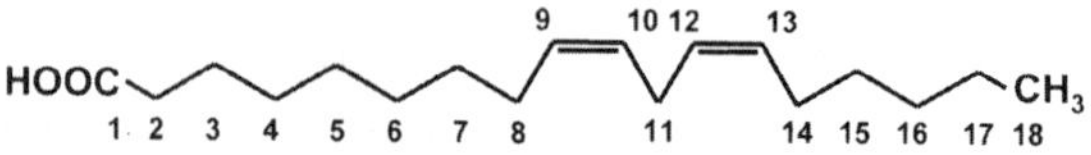

た。これはトレハロースが不飽和脂肪酸オレフィン水素と相互作用をとり，間に挟まれた活性メチレンを安定化している可能性がNMR解析により示唆された（表4）[11]。この脂肪酸の変敗抑制作用を応用して，レトルト食品や魚加工食品にトレハロースが用いられている。

デンプンを含む食品の高温加熱処理中に，発ガン性が疑われているアクリルアミドが生成することが最近報告された。グルコースなどの還元糖がアスパラギンと反応することにより起こると考えられており，この反応系にトレハロースを加えることによりアクリルアミドの生成が抑制されることが分かった[12]。

3.2　化粧品，医薬分野への応用

ヒト，特に男性において加齢とともに，高齢臭と言われる中高年層特有の臭いが増加する。これは皮脂中に存在する不飽和脂肪酸であるパルミトオレイン酸の変敗により，2-ノネナールや2-オクテナールなどの不飽和アルデヒドが生成するためである[13]。社内ボランティアを対象に高齢臭アルデヒドの分布を調べたところ，図5に示したように55歳を境に急激に増加することが分かった。そこで，55歳以上の被検者を対象にトレハロース水溶液を上半身にスプレーし，20時間後の高齢臭を測定したところ，図6に示したように有意な変化が認められた。ほぼ全員（8名）の高齢臭がトレハロース使用前の約1／3に低下し，トレハロースは高齢者の体臭抑制に有効であることが分かった[14]。

すでにトレハロースの保湿作用を利用した化粧品は数多く販売されているが，さらに組織安定化作用を化粧品，医薬品に応用する試みがなされている。ヒト皮膚線維芽細胞を水分がほとんど

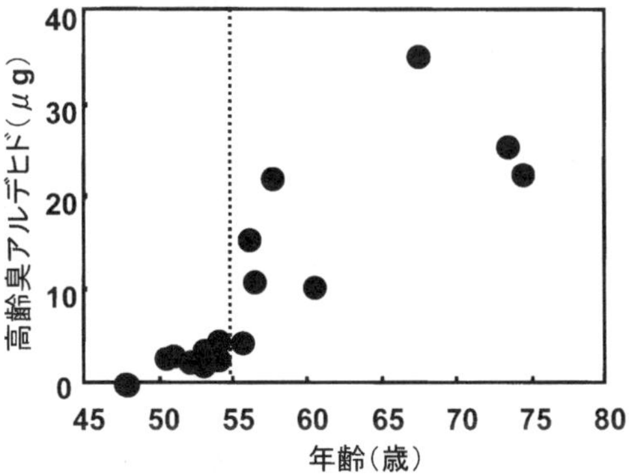

図5　年齢と高齢臭アルデヒド生成量との関係
高齢臭アルデヒド：2-ノネナール，2-オクテナール，2-ヘキセナール

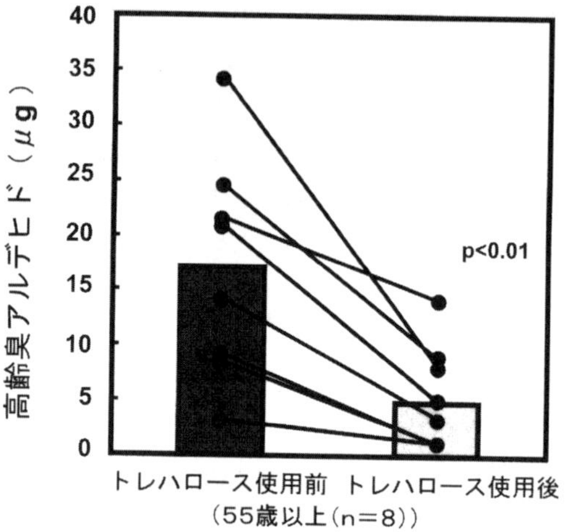

図6　トレハロースによる高齢臭アルデヒド生成抑制

入浴の後，2％トレハロース溶液を体に噴霧し，20時間着用した下着よりアルデヒドを回収，測定した。

存在しない乾燥環境で培養すると，トレハロースが存在する場合，スクロース，マルトースに比べて細胞生存率が最も高く，またその効果は濃度依存的であった[15]。すなわち，トレハロースは乾燥による細胞の生体膜破壊を防ぐ効果を示すことが確認された。松本も同様にヒト角膜細胞を用いて，マルトースや市販点眼薬よりトレハロースの方が，乾燥からの細胞保護作用が強いことを報告している[16]。

Croweらは，エンドサイトーシスにより血小板にトレハロースを取り込ませ，凍結乾燥させることに成功した。そして2年間の保存期間を経た後でも，90％の血小板を回収することができた[17]。

一方，和田らは臨床臓器移植に用いられている臓器保存液（Euro Collins液）の改良を検討した。グルコースをトレハロースに置き換えることにより肺機能の維持に有効であることを見出し，ET-Kyoto（extracellular-type trehalose-containing Kyoto）液を開発した。この保存液はすでにヒトの肺移植に用いられている[18]。

3.3　その他の生理作用

井上はチューリップ花茎をトレハロースで処理すると，花弁の老化離脱が4日遅れることが分かり，花弁の老化抑制に極めて有効であることを見出した[19]。トレハロースは細胞伸長には影響しないが，花弁のイオン漏出を著しく抑制し，組織の代謝活性を維持する機能を有していることが示された。またWinglerらは，シロイヌナズナの発芽過程にトレハロースを添加すると根，子葉の成長が抑制されることを見出した[20]。これはトレハロースによりApL3（ADP-Glucose Pyrophosphorylase）遺伝子の発現が誘導され，発芽時の成長よりむしろデンプン合成を促している結果であると考えられる。このことは植物界においても，トレハロースが種々の生理機能を発揮する可能性を示している。

また，新井らは卵巣を摘出した骨粗しょう症モデルにおいて，トレハロースの摂取により大腿骨の骨密度減少が抑制されることを示した。トレハロースの摂取によりIL-6などの炎症性サイトカインの産生が抑えられ，その結果として破骨細胞の誘導が抑制されたのではないかと考えられる[21]。

さらに，貫名らは遺伝性疾患であるハンチントン病の動物モデルにおいて，疾患に特徴的な大脳萎縮，運動機能低下がトレハロースの摂取により改善されることを見出した[22]。そのメカニズムはまだ明らかではないが，極めて興味深い現象である。

4　おわりに

1994年にトレハロースの製造を開始し，2004年の段階では年間2～3万トンの販売量に達し，食品，化粧品，医薬品の分野に数千種類もの製品へ応用されている。米国FDAにGRAS（Generally Recognized As Safe）の申請が受理され，欧州（EU）ではNovel Foodsとして認可されるなど世界各国で評価を受けており，多機能性糖質として今後さらに利用が広がることが期待される。

文　献

1） K. Maruta *et al, Biosci. Biotech. Biochem.*, **59**, 1829（1995）
2） K. Maruta *et al, Biochem. Biophys. Acta.*, **1289**, 10（1996）
3） K. Maruta *et al, Biochem. Biophys. Acta.*, **1291**, 177（1996）
4） M. Kobayashi *et al, Acta Crystallogr. D. Biol. Crystallogr.*, **55**, 931（1999）
5） MD. Feese *et al, J. Mol. Biol.*, **301**, 451（2000）
6） T. Nishimoto *et al, Biosci. Biotech. Biochem.*, **59**, 2189（1995）
7） 杉本利行ら，日本農芸化学会誌，**72**, 915（1998）
8） T. Yamamoto *et al, Biosci. Biotech. Biochem.*, **65**, 141（2001）
9） 竹内叶，*New Food Industry*, **40**, 1（1998）

10）C. Colaco *et al, BIO/TECHNOLOGY*, **10**, 1007（1992）
11）K. Oku *et al, J. Am. Chem. Soc.*, **121**, 12739（2003）
12）M. Kubota *et al, J. Appl. Glycosci.*, **51**, 63（2004）
13）ND. Heidelbaugh and M. Karel, *J. Am. Oil Soc.*, **46**, 409（1969）
14）奥和之, *BIO INDUSTRY*, **18**, 40（2001）
15）竹内叶，伴野規博, *Fragrance J.*, **1998-7**, 39（1998）
16）T. Matuo, *Br. J. Ophthalmol.*, **85**, 610（2001）
17）W. F. Wolkers *et al, Cell Preservation Technol.*, **1**, 175（2003）
18）F. Chen *et al, Transplant Proc.*, **36**, 2812（2004）
19）M. Inoue, *Cryobiol. Cryotechnol.*, **45**, 51（1999）
20）A. Wingler *et al, Plant Physiology*, **124**, 105（2000）
21）C. Yoshizane *et al, Nutr. Res.*, **20**, 1485（2000）
22）M. Tanaka *et al, Nature Med.*, **10**, 148（2004）

第6章　バイオリアクターによるオリゴ糖の生産

中久喜輝夫*

1　はじめに

日本における食品用のオリゴ糖の開発は1970年代の初期に端を発し，1980年代に入ってグリコシルスクロース，フルクトオリゴ糖，マルトオリゴ糖をはじめとした様々なオリゴ糖が開発され市場に出回るようになった。その後もイソマルトオリゴ糖，パラチノース，ガラクトオリゴ糖，ラクトスクロース，キシロオリゴ糖の開発が相次ぎ，近年に至ってはニゲロオリゴ糖やトレハロース，さらにマルトシルトレハロースなどが上市されるようになった。そして，オリゴ糖には免疫賦活効果を含む第三次機能としての生理機能のほかに，味覚改善機能や色素の退色抑制効果などが明らかにされるにつれてその市場も増大の一途を辿っている[1)]。現在までに開発されたものおよび近い将来開発が予測されるオリゴ糖を含めて表1に示す。

以上のように種々のオリゴ糖の生産が可能になった背景には，加水分解酵素や糖転移酵素などの新しい微生物起源の酵素の発見とその利用技術および糖の分離精製技術の発展がある。バイオリアクターの工業的応用例の中では異性化糖の生産が世界最大規模を誇っており，国内で約113

表1　原料別に分類したオリゴ糖の種類

澱粉関連
マルトオリゴ糖；G2～G7（マルトース～マルトヘプタオース）
イソマルトオリゴ糖（分岐オリゴ糖）；イソマルトース，パノース，イソマルトトリオース
サイクロデキストリン（CD）；α-CD，β-CD，γ-CD，HP-β-CD，分岐CD
その他；マルチトール，ゲンチオオリゴ糖，ニゲロオリゴ糖，トレハロース，マルトシルトレハロース，コージオリゴ糖，環状四糖
砂糖関連
グリコシルスクロース，フルクトオリゴ糖，パラチノース（イソマルチュロース），ラクトスクロース，キシロシルフルクトシド，ラフィノース，スタキオース，トレハルロース，セロビオース
乳糖関連
ガラクトオリゴ糖，ラクトスクロース，ラクチュロース，ラクチトール
その他
キシロオリゴ糖，アガロオリゴ糖，キチン・キトサンオリゴ糖，マンノオリゴ糖，アルギン酸オリゴ糖，シアル酸オリゴ糖，サイクロフルクタン，サイクロデキストラン，無水ジフルクトース，メリビオース

*　Teruo Nakakuki　日本食品化工㈱　研究所　取締役研究所長

万トンの異性化糖がバイオリアクターを用いて生産されている。異性化糖の生産は，比較的浸透圧の高い液状ブドウ糖を原料とすること，固定化に使用するグルコースイソメラーゼ（キシロースイソメラーゼ）が耐熱性を有すること，さらに市場が大きいことなど，まさにバイオリアクターでの生産に適したものであった。オリゴ糖の場合には，スクロース，乳糖（ラクトース），マルトース，シクロデキストリンあるいは高分子の原料を用いる場合があるが，その中でも実用化されているものはスクロースや乳糖を原料としたフルクトオリゴ糖，パラチノースあるいはガラクトオリゴ糖の生産である[2)]。

オリゴ糖のバイオリアクターによる連続生産技術の開発に関しては，食品産業バイオリアクターシステム技術研究組合[3)]および㈳農林水産先端技術産業振興センター次世代バイオリアクターシステム事業部会[4)]のなかでグルコシルシクロデキストリン，キシロオリゴ糖，寒天オリゴ糖，マルトオリゴ糖，ラクトスクロースの連続生産技術の開発が進められた。ここでは，それらの研究概要を紹介するとともに，いくつか実用化されている連続生産システムについて紹介する。

2　オリゴ糖のバイオリアクターによる生産

2.1　マルトオリゴ糖の生産[5)]

近年，澱粉に作用してマルトトリオース（G3）やマルトテトラオース（G4）などを特異的に生成する微生物起源の新しいアミラーゼが発見され，各種マルトオリゴ糖（G3～G6）の調製も容易になってきたが，マルトオリゴ糖生成アミラーゼは一般に微生物による酵素の生産性が低く，比較的安価な食品用マルトオリゴ糖の生産の場合にはその効率的使用が重要になる。

2.1.1　固定化酵素の調製と$\overline{\mathrm{SSV}}$概念の導入

G4生成アミラーゼは*Pseudomonas stutzeri* NRRL B 3389の変異株から得られた部分精製粉末酵素（キリンビール㈱製，活性8×10^4単位/g），また枝切り酵素として*Klebsiella pneumoniae*起源のプルラナーゼ（アマノエンザイム㈱製，790単位/g）を用いた。固定化用担体としてキトサンビーズ（富士紡績㈱製）を使用し，酵素の固定化は担体結合法により行なった。バイオリアクターの形式は固定化酵素の形状と諸性質，基質および反応生成物の物性，反応の種類さらにリアクターの操作およびスケールアップの難易度から判断してプラグフロー型リアクターを選択した。プラグフロー型リアクターの反応条件の解析には一般に空間速度（Space velocity）の概念が適用されてきたが，筆者らは基質濃度，基質流量，固定化酵素活性および固定化酵素充填量などの条件を統一して取り扱う概念として下記に示すような$\overline{\mathrm{SSV}}$（Specific Space Velocity）を導入した。

$$\overline{SSV} = \frac{F \rho S_0}{WA} = \frac{WHSV \cdot S_0}{A}$$

F：基質溶液の容積流量（ml／h）

ρ：基質溶液の密度（g／ml）

S_0：基質濃度（g／g）

W：固定化酵素充填量（g）

A：固定化酵素活性（単位／g）

WHSV：Weight Hourly Space Velocity（Fρ/W）

$\overline{SSV}$は単位カラム固定化酵素活性あたりの重量基準の基質流量であり，$\overline{SSV}$の逆数は重量基準の基質の滞留時間である。本概念を用いてデータを整理すると図1に示すように，想定される反応条件を基準化する事が可能になった。従って，本概念の適用により反応生成物の制御や固定化酵素の残存活性の予測が可能になる。

2.1.2　複合固定化酵素によるG4の連続生産

複合固定化酵素系ではG4生成酵素と枝切り酵素の使用比率，固定化担体への酵素負荷量，固定化方法および複合固定化酵素の形態などが重要な操作因子である。これらの諸条件について検

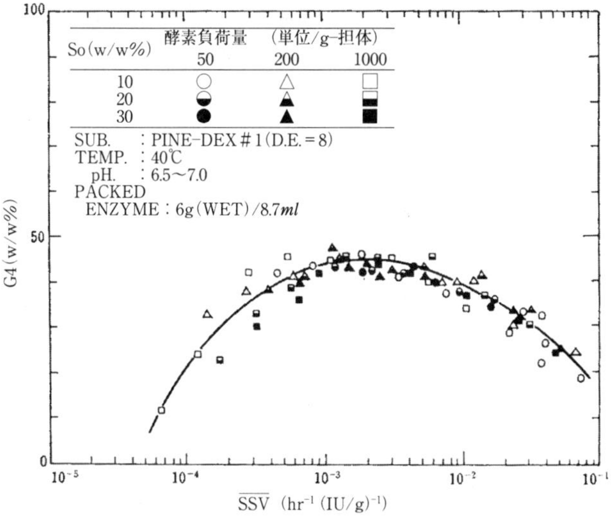

図1　$\overline{SSV}$による反応データの整理

PINE-DEX#1：粉あめ（松谷工業㈱製）

討した結果，下記の結論が得られた。

(a) G 4 生成酵素に対する枝切り酵素の使用比率は活性で 2 倍以上必要である。

(b) G 4 生成酵素の担体への負荷量は250～1000単位／g-担体が経済的に有利である。

(c) 複合固定化酵素系の形態は同時固定化が有効である。

(d) 複合固定化酵素系はG 4 生成酵素のみの固定化酵素系と比較してG 4 の生成量が 5 ～10% 上昇する。

(e) コンスタントコンバージョン方式（G 4 の生成量が50%以上）で連続運転を行なった場合，60日以上の運転が可能である。

以上の結果をもとにバイオリアクターのシステム化を行なった結果，G 4 生成酵素の使用コストは回分式反応（バッチ反応）の1/5 ～ 1/6に低減する事が明らかになった。

マルトテトラオースは分子量が従来の澱粉糖であるグルコース，マルトースおよび異性化糖などの低分子・低重合度糖と低DEシラップや粉飴等の高分子糖との中間にあり，低甘味かつ低粘度という従来なかった特徴を有する第二世代のシラップである。現在，マルトテトラオースをおよそ50%および70%含有するシラップが日本食品化工㈱および林原㈱より市販されており，種々の食品に利用されている。

2.2 フルクトオリゴ糖の生産[6)]

フルクトオリゴ糖はスクロース（砂糖）に*Aspergillus niger* ATCC 20611起源のβ-フルクトフラノシダーゼ（β-fructofuranosidase, β-FFaseと略）を作用させると，図 2 に示すような反応

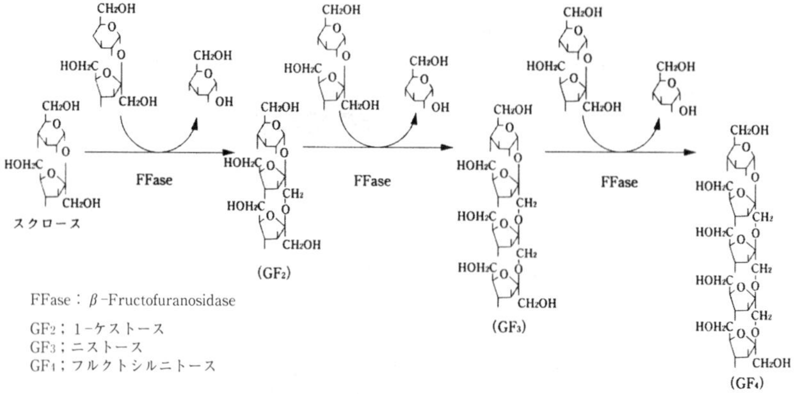

図 2 FFaseの糖転移反応によるスクロースからのフルクトオリゴ糖の生成機構

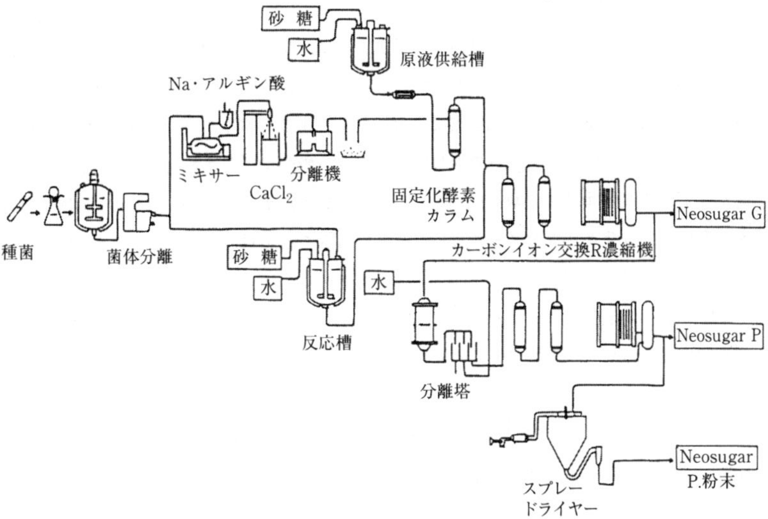

図3　フルクトオリゴ糖の連続生産プロセス

表2　フルクトオリゴ糖の糖組成

	G(F)	GF	フルクトオリゴ糖			
			GF_2	GF_3	GF_4	GF_n
Neosugar G	36〜38	10〜12	21〜28	21〜24	3〜6	51〜53
Neosugar P	0	0	28	60	12	100

G：グルコース，F：フルクトース，GF：ショ糖，GF_2：1-ケストース，GF_3：ニストース，GF_4：1^F-β-D-フルクトフラノシルニストース，GF_n：全フルクトオリゴ糖

機構で得られる。本酵素は上記菌株を好気的条件下で液体培養すると菌体結合型酵素および遊離酵素として得られ，固定化方法としては菌体そのものをアルギン酸ゲルに包括固定化する方法と，遊離酵素をアンバーライトIRA94またはキトサンビーズに吸着固定化する方法が用いられる。前者の固定化酵素を用いたフルクトオリゴ糖の連続生産プロセスを図3に示す。また，IRA94に固定化し，プラグフローリアクターを用いて連続運転（基質濃度50%，pH6.0,温度50℃，SV 3-5h^{-1}）を行なうと固定化酵素の半減期は60日以上であることが明らかにされた。

フルクトオリゴ糖は明治製菓㈱より市販されており，その糖組成を表2に示す。本糖質はビフィズス菌増殖効果を有するほか，難消化性，コレステロール低下作用および難う蝕性を有する健康食品素材として種々の食品に広く利用されている。

2.3　パラチノース生産[7]

パラチノース（イソマルチュロース）は図4に示すように，砂糖（スクロース）に*Protaminobacter rubrum*起源の糖転移酵素であるα-グルコシルトランスフェラーゼ（α-glucosyltransferase）を作用させて得られる。本酵素は菌体内酵素であり，固定化酵素の調製は*P.rubrum*を液体培養後，菌体を遠心分離によって回収し，次いで本菌体をアルギン酸ゲルに包括固定化する方法が用いられる。固定化酵素のミハエリス定数（Km値）は菌体懸濁液とほとんど同じであり，本酵素は固定化酵素を充填したカラムリアクターに適した酵素であることが明らかにされている。固定化酵素を充填したプラグフロー型リアクターに，40%スクロース（w/w）溶液を，pH5.5,温度25℃,空間速度（SV）$0.5h^{-1}$の条件で連続通液すると，スクロースの約85%がパラチノースに変換される。現在，工業的に用いられているパラチノースの生産プロセスを図5に示す。反応液の標準糖組成は，パラチノース85.7，トレハルロース8.7，フルクトース2.2，グルコース1.8，イソマルトース0.4，イソメレジトース0.2およびスクロース1.0%である。反応液を脱塩後，減圧濃縮し，晶析法により容易に結晶「パラチノース」が得られる。また，分蜜液はパラチノースシロップとして菓子類に有効に利用される。これら二つの商品は現在新三井製糖㈱より市販されており，主に非う蝕性を有する糖質として種々の菓子類に利用されている。

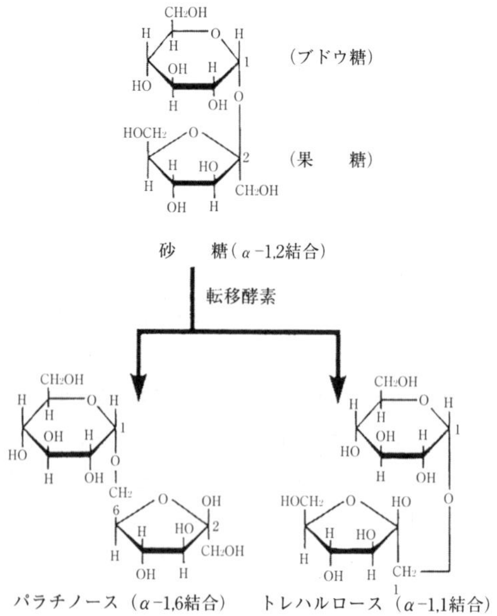

図4　パラチノースの生成機構

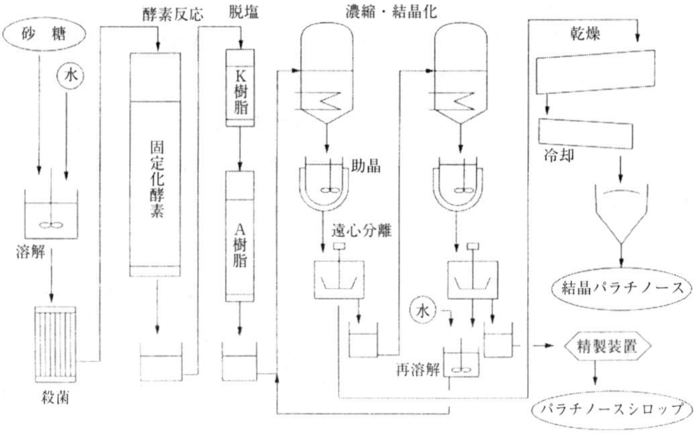

図5 パラチノースの生産プロセス

以上のオリゴ糖のほかにバイオリアクターによる連続生産の研究としては，β-アミラーゼとプルラナーゼをキトサンビーズに固定化した複合固定化酵素を用いたマルトースの生産[8]，固定化菌体を用いたガラクトオリゴ糖の生産[9]，固定化プルラナーゼを用いたマルトシルシクロデキストリンの生産[10]，シクロデキストリン合成酵素を固定化した膜リアクターによるグルコシルシクロデキストリンの生産,基質充填型カラムリアクターによるキシロオリゴ糖の生産および膜型リアクターによるアガロオリゴ糖の生産など[3]の研究例が報告されており,さらに最近，分離型バイオリアクターを用いたラクトスクロースの連続生産の研究[4]がある。

3 おわりに

現在，日本国内では多種多様な機能性オリゴ糖が製造販売されている。それは，新しい微生物起源の酵素の発見と酵素利用技術および糖の分画技術の進展，さらに現代の消費者の嗜好の動向が低甘味・低カロリーおよび健康志向へと変化して来たことと密接に関係している。オリゴ糖には従来の糖質にはない良好な味質と，食品の三次機能としての生体調節機能を有する事が明らかにされており，今後，栄養学的な観点からオリゴ糖の消化・吸収および代謝機構が解明され，さらに新しい高次の機能が見出されればその市場はますます増大するものと予測される。最近，ニゲロオリゴ糖[11]，キチン・キトサンオリゴ糖[12]などには免疫賦活作用を有することが明らかにされているほか，ゲンチオオリゴ糖（ゲンチオビオース）にはトマトの成熟に関与する“オリゴサッカリン”としての機能があることが報告[13]されており今後の発展が期待されている。

バイオリアクター方式による生産という観点から考えると，技術的には確立されているが，まだ工業的スケールでは実用化されていない技術も多い。その大きな理由は，現状では異性化糖のような大きな市場がなく，コスト的にも省エネの観点からもバイオリアクター方式によるメリットが見出せないことである。近い将来オリゴ糖の市場がますます拡大し，バイオリアクターシステムによる工業的生産が進展し，それによってより安価な高機能性オリゴ糖が供給され，大いに人びとの健康の維持・増進に寄与できることを期待するものである。

文　　献

1) T.Nakakuki., *TIGG.*, **15**, 57 (2003)
2) 中久喜輝夫, *New Food Industry*, **35**, No.6 , 58 (1993)
3) 実践バイオリアクター, 食品産業バイオリアクターシステム技術研究組合編, 食品化学新聞社 (1990)
4) 食品産業のためのバイオリアクター，㈳農林水産先端技術産業振興センター次世代バイオリアクターシステム事業部会編，化学工業日報社 (2002)
5) 中久喜輝夫, 木村隆, 食品工業, **32**, No.8, 20 (1989)
6) 日高秀昌, バイオマスとバイオテクノロジー'84, Session2, 日本能率協会, p.39–51 (1984)
7) 中島良和, 澱粉科学, **35**, 131 (1988)
8) M.Yoshida *et al.*, *Agric.Biol.chem.*, **53**, 3139 (1989)
9) 小澤　修, 別冊フードケミカル, p.115–122 (1990)
10) S.Kusano *et al.*, *J.ferment.bioeng.*, **68**, 233 (1989)
11) ニゲロオリゴ糖, 食品新素材有効利用シリーズ, No.2, ㈳菓子総合技術センター (2001)
12) キチンオリゴ糖／キトサンオリゴ糖, 食品新素材有効シリーズ, No.1, ㈳菓子総合技術センター (1999)
13) J.C. Dumville and S.C. Fry., *Planta.*, **216**, 484 (2003)

第７章　希少糖生産戦略「イズモリング」と希少糖D−プシコースの生産

何森　健*

1　はじめに

「希少糖」とは，自然界にはほとんど存在しないか，存在しても量的に少ない「単糖類とその誘導体」のことである。これは国際希少糖学会（International Society of Rare Sugars）での希少糖の定義である。D−グルコース，D−マンノース，D−ガラクトース等は多糖類，オリゴ糖やタンパク質と結合した糖鎖の構成糖として広く分布している。しかし，L−グルコース，L−マンノース，D−タガトース，D−プシコース等は，自然界にはその存在量が少ない単糖である。

これらの希少糖の大量に関する研究はこれまで系統的に研究はなされて来なかった。すなわち，希少糖を安価に生物化学的手法によって生産することを目的とした研究はほとんど行われてこなかったのである。その最大の理由は，希少糖を生産する必要性が存在しなかったこと。また，希少糖を用いた研究を行ってたとえ非常に興味深い研究成果を得たとしても，希少糖が非常に高価であるため実際に利用するまでの研究に発展することはほとんど期待できなかったことがその理由である。すなわち，希少糖の研究を発展するには，その大量生産法を確立することが最重要課題であることが理解される。我々の研究室ではこのような背景をもとに，希少糖のバイオ技術を用いた生産に焦点をしぼって長年研究を続けてきた。大量に希少糖が生産できれば，希少糖そのものの物理化学的性質を確実にすることができると同時に，その用途開発の研究が必ず発展するであろうという期待できる素材である。このような考え方をもとにして30数年間以上にわたり，各種の希少糖の微生物酵素および微生物反応を用いた生産に関する研究を行ってきた。

希少糖を大量に生産するためには，原料としては安価で大量に入手可能な糖を用いることが最も有利である。すなわち，希少糖は自然界にその存在量が少ないのであるから，植物体などから抽出する方法によって大量に存在することはできないことは明らかである。

本章ではまず，全希少糖を生産するための，希少糖生産戦略イズモリングについて解説する。さらにこの戦略の第一歩となるD−フラクトースから希少糖D−プシコースの生産法について述べる。

---

*　Ken Izumori　香川大学　希少糖研究センター　教授

2　希少糖生産戦略イズモリング

炭素数6のヘキソースの生産戦略イズモリングについて解説する。希少糖の大量生産には原料となる単糖を酵素反応あるいは，微生物反応を用いた転換反応の組み合わせによって目的とする生産物へ転換を行うことが最も適している。多くの不斉炭素が存在する単糖類では，有機化学的反応による選択的な相互転換反応は困難であることが一般的である。一方，酵素反応および微生物反応の特異性を持っている。その特定の転換反応を触媒する性質を用いることで，単糖を目的とする生産物へ変換することが可能となるのである。8種のケトヘキソース，16種のアルドヘキソースおよび10種のヘキシトールの全ヘキソースを，酵素反応と微生物反応を用いて生産する戦略として完成したイズモリングについて述べる。

2.1　生産戦略に用いる反応

(1) アルドースイソメラーゼ

アルドヘキソースとケトヘキソース間の転換反応に利用できる。反応は1位の炭素と2位の炭素間の酸化と還元反応である。この反応は，D-キシロースイソメラーゼを用いたD-グルコースとD-フラクトースの異性化反応が工業的に事業化されている有名で有効な単糖転換反応である（図1）。この異性化酵素反応を用いることによって，各種のアルドースとケトース間の転換することが可能である。

(2) ポリオールケトース酸化還元酵素

ポリオールとケトース間の炭素2の位置を特異的に酸化還元する酵素である。この酵素は対応するポリオールとケトース間を触媒するが，補酵素の再生系を考慮すると微生物反応を利用することで，目的とするケトースあるいはポリオールを大量に生産することが可能である。図2にはアリトースからL-プシコースを生産する反応を示している[1)]。

(3) D-タガトース3-エピメラーゼ[2)]

本酵素は我々の研究室で発見された，遊離の全ケトヘキソースおよび全ケトペントースの3位

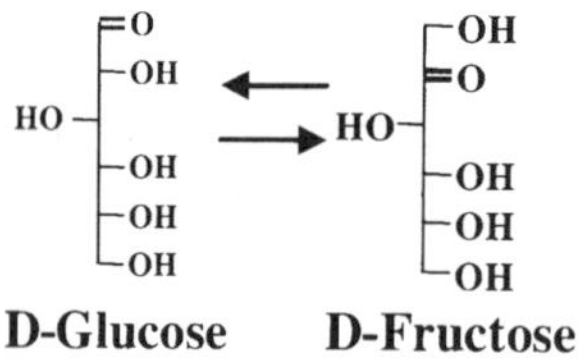

図1　D-グルコースとD-フラクトース間の異性化反応

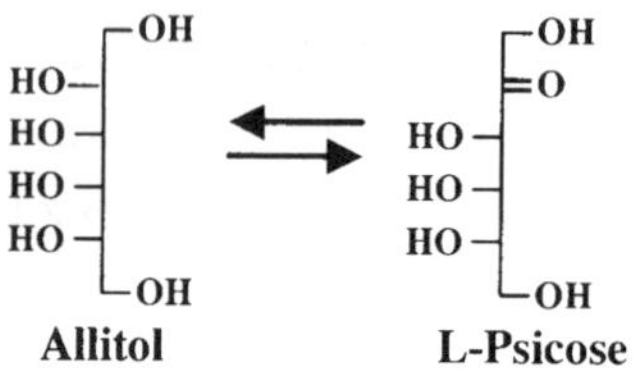

図2　アリトールとL-プシコース間の酸化還元反応

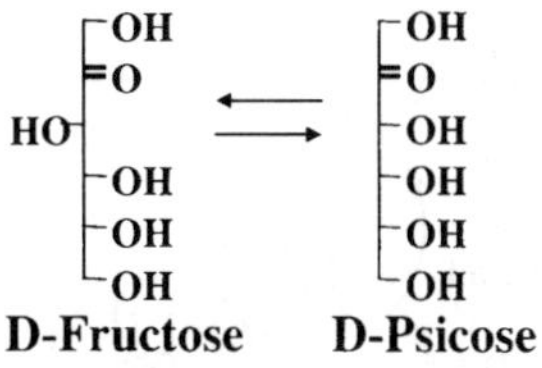

図3　D-フラクトースとD-プシコース間のエピ化反応

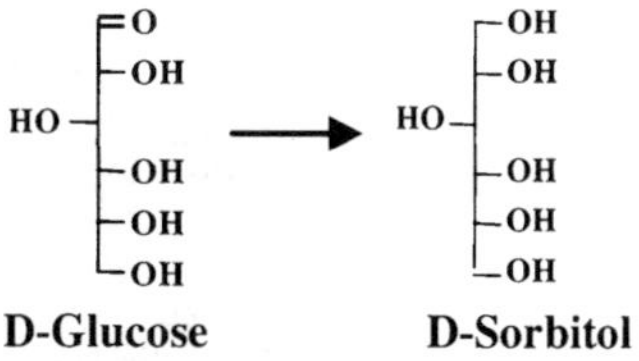

図4　D-グルコースを還元してD-ソルビトールを生産する反応

をエピ化する酵素である。D-フラクトースとD-プシコースのエピ化反応を図3に示した。ケトヘキソース間の反応を触媒する能力を利用して，希少糖の生産に有効に利用できる酵素である。

(4) アルドースリダクターゼ

アルドースを還元して対応するヘキシトールへ転換する。図4はD-グルコースをD-ソルビトールへの還元反応を示している。

2.2　イズモリングの構築

34種類の全ヘキソースを酵素反応で連結できたとすると，それは全ヘキソースをバイオの技術で生産可能であることになると期待される。このアイディアをもとに，全34種類のヘキソースを酵素反応によって連結する方法に関して検討した。その結果，上記の4種の酵素反応を用いることで，34種類全ヘキソースを連結することに成功し，希少糖生産戦略「イズモリング」を完成した。連結方法の手順を以下に示した。

(1) 全8種のケトヘキソースと全10種のヘキシトールの連結

ポリオールとケトースは，ポリオールケトース酸化還元酵素を用いて連結できる。そして，ケトヘキソースとケトヘキソースの連結はD-タガトース3-エピメラーゼを用いることで連結が可能である。この場合，最も重要な反応は，D-タガトース3-エピメラーゼでケトヘキソース間を連結することが可能となったことである。さらに，全ケトースと全ヘキシトールを酵素反応で結び付けることができる重要な原理がある。それは，特定のヘキシトールが上下を逆さまにすることで，それぞれが同一である場合が存在するということである。例えば，D-プシコースを還元して生産されるD-アルトリトールはD-タガトースを還元してできるD-タリトールとが，平面状で180°逆にすることで重ねることが可能であり，すなわち「同一物質である」ことは明らかである。D-アルトリトールとD-タリトールが同一であることによって，D-プシコースとD-タガトースとをこの共通基質であるヘキシトールを介して連結できるのである。このように，ポリオールケトース酸化還元酵素とD-タガトース3-エピメラーゼによって，全8種のケトヘキソースを

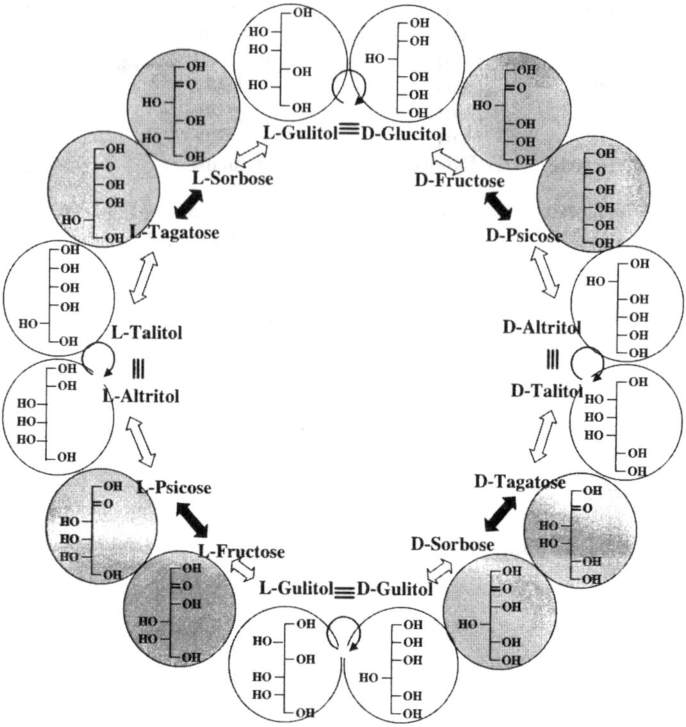

図5　8種のケトヘキソースを4種のヘキシトールで連結

4種のヘキシトールによって，大きなリング状に連結することが可能である[3)]。

このリング状に配置された8種のケトースに，残りの6種のヘキシトールをポリオールケトース酸化還元酵素によって連結できる。図5に8種の全ケトヘキソースを4種のヘキシトールでリング状態に連結した図を示す。

(2) ケトヘキソース・ヘキシトールリングに16種のアルドヘキソースの連結

アルドースとケトースの連結は，アルドースケトースイソメラーゼによって可能である。また，アルドース還元酵素によって，アルドヘキソースとヘキシトールとが連結できる。このようにして，全ケトヘキソースと全ヘキシトール，そして，全アルドヘキソースとが，酵素反応によって連結することができる。これで全ヘキソースを酵素反応で連結することが可能であることを示している（図6）。

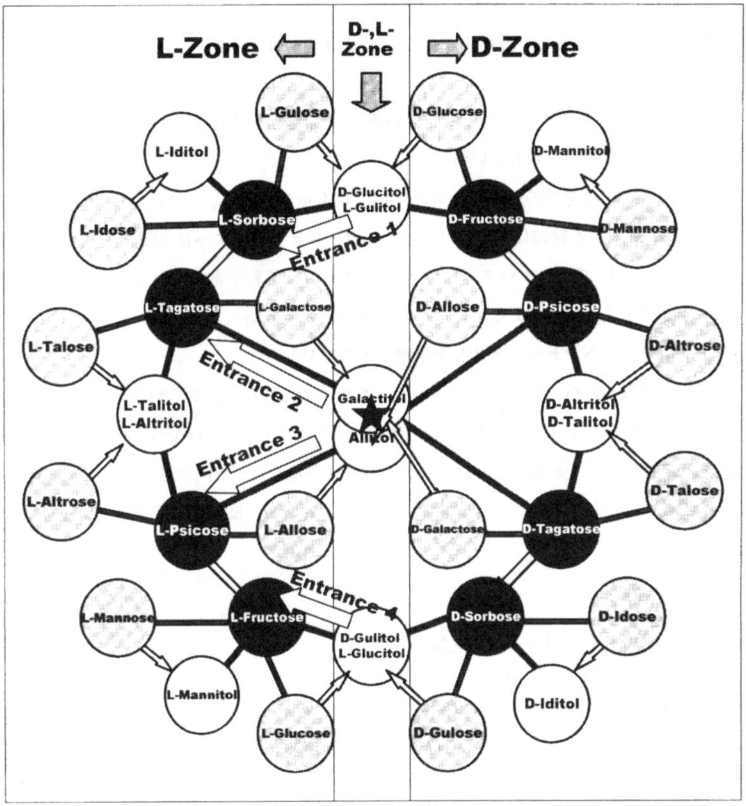

図６　ヘキソースのイズモリング

(3) イズモリングの特徴の整理

図６は全てのヘキソースが酵素反応で連結されている。従って全てのヘキソースは最も安価なD-グルコースから酵素反応によって生産可能であることを示している。34種のヘキソースがリング状に配置されているこの全体像をイズモリング（Izumoring）と命名した（学生が研究室の名前とリングとを結合した造語)。以下，このイズモリングの特徴を整理した。

① 全てのD-型ヘキソースは右側半分に配置され，L-型は左側に，そしてD-L-型（メソ型）が中央に配置されている。ガラクチトールとアリトールは中央に重なっている。

② 中心に星で示した点は，全ヘキソースの点対称の焦点である。イズモリングにおいては全

てのヘキソースが点対象に配置されている。

③ D−型糖の世界から，L−型糖の世界への入り口は4箇所存在し，D−ソルビトール→L−ソルボース，アリトール→L−プシコース，ガラクチトール→L−タガトースおよびD−グリトール→L−フラクトースであることを示している。D−型糖からのL−型への入り口は，この4箇所しか存在しないことを示している。

このイズモリングは全てのヘキソースの生産工程を示している。例えば，D−グルコースからL−グルコースを生産する経路は，D−グルコース→D−フラクトース→D−プシコース→アリトール→L−プシコース→L−フラクトース→L−グルコースという工程で進められることを容易に計画することができる製造工程図である。すなわち，希少糖生産戦略イズモリングである。

(4) テトロース，ペントースを含む全単糖のイズモリング

図7では炭素数6のヘキソースにおけるイズモリングであるが，炭素数5のペントースにおいてもヘキソース同様に全ケトペントース，全アルドペントースおよび全ペンチトールがリング状に配置することは容易である。炭素数4のテトロースの場合は，半円の形のイズモリングとなる。ここでは図として示していないが，炭素数，4，5，6全て，59種類の単糖のイズモリングを完成できている[4]。

3 希少糖D−プシコースの生産

希少糖であるD−プシコースの生産方法について述べる。

34種の中で最も安価なD−グルコースは，希少糖生産戦略イズモリングの上部に位置している（図6）。このD−グルコースを異性化してD−フラクトースが生産できる。この反応混合物はぶどう糖果糖液糖等として甘味料として広く利用されている。この反応混合物を分離して生産されるD−フラクトースは甘味料として大量に生産されており，安価に入手することができる。希少糖D−プシコースは，このD−フラクトースを原料としてD−タガトース3−エピメラーゼを用いて3位をエピ化することで生産することが可能である。まず用いる酵素の性質，そして本酵素を用いたD−プシコースの生産法について述べる。

3.1 D−タガトース3−エピメラーゼ[2]

本酵素は，遊離のケトースの3位をエピ化する全く新しい酵素として発見された。土壌から分離したバクテリア*Pseudomonas cichorii* は，D−タガトースを含む培養基で生育すると本酵素を誘導的に生産する。本エピメラーゼは，8種全てのケトヘキソースおよび4種全てのケトペントースの3位のエピ化を触媒する。現在までのところ，遊離の単糖に作用しエピ化する酵素として報告されている唯一の酵素である。我々は，1993年にガラクチトールおよびD-タガトースからD-ソルボースを培地中に蓄積する細菌*Pseudomonas cichorii* の菌体中に存在することを見出した。新規酵素D-ケトヘキソース3-エピメラーゼとして報告した。詳細な研究の結果，D-タガトースによって誘導されること，活性がD-タガトースに最も高いこと等を総合的に判断して酵素の名称は，D-タガトース3-エピメラーゼが適当であると思われる。

本酵素は8種全てのケトヘキソースおよび4種全てのケトペントースを基質とし，その3位のエピ化を触媒する。反応は平衡反応であり，平衡はそれぞれの基質間のエピ化反応によって決まっている。D-タガトースに対する相対活性が最も高く，D-タガトースによってのみ酵素が誘導されることなどからD-タガトース3-エピメラーゼとしている。しかし，基質特異性のみを考慮するとケトース3-エピメラーゼということもできる幅広い基質特異性を持っている。酵素は分子量 32.5kDaの2つのサブユニットから構成されている。290のアミノ酸からなり他のタンパク質との相同性はみとめられない[5]。遺伝子配列とそれから推定されるアミノ酸配列を図7に示した。比較的熱に対して安定であり，イオン交換樹脂に固定化したバイオリアクターは，長期間の反応に耐えることができる。

```
1    gtgaacaaagttggcatgttctacacctactggtcgactgagtggatggtcgactttccg
      V  N  K  V  G  M  F  Y  T  Y  W  S  T  E  W  M  V  D  F  P   20
76   gcgactgcgaagcgcattgccgggctcggcttcgacttaatggaaatctcgctcggcgag
      A  T  A  K  R  I  A  G  L  G  F  D  L  M  E  I  S  L  G  E   40
151  tttcacaatctttccgacgcgaagaagcgtgagctaaaagccgtggctgatgatctgggg
      F  H  N  L  S  D  A  K  K  R  E  L  K  A  V  A  D  D  L  G   60
226  ctcacggtgatgtgctgtatcggactgaagtctgagtacgactttgcctcgccggacaag
      L  T  V  M  C  C  I  G  L  K  S  E  Y  D  F  A  S  P  D  K   80
301  agcgttcgtgatgccggcacggaatatgtgaagcgcttgctcgacgactgtcacctcctc
      S  V  R  D  A  G  T  E  Y  V  K  R  L  L  D  D  C  H  L  L  100
376  ggcgcgccggtctttgctggccttacgttctgcgcgtggccccaatctccgccgctggac
      G  A  P  V  F  A  G  L  T  F  C  A  W  P  Q  S  P  P  L  D  120
451  atgaaggataagcgcccttacgtcgaccgtgcaatcgaaagcgttcgtcgtgttatcaag
      M  K  D  K  R  P  Y  V  D  R  A  I  E  S  V  R  R  V  I  K  140
526  gtagctgaagactacggcattatttatgcactggaagtggtgaaccgattcgagcagtgg
      V  A  E  D  Y  G  I  I  Y  A  L  E  V  V  N  R  F  E  Q  W  160
601  ctttgcaatgacgccaaggaagcaattgcgtttgccgacgcggttgacagtccggcgtgc
      L  C  N  D  A  K  E  A  I  A  F  A  D  A  V  D  S  P  A  C  180
676  aaggtccagctcgacacattccacatgaatatcgaagagacttccttccgcgatgcaatc
      K  V  Q  L  D  T  F  H  M  N  I  E  E  T  S  F  R  D  A  I  200
751  cttgcctgcaagggcaagatgggccatttccatttgggcgaagcgaaccgtctgccgccg
      L  A  C  K  G  K  M  G  H  F  H  L  G  E  A  N  R  L  P  P  220
826  ggcgagggtcgcctgccgtgggatgaaatattcggggcgctgaaggaaatcggatatgac
      G  E  G  R  L  P  W  D  E  I  F  G  A  L  K  E  I  G  Y  D  240
901  ggcaccatcgttatggaaccgttcatgcgcaagggcggctcggtcagccgcgcggtgggc
      G  T  I  V  M  E  P  F  M  R  K  G  G  S  V  S  R  A  V  G  260
976  gtatggcgggatatgtcgaacggtgcgacggacgaagagatggacgagcgcgctcgccgc
      V  W  R  D  M  S  N  G  A  T  D  E  E  M  D  E  R  A  R  R  280
1051 tcgttgcagtttgttcgtgacaagctggcctga
      S  L  Q  F  V  R  D  K  L  A  *                              290
```

図7　D-タガトース3-エピメラーゼ遺伝子の塩基配列とそれから推定されるアミノ酸配列

大腸菌に形質転換することで酵素を大量発現することが可能であり，培養液あたりの酵素生産量は，親株の100倍以上である。

3.2 D-タガトース3-エピメラーゼを用いたD-プシコースの生産[6)]

(1) D-フラクトースからD-プシコースへの転換反応

本酵素のエピメラーゼ反応は，D-キシロースイソメラーゼによるD-グルコースからD-フラクトースの生産と同様の方法によって連続的に反応を進めることが可能である。すなわち，固定化酵素をカラムにつめ，基質を通過させることによる最も簡単な構造のバイオリアクターによって反応は進行する。

本酵素は比較的安定な酵素であり，キトパール樹脂にイオン結合することで容易に活性の強い安定な固定化酵素を調製することが可能である。図８はカラム式のバイオリアクターを示している。pHを８に調整した60%のD-フラクトースの水溶液を45℃に保持した固定化酵素カラムに通すことで容易にエピ化反応は進行する。基質溶液中のD-フラクトースの25%がD-プシコースに転換し，D-フラクトース75%とD-プシコース25%の平衡反応混合物の溶液が得られる。それぞれの基質と生産物の終濃度は，D-フラクトース45%，D-プシコース25%である。このような最も簡単な構造のバイオリアクターに約１万ユニットの固定化酵素をつめ2L/dの流速でD-フラクトースの溶液を通液して反応を行い，約１ヶ月以上の安定した反応を進めることが可能である。

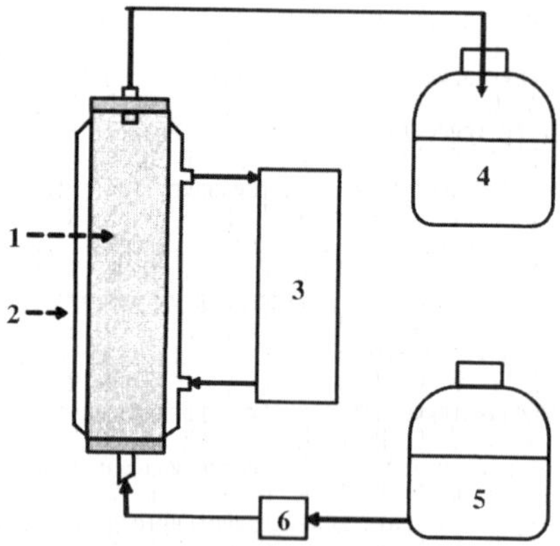

図８ D-プシコースを生産するバイオリアクターの構造

１；固定化D-タガトース３－エピメラーゼ，２；45℃に保温されたカラム，３；45℃の温水供給用装置，４；反応後の液（45%D-フラクトース＋25%D-プシコース），５；原料（60%D-フラクトース），６；液輸送ポンプ糖濃度が60%と高いこと，反応温度が45℃であることによって，バイオリアクターの微生物による汚染を防止できる。

(2) 擬似移動層クロマトグラフィーによるD-プシコースとD-フラクトースの分離

バイオリアクターによって反応を行った反応溶液は，目的生産物のD-プシコースの25%と基質であるD-フラクトースの45%との混合溶液である。この液からD-プシコースを分離，結晶化する方法を述べる。

異性化糖からD-フラクトースを分離する方法として工業的に使用されている，擬似移動層クロマトグラフィーによってD-プシコースを分離することも可能である。強塩基性の樹脂を用いて，60℃での擬似移動層クロマトグラフィーによる連続的なD-プシコースとD-フラクトースの分離は容易に行うことが可能である。バイオリアクターにおける反応は，基質であるD-フラクトールを水酸化ナトリウムでｐＨ７に合わせたものであり，緩衝溶液を用いていない。従って，ほとんど脱イオンすべき金属イオンなどを含んでいないため，反応液そのままを分離溶液として擬似移動クロマトグラフィーを用いる試料とすることが可能である。分離されたD-プシコースを減圧濃縮し，種結晶を少量添加することで容易にD-プシコースの結晶を得ることができる。得られた結晶D-プシコースは，HPLC分析，NMR，IRスペクトル等の機器分析の結果から純粋なD-プシコースである。

分離されたD-フラクトースは酵素反応の基質として再度用いることが可能であるため，原理的には全てのD-フラクトースをD-プシコースに変換することができる。

4　おわりに

本項では希少糖生産戦略イズモリングの原理と，それを用いた希少糖生産例として希少糖D-プシコースの生産法について述べた。希少糖の研究は始まったばかりであり，まずその生産法を確立し大量生産へと進みつつある段階である。希少糖の生産例として述べたD-プシコースは希少糖生産の入り口とも言える希少糖である。これを出発物質として，イズモリングでも明らかなように，各種の希少糖を生産できる。全てのヘキソースを生産できると言ってよい。今後，各種の希少糖を利用した用途に関する研究が進むと期待される。

現在までに明らかになっている希少糖の，興味深い生理活性が次々と明らかになりつつある。例えば，D-プシコースはラットを使った実験で，低カロリーであるばかりでなく血糖値の上昇を抑制する効果が認められている。またD-プシコースは植物に対してエリシター効果を持っており，新しいタイプの農薬としての可能性もあるかもしれない。D-プシコースからL-ラムノースイソメラーゼで生産されるD-アロースについても各種の生理活性が発見されている。抗酸化作用，虚血保護作用などであり，単糖である希少糖がこのような生理活性を示すことは予想されていなかった。今後多くの希少糖がイズモリングを用いて生産され，研究が進むことでさらに多くの新しい生理活性が発見されるであろう。

さらに，糖鎖やオリゴ糖に各種の希少糖を結合させることで新しい糖鎖やオリゴ糖を合成することが可能になれば，無限とも言える種類の新しい糖鎖やオリゴ糖を得ることが期待される。

文　献

1) Takeshita, K., Shimonishi, T., and Izumori, K.: *J. Ferment. Bioeng.*, **81**, 212–215 (1996)
2) Itoh, H., Okaya, H., Khan, A.R., Tajima, S., Hayakawa, S., and Izumori, K.: *Biosci. Biotechnol. Biochem.*, **58**, 2168–2171 (1994)
3) Izumori, K.: *Naturwissenscaften*, **89**, 120–124 (2002)
4) Granstroem, T., Takada, G,. Tokuda, M., and Izumori, K.: *J. Ferment. Bioeng.*, **97**, 89–94 (2004)
5) Isida, Y., Kamiya, T., Itoh, H., Kimura, Y., and Izumori, K.: *J. Ferment. Bioeng.*, **83**, 529–534 (1997)
6) Itoh, H., Sato, T., and Izumori, K.: *J. Ferment. Bioeng.*, **80**, 101–103 (1995)

《CMCテクニカルライブラリー》発行にあたって

弊社は、1961年創立以来、多くの技術レポートを発行してまいりました。これらの多くは、その時代の最先端情報を企業や研究機関などの法人に提供することを目的としたもので、価格も一般の理工書に比べて遙かに高価なものでした。

一方、ある時代に最先端であった技術も、実用化され、応用展開されるにあたって普及期、成熟期を迎えていきます。ところが、最先端の時代に一流の研究者によって書かれたレポートの内容は、時代を経ても当該技術を学ぶ技術書、理工書としていささかも遜色のないことを、多くの方々が指摘されています。

弊社では過去に発行した技術レポートを個人向けの廉価な普及版**《CMCテクニカルライブラリー》**として発行することとしました。このシリーズが、21世紀の科学技術の発展にいささかでも貢献できれば幸いです。

2000年12月

株式会社　シーエムシー出版

糖鎖化学の基礎と実用化　(B0921)

2005年 4月30日　初　版　第1刷発行
2010年 7月23日　普及版　第1刷発行

監　修　小林　一清
　　　　正田　晋一郎　　Printed in Japan
発行者　辻　　賢司
発行所　株式会社　シーエムシー出版
　　　　東京都千代田区内神田1-13-1　豊島屋ビル
　　　　電話03(3293)2061
　　　　http://www.cmcbooks.co.jp

〔印刷　倉敷印刷株式会社〕

ISBN978-4-7813-0210-2 C3043 ¥4800E

CMCテクニカルライブラリーのご案内

超臨界流体技術とﾅﾉﾃｸﾉﾛｼﾞｰ開発 監修／阿尻雅文 ISBN978-4-7813-0163-1　B906 A5判・300頁　本体4,200円＋税（〒380円） 初版2004年8月　普及版2010年1月	**構成および内容：**超臨界流体技術（特性／原理と動向）／ナノテクノロジーの動向／ナノ粒子合成（超臨界流体を利用したナノ微粒子創製／超臨界水熱合成／マイクロエマルションとナノマテリアル　他）／ナノ構造制御／超臨界流体材料合成プロセスの設計（超臨界流体を利用した材料製造プロセスの数値シミュレーション　他）／索引 **執筆者：猪股　宏／岩井芳夫／古屋　武　他42名**
スピンエレクトロニクスの基礎と応用 監修／猪俣浩一郎 ISBN978-4-7813-0162-4　B905 A5判・325頁　本体4,600円＋税（〒380円） 初版2004年7月　普及版2010年1月	**構成および内容：**【基礎】巨大磁気抵抗効果／スピン注入・蓄積効果／磁性半導体の光磁化と光操作／配列ドット格子と磁気物性　他【材料・デバイス】ハーフメタル薄膜とTMR／スピン注入による磁化反転／室温強磁性半導体／磁気抵抗スイッチ効果　他【応用】微細加工技術／Development of MRAM／スピンバルブトランジスタ／量子コンピュータ　他 **執筆者：宮﨑照宣／高橋三郎／前川禎通　他35名**
光時代における透明性樹脂 監修／井手文雄 ISBN978-4-7813-0161-7　B904 A5判・194頁　本体3,600円＋税（〒380円） 初版2004年6月　普及版2010年1月	**構成および内容：**【総論】透明性樹脂の動向と材料設計【材料と技術各論】ポリカーボネート／シクロオレフィンポリマー／非複屈折性脂環式アクリル樹脂／全フッ素樹脂とPOFへの応用／透明ポリイミド／エポキシ樹脂／スチレン系ポリマー／ポリエチレンテレフタレート　他【用途展開と展望】光通信／光部品用接着剤／光ディスク　他 **執筆者：岸本祐一郎／秋原　勲／橋本昌和　他12名**
粘着製品の開発 **—環境対応と高機能化—** 監修／地畑健吉 ISBN978-4-7813-0160-0　B903 A5判・246頁　本体3,400円＋税（〒380円） 初版2004年7月　普及版2010年1月	**構成および内容：**総論／材料開発の動向と環境対応（基材／粘着剤／剥離剤および剥離ライナー）／塗工技術／粘着製品の開発動向と環境対応（電気・電子関連用粘着製品／建築・建材関連用／医療関連用／表面保護用／粘着ラベルの環境対応／構造用接合テープ）／特許から見た粘着製品の開発動向／各国の粘着製品市場とその動向／法規制 **執筆者：西川一哉／福田雅之／山本宣延　他16名**
液晶ポリマーの開発技術 **—高性能・高機能化—** 監修／小出直之 ISBN978-4-7813-0157-0　B902 A5判・286頁　本体4,000円＋税（〒380円） 初版2004年7月　普及版2009年12月	**構成および内容：**【発展】【高性能材料としての液晶ポリマー】樹脂成形材料／繊維／成形品【高機能性材料としての液晶ポリマー】電気・電子機能（フィルム／高熱伝導性材料）／光学素子（棒状高分子液晶／ハイブリッドフィルム）／光記録材料【トピックス】液晶エラストマー／液晶性有機半導体での電荷輸送／液晶性共役系高分子　他 **執筆者：三原隆志／井上俊英／真壁芳樹　他15名**
CO_2固定化・削減と有効利用 監修／湯川英明 ISBN978-4-7813-0156-3　B901 A5判・233頁　本体3,400円＋税（〒380円） 初版2004年8月　普及版2009年12月	**構成および内容：**【直接的技術】CO_2隔離・固定化技術（地中貯留／海洋隔離／大規模緑化／地下微生物利用）／CO_2分離・分解技術／CO_2有効利用【CO_2排出削減関連技術】太陽光利用（宇宙空間利用発電／化学的水素製造／生物的水素製造）／バイオマス利用（超臨界流体利用技術／燃焼技術／エタノール生産／化学品・エネルギー生産　他） **執筆者：大隅多加志／村井重夫／富澤健一　他22名**
フィールドエミッションディスプレイ 監修／齋藤弥八 ISBN978-4-7813-0155-6　B900 A5判・218頁　本体3,000円＋税（〒380円） 初版2004年6月　普及版2009年12月	**構成および内容：**【FED研究開発の流れ】歴史／構造と動作　他【FED用冷陰極】金属マイクロエミッタ／カーボンナノチューブエミッタ／横型薄膜エミッタ／ナノ結晶シリコンエミッタ BSD／MIMエミッタ／転写モールド法によるエミッタアレイの作製【FED用蛍光体】電子線励起用蛍光体【イメージセンサ】高感度撮像デバイス／赤外線センサ **執筆者：金丸正剛／伊藤茂生／田中　満　他16名**
バイオチップの技術と応用 監修／松永　是 ISBN978-4-7813-0154-9　B899 A5判・255頁　本体3,800円＋税（〒380円） 初版2004年6月　普及版2009年12月	**構成および内容：**【総論】【要素技術】アレイ・チップ材料の開発（磁性ビーズを利用したバイオチップ／表面処理技術　他）／検出技術開発／バイオチップの情報処理技術【応用・開発】DNAチップ／プロテインチップ／細胞チップ（発光微生物を用いた環境モニタリング／免疫診断用マイクロウェルアレイ細胞チップ　他）／ラボオンチップ **執筆者：岡村好子／田中　剛／久本秀明　他52名**

※書籍をご購入の際は、最寄りの書店にご注文いただくか、
㈱シーエムシー出版のホームページ（http://www.cmcbooks.co.jp/）にてお申し込み下さい。